全国煤炭企业优秀"五小"技术创新成果精选（2020）

中国煤炭工业协会 编

应急管理出版社

·北 京·

图书在版编目（CIP）数据

全国煤炭企业优秀"五小"技术创新成果精选.2020/中国煤炭工业协会编.--北京：应急管理出版社，2021
　ISBN 978-7-5020-9169-9

　Ⅰ.①全… Ⅱ.①中… Ⅲ.①煤炭工业—技术发展—科技成果—汇编—中国 Ⅳ.①TD82

　中国版本图书馆CIP数据核字（2021）第240247号

全国煤炭企业优秀"五小"技术创新成果精选（2020）

编　　者	中国煤炭工业协会
责任编辑	赵金园
责任校对	张艳蕾
封面设计	于春颖
出版发行	应急管理出版社（北京市朝阳区芍药居35号　100029）
电　　话	010-84657898（总编室）　010-84657880（读者服务部）
网　　址	www.cciph.com.cn
印　　刷	北京建宏印刷有限公司
经　　销	全国新华书店
开　　本	787mm×1092mm$^1/_{16}$　印张　29$^1/_2$　字数　689千字
版　　次	2021年12月第1版　2021年12月第1次印刷
社内编号	20211359　　　　定价　128.00元

版权所有　违者必究

本书如有缺页、倒页、脱页等质量问题，本社负责调换，电话:010-84657880

编委会

主　任　刘　峰

主　编　汤家轩

成　员　（按姓氏笔画排序）

　　　　王　猛　　王　琢　　仝　莉　　刘占宇　　刘　具
　　　　孙　晔　　杨　锐　　肖翠艳　　何尚森　　张学谦
　　　　张　锟　　赵飞虎　　赵　迪　　郜明明　　梁跃强
　　　　程　坤

前　言

国务院《关于强化实施创新驱动发展战略　进一步推进大众创业万众创新深入发展的意见》（国发〔2017〕37号）（以下简称《意见》）要求，进一步优化创新创业环境，充分激发人才创新创业活力、释放全社会创新创业潜能，推进大众创业、万众创新深入发展，加快培育和壮大新动能、改造提升传统动能。各煤炭企业深刻领会《意见》精神，持续开展"五小"（小发明、小改造、小革新、小设计、小建议）创新活动，涌现出一批批喜人成果，为推动新时代煤炭企业高质量发展奠定了坚实基础。

为及时总结先进"五小"成果，实现煤炭行业共享共赢，中国煤炭工业协会对2020年度创新成果进行了征集，共征集到"五小"技术成果900余项。经专家评审，共评选出一等奖58项，二等奖257项，三等奖244项，并于9月14日以中煤协会咨询函〔2021〕135号向社会发布了评审结果。同时授予陕西煤业股份有限公司等6家单位优秀组织奖。

为便于各单位广大职工学习借鉴，中国煤炭工业协会委托应急管理出版社将本次获奖的优秀成果汇编成集，出版发行。受篇幅限制，本书主要收录了荣获一等奖的"五小"成果，对获得二等奖的项目在内容上做了一定的精简，对三等奖获奖项目仅做简要收录。由于时间仓促，加之编者水平有限，书中缺漏和错误在所难免，敬请读者批评指正。

编　者

2021年12月

中国煤炭工业协会关于公布 2020 年度煤炭企业优秀"五小"技术创新成果的通知

中煤协会咨询函〔2021〕135 号

各有关单位：

为贯彻落实《国务院关于强化实施创新驱动发展战略 进一步推进大众创业万众创新深入发展的意见》（国发〔2017〕37 号）精神，充分激发广大一线职工创新热情，推动煤炭企业完善全维度、多层次技术人才培养体系，我会在行业开展了 2020 年度"五小"（小发明、小改造、小革新、小设计、小建议）技术创新成果征集活动。本次活动得到了煤炭（煤化工）企业的积极响应，共征集到符合申报条件的"五小"技术成果 900 余项。经企业自主申报、专家评审，共评选出一等奖 58 项，二等奖 257 项，三等奖 244 项，现将评审结果予以公布。

在"五小"技术创新成果组织申报过程中，鉴于企业组织良好，对申报项目认真审核，申报项目数量多、质量优，陕西煤业股份有限公司等 6 家单位被评为优秀组织奖单位。

希望各单位积极推动"五小"技术创新成果的交流推广与应用，打造具有本单位特色的职工创新平台，进一步完善创新体制机制，弘扬爱岗敬业的大国工匠精神，为新时代煤炭工业高质量发展做出贡献。

特此通知。

附件：
1. 2020 年度煤炭企业"五小"技术创新成果一等奖项目（略）
2. 2020 年度煤炭企业"五小"技术创新成果二等奖项目（略）
3. 2020 年度煤炭企业"五小"技术创新成果三等奖项目（略）
4. 2020 年度煤炭企业"五小"技术创新成果征集活动优秀组织奖获奖单位名单（略）

中国煤炭工业协会
2021 年 9 月 14 日

目　　录

井工煤矿采掘（一等奖）

综采工作面转载机进料口破大块装置 3
8.8 m 超大采高综采工作面末采贯通回撤关键技术 5
高品质沿空留巷专用单体支柱设计 7
一种矿井临空侧防冲结构 8
槽体可调节支护装置设计 10
液压支架远程遥控系统的设计应用 13
"一点多面式"综采工作面集中供电供液设计与应用 16
一种考虑潜水位埋深影响的地表移动观测标尺 18
基于微震监测规律的综采面过断层期间冲击地压防治方法 22
自制窄巷超前自移支护装置 23

机电运输（一等奖）

解决聚丙烯反应器长周期运行瓶颈问题 29
分布式屋顶光伏组件可调型支架 33
井下 YHZ80T 型液压换装站 37
关于 830E – AC220T 矿用卡车动态制动系统的优化改造 39
采煤机整体式链轮开发与应用 43
掘进机二运转载带式输送机机尾自动转载连接装置 45
830E/930E 卡车 VHMS（卡车健康管控系统）无线监控项目的应用 47
削波器测试平台研发与应用成果 49
煤矿无人值守定量装车系统 53
特大型矿井井下智能主运输煤流集中控制系统自动化改造 57
MDYL40 – 16/83 型矿用电控液压移动列车组开发 60
气化中心 P – 1601 洗涤塔循环水泵改造 62
新型进风井底防护装置 63
刮板输送机断链保护装置 65
自制煤粉锅炉炉内压入式干喷砂机 66
一种低温储槽放空加温吹除器 68

一种絮凝剂配置添加装置 …………………………………………… 70
东风7C型内燃机车在高寒地区应用技术研究 ………………………… 72
YS1-250锻床下料装置的设计 …………………………………… 75
矿用乳化液泵站标准化电控系统 ………………………………… 77
可伸缩验绳车创新设计 …………………………………………… 79

煤化工（一等奖）

煤气化废水除硅 …………………………………………………… 85
提升过氧化物降解产品质量 ……………………………………… 89
测量稀氨水中的微量二氧化碳的应用 …………………………… 91
降低催化剂废水外排量 …………………………………………… 94
蒸汽钠离子不合格原因分析及治理 ……………………………… 96
煤液化油渣溶剂萃取法的工业化应用 …………………………… 100
降低硫回收高温掺合阀故障率创新成果 ………………………… 101
MTO装置冷壁单动滑阀内部结构优化改造成果 ………………… 104
变换冷凝液汽提系统防腐设施创新成果 ………………………… 106

露天煤矿采掘（一等奖）

伊敏露天煤矿软岩深孔爆破及效益提升技术研究 ……………… 111
一种WK-35型电铲回转机构检修方式创新应用成果 …………… 115
一种新型加热型防冻粘滚筒 ……………………………………… 118
大型矿用自卸卡车360度环视监控系统实施应用 ……………… 120
吊斗铲回转齿圈段更换工艺 ……………………………………… 122
露天矿电动轮卡车的电路板卡全新制作技术的应用 …………… 128
基于多监测系统的露天矿边坡综合预警技术 …………………… 130
伊敏露天矿水资源分级利用 ……………………………………… 133

安全（一等奖）

三层共挤瓦斯管表层原料与芯层原料的最优配比研究 ………… 137
千米定向钻机专用复合钻头的改进 ……………………………… 138
回采工作面高低顺巷倾斜高抽巷递进抽采解决初采瓦斯的研究应用 … 141
新型智能通风远程可视调控装置 ………………………………… 144

选煤（一等奖）

地面生产系统全流程"一降、二封、三导、四抑、五控"粉尘综合治理方案 ……… 151
洗选中心保德选煤厂炼焦配煤系统优化 ………………………………………… 155
关于弧形振动筛检修防坠落以及安全快速更换筛板的研究与应用 …………… 157

其他（一等奖）

含油废水处理一体化装置 …………………………………………………………… 163
井口智能多维安全信息检测系统升级改造 ………………………………………… 166
职工技能大赛移动培训系统 ………………………………………………………… 168

井工煤矿采掘（二等奖）

"丁"字形挡水坝墙设计 ……………………………………………………………… 173
西部缺水矿区矿井水资源化利用技术 ……………………………………………… 174
连采机/梭车电气元件综合测试平台 ………………………………………………… 174
1500 kW 加载测试台电路、控制系统改造 ………………………………………… 175
一种顶板水力压裂半径确定方法及施工工艺 ……………………………………… 176
适用于冲击地压矿井气动架柱式卸压钻机升降液压支柱改造 …………………… 177
综采工作面两巷超高区域假顶施工新技术 ………………………………………… 178
掘锚工作面跟机电缆移动导向装置设计及应用 …………………………………… 179
煤矿井下应对顶板破碎支架倾斜的技术研究 ……………………………………… 180
综采工作面远端供液系统的升级改造 ……………………………………………… 182
水泵提升滑移式天车装置 …………………………………………………………… 183
多功能高压清洗机 …………………………………………………………………… 184
综采工作面回撤三角区掩护支架组研发 …………………………………………… 185
卸压钻孔专用封孔器 ………………………………………………………………… 186
托盘一次冲压成型工艺 ……………………………………………………………… 187
升降人行过桥 ………………………………………………………………………… 188
112202 回风巷二次动压围岩控制技术 ……………………………………………… 189
梭车与破碎机联动技术 ……………………………………………………………… 189
煤矿地下巷道排水应急装置 ………………………………………………………… 191
一种煤矿矿井开裂加固的低碳高性能注浆材料生产技术 ………………………… 193
TH24 操作台性能检验工装 ………………………………………………………… 196
KJJ18 系列接入器综合测试装置 …………………………………………………… 197
薄煤层底板钻孔施工机具及注水软化 ……………………………………………… 197

大倾角综采工作面支架防倒自制底靴及配套改进创新应用 …………………… 199
设备列车阻车器设计与应用 …………………………………………………… 200
带式输送机马蹄儿可调式防洒煤装置 …………………………………………… 201
拆除掩护支架的研制 …………………………………………………………… 202
声光报警信号装置 ……………………………………………………………… 204
自制单体液压支柱打压装置 …………………………………………………… 205
主井装载给煤机煤流长材自动拣选系统 ………………………………………… 205
KDW127/12 系列电源箱综合测试装置 ………………………………………… 207
超前架推移装置改造 …………………………………………………………… 208
矿用高强聚酯纤维柔性网应用 ………………………………………………… 208
机头硐室施工工艺创新 ………………………………………………………… 210
锚固剂快速安装器创新成果应用 ………………………………………………… 211
转载机传动部安装（拆解）操作平台 …………………………………………… 212
主要通风机控制回路双电源自动切换改造 ……………………………………… 213
四臂锚杆机支护平台加设及液压系统改造 ……………………………………… 214
护盾式掘进机器人系统侧推纠偏装置 …………………………………………… 215
安装（拆解）小油缸手推车 …………………………………………………… 215
转载机与运输机连接自移装置的设计与应用 …………………………………… 216
"三段法"乙二醇水溶液配制法降耗创新应用 ………………………………… 216
掘锚机操作平台多功能组合架设计及应用 ……………………………………… 217
前后双向防卡钻钻头 …………………………………………………………… 219
采掘工作面运输平巷小型清煤机 ………………………………………………… 219
回撤工作面回撤通道"走向梁"支护技术研究与应用 ………………………… 221
控制保护器标准化设计改进 …………………………………………………… 222

机电运输（二等奖）

连掘工作面 GP460/150 破碎机自动启停改造 …………………………………… 225
铲板式支架搬运车传动轴快速拆装机构设计 …………………………………… 226
液力变速箱多盘湿式离合器组件快速解体及组装装置设计 …………………… 227
高风险机电设备使用权限控制器 ………………………………………………… 228
定排扩容器乏汽回收 …………………………………………………………… 228
大型换热器狭小空间更换平台轨道工装开发 …………………………………… 229
真空瓦斯泵电机轴承绕组温度监控及超温报警研究与应用 …………………… 231
杂盐离心机平稳运行周期提升 ………………………………………………… 232
TDS 矸石仓双出口分运系统设计 ……………………………………………… 233
2JK－2.5 提升机松绳保护电控改进 …………………………………………… 233
内置幅板滚筒焊接装置 ………………………………………………………… 234

装车仓闸板重载滚轮润滑自动控制系统	235
自动排水装置加装防烧泵功能改造	236
变电所低压供电系统改造	236
更换上托辊液压装置	237
基于大数据融合分析的煤流系统智能调速启停革新	238
基于830E-AC矿用卡车基础结构平台完成的废气排放系统深度创新与改造项目	239
多通道电压采样监测报警器	240
柴油机车断油系统改造	241
PIB综合保护器测试仪	242
4 kW水泵组装流水线配套工装	243
联力开关模块综合测试台	246
综采三机破碎机磁力偶合器的研究与应用	247
连续采煤机收集头减速器传动系统的改进	247
机电设备多维矩阵故障预警系统研发	248
采煤工作面安全出口报警及防护系统	249
轴电流监测装置自主创新设计与应用成果	251
准能集团2×330 MW机组辅机循环泵创新优化运行	252
装车塔溜槽自制分级筛改造	253
钢丝绳插接装置的设计	254
大罐笼提升机罐内自动阻车器无线充电装置	255
综采工作面自移便携式大型配件装卸装置	256
矿用移动变电站保护器兼容问题的解决措施	257
自制带式输送机加带装置	259
低压双回路供电系统矿用隔爆真空馈电开关的改造应用	260
供电场所消防升级改造	261
主井装载站定量斗挂货处理及空气炮的应用	262
一种刮板输送机的U型清扫器	263
压风机集中远程监控	265
智能防越级跳闸供电系统	265
移动式轨道装卸支架平台	266
煤矿掘进工作面移动式吸尘风机的研发及应用	267
T140型钢带液压整形机	268
ZBT-11CN保护器电源改造成果	268
自制管子除锈刷漆拖车及跑道	269
10T锅炉上煤输送带架升级改造	270
滚筒轴承拆卸装置	270
弹簧式缓冲床应用	271
速度挡车器传感器指示灯	273

采煤机先导控制回路和输送机闭锁回路改造 …………………………………… 274
架空乘人装置吊椅储存改造 …………………………………………………… 274
东风 7C 型内燃机车预热锅炉升级改造 ………………………………………… 275
自移式输送带架 ………………………………………………………………… 276
变频器重载启动抗干扰技术改进 ……………………………………………… 277
无极绳绞车道岔加工 …………………………………………………………… 277
下焦进线开关防雷保护 ………………………………………………………… 278
叉车限速安全控制系统 ………………………………………………………… 279
中央制动器系统打压装置 ……………………………………………………… 279
防爆柴油机翻转及缸筒拆装平台设计 ………………………………………… 280
适合井下矿用蓄电池电机车的新型煤矿铅酸蓄电池智能充电机 …………… 281
戗柱式高空捞车器的改造 ……………………………………………………… 282
支护材料换装站的设计应用 …………………………………………………… 283
3 号煤一采区主运输系统优化 ………………………………………………… 284
S13 油浸式平面叠铁心配电变压器无励磁调压开关的改型 ………………… 285
煤矿井下带式输送机跑偏保护装置 …………………………………………… 286
WiFi 网络摄像机在设备故障诊断中的应用 …………………………………… 287
创新型输送带安装压球 ………………………………………………………… 287
操车系统电动机变频起动 PLC 控制创新技改 ………………………………… 288
拆解主副井钢丝绳压制钢带 …………………………………………………… 289
运输机链轮组件新式远程注油装置 …………………………………………… 290
带式输送机卸载滚筒自动清扫器 ……………………………………………… 292
主排水管路自动泄压装置的研制与应用 ……………………………………… 293
运煤车辆清洗装置 ……………………………………………………………… 293
一种煤矿黄泥灌浆机远程控制系统 …………………………………………… 294
智能充电架的设计及应用 ……………………………………………………… 295
给煤机防尘喷雾同步控制装置的设计及应用 ………………………………… 297
矿井污水处理净水剂加药系统优化 …………………………………………… 298
矿用卡车液压泵拆装工具设计使用 …………………………………………… 299
新型矿用带式输送机冷却系统 ………………………………………………… 299
一种带式输送机跑偏纵撕保护装置 …………………………………………… 301
基于组态王和 SQL 数据库的保护投撤记录和保护动作分析系统 …………… 302
艾柯夫 SL900/SL1000 型采煤机摇臂一级行星减速齿圈定位销升级改造项目 …… 303
刮板输送机链轮浮动油封技术改造 …………………………………………… 304
主运带式输送机底部积煤清理装备 …………………………………………… 305
带式输送机恒张力不均衡问题技术改进与应用 ……………………………… 307
密闭称重式给煤机在线标定皮带秤 …………………………………………… 308
S-54X60-PSA 型浸漆罐改造技术及运用 ……………………………………… 309

脱硝尿素溶解液改为锅炉连排疏水供给研究和应用 310
带式输送机增加限制煤流流量装置 310
煤流系统金属杂物探测报警及自动隔离装置 311
井下运顺带式输送机步移式机尾 312
大疆经纬无人机增设采点测绘和天线增程等技术改造 313
一种低压电缆速接中间头 314
一种带锯机自动下料装置的系统设计 316
立井提升机编码器创新改进设计 317

煤化工（二等奖）

煤直接液化含固冲洗油过滤装置研制应用 321
氮气管线移位降低制粉系统氮气消耗 321
加热炉燃烧器改造 322
含固耐磨球阀改造气动马达执行机构 323
加氢改质装置柴油外送线改造 323
加氢稳定装置增加轻污油外送流程成果 324
轻烃回收装置改造 324
倒罐线节能降耗措施 325
煤液化生产中心液硫伴热改造 326
气化煤浆大槽 C 内壁改造创新成果 327
新型多功能 F 扳手 327
提高高密池对气化灰水除硬效果的研究 328
气体露点的检测装置 330
一种戊醛中水分测定方法 330
聚丙烯二甲苯可溶物含量快速分析方法 331
蒸汽凝液管线减缓冲刷腐蚀设施创新成果 332
丙烯压缩机节能、环保开车优化改造成果 333
高压消防水系统运行工况优化技术改造 334
煤化工球罐区乙烯泵机械密封维修改造的小革新 336
抗冲共聚产品 K8003 产品性能优化 336
油渣下料线调节球阀改造 337
煤液化五通阀冲洗油阀结构改进 338
反应器顶冲洗油增加调节阀 338
减压炉出口管线冲洗油改造 339
煤制油高压煤浆进料泵入口集合管防沉积改造应用 340
甲醇双塔精馏工艺中塔釜废水循环利用成果 341

露天煤矿采掘（二等奖）

合理化建议评估系统 ………………………………………………………………… 345
世界首台无齿轮传动吊斗铲提升滚筒轴承更换方案制定与实施 ………………… 346
液压试验台升级改造 ………………………………………………………………… 348
395BI 电铲开斗系统改造 …………………………………………………………… 348
高台阶边坡监测雷达报警阈值优化设置与监测平台改造应用 …………………… 350
坑下大车灯光改造 …………………………………………………………………… 351
8750 - 65 型吊斗铲回拉滚筒端轴更换工艺 ………………………………………… 351
矿用 GE 卡车 IGBT 门驱动板测试平台检修装置的研发与应用 ………………… 353
优化乳胶基质工艺配方 ……………………………………………………………… 354
露天煤矿爆破减震技术 ……………………………………………………………… 355
WK35 电铲滤波柜预充电控制系统改进 …………………………………………… 356
煤矿 203 带式输送机落煤管电动三通挡板设计与应用 …………………………… 357
自制中部槽挡煤板液压校正装置 …………………………………………………… 358
液压支架增压装置 …………………………………………………………………… 358
基于性能的排土场边坡地震稳定性评价方法 ……………………………………… 359
地震作用下露天矿边坡崩塌落石距离预测方法 …………………………………… 361
伊敏露天煤矿冬季冻层非爆破采矿方法应用推广 ………………………………… 362
无人驾驶车身底盘控制系统优化 …………………………………………………… 363
再造有机土技术 ……………………………………………………………………… 364
矿用 WK - 20 型挖掘机推压走梯护栏改造 ………………………………………… 364
工程机械设备燃油系统改造 ………………………………………………………… 365
自卸车自主设计加装厢斗排水装置 ………………………………………………… 366
三维激光扫描仪后视定向观测觇标技术 …………………………………………… 367
掩护梁侧护板拆解机 ………………………………………………………………… 368
WK - 20 挖掘机提升减速机散热装置 ……………………………………………… 369
油浴式齿轮润滑的油脂过滤装置 …………………………………………………… 370
自卸车燃油加注系统改造 …………………………………………………………… 370
调整 WK - 35 电铲提升减速箱摆动工艺优化 ……………………………………… 371
半连续系统电缆料斗车制动改造 …………………………………………………… 372
半连续系统 2 号带式输送机尾站底座液压调整装置 ……………………………… 373
可移动式高压电缆桥架 ……………………………………………………………… 373
直流断路器调试仪 …………………………………………………………………… 374
制乳器安全联锁控制系统的创新应用 ……………………………………………… 375

安全（二等奖）

连续采煤机除尘系统改造 …………………………………………………………… 379
一种改变风门关闭顺序的控制装置 ……………………………………………… 380
多功能汇集器创新 ………………………………………………………………… 381
井下采空区气体采样检测远程装置 ……………………………………………… 381
瓦斯抽采钻孔封闭式防喷孔装置 ………………………………………………… 382
机械式自动爆破喷雾 ……………………………………………………………… 383
抽采支管路连接新工艺 …………………………………………………………… 383
逆向隔断装置（铁制风筒） ……………………………………………………… 384
关于提高钻场单孔瓦斯抽采计量的检测能力的方法试验 …………………… 384
采煤工作面火区安全封闭方法 …………………………………………………… 385
一种带有流速异常预警功能的防喷孔装置 …………………………………… 387
低浓钻孔二次注浆提浓装置 ……………………………………………………… 389
一种穿层钻孔保直钻进简易扶正器装置 ………………………………………… 390
风水联动细水喷雾系列降尘装置 ………………………………………………… 391
光控闭锁气动风门 ………………………………………………………………… 392
密闭墙气体参数的监测装置 ……………………………………………………… 392
井下自动洗车装置 ………………………………………………………………… 394
采空区净化水循环利用工艺优化 ………………………………………………… 394
智能化全自动喷雾 ………………………………………………………………… 395
贵石沟煤层气发电站4号机组燃气发动机节气阀改造 ………………………… 395
一种可旋转直通式孔板流量计 …………………………………………………… 396
风桥设计及施工工艺优化 ………………………………………………………… 397
安全监控系统传感器升降气动控制装置 ………………………………………… 398

选煤（二等奖）

X荧光光谱法测定煤中的氯 ……………………………………………………… 403
香蕉筛帆布软连接密封改造 ……………………………………………………… 404
固定式液压破碎机械手在破碎站的应用 ………………………………………… 404
螺旋分选机灰分硫分分布规律及剔除高灰组分装置 …………………………… 405
新型带式输送机输送带防撕裂装置的研究与应用 ……………………………… 407
50ZJD-500渣浆泵托架（轴承）部件改造的研究与应用 ……………………… 408
原煤仓刮板间直通溜槽加装液压闸门 …………………………………………… 409
葫芦素选煤厂解决末煤运输难题及提高精煤产率改造 ………………………… 410
门克庆选煤厂提高大块精煤产品合格率的优化方案应用 ……………………… 412

门克庆选煤厂带式输送机机头防撕裂装置设计及应用 413
提高高频煤泥脱水筛综合效率的改造 413
压滤机滤板防脱落保护装置的设计 414
原煤反手选系统技术改造的实践 415
精煤仓配仓自动控制系统的设计应用 416
机电保护装置的集控管理平台设计与应用 417
付村选煤厂压滤机止推板内给料装置优化设计 418
板压无人值守智能系统 419
PE 管道与土工膜对接结构研究与应用 420
装车站防冻粉自动喷洒改造 421
浅槽分选机底部链轮机构 423
一种防跳链高效刮板输送机机构 424

其他（二等奖）

600 mm、1200 mm 三轨套线单开道岔 427
杠杆式磁力撕裂传感器 428
锅炉房 3 号炉 SNCR 脱硝改造 429
快速掘锚成套设备防爆红绿灯信号灯管理办法 430
三机融合联动系统 430
榆横铁路行车装备车载程序及数据系统制作与升级 431
工业锅炉系统废汽回收装置 432
制氮装置自动排污系统改造 433
地面模拟巷道在救护队日常训练中的应用 434
信息化系统集成站群导航 436
"锁文化"安全管理创新 437
污水处理系统远程控制 438

附录　2020 年度全国煤炭企业优秀"五小"技术创新成果（三等奖） 439

一等奖

井工煤矿采掘

综采工作面转载机进料口破大块装置

罗松元　李正甲　袁小浩　代双成　张飞飞

北京天地华泰矿业管理股份有限公司

一、成果特点

本成果立足纳林庙煤矿二号井的矿井生产实际需求，结合东胜煤田煤层赋存状态与现有的综采大采高工作面回采技术设备，针对厚煤层回采过程中大块煤及矸石（主要是大块煤）影响突出的现状，研制开发以设备列车乳化泵站乳化液为动力源的工作面转载机进料口破大块装置，通过无线遥控器控制电磁阀组动作，可实现远程无线操作，对卡堵转载机进料口的大块煤矸进行精准破碎。

二、适用条件

适用于综采大采高工作面，煤层厚度大，周期来压过程中回采工作面频繁产生大块煤矸，经常出现卡堵转载机进料口的情况。

三、成果内容

根据矿井生产实际情况，在现有材料的基础上，配备以下材料：电磁阀组1套、遥控器1台、液压油缸5台（表1）、乳化液破碎锤1台、高压胶管若干。

1. 机械部位设计

利用工字钢、轴承、钢板为材料，加工设计出破大块装置基本骨架，主要分为5个部分：底座、转向座、大臂、前臂、锤头。各部位采用铰接的方式连接，在外力（液压油缸）的作用下可形成转向。底座由工字钢焊接而成，固定于转载机机身上，为装置提供稳定支撑的基座。转向座由钢板和销轴焊接而成，固定于底座上，利用轴套连接的方式实现旋转，扩大大臂作业范围。大臂由钢板焊接而成，可沿转向座滑动，铰接于转向座上；用于为前臂提供基座，扩大前臂作业范围。前臂由钢板焊接而成，铰接于大臂前端；用于为锤头提供基座，扩大破碎锤作业范围。乳化液破碎锤适用于20 MPa的高压乳化液作为动力源，用于破碎大块煤矸。

表1　液压油缸布置表

名称	前后油缸（11号）	上下油缸（12号）	左右油缸（13号）	起落油缸（14号）	定位油缸（15号）
作用	控制大臂前后	控制大臂上下	控制大臂左右	控制前臂起落	控制锤头方向
基座位置	转向座	底座	底座	大臂	前臂

转向座的滑槽里安装有 11 号油缸，11 号油缸伸缩带动大臂前后移动；大臂和转向座之间安装有 12 号油缸，12 号油缸上端与大臂铰接，下端与转向座铰接，第二油缸的伸缩带动大臂的上下转动。

底座和转向座之间安装有 13 号油缸，13 号油缸一端与底座铰接，另一端连接转向座，13 号油缸的伸缩带动转向座的水平转动进而带动大臂左右移动。前臂和大臂之间安装有 14 号油缸，14 号油缸一端与大臂铰接，另一端与前臂铰接，14 号油缸的伸缩带动前臂的起落。前臂和锤头之间安装有 15 号油缸，15 号油缸的一端与前臂铰接，另一端与乳化液破碎锤连接。通过工作面乳化液泵站管路提供动力源，实现破碎操作。

2. 远程无线遥控

根据现场需要联合天津华宁公司专为破大块装置设计了一套无线遥控操作系统，可实现对破大块装置的远程无线遥控。无线遥控器实物及工作原理图如图 1 所示。

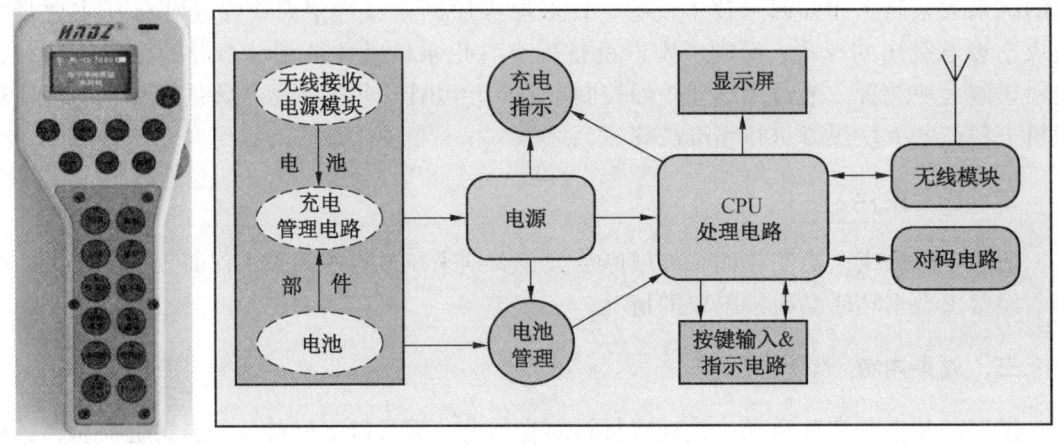

图 1　无线遥控器实物及工作原理图

先通过按键给 CPU 处理电路下发对码请求，对码成功后，遥控器 CPU 就可以无线模块和控制器进行通信，此时通过操作按键给遥控器的 CPU 下达操作控制或参数设置指令，CPU 使用预先订好的技术协议通过无线模块和控制器进行通信，实现对破大块装置控制器操作控制，进而控制破大块装置动作。使用遥控器调整锤头至合适位置与方向后，按下破碎开关即可对大块煤矸进行破碎。无线遥控器的接收器安装在电磁阀组的主控制器上，其控制原理图如图 2 所示。

四、主要涉及指标及应用前后指标对比

本装置在纳林庙煤矿二号井 6-2109 工作面、6-2110 工作面和 6-2116 工作面成功应用。根据以往生产经验及近期统计，在回采过程中，每个生产班（8 h）出现进料口卡堵大块煤约 3 次，采用风镐大锤处理时间平均约为 30 min，采用破大块装置处理时间平均约为 5 min，因此每天两个生产班即可增加 150 min 的有效开机时间，每日可增加 2600 t 的原煤产量。根据 2019 年生产合同计件吨煤单价为 3 元，每日可增加 2600×3＝7800 元收入，一年按照 330 天计算，全年可创收 257 万元。

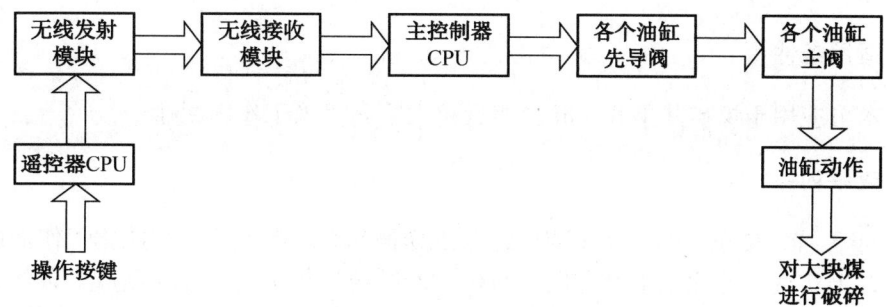

图 2　控制原理图

五、先进性及创新性

（1）联合厂家研制成功了以乳化液为动力源的破碎锤，避免了单独供电、安装液压泵站等环节，解决了现场空间狭小的问题。

（2）通过轴套及销轴连接的机械设计，实现了破碎装置在转载机进料口横向到边、纵向到底的全方位覆盖。

（3）实现了远程无线控制，运输机司机在工作岗位上操作遥控器即可完成大块煤矸的定位和破碎，避免人员进入运输机和转载机的危险区域。

六、成果的运行成本

本装置的成本投入：电磁阀组 1 套、遥控器 1 台、液压油缸 5 台、乳化液破碎锤 1 台、高压胶管若干及作为动力源的乳化液。

七、应用效果评价及推广前景

本装置的设计提高了操作设备的稳定性及可靠性，有效提高工作面的开机率，减轻工人劳动强度，保证作业人员的操作安全，具有良好的推广前景。

8.8 m 超大采高综采工作面末采贯通回撤关键技术

罗 文　高登云　杨俊彩　王庆雄　吕 谋

神华神东煤炭集团有限责任公司生产管理部

一、成果特点

8.8 m 超大采高综采工作面末采贯通回撤关键技术能够实现工作面的安全、高效、快速回撤，缩短工作面生产接替时间，提高设备开机率，降低生产成本。

二、适用条件

本技术可应用于煤矿井下 8.8 m 及相近超大采高综采工作面回撤。

三、成果内容

2018 年 3 月，神东上湾煤矿 12401 综采工作面 8.8 m 超大采高智能化工作面成套装备投入生产，为实现矿井优化生产布局、简化生产系统、集中高效开采创造了条件。但是超大采高工作面设备装机功率大，规格尺寸大，单机重量大，三个突出特点给工作面安装回撤带来了很大的困难。超大采高工作面一般矿压显现剧烈，顶板管理难度大，装备重型化，如何在这种情况下实现工作面的安全、高效、快速回撤，缩短工作面生产接替时间，提高设备开机率，降低生产成本，成为神东公司急需攻克的技术难题。

（1）总结 8.8 m 超大采高综采面末采矿压规律，分析特殊矿压规律发生机理；基于矿压规律分析，对主回撤通道进行垛式支架、锚索支护设计，并进行支护强度验算。

（2）根据综采工作面矿务工程、设备尺寸要求，提出适合 8.8 m 超大采高综采面的末采贯通工艺，分析末采贯通效果。

（3）研发最小化尺寸、合适能力的 8.8 m 超大采高综采面大吨位设备搬运的回撤装备，解决现支架回撤工艺存在的问题。

四、主要涉及指标及应用前后指标对比

12401 综采面作为世界首个 8.8 m 超大采高综采面，设备装备质量达到了 16679 t，位列世界第一。目前除神东在应用 100 t 支架搬运车、三角区回撤支架、自支撑回撤专用绞车等设备和辅巷多通道回撤技术外，国内外其他公司未开展相关研究。

神东矿区首个 8.8 m 超大采高综采面——12401 面回撤于 2019 年 9 月 4 日早班开工，9 月 19 日中班竣工，历时 15 天 2 小班，较金鸡滩煤矿 8.2 m 采高工作面回撤少 14 天，按照 8.8 m 超大采高工作面日产量 5×10^4 t，自产煤完全成本 182.78 元/t，结算价 337.62 元/t，利润 154.84 元/t 计算：新增销售额 = $5 \times 10^4 \times 14 \times 337.62$ = 23633 万元；新增利润 = $5 \times 10^4 \times 14 \times 154.84$ = 10839 万元。

五、先进性及创新性

（1）分析 8.8 m 超大采高综采面末采矿压规律，利用提高支护强度、控制推进速度、等压开采等技术手段，解决了末采期间矿压对安全回撤的影响。

（2）提出了"锚杆 + 网片 + 内嵌式锚索 + 超强垛式支架"联合主被动支护技术，解决了回撤期间锚索被破坏和支护强度分布不均匀的问题，有效控制了回撤期间的顶板下沉问题。

（3）通过"底板标高数据对比 + 导向孔 + 探底煤"技术，解决了超大采高综采面末采贯通层位不易控制的问题。

（4）研发了"百吨级整体框架式支架搬运车 + 蓄电池铲板车 + 重型自支撑专用回撤绞车"，解决了超大采高综采面重型设备回撤问题。

（5）提出了"多掩护三角区回撤支架 + 采空区锚索"超大采高综采面设备回撤工艺，

解决了回撤空间维护问题。

六、成果的运行成本

本技术方法无特殊的运行成本。

七、应用效果评价及推广前景

神东矿区首个 8.8 m 超大采高综采面 12401 面回撤于 2019 年 9 月 4 日早班开工，9 月 19 日中班竣工，历时 15 天 2 小班，较金鸡滩煤矿 8.2 m 采高工作面回撤少 14 天，创造了国内外 8.0 m 以上超大采高安全回撤的新纪录。

8.8 m 超大采高综采面开采技术的应用，一次采出煤量较 7 m、8 m 超大采高综采面增加，超大采高综采面较综放开采和分层开采的回采率和回采效率都有提高，为特厚煤层开采提供了可选方案。

高品质沿空留巷专用单体支柱设计

刘效贤　侯　挺　聂　谦　汤春林　白　伟　淘可近

陕西陕煤韩城矿业有限公司象山矿井生产技术部

一、成果特点

（1）结构简单。本产品取消了支柱复位弹簧，支柱复位借助活柱自重和活柱内存液体重量。柱筒与底座连接、活柱与堵盖连接采用焊接工艺，减少了主件结构薄弱点。

（2）性能提高。本产品柱筒和活柱采用调质后的高强材质，力求在使用期限内支柱主件不发生变形和损坏；活柱表面增加防护套，防止活柱表面损伤，防止粉尘进入柱体内腔；支柱防腐工艺采用了多层复合电镀工艺，大幅提高支柱的防腐效果。支柱密封采用进口材料，密封组件使用寿命延长两倍以上。溢流阀采用大流量，防止顶板突然来压时对支柱的冲击破坏。支柱直接注液即可使用，无须进行反复排气，避免支柱的假性卸载。在支柱同等质量的情况下，与现用柱塞式单体支柱相比，支柱工作阻力高出 1.5 倍以上。

（3）维护方便。本产品在按照操作说明使用的情况下，支柱不升井检修，仅在井下更换密封和易损件。

二、适用条件

沿空留巷。

三、成果内容

本发明主要针对现用单体支柱易变形损坏、维修量大的问题，提出提高产品性能的改进方案。本成果于 2019 年 5 月在象山矿投入使用，经过近 10 个月的检测，支柱未出现变形、断裂现象，体现了产品的优越性，如图 1 所示。

四、先进性及创新性

维护方便，本产品在按操作说明使用的情况下，支柱不升井检修，仅在井下更换密封和易损件。

五、经济效益对比

使用新型支柱每延米沿空留巷费用与传统支护对比见表 1。

图 1　支柱应用于象山矿沿空留巷

表 1　使用新型支柱每延米沿空留巷费用与传统支护对比

	项　目	数量/根	单价/元	费用/元	使用周期
传统支护每延米综合费用	DW28-250/100X	1.9	980	1862	
	因压力大单体损坏（报废）	1.1	980	1078	58%
	单体升井大修	0.8	380	304	可反复使用
	人工拉底较使用新型单体多拉 2 次共计 0.8 m 深（平均）	巷道拉底每米人工费 220 元 × 2 次 = 440 元			
	费用合计	1822 元/m			
采用新型单体每延米综合费用	DW28-400/110X（M）	1.9	1330	2527	可反复使用
	单体升井小修	1.9	80	152	
	因压力大单体损坏	0.04	1330	53	2%
	升入井运输费用	1.9	40	76	
	费用合计	281（损失）+ 665（差价）= 946（元）			

一种矿井临空侧防冲结构

席国军　焦　彪　史星星　田晓兵　董　哲

陕西彬长胡家河矿业有限公司

一、成果特点

本设计将大面积顶板断裂为小范围的区块结构，顶板大面积断裂活动缩小为小范围内的垮落现象，降低危害程度，同时使用帮部和底角大直径卸压措施，以及底角爆破卸压和煤层注水措施对其进行强化，在二者之间形成连续的"强—弱—强"结构，即使在采空区内发生较大能量震动，其冲击力在经过"强—弱—强"结构过程中被进一步削弱，降低了冲击危险。

二、使用条件

适用于冲击地压矿井工作面临空侧冲击地压防治工作。

三、成果内容

胡家河矿井为强冲击危险矿井,尤其是临空的回采工作面经常出现较高能量震动,严重时会造成冲击显现事件,因此,需要加强对其进行防治。

胡家河矿井工作面现有的措施能够有效降低临空侧工作面的冲击危险,但对于较大或较密集能量震动的防治效果不明显,造成了巷道顶板下沉、底板鼓起和帮部收敛垮落等现象发生,给安全生产带来一定影响。

1. 基本原理

在顶板上方砂岩层内实施预裂爆破措施,主要是利用炸药爆破的预裂作用将顶板上覆岩层中的关键层进行预裂,经过采取连续的预裂措施,可将顶板上覆岩层断裂成两部分,降低工作面在回采过程中受采空区工作面顶板活动造成的影响和破坏程度,同时使巷道附近的大面积岩层破断为间距 5 m 的小块,缩短周期来压步距,降低周期来压强度。

同时使用帮部和底角大直径卸压措施,以及底角爆破卸压和煤层注水措施对其进行强化,在二者之间形成连续的"强—弱—强"结构,即使在采空区内发生较大能量震动,其冲击力在经过"强—弱—强"结构过程中被进一步削弱,降低了冲击危险。

2. 关键技术

利用爆破卸压、大直径钻孔卸压、煤层注水等主动卸压方式相结合,在整个断面中形成"强—弱—强"结构,降低冲击危险。同时利用微震、地音和双震源 CT 反演监测系统和支架工作阻力、应力在线监测系统等监测手段加强监测预警,及时进行效果检验,确保卸压效果达到最佳,从而减少冲击地压灾害,实现矿井的安全生产。

3. 工艺流程

新型矿井临空侧防冲结构(图1、图2)包括断顶、帮部和底角,所述帮部的上方设置断顶,下方设置底角。

断顶上设置多组爆破结构,相邻两组间距 5 m,每组爆破结构设置 3 个孔,孔呈扇形布置,孔的设置方位角分别为 90°、207°和 270°,倾角分别为 65°、65°和 50°,孔的深度

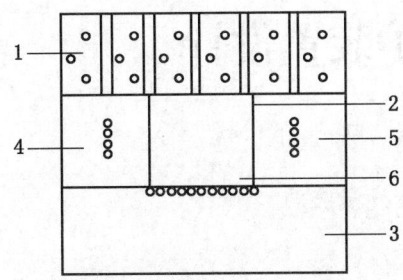

1—断顶;2—帮部;3—底角;4—正帮;5—副帮;6—进风巷

图 1 新型矿井临空侧防冲结构主视图

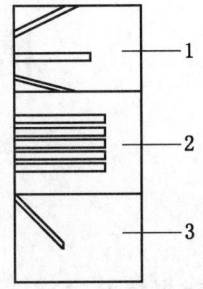

1—断顶;2—帮部;3—底角

图 2 新型矿井临空侧防冲结构右视图

为40 m。帮部分为正帮和副帮,正帮和副帮之间为进风巷,帮部设置卸压孔,卸压孔孔深20 m,孔间距1.4 m。底角上设置卸压孔,孔深10 m,倾角60°,孔间距1.4 m。防冲结构还包括底角保护层,底角保护层向底板两底角施工,底角保护层上设置卸压孔,孔深10 m,倾角60°,孔间距3 m。防冲结构还包括煤层注水层,煤层注水层上设置卸压孔,孔深115 m,孔间距7 m。

四、主要涉及指标及应用前后指标对比

矿井401103工作面回采期间,在临空侧顺槽采取了以上技术方案综合防冲解危措施后,临空侧冲击影响得到了有效控制,未出现较明显的冲击显现事件,至工作面回采结束共发生105J能级震动8次,105J以上震动0次。在临空侧顺槽采取的防冲措施后来又被不断优化应用在矿井402102回采工作面和401111回采工作面生产过程中,未发生104J及以上能级震动。

五、先进性及创新性

胡家河矿属于强冲击地压矿井,回采工作面临空侧顺槽一直深受采空区压力影响,冲击危险性高。矿井通过摸索、分析制定了能够有效减弱工作面临空侧冲击现象的技术方案。该技术对其他冲击地压矿井的灾害治理也有一定的指导和借鉴作用。

六、成果的运行成本

在施工过程中虽然增加了钻孔进尺和炸药消耗量,但相对于安全生产和减少冲击造成的巷道失修及设备损坏来说,措施投入成本是微乎其微的。

七、应用效果及推广评价

胡家河矿虽为强冲击地压矿井,但因为该方案的实施和应用有效地降低了冲击危险性,实现了连续6年的"冲击零伤害"的安全目标。

本成果为冲击地压矿井回采工作面临空侧冲击地压防治提供了防治框架和思路,适合冲击地压矿井灾害防治。

槽体可调节支护装置设计

张 辉　郭帅帅　奥 凯　郭 峰

陕北矿业神南产业发展公司

一、成果特点

本成果可满足不同规格型号的槽体调节支护,避免了耗材过度浪费,提高了维修效率

和维修质量。作业过程安全、可靠、稳定性好。

二、适用条件

该槽体可调节支护装置可满足不同规格型号槽体中底板支护，支护强度高，可根据槽体大小调节支护面，并对槽体中底板磨损面进行更换焊接，避免槽体在焊接过程中发生塑性变形。

三、成果内容

1. 基本原理

采用槽体可调节支护装置，摒弃了以往采用槽钢、钢管、圆钢等材料做支撑，以往的支撑既浪费材料，又浪费人力，劳动强度高、工作效率低。设计制作的槽体可调节支护装置，通过液压油缸左右灵活伸缩将槽体支撑，再进行对损坏、磨损严重的槽体中底板进行顺利更换。

2. 关键技术

对槽体结构进行研究、分析，将磨损严重的中底板气割后，槽体整体发生变形，在确保槽体整体不变形情况下，设计自制可调节支护装置。

3. 工艺流程

采用 2 根长 1200 mm、断面力学性能优良、侧向刚度大、抗弯能力强的工字钢制作中间架，与两节厚度为 60 mm、长度为 700 mm 的 Q345 钢板相连，同时在工字钢两侧各安装 2 根大小相等的液压油缸，连接液压管路、操作阀组使其液压油缸同时伸缩来支撑基架，安装 4 个滚轮，可移动自如，如图 1 所示。

四、主要涉及指标及应用前后指标对比

（1）成果使用前相关指标值。未进行改造前，使用圆钢、槽钢、钢管等材料对槽体支护，每节槽体需投入工时 68 h，采用新支护装置后，每节槽体仅需投入工时 19 h，因此，每节可节约人工工时约 49 h。既提高了工作效率，又保证了维修质量，同时避免了耗材过度浪费。

（2）主要涉及成果指标及指标值。经设计自制的槽体可调节支护装置，一次制作，长期使用，避免了耗材过度浪费，提高了维修效率和维修质量。该装置作业过程安全、可靠、稳定性好，在更换中底板过程中合格率能达到 99%，甚至 100%。

五、先进性及创新性

采用槽体可调节支护装置，摒弃了以往采用的钢材做支撑，钢材支撑不可重复使用，材料过度浪费。采用槽体可调节支护装置，作业简单方便、灵活、安全、可靠，提高了工作效率和降低了人员劳动强度。

六、成果的运行成本

（1）按原更换方式进行中底板更换，每节槽体需投入工时 68 h，采用新支护装置后，

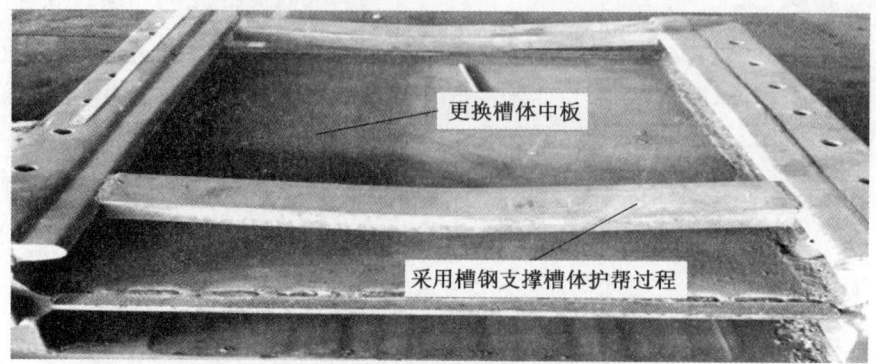
(a) 原采用圆钢、槽钢支撑槽体更换中板图

(b) 设计制作的可调节支护装置图

(c) 使用可调节支护装置后效果图

图1 工艺流程

每节槽体仅需投入工时19 h，因此，每节可节约人工工时约49 h，按每年更换70节计算，每年按节约人工费约13.72万元。

（2）采用新支护装置后，材料可重复使用，避免了钢材浪费，钢材约7100元/t，每年可节约钢材10.5 t，节约材料费约7.455万元。

综上所述，采用新支护装置更换槽体中底板后，每年可节约费用约21.175万元。

七、应用效果评价及推广前景

槽体可调节支护装置具有以下优点：经设计自制的槽体可调节支护装置，一次制作长期使用。避免了耗材过度浪费，提高了维修效率和维修质量。该装置作业过程安全、可靠、稳定性好，值得推广。

液压支架远程遥控系统的设计应用

白来平　杨晓斌　马志强　杜　鹏　高　凡

陕北矿业神南产业发展公司

一、成果特点

液压支架远程遥控系统的设计应用实现了掩护支架由手动操作到远程无线遥控操作的改变，极大地改善了液压支架工作业环境，省去了作业人员反复穿梭在各台液压支架之间的时间消耗，降低了劳动强度。采用防爆铅酸蓄电池，解决了液压支架电液控系统无集中供电后不可继续使用的问题。

二、适用条件

本成果不仅适用于液压支架回撤施工中，还能够推广应用在各类环境复杂、不适宜操作人员直接操作的液压设备上，有效保障了安全生产。

三、成果内容

1. 基本原理

液压支架远程遥控系统设计主要分为控制系统、控制箱及遥控器设计，满足防爆、外形、连接、供电、标识及通用六大要求。硬件主要包括1只发射器、5台接收机、1台智能脉冲修复充电器。发射器每个按键对应一个动作，也可组合动作；接收器自带充电电池，不用额外供电即可完成对支架的操作。发射器和接收器均可互换，在更换时只要用对码器配对即可使用，实现遥控距离达50 m。

2. 关键技术

（1）遥控系统。遥控系统由2部分组成，即FYF35-18本安型遥控设备和FYS35接收设备。一套系统包括2个遥控设备和10个接收设备，使用时分两组，每台遥控设备通过切换按键可以分别控制5个接收设备中的每一个完成对液压支架的远程操作。遥控设备每个按键对应一个动作，也可组合动作，遥控系统控制示意图如图1所示。

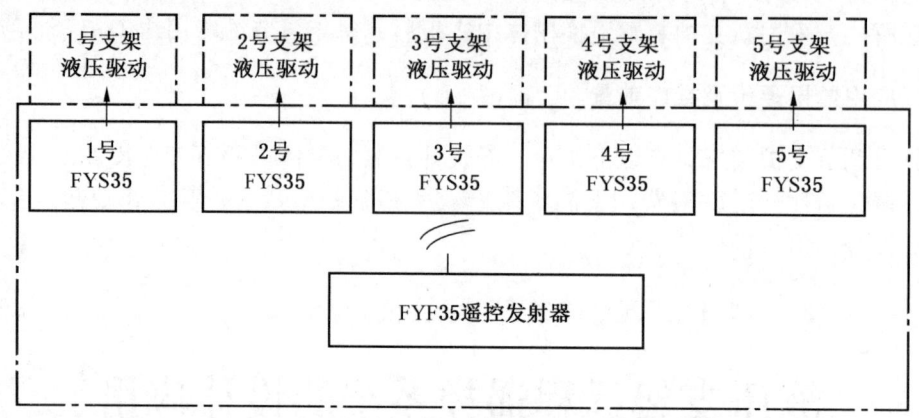

图1　遥控系统控制示意图

FYS35接收设备自带充电电池，不用额外供电即可完成对支架的操作，兼容多种液压控制器协议，通过1根通信电缆与液压支架电磁阀连接，接入即可操作。硬件和软件均可扩展，为今后软硬件升级奠定基础。遥控设备和接收设备均可通用，在更换时只要对码器配对即可。

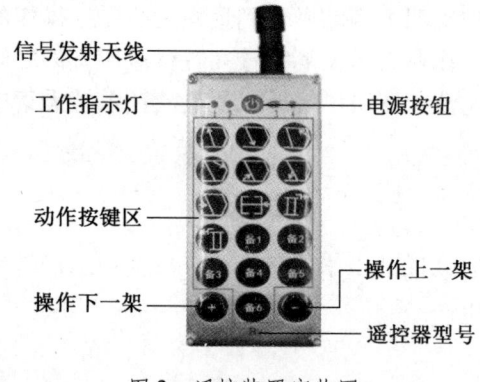

图2　遥控装置实物图

（2）遥控设备（图2）。遥控设备共有1个电源按键，16个动作按键可控制8个电磁阀双向动作，2个接收设备切换按键（+，-）。设备内采用美国德州仪器32超低功耗单片机，电池充满电使用时间超过100 h，待机时间超过1年。同时采用西门子RF射频模块，具有超强抗干扰性能。FEC+CRC无线通信算法，适用于恶劣的工业环境。使用工业用镍氢充电电池和本安保护芯片制作的专用电池包，安全耐用，循环充放电大于200次。设备外壳采用不锈钢和增强阻燃塑料，全密封设计，防护等级IP67。

（3）接收设备（图3）。接收装置内部采用西门子超低功耗RF射频模块，具有超强抗干扰性能。装备外置CONM/4C输出接口可直接控制多种型号的液压驱动器和驱动板，软件兼容主流电磁阀厂家的控制和通信协议。接收装置内置智能管理可充电镍氢电池，稳定可靠。连续使用时间大于72 h，间隔1 h不操作情况下进入待机模式。接收装置核心采用美国德州仪器32位高速低功耗单片机和外围控制芯片，处理能力强，功耗低，能够延长电池使用寿命。同时采用FEC+CRC无线通信算法，适应恶劣的工业环境。

3. 工艺流程

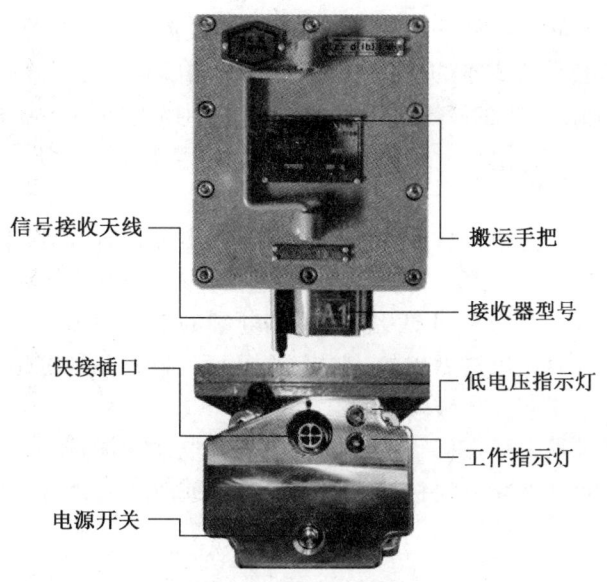

图3 接收装置实物图

液压支架回撤采用从中间向两边的回撤顺序,当工作面三机设备回撤完成后,液压支架开始准备回撤,回撤前"开口调向"。当液压支架具备回撤条件时,在液压支架上安装接收装置,分别布置在主掩护支架、副掩护支架、三掩护支架、四掩护支架及待回撤支架上。支架与设备间采用有线连接,连接线具有通用性。布置完成后,设备开机即可进行液压支架操作。通过遥控器控制完成待回撤支架的回撤,当回撤完成后,将接收设备移至下一台,循环往复,最终完成全部液压支架的回撤施工。

四、主要涉及指标及应用前后指标对比

该成果设备投入使用后,每个回撤工作面单班可减少液压支架工2人,根据实际应用统计,使用该设备后,减少了液压支架工在待回撤支架和专用掩护支架内频繁穿梭,每班可多回撤2~4台液压支架,与其对应的回撤工期平均可缩短1天零1小班。

五、先进性及创新性

(1) 无线遥控技术在搬家倒面乃至煤矿开采行业的应用尚未普及,该项目为行业向自动化迈进做出了有益探索。

(2) 项目产品集成了多种品牌的电磁阀控制协议,为电磁设备集中控制和配件通用化奠定了技术基础。

(3) 可充电铅酸蓄电池的使用有效地减少了铺设供电系统的材料消耗,为煤矿井下低电压设备供电提供了一种可行的解决方案。

六、成果的运行成本

该项目设备投入使用后,每个回撤工作面单班可减少液压支架工2人,按照人工成本400元/工计算,每班减少人工费800元,以300 m长、5.8 m采高工作面的液压支架回撤平

均耗时 26 个班次计算，单面可节省人工费用 2.08 万元，全年完成 25 个回撤工程，可节省人工费 52 万元/年，减去单套设备成本约 16 万元，年产效益约 34 万元。根据实际应用统计，使用该设备后，每班可多回撤 2~4 台液压支架，与其对应的回撤工期平均可缩短 1 天零 1 小班。

七、应用效果评价及推广前景

该成果的应用将液压支架工从原操作工位中解放出来，有效规避了液压支架回撤时三角区（采空区）带来的安全风险，同时因无线遥控可选择更安全的操作站位，进而能够消除平衡油缸坠落、钢丝绳崩断回弹及液压管路断裂的安全隐患。此外，自动化技术的引进是搬家倒面行业向自动化迈进做出的一次有益探索；集成多种电磁设备的控制协议，是配件通用化技术上的一项重大突破。

该创新成果应用过程中存在接收器因体积限制，电池容量较小，不足以满足一项工程连续使用，计划后续通过革新电池材料增大电池容量或改为防爆外接电池供电，进而实现减少充电停机时间。

"一点多面式"综采工作面集中供电供液设计与应用

雷　鹏　黄天尘　杨转运　韩　诚

陕北矿业涌鑫公司

一、成果特点

在满足工作面设备供电半径和管路压降的前提下，采用"一点多面式"来满足多个工作面供电供液需求，解决了传统方式中综采设备列车跟随工作面回采频繁移动的问题。

二、适用条件

煤矿地质条件复杂、冲击地压问题突出，或井下顺槽工作面布置集中，或巷道地板不适宜频繁拉移设备列车的情况。

三、成果内容

1. 基本原理

根据安山煤矿三盘区 22 煤工作面布置情况，综合考虑生产布局，通过在三盘区 132201 工作面与 132202 工作面之间设立专门的联络巷，作为工作面供电、供液硐室，集中布置供电供液设备，安设乳化泵、喷雾泵、移动变压器、变频器、组合开关等设备，兼顾 132201 和 132202 两个工作面集中供电、供液。

2. 关键技术

(1) 在 132201 工作面液压支架采用电液控制系统,配合使用井下自动净水装置,通过高压胶管向工作面供液,以确保支架水质达到要求。

(2) 为减少工作面超前段传统单体支护过程存在的安全隐患,在工作面回风巷、胶运巷安装使用了超前支架,降低安全隐患,提高设备机械化程度,大大减少职工劳动强度。

(3) 工作面刮板输送机、转载机使用了组合变频控制,乳化液泵、带式输送机使用变频驱动,降低能源消耗和材料损耗,提高了人员工效。

(4) 安装乳化液自动配比装置和井下水自动净化站,减少了职工劳动强度,提高了工作面自动化程度,保证了工作面液压支架电液控系统的正常使用。

3. 工艺流程

(1) 工作面由机头硐室集中供电、供液,集中布置供电、供液设备,机头安排岗位工专人负责工作面设备的启停和运行监控。

(2) 不用跟随工作面回采过程中频繁移动设备列车,减小劳动强度,不存在拉移过程中的安全隐患。

(3) 设备列车不必安装在工作面胶运顺槽,不占用巷道空间,不影响设备检修和巷道通风。

四、主要涉及指标及应用前后指标对比

1. 成果使用前相关指标值

原先传统方式下,综采工作面设备列车安置在胶运顺槽距带式输送机机尾 200~300 m 处,运行过程中存在较多问题:①设备列车重量大、长度长,拉运时若采用回柱绞车牵引,本身存在带电搬运设备的重大安全隐患;②工作面回采过程中设备列车拉移次数多,拉运过程包括设备、附属照明、接地、液管、电缆以及轨道等设施,每次拉移至少需要 30 多人参加,劳动强度大,工作效率较低;③设备列车布置在胶运顺槽,阻断了工作面及运输顺槽设备部件的更换运输空间,让检修空间狭窄,人员轮转效率低,严重影响工作面设备检修效率;④巷道起伏段,设备列车存在拉移困难,且易发生跑车或翻车事故,危及设备和人员安全,存在较大的安全隐患。

2. 主要涉及成果指标及指标值

该项目结合矿的实际情况,根据三盘区工作面布置情况,将工作面设备列车全部设备集中安设在顺槽机头,在 132201 与 132202 工作面之间设置设备联巷,同时兼顾两个工作面供电供液。机头安排专人负责工作面设备启停和运行监控。设备列车不必安装在工作面胶运顺槽,占用巷道空间,不影响设备检修和巷道通风。电液控使用及集中供电供液,大大提高了人员工效,节约人力成本约 32.4 万元(按照每天 3 班,每人每月 9000 元计算),变频驱动每月可节约用电约 2.0×10^5 kW·h,每年节约电费约 102.3 万元。该方式可灵活运用于采面布置集中,工作面电缆、管路压降满足要求的情况,集中布置工作面设备,达到集中控制的目标。

五、先进性及创新性

先进性:结合矿的实际,自主研究论证,在三盘区首采工作面实现了远距离供电供液，在顺槽机头设立供电供液集控硐室，集中控制工作面设备，不必拉移设备列车，实现了陕北地区的第一例远距离供电供液成功案例。

创新性：将工作面设备列车全部设备集中安设在顺槽机头，并根据地理位置，在132201与132202工作面之间设置设备联巷，同时兼顾两个工作面供电供液，创新了传统的"一点一面"的综采工作面供电供液方式，达到了"一点多面式"的效果。

可推广性：在采面布置集中、巷道不适宜布置设备列车、不适宜频繁拉移设备列车、工作面电缆、管路压降满足要求的情况下，可集中布置工作面设备，兼顾多个工作面设备的供电供液需求，达到集中控制的目标。

六、成果的运行成本

该项目需考虑工作面布置情况，提前确定供电供液硐室位置，额外增加工作面巷道准备工作量，但固定布置变压器、组合开关、泵站等设备的安放，便于设备集中管理。该项目实施远距离供电供液，额外增加电缆、液管的一次性投入成本，但减少了设备列车的投入和频繁移动过程带来的人力成本，提高了工作面设备检修效率。

七、应用效果评价及推广

结合矿井实际，自主研究论证，在三盘区首采工作面实现了远距离供电供液，实现了陕北地区的第一例远距离供电供液成功案例。目前三盘区132201和132202工作面现已回采完毕，132203工作面马上回采结束，仍采用的是该方式进行布置，"一点多面式"的工作面集中供电供液方式已成功应用于3个工作面，设备日常使用状况良好，达到了预期的目标。

安全效益：避免拉移设备列车过程中容易发生的触电、机械伤人事故，提高工作面安全程度。

经济效益：提高人员工效，降低劳动强度，节约中途拉移设备列车所需的时间成本。

社会效益：实现远距离供电供液技术在矿井的成功应用，为后期提供了有效的案例支持。

一种考虑潜水位埋深影响的地表移动观测标尺

李恩来　李显斌　李　佳　崔宇亮

潞安化工集团王庄煤矿

一、成果特点

成果针对现有高潜水位地区传统地表移动观测容易遭到破坏而不能完整体现地表移动变形规律的问题，提供一种地表移动观测标尺。

二、适用条件

本实用新型在地表高潜水位地区地表移动观测中的应用，可以极大弥补传统观测方法在积水区域造成的地表移动观测数据缺失，对研究和分析地表移动变形规律具有重要意义。

由于采煤造成的地表沉陷是一个影响过程，在未充分采动的条件下，采煤沉陷范围和沉陷深度随着采动影响逐渐增加，沉陷积水区域和影响范围也随之增大，进而受到沉陷积水影响的观测点位不断增多，而沉陷预计结果是对采动影响的最终评价，预处理的观测点位在某一时间点不一定在沉陷积水影响范围内。本实用新型可以满足两种条件下的地表移动观测：在某时间节点，未受到采煤沉陷积水影响的预处理观测点，可以将水准尺和测站标识中心取下，仍旧利用常规观测方法进行地表移动观测；在采煤沉陷积水影响范围内的地表移动观测点，采用本实用新型的地表移动观测标尺，进行观测数据的传递，从而获取该点的地表移动数据。

三、成果内容

1. 基本原理

煤矿回采造成的地表沉陷是一个过程，在潜水位地区形成的积水区域，也是因地表沉陷越过潜水位埋深形成的。所以为了获取完整的地表移动观测数据，可以在地表沉陷之前，对地表移动观测点进行特殊处理（成果中主要探讨的是对地表移动观测点上设置一定高度的地表移动观测标尺），在形成积水区域后，利用全站仪免棱镜观测方式，以及观测标尺刻度划分，实现积水区域地表移动观测点相应地表沉陷数据的观测获取，再利用相应的数据计算方法，对地表移动观测点的地表移动数据进行获取。

2. 关键技术

成果中主要应用的关键技术设备为一种适用于积水区域的地表移动观测标尺，以及相应的数据计算方法。标尺上包含基石底座、水准尺和测站标识。基石底座的顶部中心设有螺杆Ⅰ，测站标识的底部中心设有螺杆Ⅱ，水准尺的底部中心设有凹坑Ⅰ，顶部中心设有凹坑Ⅱ，凹坑Ⅰ与螺杆Ⅰ连接，凹坑Ⅱ与螺杆Ⅱ连接。水准尺包括分别设有刻度的主尺和副尺，主尺和副尺之间通过若干支架连接。测站标识的中心设有全站仪免棱镜反射片，测站标识的顶部设有标识点号，如图1所示。

3. 工艺流程

地表移动观测点数据的求取主要包括水平方向

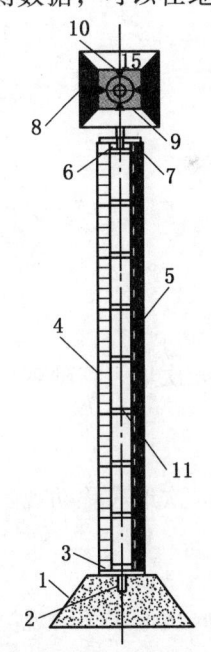

1—基石底座；2—螺杆Ⅰ；3—凹坑Ⅰ；
4—主尺；5—副尺；6—凹坑Ⅱ；7—螺杆Ⅱ；
8—测站标识；9—全站仪免棱镜反射片；
10—标识点号；11—支架

图1 标尺

的移动和下沉值，观测数据的获取是基于观测点设置的一定高度的标杆识别物所获取的观测数据，地表发生水平移动和下沉后，标杆发生倾斜，与原有垂直标杆之间存在夹角 P，标识物位置观测数据不能直接进行观测点地表水平移动的传递，而需进行必要的数据计算和分析。如图 2 所示：观测点 i 原有位置 A，m 次地表移动观测时位置为 B，并且标杆由于水平移动和沉陷导致倾斜，AB 之间的水平投影和垂直投影即为观测点 i 位置的水平移动值和下沉值，具体计算方法如下：

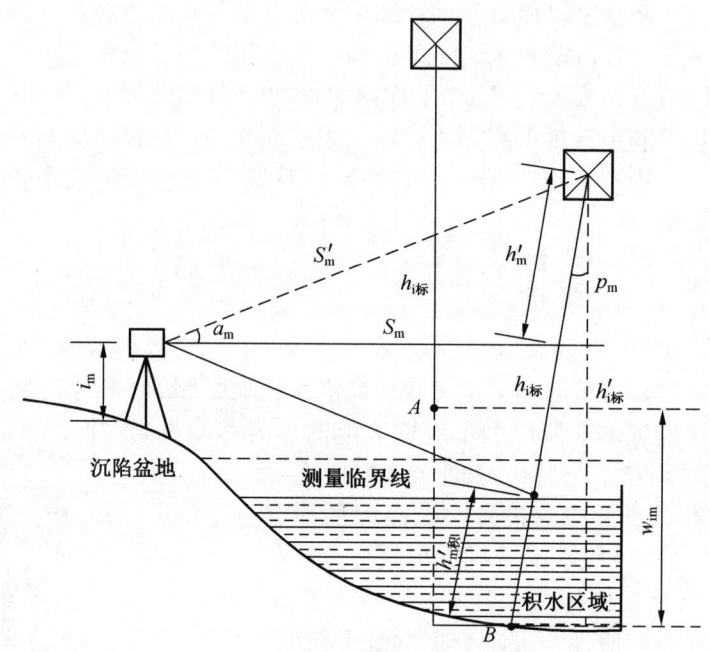

图 2　地表移动观测数据获取示意图

（1）m 次地表移动观测时观测点 i 位置标杆发生倾斜，倾斜角 P_m 计算公式：

$$\cos P_\mathrm{m} = \frac{S'_\mathrm{m} \cdot \sin a_\mathrm{m}}{h'_\mathrm{m}} \tag{1}$$

（2）m 次地表移动观测时观测点 i 位置沉陷积水深度 $h_\mathrm{m积}$ 计算公式：

$$h_\mathrm{m积} = h'_\mathrm{m积} \cdot \frac{S'_\mathrm{m} \cdot \sin a_\mathrm{m}}{h'_\mathrm{m}} \tag{2}$$

（3）m 次地表移动观测时观测点 i 位置观测标杆的垂直高度 $h'_{i标}$ 计算公式：

$$h'_{i标} = h_{i标} \cdot \frac{S'_\mathrm{m} \cdot \sin a_\mathrm{m}}{h'_\mathrm{m}} \tag{3}$$

（4）m 次地表移动观测时观测点 i 位置与仪器位置高差 $h_\mathrm{观}$ 及该点下沉值 w_m 计算公式：

$$h_{观} = S'_m \sin a_m + i_m - h_{i标} \cdot \frac{S'_m \cdot \sin a_m}{h'_m} \quad (4)$$

$$w_m = H_0 - (H_{仪} + h_{观}) \quad (5)$$

（5） m 次地表移动观测时观测点 i 位置水平移动值 u_m，（u_{mx}, u_{my}）计算公式：

$$u_{mx} = u_{mx标} \cdot \frac{S'_m \cdot \sin a_m}{h'_m} \quad (6)$$

$$u_{my} = u_{my标} \cdot \frac{S'_m \cdot \sin a_m}{h'_m} \quad (7)$$

$$u = \sqrt{u_{mx}^2 + u_{my}^2} \quad (8)$$

四、主要设计指标及应用前后指标对比

成果使用前，在高潜水位地区，采煤沉陷造成潜水位上升，在沉陷盆地内形成积水，积水区域内的地表移动观测点遭到破坏或者淹没，从而造成在地表移动观测过程中，积水区域内地表移动观测数据的缺失，破坏了地表移动观测数据的完整性，数据分析结果不能完整体现地表移动变形规律。

成果使用后，可以完全弥补传统观测方法的不足，在积水区域内布置的地表移动观测标尺未发生破坏或淹没，地表移动观测数据完整。该成果为王庄煤矿准确掌握81采区采煤沉陷地表移动规律、开展"三下"采煤活动提供了数据支撑，也为王庄煤矿类似采区地表移动观测提供了新方法、新思路。

五、先进性及创新性

该成果弥补了传统观测方法在积水区域地表移动观测数据的缺失，能够通过传统测量仪器设备（全站仪、水准仪等）完成积水区域地表移动观测数据的获取，并且满足地表移动观测数据精度的需求。

六、成果的运行成本

该成果综合了地表移动观测的所有因素，极大提高了观测效率，降低了人员消耗，每月可以降低仪器设备成本约6000元，降低人员成本约3600元，合计节省成本约9600元/月，每年可以降低成本约11.52万元，加上减少数据拟合成本约12万元，共计每年可以产生效益约23.52万元。

七、应用效果评价及推广前景

该成果提供了一种精确的地表移动观测标尺，弥补了传统方法在高潜水位地区，采煤沉陷数据缺失的缺陷，对开展地表移动观测规律和开采覆岩破坏方面的观测和研究，对开采沉陷进行准确预测，提前采用有效的采煤沉陷防护措施具有重要意义。该项目的实施，降低了采煤沉陷区域地表移动观测的资金、人员消耗，提高了数据获取效率和准确性，对研究"三下采煤"、保护矿区区域地质环境、缓解社会矛盾等具有重要的经济效益和社会效益，在矿井生产系统可以大力推广使用。

基于微震监测规律的综采面过断层期间冲击地压防治方法

石超弘　丁国利　张有志　刘晨阳

中天合创葫芦素煤矿

一、成果特点

该成果利用采掘动载扰动对断层构造应力的诱发作用，通过微震监测系统对综采工作面推进至断层期间进行监测。当工作面推进至某一位置时，开始有微震事件在断层附近发生，判定为断层开始活化，通过微震形式释放积聚的弹性能。通过过断层期间断层附近聚集的各能级微震事件、聚集程度定性判断断层周边的危险程度，并以此确定卸压时机和卸压范围，做到超前卸压、精准卸压。

二、适用条件

适用于安装有微震监测设备或安装了具备同等功能监测设备的矿井。

三、成果内容

1. 基本原理

断层构造附近赋存有异常应力，断层构造附近静载荷分布不均衡但处于应力平衡状态，在工作面推进至断层期间，断层附近静载与回采动载叠加导致断层附近煤岩体弹性能持续积聚，弹性能积聚到一定程度突破原平衡状态，开始出现微裂隙发育、贯通及断裂等现象，微震监测系统定位到一系列低能级微震事件，且微震事件开始不断聚集，以此判断断层活化、断层影响范围，确定卸压时机、判断卸压范围，并通过精准卸压以降低断层附近的应力积聚程度，降低过断层期间的冲击风险。

2. 关键技术

关键设备：ARAMIS A/E 微震监测系统。

关键技术和理论：①精准的微震事件监测定位占据基础地位；②断层活化时机及影响范围判断是确定卸压时机、卸压范围的关键之处。

3. 工艺流程（图1）

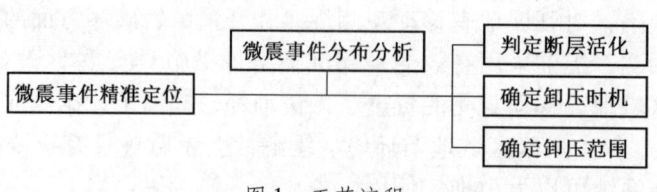

图1　工艺流程

四、主要涉及指标及应用前后指标对比

成果应用前，主要采用综合指数法、多因素增量叠加法确定断层附近冲击危险性等级和范围，并开展预卸压施工，但未明确卸压时机，卸压范围的确定也存在一定的偏差，可能造成卸压强度不足或强度过剩。

成果应用后，主要采用微震监测系统监测工作面煤岩体动态活动，根据断层附近微震事件开始发生到不断聚集，判定卸压时机，并根据微震事件聚集程度预判得出卸压范围。

五、先进性及创新性

成果创新性地引入微震监测系统、断层活化理论，通过微震事件的发生和聚集判定断层活化时机、卸压时机和卸压范围，从而实现精准卸压，降低过断层期间的冲击危险性。

六、成果的运行成本

成果是基于微震监测系统运营的附带技术分析型成本，仅需投入人工成本即可，因此投入较低。

成果通过试用、投入使用后，精准判定了断层活化时机、影响范围，做到了超前卸压、精准卸压，降低了工作面因过断层期间构造应力异常诱发的冲击显现事件发生概率。

七、应用效果评价及推广前景

成果应用效果良好，适用性广，目前仅在中天合创能源有限责任公司葫芦素煤矿试用并推广，可以推广至煤炭行业的其他井工煤矿。

自制窄巷超前自移支护装置

罗 文 高登云 吕 谋 王庆雄 翁海龙

神东煤炭集团生产管理部

一、成果特点

本成果应用可以安全高效地进行综采工作面巷道超前支护，减少作业人员劳动强度，减少作业现场的安全隐患，提升综采工作面现场质量标准化水平。

二、适用条件

本技术可应用于煤矿井下巷道超前支护。

三、成果内容

1. 应用背景

根据《煤矿安全规程》第九十七条：采煤工作面所有安全出口与巷道连接处超前压力影响范围内必须加强支护，且加强支护的巷道长度不得小于20 m。而部分综采工作面虽然机头侧采用组合支架，但支护长度大部分均达不到20 m，即使正常回采期间超前压力显现不明显，但为满足《煤矿安全规程》规定，在机头侧超前工作面组合支架处需要另外打设有超前液压单体支柱。该支柱在工作面回采推进时，需逐根单体往复外挪。这种传统的超前液压单体支护方式，单体用量大且费时费力，因此我们研究设计一种窄巷超前自移支护装置，能有效解决这一问题。

2. 主要内容

通过多次现场勘查、测量，组织相关部门一起研究探讨，自主设计、研发、改进的一种"窄巷超前自移支护装置"，该装置采用2组自移式支撑装置（可达到超前支护范围够20 m），由9根支护油缸、4根底座调节油缸、支护连接杆、操控阀、高压液管等组成。第1组自移装置由1~5号油缸组成，第2组自移装置由6~9号油缸组成，每组支护装置由前端两个并列底座油缸负责本组油缸的前移和左右微调，后面支座通过联结板和联结链传递动力，操作主控制阀安装在2号支撑油缸上，控制9根油缸的升降和4根油缸的伸缩，以达到升柱、降柱、前移、调整方向等功能，实现带式输送机运输巷顶板安全快速支护。

四、主要涉及指标及应用前后指标对比

1. 人工成本节约

没有该装置以前，该工作面每天在机头侧需要配2名超前支护工，安装该装置后此项工作仅支架工替代作业即可，按照此计算每个采煤队每年可以节约人工成本约70万元。

2. 其他成本节约

减少工作面超前支护单柱的使用和维修成本，没有该装置以前，工作面需要配备大约30根不同型号的单体支柱，按照公司内部租赁和维修费用计算，一年需要大约15万元，使用该装置后，工作面机头超前支护不需要再使用单体支柱，每年可以节约相关费用15万元。

五、先进性及创新性

（1）利用超前自移支护装置代替单体支柱，降低了工作面作业人员的劳动强度。
（2）提高综放面带式输送机机头侧窄巷超前支护安全，确保超前支护可靠。
（3）防止人员配合不当或搬运期间与设备刮卡而伤人，减少作业现场隐患。
（4）提高了工作面智能化、自动化设备装备水平。

六、成果的运行成本

本技术方法无特殊的运行成本。

七、应用效果评价及推广前景

截至 2020 年 8 月,该装置已经在神东公司多个综放工作面推广使用,安装该装置后每个工作面每个生产班组可以减员 2 人,实现减员增效目标,同时通过装备自动化设备,降低工作面作业人员劳动强度,提高作业现场支护效率和支护质量,提升工作面安全生产标准化水平。本装置可推广应用于井工煤矿综放工作面支护领域,用于综放工作面运输巷超前支护。

一等奖

机 电 运 输

解决聚丙烯反应器长周期运行瓶颈问题

毛 伟　胡双伟　耿东方　赵文亮　相伟明

神华榆林能源化工有限公司

一、成果特点

浮动端轴承运行半年后就会出现轴承温度高,打开浮动端人孔,发现内部全是细粉(图1),大多细粉因发生聚合反应而结块(图2),块料挤断了轴承加脂管线及唇封吹扫管线,导致轴承失去润滑温度升高,唇封失去吹扫而失效,严重影响装置长周期运行。拆开发现轴承外圈出现裂纹,滚珠变形,浮动端短轴、唇封、填料函等磨损严重。经过多方面分析研究,根据装置实际工况,从工艺和设备方面入手,经过一系列优化及改造,延长轴承、唇封等零件使用寿命至少2年,浮动端封头内部也没发现细粉。

图1　浮动端人孔口细粉　　　图2　浮动端封头内细粉发生聚合反应而结块

二、适用条件

此项成果应用于采用卧式反应器生产聚丙烯的工艺,反应器浮动端采用唇封,反应温度为 $60 \sim 70$ ℃,反应压力为 $2 \sim 2.5$ MPa(G)。

三、成果内容

1. 基本原理

聚丙烯反应器浮动端轴承运行半年后就会出现轴承温度高问题,严重制约着装置长周期稳定运行。经过分析研究，主要以下面几个方面为切入点，解决此项问题。

(1) 降低浮动端封头伴热温度，避免封头内部高温引起封头内细粉发生集合反应而结块。通过关小伴热线给水阀门，将浮动端封头伴热温度从80 ℃降至60 ℃。

(2) 降低浮动端唇封吹扫气温度，提高吹扫气流量，延长唇封使用寿命。浮动端原设计的吹扫气是丙烯气化系统产生的丙烯气，温度高达90 ℃，改为压缩机出口的循环气后温度降至60 ℃，避免高温引起唇封热变形，同时降低细粉发生聚合反应的可能性。将吹扫气流量从40 kg/h提高至60 kg/h，防止反应器细粉串入浮动端封头内。

(3) 增加丙烯气反吹平衡线。原设计中从反应器内部引出一根管线至浮动端封头，用来给封头内部冲压，保证反应器及封头压力平衡，此管线为平衡线。但反应器中的细粉会通过这根管线串入封头内，从而进入轴承，还会在封头内部发生自聚反应而结块。为了防止细粉进入封头，从丙烯气化系统引入洁净丙烯气反吹平衡线。平衡线反吹管线如图3所示。

图3　平衡线反吹管线

(4) 改变安装参数，避免唇封过度磨损。反应器搅拌轴向上转动时，因搅拌器桨叶托着粉料，对搅拌轴有一个向左的挤压力（图4）；搅拌轴向下转动时，因粉料重力作用，对搅拌轴有一个向下的推力（图5）。结合反应器搅拌轴运行工况，搅拌轴在转动过程中，时刻受一个左下方的推力，导致搅拌轴向左下方偏移，通过观察唇封的磨损情况，也印证了以上分析。因为搅拌轴在运行过程中始终受到左下方的推力，所以安装轴承时把轴承往右侧和上侧各移动1 mm，这样搅拌轴在运行过程中才能处于中心位置，减缓对唇封的偏磨，防止细粉穿过唇封进入封头内。

2. 关键技术

通过优化工艺操作，降低了浮动端封头伴热及唇封吹扫气温度，防止串入封头内的细粉发生聚合反应而结块；提高唇封吹扫气流量，增加平衡线反吹，防止细粉进入反应器。

从设备安装方面，调整了轴承定位数据，使轴承往右侧和上侧各移动1 mm，使搅拌

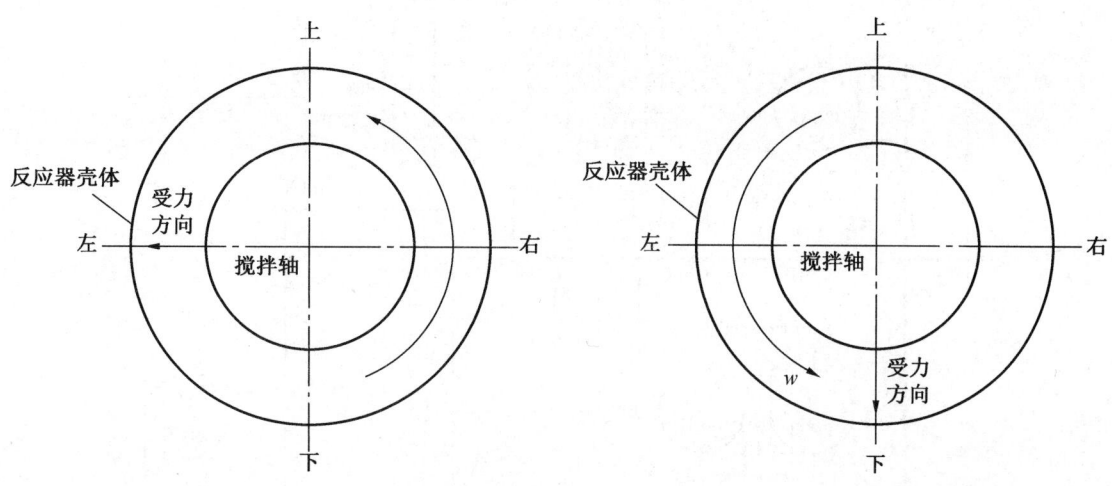

图 4 搅拌轴向上转动受力图　　　　图 5 搅拌轴向下转动受力图

轴在运行过程中始终处于中心位置,减缓对唇封的磨损,防止唇封失效,导致细粉进入轴承及封头内。

3. 工艺流程

工艺流程如图 6 所示。

平衡线处增加的吹扫气管线如图 6 所示虚框标记,吹扫气源为丙烯气化系统产生的洁净丙烯气,压力高于反应器压力,采用反向吹扫平衡线,可以防止反应器内的细粉通过平衡线进入封头内。

四、主要涉及指标及应用前后指标对比

(1) 成果使用前相关指标值。改造前反应器浮动端轴承运行半年就出现高温,装置被迫停车检修。

(2) 主要涉及成果指标及指标值。改造后反应器浮动端轴承至少运行 2a,封头内部未发现细粉,实现了装置长周期平稳运行。

五、先进性及创新性

此项改造结合现场实际情况,通过多方面分析研究搅拌轴运行过程中的受力方向,调整了轴承安装参数,减缓了搅拌轴对唇封的磨损,防止细粉进入轴承及封头内;通过分析判断浮动端封头内细粉产生的原因,从不同角度切断了细粉的来源;解决了轴承温度高问题,延长了轴承及其他零件的使用寿命,实现了装置长周期运行,创造了可观的经济效益。

六、成果的运行成本

(1) 反应器停车检修一次,开停车置换期间排放丙烯约 100 t,每吨丙烯按 6000 元计算,则每次损失 6000 × 100 = 600000 元 = 60(万元)。

(2) 反应器停车置换需要 36 h,反应器开车需要 24 h,检修需要 30 h,聚丙烯装置每

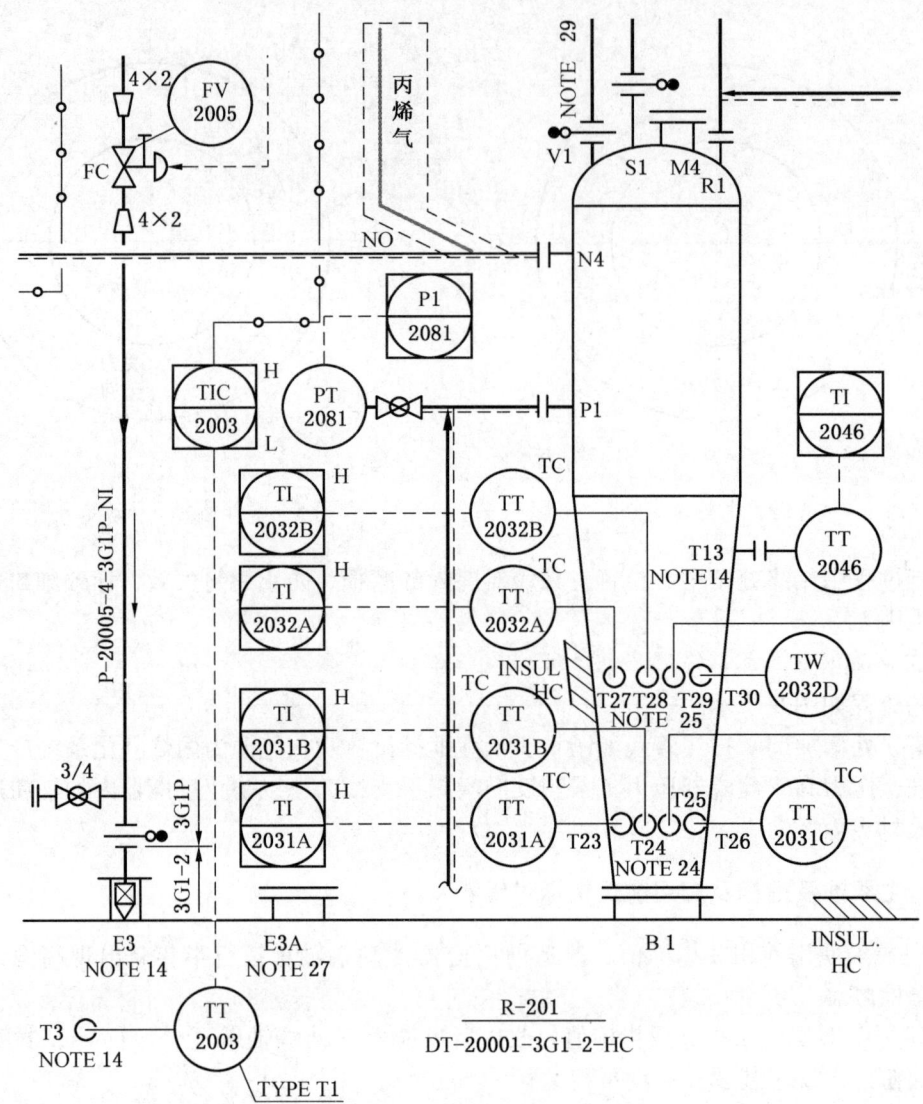

图 6　工艺流程

小时产量为 40 t，每吨聚丙烯利润按 800 元计算，则每次检修损失 $(36+24+30)\times 40\times 800=2880000$ 元 $=288$（万元）。

（3）反应器每次检修所消耗的备件费用见表 1。

表 1　反应器每次检修消耗的备件费用

备件名称	单价/元	数量/件	总价/元
浮动端短轴	142670	1	142670
唇封	19513	2	39026

表1（续）

备件名称	单价/元	数量/件	总价/元
中间分布环	4486	1	4486
唇封压盖	2628	1	2628
填料函	22350	1	22350
填料函压盖	7312	1	7312
轴承	16348	1	16348
锁紧套	10593	1	10593
花键	3501	1	3501
螺栓	1632	4	6528
合计			255412

（4）反应器每次检修花费维保费用为4万元。

综上所述，改造之前，轴承及其他附件使用寿命为半年，改造之后，轴承及其他附件使用寿命延长至2年以上，则减少装置停车检修至少3次，可节约成本（60+288+25.5+4）×3=1132.5（万元）。

七、应用效果评价及推广前景

通过研究成果采取措施，延长了反应器浮动端轴承及其他零件寿命，减少了装置停车次数，实现了装置长周期平稳运行，为公司产生了可观的经济效益，可供使用卧式反应器的聚丙烯装置参考借鉴。

分布式屋顶光伏组件可调型支架

侯惠民　胥铜莉　燕　龙　强　莹　柴宗丰　刘虹雷

铜川欣荣配售电有限公司

一、成果特点

基于陕西陕煤铜川矿业有限公司光伏厂区的实际现场需求，严格遵照光伏电站安全生产管理制度和机械设计安全标准，对系统进行模块化封装，建立完整的支架系统，分为设备层、通信层、管理层，实现了东西方向按日循环动作，南北方向按季节进行调节。

该支架的动作机构都安装有传感器反馈元件，将设备的运行状况实时反馈给上位机，通过互联网可将信息远程发送给远程终端设备，实现了对厂区设备的远程检测和管理。

系统以三台支架为一个整体进行设计安装，通过一个驱动装置驱动三台设备运行，减少了分布式的驱动设备，同时也精简了执行元件的数量从而为设备的运行监测、故障修复提供了便利。

二、成果内容

1. 总体设计方案

改造方案需与现有屋顶的承重结构、电气接口等实现良好的兼容，对原有光伏组件进行必要的扩容、接口更新与通信调试。由于光伏追踪系统安装在彩钢瓦屋顶，设计时应该考虑到屋顶的承重和抗风能力，因此支架应该满足简单轻便易控制的要求。通过对机械结构的调研，我们确定了采用步进电机/伺服电机＋减速机的驱动系统，通过一个可旋转的底座支架托住太阳能板，当电机转动时，通过减速机放大输出扭矩，带动转盘和太阳能板随太阳转动，当传动比比较大，需要电机转速较高时适合采用伺服电机，传动比较小时采用步进电机较好。考虑到对电机转速的要求不高，步进电机就能满足要求，且步进电机成本低，因此使用步进电机＋行星/涡轮减速机即可。在减速机承受转矩以内，留有一定裕度，保证减速机的输出动态转矩达到 80 N·m 以上即可。同时后背的支撑杆为可伸缩杆，轴向承受力应高于 200 N。

按照上述的思路我们设计了一套斜单轴可调俯仰角式的分布式太阳能跟踪支架。整体结构如图 1 所示。整套装置安装在一个长为 1.9 m、宽为 0.991 m 的铝合金底座框架上，框架宽与厂区现有梁间距一致方便安装。装置以电机连减速机作为驱动，通过联轴器和输出轴杆连接双轴减速机的输入轴，从而实现传动。通过单片机程序控制电机运转一定圈数和角度，经减速机降速以及放大转矩后，双轴减速机输出轴带动 T 型可旋转支架转动，从而带动太阳能板转动，实现对太阳的角度跟踪。

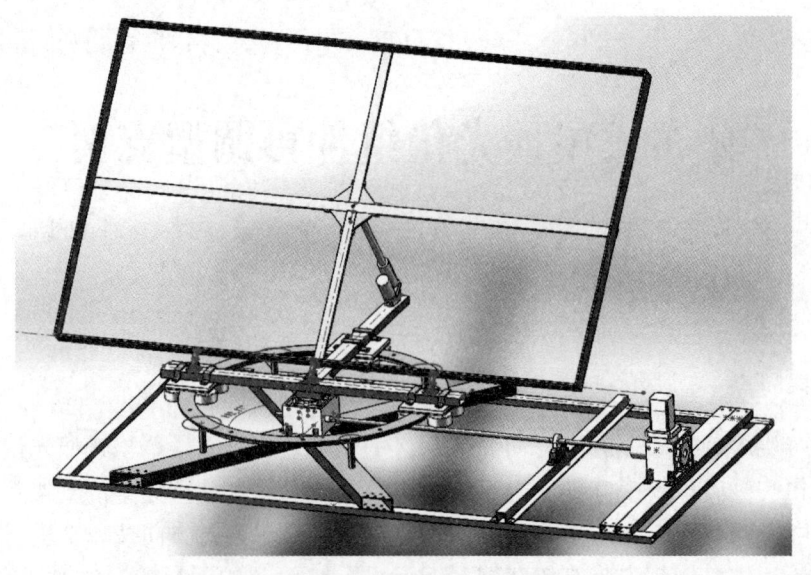

图 1　光伏可调支架整体示意图

2. 电机减速机

一套装置内有一个电机两个减速机,其中电机采用的是 86 闭环步进电机,电机输出转矩为 12.5 N·m,采用电压 60 V、功率 200 W 的电源变压器供电。步进电机常采用开环控制,闭环步进电机相较于开环步进电机,在电机内已经封装好一个编码器。编码器常用来做位置检测和速度检测,当编码器随电机转轴转动时,每转过一定角度便会输出一个脉冲,这样通过脉冲数就可以得到电机转轴实际转动的角度,再通过所用掉的时间便可以计算出电机的转速,从而完成速度检测;当电机驱动器接到控制器发出的指令以后便会开始动作,驱动器每发送一个脉冲信号电机转轴就会转动 1.8°,通过控制脉冲数以及发送脉冲速度的快慢就能控制电机转动的角度和转速。当步进电机按照指令转动后,编码器将测得的数据反送给驱动器中的 PID 模块,通过比较输入信号与反馈信号从而完成反馈调节,提高步进电机的精度,同时编码器也会在步进电机失步严重或停转时发出报警提示方便发现和检测故障。

两台减速机的型号均为 NMRV50 减速机,减速比为 1∶7.5,与电机相连的减速机的作用是将电机转速缩小,并放大驱动设备的扭矩,这样一来因降速使电机转轴的误差缩小,同时也能提供足够大转矩带动后续设备工作运行。

另一台减速机为双轴减速机,减速比也为 1∶7.5。双轴减速机有两根输入轴一根输出轴,其中一根输入轴与前一减速机通过长连杆和联轴器进行连接,另一根轴与下一级减速机的输入轴相连,从而实现一台电机控制多台减速机同时转动。同时双轴减速机还充当太阳能电池组件的底座,从而可实现太阳能板的 T 型转盘以减速机输出轴为轴心旋转。

3. 底部框架和支座

底部框架采用的是铝合金方管,长和宽分别为 1.9 m 和 0.92 m。由于长连杆长度较长,为防止重力带来的影响,故在轴上加一个轴承来提供支持力,同时也能使系统的轴都在一条直线水平上。轴承支架采用 3 mm 厚的铝合金板弯折加工而成,支架长约 1 m。减速机支架也采用铝合金方管,长度约为 1 m。

4. 轴承及轴承底座

如前面所述,使用轴承一方面可以提供支持力,另一方面可以起到辅助长连杆使整条传动线是一条直线。轴承选用孔径为 15 mm 的立式轴承,轴承底座采用 304 不锈钢材料,功能是在保证轴承和连杆装配满足的同时填充轴承支架与轴承之间的空隙。

5. 双轴减速机 X 形底座

双轴减速机 X 形底座支架上部要承载减速机太阳能板等重物,对承载能力要求较高,故采用 304 不锈钢材质,同时为减轻质量采用空心方管,规格为 80 mm×40 mm×3 mm。支架由一个长边和两条短边焊接而成,X 形的每条边长约为 1.3 m。这个支架作为整套设备中承重最大的支架,需要具备较高的强度,同时由于太阳能板等设备厂区原有设备质量约 25~30 kg,因此适当增加底盘的质量也有利于降低重心,从而防止在大风等恶劣天气中变得不稳定甚至产生安全隐患。

6. T 形转盘

本套设备中 T 形转盘是由最初的半圆形转盘简化而来,转盘旋转的轴心通过中间垫块和螺栓与下部的双轴减速机输出孔连接,减速机输出轴转动时带动 T 形转盘一起转动。T 形转盘是由两根标准铝型材构成,在拐角处使用加强筋结构,一来可以保证支架强度,二来也大大降低了转盘的重量。标准铝型材的截面尺寸为 20 mm×40 mm,T 形支架两边长分别为 0.95 m 和 0.7 m。

7. 环形滑轨和小车

由于 T 形转盘较减速机体积大且其结构并不是中心对称,其重心不在减速机输出轴轴线上,因此转盘本身的自重会对轴产生一个径向力,再加上 T 形转盘的短边还要通过伸缩杆与太阳能板相连接,在短边的远处还会有一个斜向下作用的力,再乘以一个较大的力臂也会对减速机转轴产生一个较大的扭矩,同时仅靠一个 T 形转盘也不足以使转盘在大风等恶劣天气中保持稳定不晃动,因此设计了一个环形滑轨。

环形滑轨由 3 部分构成,上表面圆环轨道、下表面圆环轨道以及滑轨的支撑腿。考虑到承重需要,滑轨采用不锈钢材质。滑轨上表面内径 350 mm,外径 400 mm,厚度为 5 mm,下表面内径 365 mm,外径 385 mm,厚度为 10 mm,滑轨上均匀打 10 个孔,上下表面之间通过 M10 的螺栓进行连接。滑轨四条腿是半径为 8 mm、长度为 91 mm 的不锈钢材质,其中有 10 mm 长的部分是直径为 M10 的外螺纹杆,外螺纹杆用来和滑轨下表面的 M10 螺纹孔配合,从而将支架的腿拧进去用以紧固,剩下 81 mm 的部分则是直径为 16 mm 的圆柱杆。支撑腿下部打有 M10 的内螺纹孔,通过螺栓将腿和下部的 X 形双轴减速机底座支架进行固定,从而完成滑轨及其上部设备的连接。

除了环形滑轨以外,在滑轨上还有 3 辆可以随滑轨转动的小车。在滑轨上安装小车沿滑轨转动,不仅可以优化滑轨与上部太阳能组件之间的连接,使零件之间的连接更加紧密牢固,与此同时还能将滑动摩擦力变为滚动摩擦力从而减小阻力,小车与 T 形转盘支架通过抱箍紧固,T 形支架的 3 个顶点分别和一辆小车连接,运用了力学上的三角形三点结构,这样还可以加强 T 形转盘的稳定性和牢靠性。

小车分为 5 个部分,上部为一个 140 mm×150 mm×10 mm 的铝合金方板,下面紧靠着的是一块 140 mm×150 mm×5 mm 的尼龙方板,尼龙方板的作用是用来润滑,减小小车和滑轨之间的摩擦力,同时还能避免噪声过大影响环境。每一辆小车有两个尼龙车轮,车轮直径为 72 mm,厚度为 30 mm,尼龙车轮和滑轨下表面轨道的两侧相切,保证小车不发生晃动。小车车轮用一根不锈钢插销轴充当轴,车轮绕轴转动,同时插销轴还充当小车车身与车轮之间的固定件。

插销轴的最上部为 M6 的螺纹孔,用以和抱箍安装固定。最上部的小圆台和中间的大圆台之间通过台阶和卡簧将车身和尼龙板卡住,大圆台下部通过台阶和卡簧卡住车轮,从而完成小车的组装。

最后一个部分就是小车最上部的抱箍,抱箍与小车插销轴通过螺栓连接,抱箍尺寸与 T 形支架吻合,安装好后就可以将其牢牢抱住,从而完成滑轨和 T 形转盘支架的机械装配。

8. 光伏电池框架

光伏电池框架采用铝合金板拼接而成,边框的尺寸和太阳能电池的尺寸相当,边框厚度为 5 mm,背部边框由一根横梁和两根纵梁拼接而成,厚度为 8 mm,同时背部框架在交界处用加强筋来辅助安装,也能加强交界处的薄弱受力点。

9. 伸缩杆

为满足光伏电池倾角可调的需求,背部的支撑杆不仅强度能够达到要求,还需要做到可以分档位伸缩,从而改变太阳能板的倾斜角度。传统的液压伸缩杆只有撑开和缩回两个挡位,不能满足设计需求,因此采用电动伸缩推杆,电动推杆不仅可以提供高达 1000 N 的支持力,还可以通过遥控器自由调节其伸缩的长度,同时该伸缩杆还装有限位装置和自锁装置,这样就可以稳定可靠地设置多个档位,并且后续还可以根据控制策略的优化灵活调整。同时伸缩杆配有霍尔反馈装置,和控制系统形成闭环反馈,确保支杆动作精确到位。

井下 YHZ80T 型液压换装站

刘二平　林逸朋　郭联锋　任本全

陕西彬长孟村矿业有限公司

一、成果特点

(1) 采用全液压结构,避免使用较为复杂的电气及控制设备,结构简单、操作简便、安全可靠、维护工作量小、运行成本低。

(2) 占用巷道空间小,安装简单,适用范围广。

(3) 换装能力强(质量 80T、高度 0~4 m),工作效率高,使用寿命长。

二、适用条件

适用于煤矿大型采掘设备工作面安装、回撤(包括拆卸、组装等)期间井下换装作业,特别适用井下空间有限且条件差的换装地点。

三、成果内容

1. 基本原理

该换装站是利用闲置的 2 台 ZQL2×6000/23/45 型液压支架、4 根组合梁、8 条 $\phi 34 \times 126$ mm 链条、8 个 30T 卸扣和 8 个 15T 吊钩等改造制作而成。将 2 台支架分别平行布置在副井底车场 1 号交叉点巷道两侧(间距为 3 m)作为起重机,4 根组合梁为起吊梁,链条、卸扣及吊钩组合为吊具,利用综采工作面乳化液泵站供给的高压乳化液(浓度为 3%~5%、压力≥16 MPa、流量≥200 L/min)为介质,通过操作控制手柄使 2 台液压支架同步升降来实现设备的换装。

2. 关键技术

该换装站采用全液压结构,避免使用较为复杂的电气及控制设备,结构简单,并且可以替代传统的电动换装硐室,节约投资约 385 万元。

3. 工艺流程

采掘设备工作面安装时换装工艺流程：设备装入矿用平板车由地面经副立井下井→进入换装站→吊具挂好设备→将换装站操纵手柄打到"上升"位→起吊设备到合适高度→矿用平板车退出→矿用无轨胶轮车驶入→将换装站操纵手柄打到"下降"位→设备装入矿用无轨胶轮车内→摘去吊具→矿用无轨胶轮车将设备运输至工作面安装地点（换装站具备姿态调整功能，便于大型设备井下拆卸、组装）。

采掘设备工作面回撤时换装工艺流程：设备装入矿用无轨胶轮车由工作面回撤地点运出→进入换装站→吊具挂好设备→将换装站操纵手柄打到"上升"位→起吊设备到合适高度→矿用无轨胶轮车退出→矿用平板车推入→将换装站操纵手柄打到"下降"位→设备装入矿用平板车→摘去吊具→矿用平板车将设备经副立井提升至地面。

四、主要涉及指标及应用前后指标对比

（1）成果使用前相关值。孟村矿井（属于基本建设矿井）初步设计中，井下换装硐室采用 40 kW 的防爆电动双梁桥式起重机进行换装作业，其电气及控制设备较为复杂、故障率高、维护工作量大、运行成本高。该换装硐室开拓工程费用、换装设备购置及安装工程费用预计需投资 385 万元。

（2）主要涉及成果指标及指标值。该液压换装站在孟村矿井 401101 综采工作面设备回撤过程中投入使用，安全高效地完成工作面 105 台 ZF1300/21/40 型液压支架及大型设备换装升井任务。

五、先进性及创新性

该换装站为全液压结构，避免使用较为复杂的电气及控制设备，结构简单、操作简便、安全可靠、维护工作量小、运行成本低，可以替代传统的电动换装硐室。利用矿井闲置设备进行改造再利用，不仅盘活了设备，而且为矿井节约了投资。

六、成果运行成本

该换装站是由综采工作面乳化液泵站供给的高压乳化液（闭式液压系统）作为工作介质，提高综采工作面乳化液泵站利用率，运行成本更低；因该换装站结构简单，故障率低，日常维护费用及人工工时费用更低。

七、应用效果评价及推广前景

通过分析、研究、现场实践证明，井下 YHZ80T 型液压换装站可以有效解决煤矿井下采掘大型设备（液压支架、采煤机大件、综掘机大件等）的工作面安装、回撤换装作业问题，可以替代电动换装硐室，节约投资；占用巷道空间小，安装简单，特别适用于煤矿井下条件差的换装点；采用全液压结构，结构简单、操作简便、安全可靠、维护工作量小、运行成本低，社会效益明显，具有一定的推广价值。

关于830E-AC220T矿用卡车动态制动系统的优化改造

李复东　邵满泉　薛　州　陈晓勇

神华北电胜利能源有限公司设备维修中心

一、成果特点

神华北电胜利能源有限公司设备维修中心目前共有55台型号为830E-AC220T矿用运输卡车。在卡车制动系统中，使用最频繁、最直接有效的制动方式就是动态制动。在卡车行驶过程中，驾驶员使用动态踏板发出减速请求时，电脑会根据驾驶员操作行为反馈，控制直流接触器RP1、RP2及削波器1、削波器2吸合接通动态制动电路，通过电阻栅片进行多余电能消耗，以此实现卡车动态减速。其中，最重要的电气元件就是直流接触器RP1、RP2，通过一组动静触头组合接通动态电路，在长期维修中发现，受露天矿地形条件、卡车驾驶员操作、触头材质等影响，接触器在使用过程中状态极其不稳定，经常发生触头粘连情况，威胁卡车运行安全，经维修人员长期维修总结以及学习，利用830E-12号卡车整机状态监测与修复机会对其进行动态系统优化改造。

二、适用条件

该成果应用于现存露天煤矿内部型号为830E-AC及MT-4400的所有220吨级运输卡车。该成果旨在利用高科技技术手段替代老旧触头式接触器，从根本消除火灾隐患。

三、成果内容

1. 基本原理

220T卡车是通过交流电驱动的矿用后倾翻式自卸卡车，它以康明斯公司QSK60柴油发动机的转速驱动交流主发电机，由专门励磁系统对主发电机励磁，交流发电机为门极驱动整流器和整流二极管组件提供三相交流电，整流二极管组件将交流电转换成直流电，完成整流工作，然后经直流母线将此直流电供给各IGBT（绝缘栅双极型晶体管）进一步逆变为可调三相电源，最后输送至两个轮马达，使马达电机工作。工作原理如图1所示。

2. 关键技术

利用新型大功率IGBT模块的开关特性，使用光纤信号控制，在卡车需要进行能耗制动时，电脑收集驾驶员意图信息，利用光纤信号控制模块闭合导通，从而达到制动效果。

（1）散热系统。在原始情况下，削波器不需要冷却风道输送冷却风进行降温冷却，在使用新型IGBT模块后，由于内部大功率元件关断频繁，必须进行冷却降温以保证工作正常。首先需拆除直流接触器RP1、RP2及削波器1和2的正负极模块，然后按要求尺寸

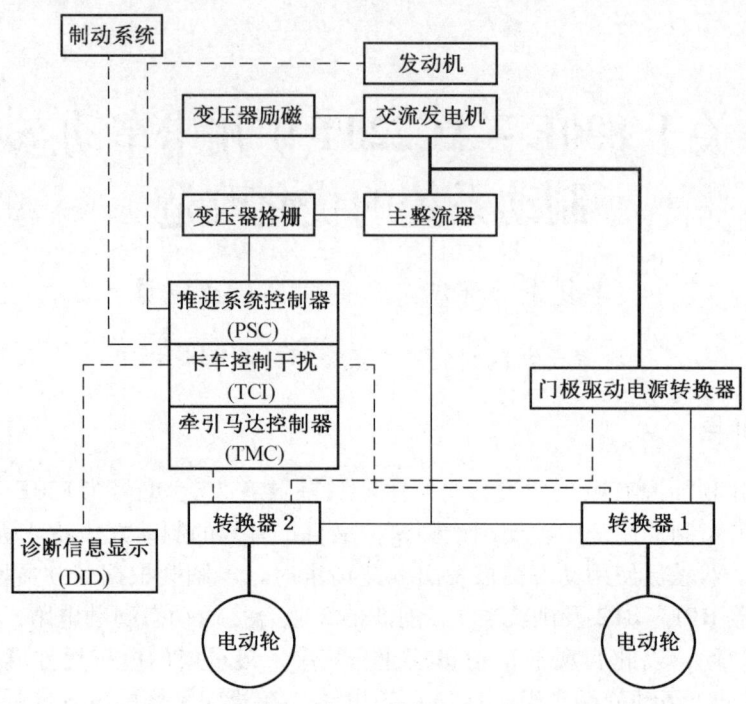

图 1 基本原理

对冷却风道进行切割处理，具体如图 2 所示。

（2）配件安装。新型 IGBT 模块相比旧款不区分正、负极性，一个模块控制一部分系统，新型 IGBT 模块节约一半的维修费用。在更换新型 IGBT 模块时，多层线路板一同更换，以满足新模块的孔位要求。使用多层线路板连接直流母线及滤波电容，根据要求安装 IGBT 模块。结果如图 3 所示。

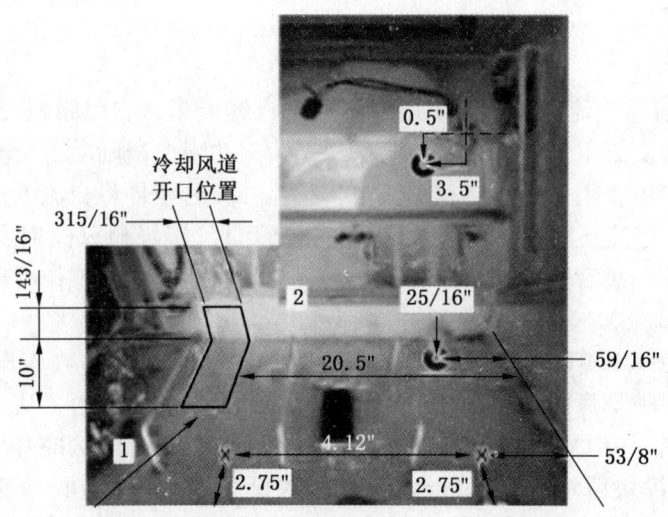

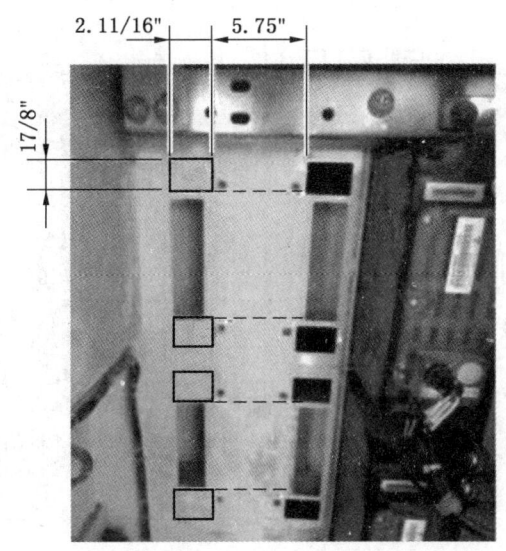

图 2　模块开口位置

(3) 电路连接。改造后所有配件安装在相模块电器柜内，CM1、CM2 代替原 RP1、RP2 接触器，必须将原接触器输出线束接入 CM1、CM2 输出端，CM3、CM4 作为制动扩展模块代替原削波器。

重新连接光纤线束至控制柜光纤卡备用插口（线路如图 4 所示），通过光信号控制 IGBT 模块，以实现模块的迅速关断。卡车所有 IGBT 模块都是由光纤信号控制，通过控制柜内光纤卡统一发出命令。光纤通信具有灵敏度高、抗干扰能力强、线径细易安装等特点，使用光纤控制 IGBT 模块每秒可通断 6000 次以上。

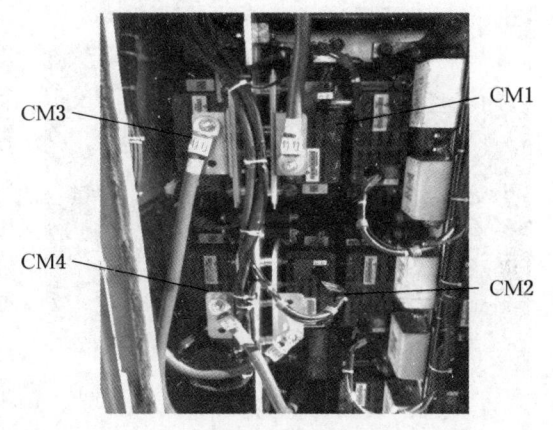

图 3　配件安装

连接 IGBT 模块线束，原 RP1F、RP2F 分别接 CM1、CM2，CM3、CM4 分别接入 CVB-CAPL 端、CVBBAPL 端，对新改造线束做好防护措施，拧紧防水接头，防止线束与柜体磨损接地，如图 5 所示。

(4) 更换新风道出口。该项改造需更换主整流出风口挡板及 3 块接地电阻出风口挡板，新挡板与原挡板相比较减少了出风口数量，以保证有充足的冷却风流入 CM1、CM2、CM3、CM4 模块。

(5) 软件升级。新的相模块需要新的程序支持，需使 2 张 17FB187 卡替代 17FB174，2 张 17FB190 替代 17FB179 卡，写入全新版本程序升级卡件。新版本的程序除增加了新模块控制指令外，还对故障码进行了补充，保证改造后的正常运行。

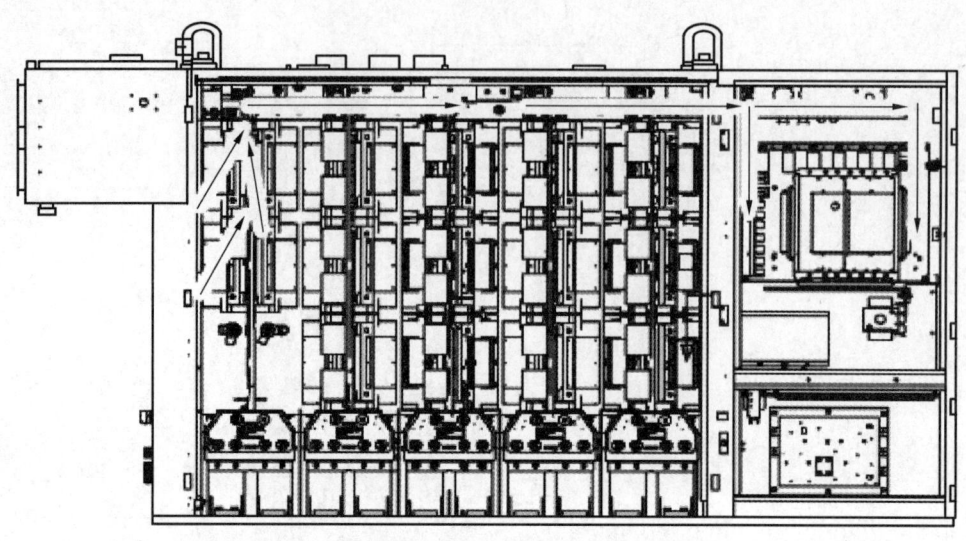

图 4　光纤线束布置图

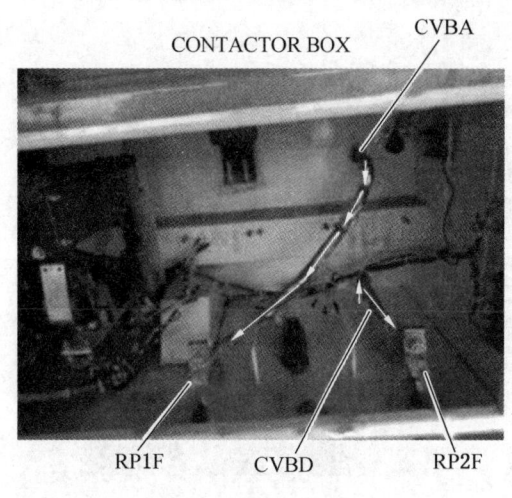

图 5　接触器电路

（6）动静态调试。改造完毕后首先需要对电气部分进行绝缘测量，使用摇表分别对电阻栅部分、IGBT 模块部分、电器柜部分进行检测，确保改造后无线路接地。然后通电使用电脑连接卡车终端进行静态测试，静态测试包括电源测试及负载测试。对系统接入电源，模拟卡车运行时各元件的动作情况，通过人机交互界面显示数据变化判断是否正常。动态测试需要卡车真正地行驶起来，通过驾驶员的操作看设备是否满足驾驶需求。

四、主要涉及指标及应用前后指标对比

（1）成果使用前相关指标值。成果使用之前，采用直流接触器，利用动、静触头组合的形式，工作过程中，电流大、易损坏，触头更换频率较高，存在较大的火灾隐患，仅仅依靠人工定期进行巡检，无法从根本上杜绝火灾及火灾隐患。

（2）主要涉及成果指标及指标值。该成果涉及的指标项包括电流信号采集、光纤信号控制，晶闸管性能、报警功能等。该成果使得故障以故障码的形式直观显示在驾驶室内。

五、成果的运行成本

该成果研发费用为 100 万元左右，自 2020 年初投入安装运行以来，每台车可产生经济效益约 243 万元，并且有效避免了火灾事故的发生。

采煤机整体式链轮开发与应用

卜 闯　薛 军　索智文　刘显贵　刘 鑫

神东煤炭集团高端设备研发中心

一、成果特点

目前神东公司使用的采煤机链轮存在内部轴承散架、连接螺栓断裂导致链轮分体问题，通过对采煤机链轮结构及分体原因分析，进行全面设计改进，具体成果如下：

（1）改变原链轮根齿轮与齿轨轮分体式设计，根齿轮与齿轨轮采用过盈配合安装，根齿轮和齿轨轮止口接触面焊接，保证链轮整体结构强度。

（2）采煤链轮轴承由圆锥滚子轴承改为调心滚子轴承，彻底解决内在轴向力问题。

（3）为国内煤炭行业解决采煤机链轮分体提供技术方案。

二、适用条件

采煤机整体式链轮适用综采工作面采煤机。

三、成果内容

1. 基本原理

采煤机链轮是采煤机重要零部件，负责采煤机的行走。目前国内外采煤机链轮均为分体式结构，其中进口 JOY 采煤机链轮的根齿轮与齿轨轮采用轴与盲孔间隙配合安装，通过 4 个 ϕ25.4 mm 圆柱销传递扭矩，实现采煤机行走。对于煤层较硬、割岩割矸冲击载荷较大工作面及采煤机链轮承受较大轴向力时，采煤机链轮承载能力不足，圆柱销断裂，螺栓剪断，轴承散架，链轮分体。

2. 关键技术

结构方面：将原采煤机链轮根齿轮和齿轨轮使用的连接螺栓固定结构改为过盈安装加焊接结构，通过过盈内应力和焊接固定保证链轮整体强度，从结构上避免链轮分体情况。

材质方面：链轮采用 18Cr2Ni4W 材质，提高了链轮的整体强度、渗碳深度和表面硬度，提高了链轮的可靠性。

3. 工艺流程

采煤机整体式链轮（图1）：根齿轮需加热，齿轨轮需冷冻进行装配，焊接采用焊前预热、焊后保温处理，去除焊接应力。在各零配件尺寸检测合格的条件下装配，保证链轮合理过盈量，通过根齿轮与齿轨轮过盈产生内应力及焊接力满足链轮正常使用所需的扭矩传递。

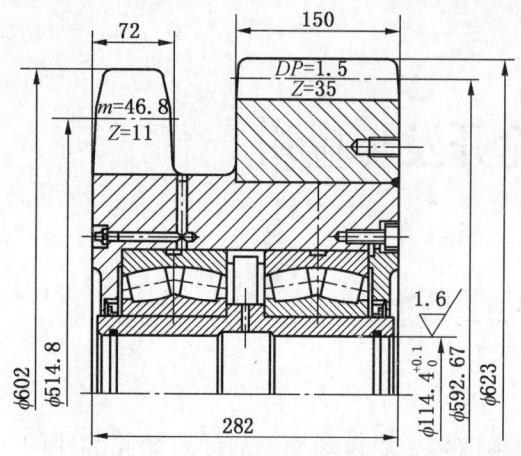

图 1　采煤机整体式链轮

四、主要涉及指标及应用前后指标对比

（1）成果使用前相关指标值。原采煤机链轮分体概率约 10%，大大影响了综采工作面高效回采工作。

（2）主要涉及成果指标及指标值。采煤机整体式链轮连接可靠，解决了链轮分体问题，链轮使用寿命提高 30%。

五、先进性及创新性

采煤机整体式链轮是一种全新结构设计形式，通过对原采煤机链轮结构分析，具体创新如下：

（1）改变原链轮根齿轮与齿轨轮分体式设计，根齿轮与齿轨轮采用过盈配合安装，根齿轮和齿轨轮止口接触面焊接，保证链轮整体结构强度。

（2）采煤机链轮轴承由圆锥滚子轴承改为调心滚子轴承，彻底解决内在轴向力问题。

六、成果的运行成本

原进口采煤机链轮 34.7 万元，每次链轮分体需更换新链轮。采煤机整体式链轮 12.4 万元，每台 7LS6C 采煤机一个大修周期平均使用 12 件链轮，链轮分体占比约 10%，采用采煤机整体式链轮，1 台采煤机可节约费用 22.3 万元。按照公司在用 7LS6C 采煤机 12 台计算，整体式链轮可节约 267.6 万元。

采煤机整体式链轮可降低采煤机的故障频次，提高生产效率，降低企业生产成本、维修成本，为企业安全高效生产提供保障。

七、应用效果评价及推广前景

效果评价：采煤机整体式链轮结构可靠，使用效果良好，满足采煤机工作使用要求。

实际案例：采煤机整体式链轮在神东公司锦界煤矿、大柳塔煤矿 7LS6C 采煤机进行试用，使用效果较好，无采煤机链轮分体现象，保证采煤机安全可靠运行。

前景展望：采煤机整体式链轮可在国内外采煤机全面推广使用，对综采工作面工况条件恶劣，采煤机承受轴向力较为突出工作面有较好的使用效果，可为国内外采煤机链轮分体提供此类问题解决方案。

掘进机二运转载带式输送机机尾自动转载连接装置

王海川　马正康　王 晨　郗 露　鲁思远

潞安化工集团常村煤矿

一、成果特点

（1）掘进机二运转载带式输送机机尾自动转载连接装置可以有效保证掘进机刮板输送机机头落煤中心与二运转载带式输送机运行方向中心线始终保持一致，转载机输送带不偏离掘进机刮板输送机机头落煤区。

（2）实现了掘进转载带式输送机在大角度掘进中能够相对上下、左右大幅度转动，有效解决了煤巷掘进上下坡、拐弯大角度掘进难题。

（3）顺利完成掘进机刮板输送机煤炭正常转载，提高掘进效率和设备周转率，避免了重复设备投入和搭接漏煤强行拐弯问题，让高效掘进迈出新的步伐。

二、适用条件

适合煤矿掘进机领域，是煤矿掘进机在煤矿巷道大角度拐弯的掘进中，掘进机转载带式输送机与掘进机连挂的一种新技术和装置；实用新型、装置结构简单，适用大角度（40°~90°）相对转动；针对转载带式输送机与掘进机原挂连的水平旋转出现卡拌的地质变化区域适应性强；对掘进机刮板输送机机头落煤中心偏移的条件适应性强，保证掘进机刮板输送机与掘进机转载带式输送机在大角度掘进时，安全高效运行，顺利完成掘进各项作业。

三、成果内容

1. 基本原理

利用"抛物线中心立轴旋转法"工作原理，设计和制造了大角度立轴锥盘座，实现二运架万向摆动。将上部输送机机头落煤抛物线垂直中心作为下部输送机的水平旋转立轴，实现二部输送机大角度完全转载。结构上，利用掘进机机架尾部二运连接成上下左右可调节的旋转臂，实现一运和二运的大角度拐弯，煤流完全顺利自动转载。

2. 工艺流程

如图1所示，用2根包箍将承载梁与掘进机转载机原连挂连接；在转载带式输送机机架下部,将横架与转载带式输送机机架固接;用轴将立架与横架相铰接;将立架底部的立销插入承载梁前部的立孔中。承载梁前部的立孔垂直中心与掘进刮板输送机机头的落煤区中心点相重合。

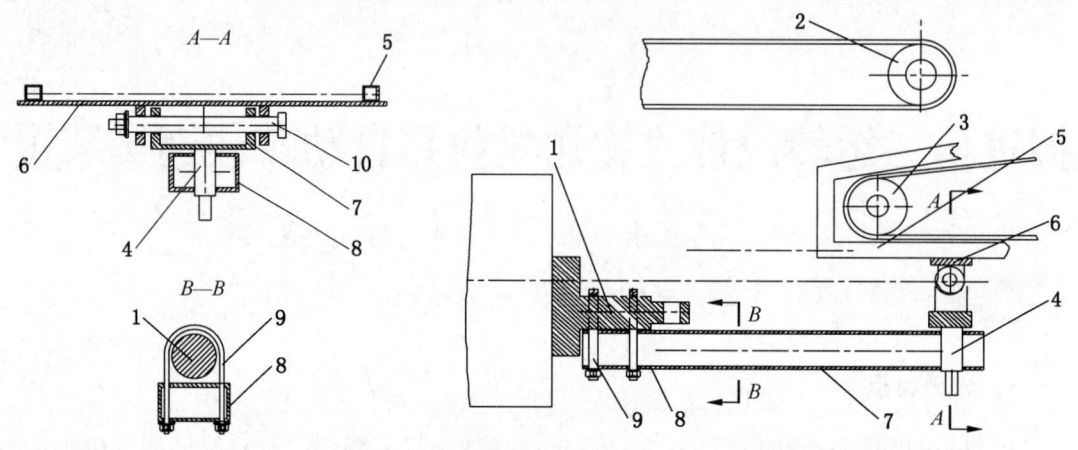

1—连接柱;2—刮板输送机;3—带式输送机;4—立销;5—带式输送机机架;
6—横架;7—立架;8—承载梁;9—包箍;10—轴;11—立销

图1 工艺流程结构图

转载机机架可以立销的垂直中心线为轴线进行水平大角度旋转,保证掘进机刮板输送机与掘进机转载带式输送机在大角度(40°~90°)相对转动时,转载机输送带不偏离出掘进机刮板输送机机头落煤区,与掘进机刮板输送机能够完成煤炭正常转载。

转载机机架可以以轴的轴线为中心作上下摆动,保证转载机行走时随着地面高低不平上下摆动。

四、主要涉及指标及应用前后指标对比

(1) 成果使用前相关指标值。常村煤矿对高瓦斯矿井巷道开口,进行了施工统计。据统计,该矿共计开口巷道11个,其中机掘开口9个,炮掘开口0个,人工风镐开口2个,机掘开口占比82%,人工风镐开口占比18%。机掘开口效率:开口施工长度平均为5 m,用时3个小班,效率为1.7 m/班,每班出勤人数为13人。人工风镐开口效率:开口施工长度平均为20 m,用时15个小班,效率为1.3 m/班,每班出勤人数10人。2019年上半年掘进进尺为4847 m,其中人工风镐施工巷道长度为40 m,占比0.8%;炮掘长度为285.5 m,占比6%;机掘长度为4521.5 m,占比93.2%。

(2) 主要涉及成果指标及指标值。经过研究、设计、制造、地面试验和改进后,在常村矿井下N3-13轨顺巷进行了工业性试验,实现了掘进机大角度拐弯开口掘进机刮板输送机与二运转载带式输送机的顺利煤流转载,实现了掘进机大角度拐弯开口截割、铲装、运输、转载的同步工作。与人工风镐开口、炮掘开口和掘进机端煤开口等工艺相比,"掘进机二运转载带式输送机机尾自动转载连接装置"运行以来,矿井巷道开口和拐弯施工统计，机掘开口原来施工长度平均为5 m，用时1个小班，同比减少2个小班，效率为4~5 m/班，与原来机掘相比提升60%；每班出勤人数减少为6~8人。人工风镐开口施工长度平均为20 m，用时4个班，减少11小班，效率提升90%。每次开口、拐弯成本同比下降7000元。11个掘进面，可节约77000元，减少刮板输送机、带式输送机设备投入费用指标35万元，总计节约增效42.7万元。

解决了煤矿掘进机大角度巷道开口煤运系统和装备技术的难题。项目成果的成功完成，为今后常村矿和潞安集团、煤炭行业掘进机大角度开口开创了新的方法、工艺和装备，提供了经验和支持。

拐弯开口技术和装备可以减小掘进机开口抹角尺寸和抹角量，与原来机掘相比，效率提升60%，减轻工人劳动强度，增加掘进和矿经济效益。

人工风镐开口效率提升90%，可以淘汰人工风镐开口，替代炮掘开口，提高了安全性和掘进效率，大大减轻工人的劳动强度。

五、先进性和创新性

实现掘进机与其机尾悬挂的煤运带式输送机（二运）之间的大角度（正负90°）相对摆。实现在掘进机大角度拐弯开口时，掘进机刮板输送机（一运）机头落煤大部分依然能够落在二运带式输送机上。满足强度要求，提高掘进机大角度开口效率，大幅度减轻掘进机大角度拐弯时工人劳动强度。实现掘进机大角度拐弯一体性掘进，提高了掘进工作效率，提升了现场作业安全系数，减少了设备投运成本，节约增效明显。

六、应用效果评价及推广前景

该成果已经进行了初定方案的可行性讨论和研究。实现了掘进机大角度拐弯的运煤连续性和拐弯顺利，提高了掘进机大角度拐弯的工作效率和工作效果。该成果达到国内先进水平，为今后常村矿和潞安集团各矿掘进机大角度开口开创了新的方法、工艺和装备，提供了经验和支持，具备良好的推广应用价值。

830E/930E卡车VHMS（卡车健康管控系统）无线监控项目的应用

王科懿　石建国　潘晓冬　许南翔

准能集团

一、成果特点

830E/930E卡车VHMS（卡车健康管控系统）无线监控可以为检修人员在检修作业前提供卡车故障的详细数据，如卡车故障代码及运行数据。通过该系统可以提前判断可能需要更换的配件、故障部位及所需工器具，检修人员在到达检修现场前就可以充分做足准备，提高检修效率。

二、适用条件

适用于830E、930E和SF33900矿用卡车。

三、成果内容

1. 基本原理

国能准能集团两个露天煤矿运行的830E/930E卡车全部使用17F386控制系统，配备行车VHMS。VHMS主要检测卡车GE控制系统各类故障代码、卡车运行数据及参数、发动机ECM反馈信息等。

830E/930E卡车VHMS无线监控系统通过830E/930E矿用卡车驾驶室内的TCI和PSC的VGA接口与矿用卡车VHMS系统相连接，该无线系统利用自身的微型电脑系统与矿用卡车VHMS交互数据，并利用系统工控机通过4G网络向室内电脑监控端传送数据。技术人员通过4G网络系统传回的数据，判断卡车故障，并进行相应的故障处置。

2. 关键技术

主要应用工业4G无线网卡和工控机，利用4G技术获取矿用卡车运行数据。

3. 工艺流程

第一步：830E/930E矿用卡车VHMS与830E/930E卡车VHMS（卡车健康管控系统）无线监控系统相连接交互数据，通过4G传输数据。

第二步：室内电脑监控端接收传回的数据，并进行数据分析，做出相应故障的处置（图1）。

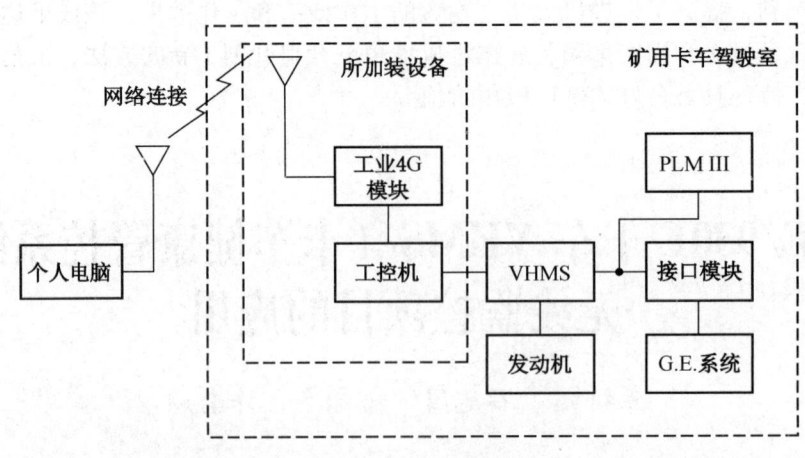

图1 工艺流程

四、主要涉及指标及应用前后指标对比

（1）成果使用前相关指标值。日常故障检修需要检修工作人员携带笔记本电脑到检

修现场连接矿用车辆的行车电脑查看各类数据，根据数据进行故障排除及判定，然后根据判定结果再通知车间技术员，技术员填写领料申请并领取需要更换的配件，最后再将配件送到检修现场进行检修。

（2）主要涉及成果指标及指标值。成果使用后可以提高故障检修效率40%，避免了检修人员在坑下往返领取所需检修工具及配件，节省了时间。如：检修人员平均往返一次需要1 h，设备需要停机至少1 h，平均每日处理故障10~20个，单台卡车1小时平均运输剥离3车，每日至少提高剥离车次15~30车次。

五、先进性及创新性

创造性的利用4G技术与矿用卡车检修相结合，通过无线网络可以实时了解矿车运行状况，避免了检修人员往返奔波，降低了劳动强度，提高了检修效率。

六、成果的运行成本

830E/930E卡车VHMS（卡车健康管控系统）无线监控系统的成本来自设备的投入，包括数据发送端和数据接收端的设备，人员投入1~2人，负责对数据进行监控分析。该系统投入使用后，全年卡车多创收近百万元。

七、应用效果评价及推广前景

830E/930E卡车VHMS（卡车健康管控系统）无线监控系统大面积投入使用后，只需要一间监控室，就能够对全矿的卡车进行监控，实时分析运行数据，提前进行故障判断，节约了大量的检修时间，大幅提高了卡车的剥离量，为检修人员降低了劳动强度，为煤炭企业增加了收益。

削波器测试平台研发与应用成果

马海龙　王东飞　王　峰　韩　鹏　金　鑫

准能集团

一、成果特点

创新成果实际应用后，首次实现了对MT5500卡车削波器的自主测试与维修，解决了削波器损坏只能更换造价高昂的进口新削波器的问题，取得了MT5500卡车驱动系统电气部件自主维修的新突破。通过削波器测试平台自主创新研发与应用，维修人员一个人就可以按照操作规程将测试平台和削波器连接好，通电测试，找出故障点，一次性全方位的进行维修。维修后将测试好的削波器直接安装上车运行，修复后削波器上车使用情况良好，使用周期均已达到1年以上。该成果极大地提高了维修质量和效率，降低了生产成本，提升了设备出动率。

二、试用条件

MT5500卡车削波器测试平台自主创新研发与应用成果,适用于MT5500电动轮驱动卡车削波器测试维修。

三、成果内容

1. 基本原理

削波器内部原理图如图1所示。削波器测试模块由AC 220 V供电,内部分为4部分直流供电,分别为DC 5 V、DC 24 V、DC 0~30 V(可调电压)、DC 310 V。DC 5 V电源分别给MSP430-149单片机和波形显示器供电,DC 24 V电源给被测试门驱动板供电,DC 310 V电通过被测试门驱动板驱动Q5形成回路电路。

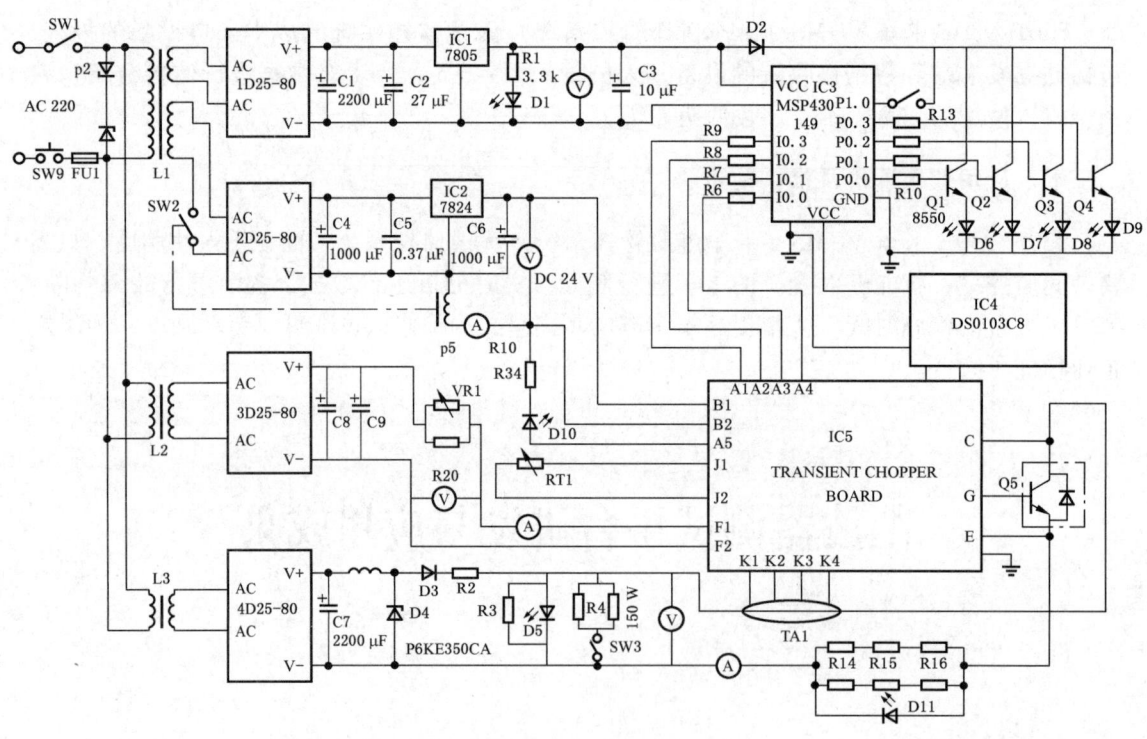

图1 削波器内部原理图

进入测试模式,测试模式分为静态测试和动态测试两部分。静态测试部分。在进行静态测试时,首先给削波器提供24 V直流电,提供温度信号,提供电流互感器信号,F1、F2输入电压低于24.1 V时,削波器A4就会提供高电位信号,并且A5无电压输出信号,单片机接收到A4高电位信号时,进行信号处理,P0.0就会有输出,驱动Q1发光二极管发光,并且保证IC4波形显示器没有波形输出,同时D7、D8、D9、D10、D11没有发光。

如果 D7 发光，单片机 I0.1 和 I0.3 同时接收到了高位信号，削波器电流互感器信号异常，首先我们考虑电流互感器接线端子有无虚焊情况，有虚焊的地方用电烙铁进行重新焊接，如果故障还不能解决，就要对互感器信号处理芯片 U14 进行更换。如果信号灯 D8 发光，那么就要对削波器温度信号接收电路进行检查。如果 D11 信号灯常亮，说明削波器输出驱动异常，因为在 F1、F2 电压没有高于 25.4 V 电压时，Q5 是没有输出信号的，D11 就不会发光，此时我们应检查削波器接收母线电压处理电路或者检查 IGBT 驱动电路有无故障，对驱动板上的 Q9～Q17 进行检查，静态测试部分完毕。

动态测试部分。在进行动态测试时，对削波器电压信号接收端子提供电压信号，对 VR1 进行调节，当电压信号达到 25.7 V（降压比例由 1575 V 将至 25.7 V）时，正常的削波器就会正常工作，以脉冲的方式对 Q5 进行驱动，Q5 在高频率的情况下对直流母线进行放电，D11（发光二极管）回路形成，发光二极管发光。当电压降到 24.1 V（1475 V）时，削波器停止工作，D11（发光二极管）熄灭。如果对削波器进行测试时，当输入电压超过 25.7 V 时，削波器还不能够正常工作，或者当削波器激发工作后电压降到 24.1 V 时，削波器还没有停止工作时，那么就是削波器的直流母线电压检测电路有故障，我们应对削波器上的电压比较器进行测量分析。激发削波器工作以后，单片机 I0.1 和 I0.3 收到高电位数字信号后，经过程序设定，就会驱动指示灯 D7 亮，说明电流互感器电路有故障，应对削波器的相关电路进行测量维修。或者激发削波器工作后，单片机只接受到 I0.1 的高电位信号，没有接收到 I0.3 的高电位信号，单片机就会驱动指示灯 D9 亮，说明削波器工作后没有收到电压反馈信号，那么我们应对削波器接受反馈电压信号电路进行测试与维修。当对削波器进行静态测试和动态测试都能够正常工作，说明削波器就是完好的，可以直接上车运行。如果有其中的一个条件不能够满足，那么说明削波器是有故障的，应根据削波器测试模块上的指示灯找到对应的故障点进行维修，维修好的削波器再次上车运行。自主研发的削波器测试平台，大大地提高了维修效率和质量，填补了削波器自主维修与测试的行业空白，提高了设备的出动率，保证了正常生产。

2. 关键技术

（1）彻底分析并记录削波器在 MT5500 卡车主回路控制系统中的输入输出工作原理和削波器模块内部元件的工作原理，对其他车型的卡车主回路控制系统研究起着积极的指导作用。

（2）在研发应用过程中，对单片机进行自主编程实现逻辑控制运算，模拟卡车控制环境，精准快捷实现削波器运行分析。

（3）MT5500 电动轮卡车削波器测试平台研发成功后，通过使用该仪器对所属设备损坏削波器模块开展检测维修，精准查明故障点，快速高效完成故障点修复，修复完成后监测无误，上车使用情况良好，使用周期均能达到 1 年。

3. 工艺流程

第一步，通过对削波器测试平台内部部件进行分析，确定好各个部件的位置，通过对部件的尺寸进行测量，对箱体的模板进行打孔设计。

第二步，对开孔位置进行部件安装。首先对单片机进行入机位安装，然后对电压调节模块进行安装固定，对自己研发的通信电路板进行安装固定，对各个开关电源进行安装固定,对显示面板及反馈通信插头进行安装固定等。

第三步,通过对已经安装好的各个部件进行通信连接,保证线路走向合理,保证各个部件接地端子有效接地。

第四步,对设备内部线束连接完毕进入调试阶段,通过调试完好,设备投入使用。

4. 操作流程

首先,对测试模块与削波器进行线束连接。测试模块电源为220AC,分别将测试模块上的J1插到驱动板上的P1,将测试模块上的J2插到驱动板上的P4,将测试模块上的J3插到驱动板上的P9,将测试模块上的标有正负极的端子(0-30V)连接到驱动板上的BUS+和BUS-,将测试模块上的E、G、C分别对应连接到驱动板上的E1、G1、C1,将测试模块上的P2、P3分别对应地连接到驱动板上的P2、P3端子,所有连接完毕,如图2所示。

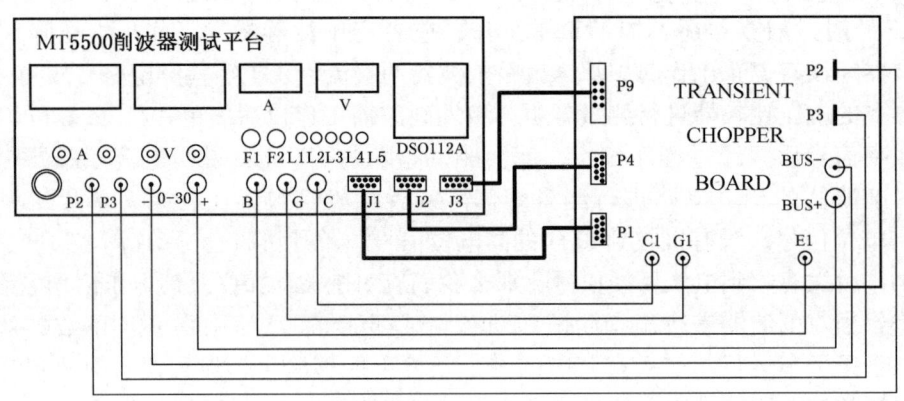

图2 测试模块与削波器连接

其次,连接完毕以后,按下测试模块启动按钮,观察测试模块上的指示灯,根据上面指示灯对应的故障,就可以找到故障点,对被测试削波器进行精确的维修。在测试完毕后,将测试模块启动按钮关闭,将驱动板上的E1、G1取下进行对接,对测试模块内部进行放电,待F1、F2指示灯熄灭后,将所有的测试线束取下,本次测试完毕。

四、主要涉及指标及应用前后指标对比

(1)成果使用前相关指标值。以前国内无法对MT5500卡车削波器进行维修,也没有一套系统能够对削波器进行测试,只能更换进口总成件,无法自主维修,维修成本高,周期长。每年削波器损坏数量达20块,削波器单价成本43万元,全年增加生产成本达860万元。

(2)主要涉及成果指标及指标值。MT5500削波器测试平台研发成功后,通过使用该仪器对所属设备损坏削波器开展检测维修,精准查明故障点,快速高效完成故障点修复,修复完成后检测无误,上车使用情况良好,使用周期均能达到1年多。已累计自主维修削波器20块,创造价值达860万元。

五、先进性及创新点

（1）设备创新：利用数电通信技术，保证了检测的兼容性。利用单片机作为控制单元，更方便地对设备进行控制。内部所有的供电电源采用隔离开关电源，保证了设备更加安全平稳地运行。

（2）维修方式：改变了传统的维修方式，实现了实时、准确检测与维修。改变了以前削波器损坏只能更换新配件的情况，现在削波器驱动故障维修工可以准确高效地排除故障，修复后的削波器使用情况也较好。

（3）效率方面：杜绝了之前因削波器新件未到货的设备停机现象，现在出现驱动系统削波器故障，可以快速实施检测与维修，设备工作效率大大提升。

（4）结构方面：精度高，体积小，绝缘性好，箱体强度高。

六、成果运行成本

削波器测试平台成本投入为两万元，已累计自主维修20块。其中，2019年共计测试修复削波器12个；2020年测试修复削波器8个。每个削波器进口价格为43万元，通过自主维修更换单独损坏电气元件实现较低成本修复，直接节约成本860万元，间接节约成本1000多万元，极大地提高了设备维修效率和质量。

七、应用效果评价及推广前景

该成果极大地提高了维修质量和效率，降低了生产成本，提升了设备出动率。目前MT5500电动轮卡车削波器测试平台创新研发成功后，已将测试平台推广应用到哈尔乌素露天煤矿37台MT5500电动轮卡车驱动系统削波器的检测与维修上。该项目技术创新思路可以推广到行业其他设备驱动系统故障检测与维修中，突破技术瓶颈，创新思路与方法，全力提升设备性能，保障企业成产能力。

煤矿无人值守定量装车系统

杨增仁　姜　宁　陈胜建　张延波　周　光

国网能源哈密煤电有限公司大南湖二矿

一、成果特点

煤矿无人值守定量装车系统包括感应装置、定位装置、下料装置、处理器。感应装置与处理器连接，定位装置与处理器连接，处理器与下料装置连接。感应装置用于读取卡片中的数据，定位装置用于获取车辆位置生成检测信号，处理器用于根据数据生成控制信号，还用于根据检测信号生成启动信号，下料装置用于根据控制信号进行下料准备工作，还用于根据启动信号进行下料工作,以使车辆完成装料。该成果实现了对车辆进行间歇性装料直至达到车辆载重量,从而实现了对大批量货物进行精准定量装车的目的。

该系统彻底解决了车辆超载、欠吨等问题,同时全流程可以完全实现无人化装车。

二、适用条件

煤矿无人值守定量装车系统特别适用于煤矿通过储煤仓底部的给料机给料,然后通过汽车运输外销的企业;也适用于需要对地磅智能化升级改造的企业。

三、成果内容

1. 基本原理

煤矿无人值守定量装车系统实现过程中,处理器可以实时获取当前车辆的质量数据,并将其与卡片中的数据进行处理生成第一控制信号,以使下料装置进行下料准备工作,继而使得处理器可以控制该下料装置下料的质量,并且处理器可以生成启动信号,使得车辆可以成功装料,实现对车辆进行间歇性装料直至达到车辆载重量,从而实现了对大批量货物进行精准定量装车的目的。

2. 关键技术

该无人值守定量装车系统包括道闸。道闸与处理器连接。控制信号还包括第二控制信号,当道闸接收到第二控制信号时,可以实现关闭与开启的工作,继而使得车辆可以顺利进出煤仓。

系统的定位装置包括红外光栅,红外光栅与处理器连接。上述实现过程中,红外光栅可以确认车辆是否到达指定的下料位置,继而处理器可以根据定位装置生成的检测信号输出启动信号,使得下料装置进行下料工作。

下料装置包括给料机和落料仓,落料仓位于给料机的下方,给料机位于车辆货箱的上方,给料机和落料仓均与处理器连接。上述实现过程中,处理器生成的第一控制信号输出至给料机,处理器生成的启动信号输出至落料仓,处理器可以通过控制给料机给料的质量,继而控制了下料的质量,从而可以实现对车辆进行间歇性装料直至达到车辆载重量,也就实现了对大批量货物进行精准定量装车的目的。

该无人值守定量装车系统还包括显示屏幕,显示屏幕与处理器连接。通过显示屏幕显示的各类信息,可以方便司机驾驶查看车厢装车情况。

3. 工艺流程

图1所示为煤矿无人值守定量装车系统的结构框图,包括感应装置、定位装置、下料装置、处理器。感应装置用于读取卡片中的数据,当车辆进入煤矿时,都会发放RFID卡车牌,该RFID卡车牌可以循环使用,感应装置可以读取RFID卡车牌上的数据,该数据包括车型、车厢、皮重、毛重及净重等数据。

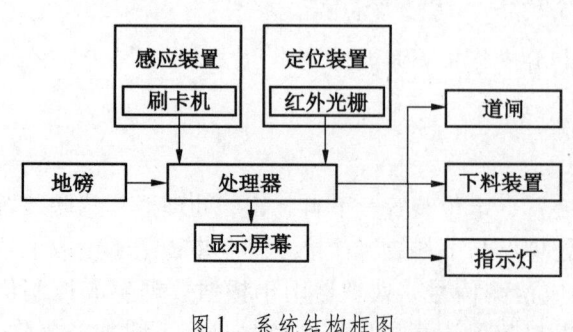

图1 系统结构框图

定位装置用于获取车辆位置生成检测信号，即当车辆到达指定的下料位置时，定位装置会生成检测信号。处理器用于根据数据生成控制信号，控制信号包括第一控制信号，处理器还用于根据检测信号生成启动信号。下料装置用于根据第一控制信号进行下料准备工作，下料装置还用于根据启动信号进行下料工作，以使车辆完成装料。其中，处理器可以实时获取当前车辆的质量数据，通过对当前车辆的质量数据与获取的RFID卡车牌的数据进行处理而输出第一控制信号至下料装置，因此下料装置下料的质量与第一控制信号有关，使得处理器可以控制该下料装置下料的质量，实现对车辆进行间歇性装料直至达到车辆载重量，从而实现对大批量货物进行精准定量装车的目的。

无人值守定量装车系统还包括道闸，道闸与处理器连接。控制信号还包括第二控制信号，道闸用于根据第二控制信号进行启闭工作。上述实现过程中，处理器根据获取的RFID卡车牌的数据生成控制道闸启闭的第二控制信号，当道闸接收到第二控制信号时，可以实现关闭与开启的工作，继而使得车辆可以顺利进出煤仓。

感应装置包括刷卡机，刷卡机与处理器连接，刷卡机用于读取卡片中的数据。刷卡机可以读取到RFID卡车牌的数据，而处理器可以根据该数据生成第一控制信号，使得下料装置进行下料准备工作。其中，该处理器可以控制下料装置下料的质量，继而实现对车辆进行间歇性装料直至达到车辆载重量，对大批量货物进行精准定量装车。

定位装置包括红外光栅，红外光栅与处理器连接。红外光栅用于确认车辆是否到达了指定的下料位置，当红外光栅的若干光束被车辆的车头挡住时，即确认车辆已到达指定的下料位置，定位装置将生成检测信号，处理器可以根据检测信号生成启动信号，使得下料装置进行下料工作，从而实现了车辆的装料工作。

地磅上设置有称重仪表，称重仪表与处理器连接。其中，称重仪表与处理器之间通过存储器连接。称重仪表可以实时检测到当前车辆的质量数据，存储器可以存储该质量数据，处理器可以实时获取该质量数据，并将质量数据与RFID卡车牌的数据进行处理，继而输出第一控制信号至下料装置，使得下料装置进行下料准备工作。

指示灯与处理器连接，控制信号还包括第三控制信号，指示灯用于根据第三控制信号进行亮灯。司机可以通过指示灯的亮灯情况进行车辆驾驶。上述实现过程中，当车辆进入煤仓开始装煤，当进仓道闸开启时，指示灯将显示绿灯，提示司机可以驾驶车辆驶入地磅；当定位装置检测到车辆已到达指定的下料位置时，指示灯将显示红灯，提示司机可以停止车辆驾驶；当已经达到车辆载重量时，指示灯将显示绿灯，并闪烁3次，提示司机可以向前行驶两米，实现均匀装料，从而避免溢料。当司机通过上述控制方式进行车辆驾驶时，使得车辆可以进行间歇性装料直至达到车辆载重量，从而实现对大批量货物进行精准定量装车的目的。

处理器包括PLC控制器。PLC控制器可以通过第一控制信号控制下料装置进行下料准备工作，还可以通过启动信号使得下料装置进行下料工作。由于第一控制信号是通过处理RFID卡车牌上的数据和当前车辆的质量数据而生成的，因此下料装置下料的质量受第一控制信号控制，继而可以实现对车辆进行间歇性装料直至达到车辆载重量。

显示屏幕与处理器连接。显示屏幕不仅可以显示车号、毛重、皮重、净重、日期时间及车次全部信息，还可以提示司机即将进行下料工作。当定位装置检测到车辆已经到达指定的下料位置时,大屏幕将会显示:五秒钟后准备下料,倒计时五秒的信息,以提示司机即将进行下料工作。通过显示屏幕显示的各类信息,可以方便司机驾驶车辆。

如图2所示为本实用新型实施案例提供的一种下料装置的结构示意图。下料装置包括给料机和落料仓,落料仓位于给料机的下方,落料仓位于车辆货箱的上方,给料机和落料仓均与处理器连接。处理器生成的第一控制信号输出至给料机,使得给料机进行下料准备工作,处理器根据检测信号生成的启动信号输出至落料仓,使得落料仓进行下料工作,使得车辆完成装料。

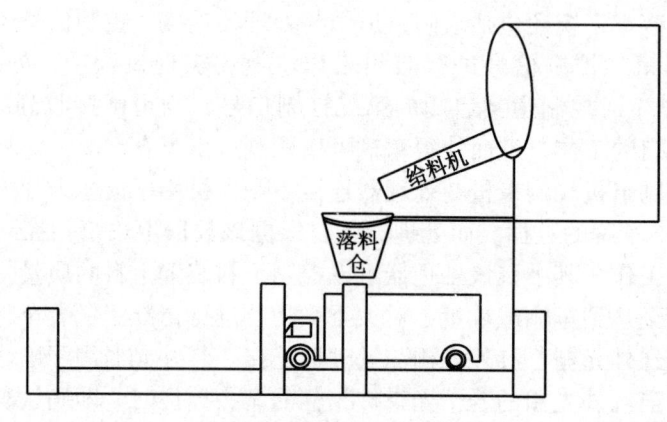

图2 下料装置结构示意图

四、主要涉及指标及应用前后的指标对比

(1) 成果使用前相关指标值。2020年9月以前,大南湖二矿原煤外销称重计量仅仅依靠距地销仓3 km外的地磅房两台地磅称重,所以地销仓装车全依靠装车岗位工经验控制甲带给料机装车,经常出现超吨、欠吨现象。随着地方路政加大超限治理力度,超吨、欠吨车辆频繁往返地磅房与地销仓之间卸煤、补吨,平均每天运煤车辆来回卸煤、补吨都在50台·次以上,极大地增加了装车工作量,降低了外销装车效率,同时由于超吨车辆将原煤卸载在地销仓旁的空地,也污染了环境。2020年,大南湖二矿加强了火车集装箱装煤工作,对于用集装箱运煤车辆而言,装车重量精确度要求更加严格,装车超吨、欠吨现象更加严重,极大降低了装车效率。

(2) 主要涉及成果指标及指标值。无人值守定量装车系统升级改造后,从源头上杜绝了装煤车辆装车超吨、欠吨现象,也避免了因卸煤带来的粉尘污染问题,提高了企业形象;同时杜绝了运煤车辆因欠载往返补料现象,装车效率得到了极大提高。改造后单台汽车每天最大装车量约20000 t,单车定量装车时间在90 s内,较安装改造之前效率提高至少40%以上。同时,由于新增加地磅接入原来给料机和计量系统,每班减少了装车工2人、装载机司机1人(主要处理超吨后车辆卸下的煤)、清洁工1人、司磅员1名。

五、先进性及创新性

彻底解决了汽车运输中欠吨、超吨等问题，也避免了因欠吨、超吨带来的环境污染问题。在装车全流程中，无须人工干预，达到了真正的智能化装车计量。

六、成果的运行成本

该系统只需要初期投入软硬件安装成本，后期日常维护即可。

七、应用效果评价及推广前景

各企业地销仓均可对现有汽车衡进行升级改造，实现装车、过磅、打印一体化、智能化、无人化，从根本上改变外销装车，节能降耗，减少人力，实现发运工作安全环保、连续高效地运行。

特大型矿井井下智能主运输煤流集中控制系统自动化改造

安智峰　苗鹏鑫　宋元永　梁飞越　王翔

中天合创门克庆煤矿

一、成果特点

门克庆煤矿主运输煤流系统（以下简称"主煤流系统"）通过采用智能视频分析技术，实现主煤流集中控制与智能调速功能，完成了智能主运输煤流集中控制系统的自动化改造，使主煤流系统内所有工艺设备及其辅助设备都具备智能视频监控，远程一键启停，实时语音广播，顺煤流、逆煤流起车切换，设备参数远程实时显示，设备自动保护等多项功能，并且能够在井下和调度室实时设定各种运行、生产工艺参数，实时监视各设备的当前状态及参数、报警状态。同时，主煤流系统可在就地、远程顺序控制，远程单台控制，检修等模式下快速切换，以适应不同的生产工况条件，在节能降耗、减员减岗、智能运输、设备自诊自保等方面取得了显著效果。

二、适用条件

适用于特大型矿井井下长距离多运输线路主运系统。

三、成果内容

1. 基本原理

门克庆矿井下智能主运输煤流集中控制系统以自下而上的系统架构，依次通过数据感知层、PLC控制层、网络传输层、监控信息层，进而实现无缝融入矿井现用煤矿综合监控集成平台。由井下现场监控站通过对过程量及现场的各种数据进行实时测量采集，经过PLC综合处理后，将数据传送到现场所控设备，完成设备的自动启停；并且通过独立工业以太网经井下交换机送到地面工作站，实现地面监视监控各设备的当前工作状态、运行参数及报警状态。

该系统硬件通信部分依托独立控制的光纤工业以太网，同时完成系统的单机控制和多部带式输送机的顺/逆煤流启动、顺/逆煤流停车的控制和监测功能。监控系统上位控制主机使用网络平台将运输系统及配套设备的状态信息和实时数据传送给调度室监控主机。调度监控主机使用组态软件实时动态显示运输系统及配套设备运行状态和详细参数。管理人员在地面即可掌握主煤流集中控制系统及配套电控系统的所有监测数据及工作状态，又可根据自动化控制信息，实现井下主煤流集中控制系统及配套电控系统的遥测、遥控，并为矿领导提供生产决策信息。监测监控主机可以动态显示运输系统运行的模拟图、运行参数图表，记录系统运行和故障数据，并显示故障点以提醒操作人员注意。同时，管理人员可以在远方对系统运行需要调整的参数进行修改（前提是这参数在现场能被修改）

2. 关键技术

（1）关键设备。

矿用防爆型计算机、西门子 S7-1200PLC 指令系统、工业以太网交换机、广天下智能调速系统、SCADA 组态软件、MODBUS 通信设备、EIP 协议转换设备、Profibus 通信设备、PLC 模拟量模块。

（2）关键技术和理论。

智能主运输煤流集中控制系统通过现场各智能感知层设备采集的工业数据，经工业以太网交换机处理，完成对主煤流集中控制系统的毫秒级数据采集，同时采用 SCADA 组态软件及西门子 S7-1200PLC 指令系统能够对主煤流集中控制系统数据的有序流动进行管理。数据采集使用了先进的数据集成方式，通过高效的连通性，通过多种方式连接到设备和其他系统，实现了将多个厂家的设备统一到同一控制系统中，进而实现对现场进行实时的图形化监控。

该系统同时充分利用了矿用防爆型计算机的 DirectX10 硬件加速特性，最大限度地利用微软 Windows Presentation Foundation（WPF）和 Silverlight 实现丰富的 2D 和 3DHMI/SCADA 功能，形成基于现场操作和实时数据的 2D 和 3D 视图。该系统的组态软件除支持传统模拟工业电视信号外，还支持 ONVIF 协议，可以直接接入视频监控系统，实现软件与视频等的双向报警联动。通过工业以太网交换机，完成数据的上传；通过 MODBUS 通信设备，完成对带式输送机保护系统、变频器控制系统以及其他具有通信功能的移变和组合开关等设备进行数据采集和远方控制；通过 EIP 协议转换模块、Profibus 通信模块完成对变频器的集成和数据的上传；通过 IO 模块，将主运输系统中的破碎机纳入集控；通过模拟量模块满足张力、油压信号（2个 AI）的接入，通过一系列的软硬件集成组合，构建成先进的、可视化的智能主运输煤流集中控制平台。

门克庆煤矿智能主运输煤流集中控制系统如图1所示。

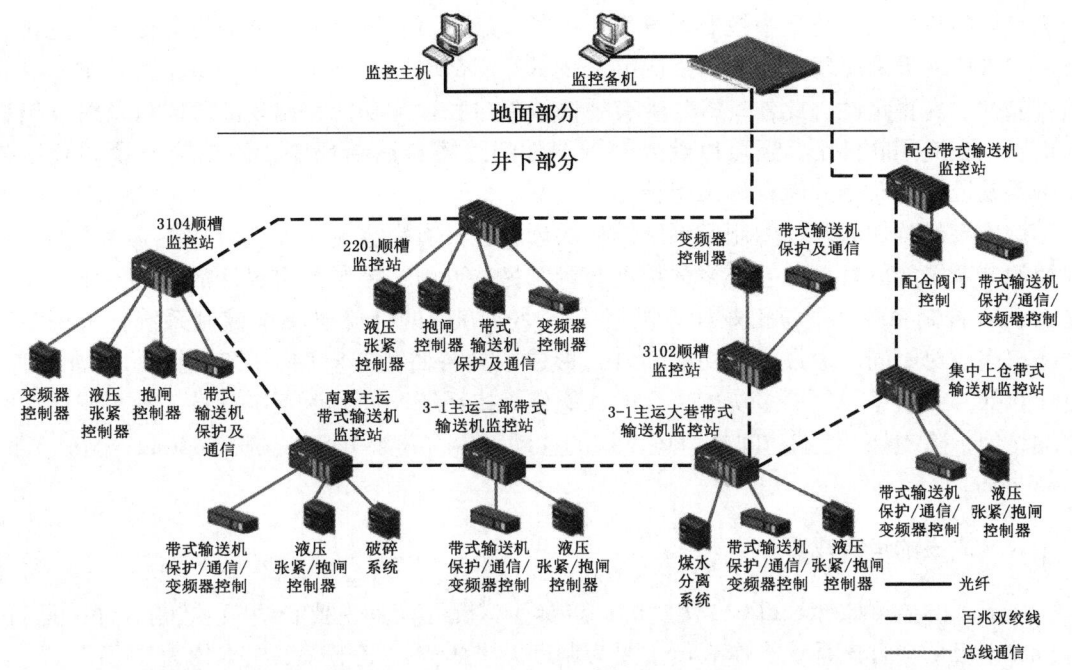

图1 门克庆煤矿智能主运输煤流集中控制系统

四、主要涉及指标及应用前后指标对比

1. 成果使用前相关指标值

（1）电力消耗指标：一部主运带式输送机全年综合电力消耗费用：455.4万元。1500 kW（单部带式输送机综合功率）×20 h（运行时间）×330天（运行天数）×0.46元/kWh（电费单价）=455.4万元。

（2）人工成本指标：一部主运带式输送机全年人工成本：89.1万元。

2. 主要涉及成果指标及指标值

（1）电力消耗指标：一部主运带式输送机全年综合电力消耗费用：396.2万元。1500 kW（单部带式输送机综合功率）×20 h（运行时间）×330天（运行天数）×0.46元/(kW·h)（电费单价）×87% = 396.2（万元）。该系统投入后，每部主运带式输送机全年可节约电力消耗费用约59.2万元，综合电力消耗降低13%。

（2）人工成本指标：该系统投入后每部主运带式输送机可减岗1人；一部主运带式输送机全年人工成本为59.4万元；3（四班三运行工作制）×2（单部带式输送机岗位工）×300（单班单人人工费）×330（运行天数）=59.4（万元）。该系统投入后每部主运带式输送机全年可节约人工成本29.7万元，人工成本降低33.6%。

五、先进性及创新性

该成果设计具有广泛的科技行业前瞻特点和完善的可靠性。采用新技术、新装备，在原主煤流控制基础上加以自动化改造，保留原就地启动方式和控制逻辑，结合自身情况充分满足了门克庆主煤流集中控制系统发展的需要,在 3~5 年内领先于同类煤炭行业相关技术。PLC 由于采用现代大规模集成电路技术,内部电路采取了先进的抗干扰技术,具有高可靠性、高稳定性。此外,PLC 带有硬件故障自我检测功能,出现故障时可及时发出警报信息。在应用软件中,还可以编入外围器件的故障自诊断程序,使系统中除 PLC 以外的电路及设备也获得故障自诊断保护。

该成果的软件和硬件配制及系统结构的创新性具有完善的扩展整合功能。一方面,在保留原有系统的同时,留有充裕的扩展容量。另一方面,系统具有灵活的结构。整个系统是由 PLC 控制系统、上位工业计算机组成一个全方位的计算机集中控制系统,采用多数据接口完成对不同厂家设备的功能整合,形成了具备监测、监控、实时通信、智能调速、自诊自保、大数据采集等多功能集合的智能化集控系统。同时该系统支持 3 种主流移动客户端访问,除支持 PC 端访问外,还支持的移动平台有苹果 IOS、谷歌 Android、微软 WindowsPhone。

六、成果的运行成本

该成果的监测监控、PLC、交换机、防爆计算机等设备主要在 24 V 供电条件下运行,运行成本极低,且该系统操作人员主要为调度人员 8 人,全年人工成本约为 87.6 万元。

七、应用效果评价及推广前景

该成果的设计及应用可结合矿井实际情况,进行功能扩展及延伸,具有较高的实用性;可针对项目工程进行分步实施,不影响自主系统正常运行,应用效果良好,适用性广。成果已经在中天合创能源有限责任公司门克庆煤矿及葫芦素煤矿试用并推广,可推广至煤炭行业其他井工煤矿,尤其是特大型矿井以及井下长距离多运输线路主运系统。

MDYL40-16/83 型矿用电控液压移动列车组开发

魏 鹏 陆 哲 屈晔晟 王剑楠 许丽华

大同煤矿集团机电装备制造有限公司中央机厂

一、成果特点

该成果研制的产品替代现有的绞车牵引列车组,实现了手动按键控制、自动控制、远程遥控控制的全新控制模式。

二、适用条件

环境温度 -10~+40 ℃,环境相对湿度不超过 95%(+25 ℃)。适用于巷道高度范围为 2.6～4.2 m，宽度大于 3.1 m，并简单硬化处理后地面承载能力≥40 t/m²。适应于长距离平直巷道。工作制为低速重载非连续型；不可作为人车使用。

三、成果内容

MDYL40-16/83 型矿用电控液压移动列车组由电控液压控制系统、牵引头车和若干辆载重车组成。

1. 基本原理

通过电控液压系统及推移千斤顶、支撑千斤顶的控制与液压动作，实现单车与轨道之间的迈步自移。

2. 关键技术

电液控制系统（如图所示）由自动反冲洗过滤器、控制器、电液控换向阀组（含电磁先导阀、电磁阀驱动器及换向阀）、无线发射器、无线接收器、本安型直流隔爆电源、各种功能千斤顶、高压胶管及其附件等构成。

该控制系统可以通过控制器界面按键实现手动操作，在特殊需要的情况下，通过人为手动干预操作控制界面或者遥控器进行手动操作，也可以通过手动操作电液控换向阀的按键进行手动操作。为便于处理突发性事件，如煤壁变形移近车体，需要对单车进行纠偏；整列车跑偏后需要通过头车纠偏装置进行纠偏等。

可以通过控制器自动控制按键实现列车规定动作的运行，按照常规循环运行方式实现自动化。

可以通过无线发射器的按键操作，对控制系统进行远程遥控。远程遥控可以实现列车规定运行动作，也可以实现特定情况的需求动作。远程控制可以提高操作人员的安全系数，避免操作人员在设备与其他设备或巷道煤帮之间操作设备，避免不必要的安全事故。

3. 工艺流程

推移千斤顶伸（列车前移1个步距）→支撑千斤顶伸（列车抬起离地，同时将轨道带起离地）→推移千斤顶收（道轨前移1个步距）→支撑千斤顶收（列车组落回道轨，回复原始姿态）→头车支撑装置调整千斤顶伸（支撑装置与巷道垂直）→伸缩千斤顶伸（支撑装置与巷道顶板接触，形成列车定位，防跑车）

在列车组跑偏的情况下，操作纠偏按键，控制纠偏装置进行纠偏，调整列车组的运行方向，纠偏装置如图1所示。

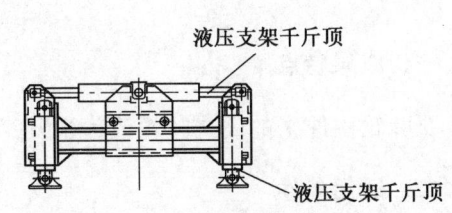

图1 纠偏装置

四、主要涉及指标及应用前后指标对比

普通设备列车每辆车价值2.4万元，电控液压移动列车组单车每辆7万元。普通设备列车在矿井巷道中操作需要绞车工1名，辅助工2～3名，道轨搬运工2名，而电控液压移动列车组需要1～2名操作工即可，节约人工3～4人。不需要人工搬运道轨，大大降低员工劳动强度。提高了综采工作面智能化程度。

五、先进性及创新性

（1）先进性。将电液控制系统引入综采工作面设备列车尚属首例，大同煤矿集团机械装备制造有限公司中央机厂是国内首套领取该智能类型产品安标的单位。

（2）创新性。该产品采用的结构为车轨一体结构，采用电液控系统，可以实现推车、移轨整体动作，有利于远程控制，适用于大的且现代化程度高的矿井，具有承载能力大、控制简单的特点。远程遥控的控制方式，可以提高操作工的安全系数，避免列车组运行过程中伤人。降低操作人员的劳动强度，能够节省2~3名劳动力。对巷道的适应能力强，不需要回柱绞车牵引，自身具备15°以下坡度巷道的制动能力。

六、成果的运行成本

制造成本约58.5万元，产值155万元。可以提高效率3倍，节约人工2.5万元/月，每年可节约36万元。

七、应用效果评价及推广前景

该成果实现了提效、降耗、增收、安全等目标。投入使用后，实际操作人员2名，节省劳动力1.5~2倍，工作效率提高3倍左右，操作人员劳动强度大大降低。该产品在大同煤矿集团同忻矿综放工作面顺槽运输巷道使用，运行平稳，效果良好，具有很大的推广意义。

气化中心P-1601洗涤塔循环水泵改造

庞岩峰

同煤集团广发化学工业有限公司

一、成果特点

泵叶轮由原来的闭式叶轮改为半开半闭式叶轮。

二、适用条件

适用于洁净水或水中有较小量飞灰的工作环境。

三、成果内容

1. 改进一

叶轮的改进，由原来封闭式叶轮改为半开式叶轮配合衬板共同使用。由于介质灰分含量较大且易结晶的特点，使得原封闭式叶轮在前后盖板及叶片之间易产生回转式涡流，由于介质不能够畅通流动，在流道中产生结晶的情况便大大提高，导致叶轮流道堵塞，性能降低，叶轮产生不平衡量，造成叶轮震动，影响泵的正常运行。改进后叶轮无前盖板，叶片与衬板有一定的间隙，既保证叶轮的性能，又使得介质在流道中有一定的流动性，这样介质在流道中总的闭式涡流区域大大减小，从而降低了结晶情况的发生。

2. 改进二

（1）泵盖的改进，由于介质的低温易结晶特性，特对泵体进行保温结构的改进，原泵体泵盖为薄壁形式，改进后泵体内部及泵盖处皆有保温腔；泵体处的保温腔利用空气夹层，减少介质与外界的直接热交换；泵盖处的保温腔有管接口，可接通蒸汽对泵体进行保温，从而保证不易发生温度降低导致泵腔内壁结晶的产生。

通过以上几点改进，减小叶轮结晶概率的发生，提高易损件的使用寿命，大大提高泵的检修周期，从而提高设备的稳定性、工艺流程的连续性。

（2）壳牌气化炉、洗涤塔等设备为该泵运行期间的关键设备之一。

（3）公司煤气化装置壳牌气化炉所生成的合成气中，含有大量的飞灰，经过除灰单元除去合成气的中灰，再经过湿洗单元对合成气降温，除去合成气中的酸性气体，最后，产出合格的合成气。若除灰单元高温高压飞灰过滤器的滤芯损坏或者部分密封漏灰，就会导致大量的飞灰进入到湿洗单元，当飞灰控制在一定量的情况下，煤气化装置仍然能够保证生产，但是湿洗单元的附属设备因灰量的增大，会造成不可逆转的影响。其中，P－1601，经常出现损坏。因此，为了保证能够持续生产，对P－1601洗涤塔循环水泵的改造势在必行。

P－1601洗涤塔循环水泵所在单元，主要负责对气化炉产生的合成气进行喷淋，与此同时进行降温和除灰。

四、主要涉及指标及应用前后指标对比

按照单次因P－1601泵停车进行计算，一次开、停车前后直接经济损失大约200万元。停车后，若在24 h内开启车来，那么这一次直接影响甲醇的产量约为2000 t。按照现在甲醇的价格平均每吨在3000元，合计总额约为600万元。另外还有停下来检修所消耗的人力、物力以及材料费用大约还有3万元。以上是停一次车所损失的大约费用，大约为803万元。2018年因为此泵停下来检修共2次，损失将增大更多。

新型进风井底防护装置

任 林

同煤大唐塔山煤矿

一、成果特点

新型进风井底防护装置较传统的简单焊接式长方体钢结构防护有了很大改进，不仅安装便捷，新增加的哥特式缓冲设计更能有效长久地防止进风井壁上掉落的杂物、碎冰将入井电缆砸损，将井底作业人员砸伤。

二、适用条件

新型进风井底防护装置主要应用在井工煤矿进风井底处。

三、成果内容

新型进风井底防护装置的构造主要由3部分组成。

（1）长方体电缆护罩，采用I25工字钢做主立柱，同时采用I25工字钢做缓冲横梁，采用20 mm钢板做横板。以上材料全部在地面焊接连接装置，打连接孔。

（2）长方体行人过道，采用150×150H型钢做主立柱，采用I25工字钢做缓冲横梁，采用20 mm钢板做横板。以上材料全部在地面焊接连接装置，打连接孔。

（3）哥特式顶部缓冲构件两套（分别用于电缆护罩和行人通道）。电缆护罩采用11号矿工钢做三脚架主体，三脚架角度为40°，采用16 mm钢板做三脚架护板，护板上在地面焊接缓冲钢网。人行通道采用25号矿工钢做三脚架主体，三脚架角度为40°，采用16 mm钢板做三脚架护板，护板上在地面焊接缓冲钢网。以上材料全部在地面焊接连接装置，打连接孔。

新型进风井底防护装置的稳装：

（1）地面安装绞车，由进风立井通过用物吊篮将材料运往井底。

（2）首先根据现场环境稳装H型钢底梁。

（3）在稳好的底梁的基础上由下往上逐个将组件用M16X70螺丝组装完成。

四、主要涉及指标及应用前后指标对比

（1）成果使用前相关指标值。原来的防护装置构造为长方体，无任何缓冲效果，使用年限太短，而且安装为焊接式，需要在井下动火，既不方便又不安全。

（2）主要涉及成果指标及指标值。新型防护装置可以防止进风井壁上掉下的冰块和碎石把缆线砸损。防止进风井壁掉下的冰块和碎石把井底作业人员砸伤。哥特式顶部缓冲构造和缓冲网的共同作用可以有效地防止掉下的冰块和碎石破碎后反射到井壁上把井壁破坏。工字钢缓冲横梁可以有效地缓冲特大冰块对防护装置的撞击。新型进风井底防护装置由于是螺丝连接不需要焊接，避免了井下动火的安全隐患。新型进风井底防护装置所有构架都可以拆组，当有损坏的构件可以随时更换。

五、先进性及创新性

（1）新型的进风井底防护装置安装方便，可以节省很大一部分人力。

（2）安装时不需要焊接，避免了很大的安全隐患，有极高的安全效益。

（3）新型的进风井底防护装置和以前的防护装置相比，顶部哥特式构造和缓冲网可以有效地吸收外物的冲击，经久耐用，再加上工字钢缓冲横梁对特大重物冲击力的吸收，有效地保护了井底作业人员的安全。

（4）最主要的一个优点是他表面的金属缓冲网可以有效地防止碎冰撞碎后反射到井

壁把井壁和附近的缆线砸损。

（5）新型的进风井底防护装置虽然不一定能创造出有形的经济价值和安全价值，但他足以避免损失。2018年12月矿上发生一次冰块砸伤电缆的事故，造成一盘区大面积停电5 h以上，停止出煤5 h，损失相当可观。新型进风井底防护装置不仅可以保障同煤大唐塔山煤矿供电稳定，同样可以保障井底作业人员的安全。

六、成果的运行成本

该进风井底防护装置全部采用市场上通用的井工矿井钢材制造，和传统的防护装置用材价格基本相同。

七、应用效果评价及推广前景

新型的进风井底防护装置已推广应用在塔山煤矿一盘区进风井底，在很大程度上保障了矿井进线电缆的安全，确保矿井供电系统正常，同时保证了井底作业人员的安全，对于保障塔山矿井安全高效生产具有重要的意义。该成果可以推广应用到其他盘区的进风井底，具有广阔的推广应用前景。

刮板输送机断链保护装置

王永芳

阳煤集团新大地公司

一、成果特点

（1）刮板输送机断链保护装置的核心元件是 Arduino 开发板，它是一个基于单片机并且开放源码的硬件平台和一套为 Arduino 板编写程序的开发环境组成。它可以读取开关和传感器信号，并可以控制电机、继电器等物理设备。

（2）跨平台性：Arduino 板可在 Window、OSX、Macintosh 和 Linux3 平台上运行。

（3）简易的开发环境：初学者很容易学会，同时它又能为高级用户提供足够的高级应用。

（4）采用光电开关及霍尔元件，开关灵敏度高，相比以前的机械开关更可靠、更稳定。

二、适用条件

适用于非防爆工作环境的刮板输送机。

三、成果内容

1. 基本原理

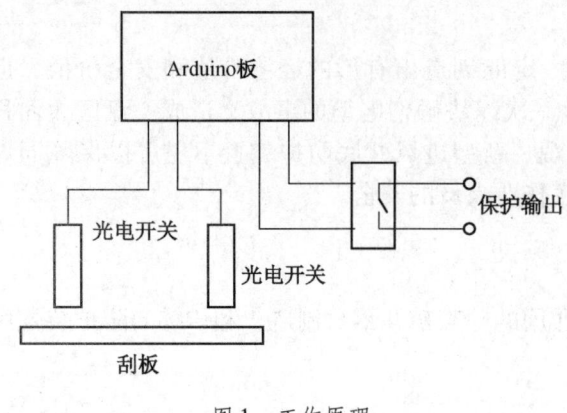

图1 工作原理

两个光电开关的信号送到 Arduino 的输入端，通过单板机进行运算比较，判断设备工作是否正常。跳链保护：利用两个光电关，判断刮板输送机的刮板是否同时经过两光电开关，如果不是同时通过，说明刮板不平行，判断为跳链，保护器动作，刮板输送机停止工作。断链保护：正常运行时判断每组刮板通过光电开关的时间是不是在预设的时间范围内，如果在，说明刮板输送机运行正常，如果不在，说明刮板输送机运行速度变慢或断链，保护动作，刮板输送机停止工作。工作原理如图1所示。

2. 关键技术

采用 Arduino 单板机开发：Digital I/O 数字输入/输出端口 14 个，编号为 0~13；Analog I/O 模拟输入/输出端口 6 个，编号为 0~5；支持 ICSP 下载，TX/RX；采用电压为 5~12 V 外部直流电源；输出电压为 3.3 V 和 5 V 直流电压。

四、运行成本

和以前采用的 PCL 开发的产品相比，Arduino 板价格便宜，只要其他平台十分之一的价格。

五、成果展望

新大地选煤厂现有刮板输送机 6 部，所有刮板输送机设备仅有电机的综合保护。选煤厂因工作环境恶劣，条件复杂，刮板输送机经常出现跳链和断链事故，严重影响生产。经过实践探索，新大地选煤厂自行研制出了刮板输送机断链跳链保护装置，可有效遏制事故的扩大，缩短了事故处理时间，保障设备的安全，取得了较好的经济效益。

自制煤粉锅炉炉内压入式干喷砂机

吕建国　张志斌　袁旭飞

煤科院节能技术有限公司

一、成果特点

自制煤粉锅炉炉内压入式干喷砂机是利用压缩空气作为动力，形成高速喷射束，将砂粒高速喷射到需被处理的炉管表面，清理炉管表面烟渍、氧化层及沉积的灰渣。该设备操作简单，普通司炉工经过半小时即可熟练操作机器，并有先进的自动的控制系统可防止工人误操作；喷砂精度高，可以去除很微小又隐蔽的飞边，不受产品形状限制，可以无死角清除；占地少，1台喷砂机加上附属设备只需 10 m²；不损伤炉管表面，最大限度地延长炉管的使用寿命；锅炉房生产效率及锅炉出力均得到提高；规避司炉工进入炉内作业，降低了高温、粉尘对工人的伤害，保障工人的健康安全。

二、适用条件

适用于榆林分公司所有采暖季煤粉锅炉房清理锅炉炉内受热面积灰结渣。

三、成果内容

1. 基本原理

自制煤粉锅炉炉内压入式干喷砂机是利用压缩空气为动力，以形成高速喷射束，将砂粒高速喷射到需被处理的炉管表面，由于砂粒的冲击和切削作用，可以将炉管表面烟渍、氧化层及沉积的灰渣清除掉，提高了炉管表面的光洁度，强化了炉内受热面的传热，提高了锅炉的出力。

2. 关键技术

砂阀是压入式喷砂机的重要配件，它的主要作用是控制砂料的开启及关闭、无级调整喷砂时砂料量的大小，砂阀质量的好坏直接影响到压入式喷砂机是否能正常工作。自制煤粉锅炉炉内压入式干喷砂机采用公司自主设计的小砂阀，具有质量可靠、调整方便、维护简单等特点。砂阀的开启由手动控制，其动作过程是：砂阀的调节帽逆时针带动阀杆打开，砂阀开启，通过调整调节帽的位置，就可调节砂阀的开启量，从而控制砂料流量，砂阀的开启量可以无级调节。在砂阀中与砂料接触的阀杆和阀套由硬制合金碳化钨制作，提高了砂阀的使用寿命。

3. 工艺流程

自制煤粉锅炉炉内压入式干喷砂机，具体使用时是首先将空压机和喷砂机以活接的形式连接好，并保证不漏气，以确保喷砂机有足够的空压，这时自制喷砂机压力表会自动显示数据，压力值不低于 0.4 MPa；然后将砂料装入料斗，将喷枪口对准炉管表面；最后开启压缩空气阀和砂阀。自制煤粉锅炉炉内压入式喷砂机使用时的流程图如图1所示。

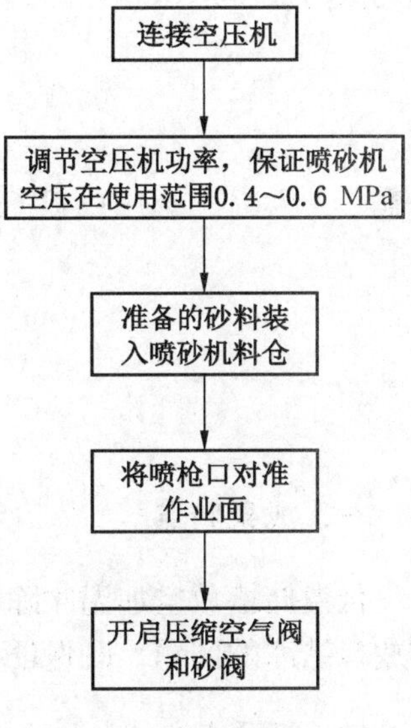

图1 使用流程图

四、主要涉及指标及应用前后指标对比

（1）成果使用前相关指标。自制煤粉锅炉炉内压入式干喷砂机未使用前，清理1台 20 t/h 煤粉锅炉炉膛需要2名工人，清理3天，报酬为400元/天，神东矿区共计20台锅炉，总计清理费用需要5万~8万元。

（2）主要涉及成果指标及指标值。自制煤粉锅炉炉内压入式干喷砂机使用后，清理1

台 20 t/h 煤粉锅炉炉膛只需要 1 h，需要工人 2 名，报酬为 300 元/天，清理神东矿区 20 台锅炉大约需要 4 天时间，清理费用为 2400 元。一个采暖季节约清理时间 20 天，节省人力成本约 5 万~8 万元/年，20 t/h 煤粉锅炉单日平均产汽 360 t，蒸汽单价 156 元/t，创收约 110 万元。

五、先进性及创新性

利用煤粉工业锅炉系统自配套的压缩空气系统与喷砂机连通，全自动地将砂料高速喷至炉管表面，使得炉管表面清洁度提高，机器代替了人力，清理效率提高，减少了人力成本的投入，尤其重要的是避免工人在受限空间作业，提高了作业安全性。

六、成果的运行成本

该成果的投入主要在设备制作阶段，包括购买压力罐，喷枪及连接用的组件，购买成本 5 万元。

七、应用效果评价及推广前景

自制煤粉锅炉炉内压入式干喷砂机应用于公司煤粉锅炉系统，不仅能提高公司每年清理炉膛炉管结渣积灰的效率、炉管表面光洁度以及锅炉出力，间接地提高了锅炉房的生产效率，而且有效地提高了工人在炉膛内受限空间作业的安全性，大幅降低了清理炉膛受热面的人力成本。

一种低温储槽放空加温吹除器

王 磊 胡相博

神华新疆化工有限公司

一、成果特点

低温储槽放空加温吹除器的发明主要是避免目前技术的缺陷，从根本上解决储槽顶部排放口结冰的问题，既保证了储槽内介质的顺利安全排放，又避免了相应结冰的症结。

二、适用条件

该放空加热吹除器适用于安装在装有低温介质的储槽的放空管上，其低温储槽的介质通常是液氧、液氮或者液氩，可有效解决储槽上的放空管管口结冰的问题，并能够保证储槽内介质顺利安全地排放，且结构简单，操作容易。

三、成果内容

本发明提供一种吹除器,所述吹除器包括环形管和沿所述环形管圆周分布的一端开口于所述环形管的内腔的射流管2;所述环形管上形成有进气口以使气体进入环形管并从射流管的末端排出,具体结构如图1所示。

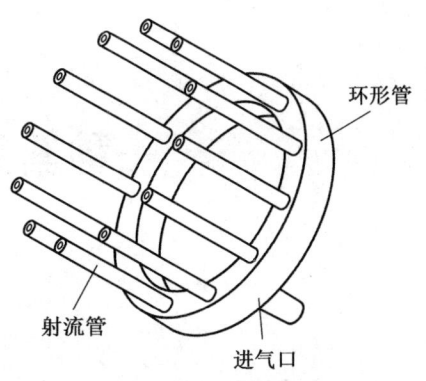

图1 吹除器结构图

环形管套设在放空管的外周,进气口用于通入吹除气体,通过环形管套设在放空管的外周,由于从放空管排出的低温气体的温度低于吹除器中的通入气体的温度,这时候,环形管相当于套设置在放空管上的加热器,给放空管进行加热,防止放空管的管口结冰。通过从进气口往环形管内加入不可燃且不助然的吹除气体,然后吹除气体从射流管的管口喷出,并利用吹除气体从射流管喷出时形成的局部微真空,使储槽的排放气体迅速排出并远离放空管。解决了储槽顶部放空管管口结冰的问题,并能够保证储槽内介质顺利安全的排放,结构简单,操作容易。通常,储槽中储存的介质为液态,在常温下存放会有部分气化形成排放气体,为了保证储槽中的压力正常,需要通过放空管将部分排放气体排放出储槽。其中,吹除气体可采用具有压力的不可燃且不助然的仪表气,根据储槽内存储的介质,也可采用其他的气体,但要求没有爆炸、燃烧等安全隐患。

四、主要涉及指标及应用前后指标对比

使用前储槽的排放口结冰严重,使用后储槽的排放口不存在结冰现象。

五、先进性及创新性

此项发明专利是采用不锈钢管焊接的放空口吹除加温器,将此吹除加温器套装在储槽顶部排放管外,利用干燥、无油的仪表空气作为热源,一方面将低温气体在管口直接接触式换热加温,另一方面喷射出的仪表气形成局部的微真空迅速将排出的低温气体喷射远离排放口,避免在管口滞留结冰,从而消除结冰带给设备的安全隐患。

六、成果的运行成本

投入成本1000元左右,彻底解决了排放口结冰的问题,消除了设备的安全隐患。

七、应用效果评价及推广前景

该加温吹除器的作用主要是既避免了加热环热量低及危险性高的问题,又避免了直接通氮气进行吹除时安全性低及效果差的问题,彻底避免了现有设计的各种弊,端并成功解决了储槽排放管结冰的问题。

此吹除器结构简单,成本低,具有易安装、不影响储罐运行等特点。目前已经开始向周边及兄弟企业推广使用。

一种絮凝剂配置添加装置

李传江

神华新疆化工有限公司

一、成果特点

自主研制絮凝剂配置添加装置具有成本低、故障率低、有效性高、质量可靠的优点。

二、适用条件

本成果属于水煤浆气化领域，具体应用涉及气化灰水处理药剂絮凝剂加药的设施，有效缓解絮凝剂溶解过程中加药不均匀导致结块堵塞运输药液的泵体及管道的问题。同时可广泛运用在粉状固体与液体均匀溶解系统。

三、成果内容

1. 基本原理

文丘里效应，也称文氏效应，以其发现者——意大利物理学家文丘里（Giovanni Battista Venturi）命名。该效应表现在受限流动在通过缩小的过流断面时，流体出现流速增大的现象，流速与过流断面成反比。而由伯努利定律可知，流速的增大伴随流体压力的降低，即常见的文丘里现象。通俗地讲，这种效应是指在高速流动的流体附近会产生低压，从而产生吸附作用。

压缩空气从絮凝剂加药设施外管的入口进入，沿外管向下排出，外管中套着内管，内管比外管短，且内管连接加药漏斗锥底。沿外管向下的压缩空气随着截面逐渐减小，压缩空气的压强减小，流速变大，这时就在内管的管口内产生一个真空度，致使内管另一端的絮凝剂被吸入内管，随着压缩空气一起流进扩散腔内减小气体的流速，被压缩空气均匀吹散洒入絮凝剂槽内。

2. 关键设备

本成果中关键设备为絮凝剂加药设施。

3. 工艺流程

气化装置设计絮凝剂槽2台（1台配制溶液，1台使用），絮凝剂槽顶部设计用于溶解絮凝剂的脱盐水管线，管线设计手动阀门，絮凝剂槽顶部设计搅拌器便于粉状固体絮凝剂与水充分混合、溶解，絮凝剂槽底部设计蒸汽伴热盘管，便于冬季提高絮凝剂槽温度，降低絮凝剂溶液黏度，加速絮凝剂溶解过程，絮凝剂底部设计絮凝剂泵及其进出口管线，便于向灰水系统投加药剂溶液。

气化装置原始设计中未提及絮凝剂如何加药,管道仪表流程(PID)图只在絮凝剂槽顶部设计了絮凝剂加药口,但未设计絮凝剂加药设施,也未说明如何将固体絮凝剂颗粒均匀加入絮凝剂槽中溶解。

四、主要涉及指标及应用前后指标对比

(1) 成果使用前相关指标值。低压灰水水质浊度:平均80 mg/L;絮凝剂单耗:(吨精甲醇絮凝剂消耗)0.02 kg/t。

(2) 主要涉及成果指标及指标值。低压灰水水质悬浮物:平均30 mg/L;絮凝剂单耗:(吨精甲醇絮凝剂消耗)0.013 kg/t。

五、先进性及创新性

通过现场实际应用及效果评估,成果方案具备成本低、故障率低、有效性高、质量可靠的优点,成功解决了絮凝剂溶解过程中加药不均匀导致结块堵塞运输药液的泵体及管道的问题,且目前同类化工厂中无使用此类设施的案例。该成果存在先进性、创新之处及能够解决实际问题的特点。

六、成果的运行成本

神华新疆化工有限公司年产 1.8×10^6 t 精甲醇,吨精甲醇絮凝剂消耗由 0.02 kg/t 降至目前 0.013 kg/t。全年共计节省絮凝剂 12.6 t 絮凝剂,每吨絮凝剂按照 2.5 万元计,全年共计节省 31.5 万元。

低压灰水水质悬浮物由原先平均 80 mg/L 将至目前平均 30 mg/L 以下,显著改善气化装置低压灰水水质,气化灰水系统管道内结垢速率明显降低,气化炉运行周期延长,设备、管道检修频次降低,检修费用降低。同时絮凝剂配制过程相较于以前节省了人力,减少班组操作人员的劳动力强度。

七、应用效果评价及推广前景

经现场实际应用及效果评价,发现絮凝剂加药系统能够建立负压系统实现自主加药,同时在加药设施喷口处压缩空气将絮凝剂均匀吹散在絮凝剂槽液面上,实现均匀、快速加药溶解的过程,配制的絮凝剂溶液质量优良且连续稳定运行,显著改善气化装置沉降槽内絮凝沉降效果,显著改善灰水系统水质。

东风7C型内燃机车在高寒地区应用技术研究

王胜利　张拴柱

铜川矿业铁路运销分公司

一、成果特点

该项目解决了内燃机车在我公司铜川和榆横地区冬季防寒问题；保证机车安全运用，确保生产运输的安全、高效。此项目研究能使机车在低温寒冷环境下正常运用，保证机车工作温度，减少冬季机车打温，降低油耗、减少配件损耗，延长机车寿命。

二、成果内容

1. 低温性能实验

DF7C型内燃机车功率调控系统是采集柴油机实际转速信号，经计算机与对应转速下实际功率比较，运算后给主发电机实际转速下的励磁电流信号，从而控制机车功率。计算机是电子产品，稳定性有温度范围，在高温和低温情况下都可能产生零点漂移。使用实践中发现，低温环境下的零点漂移情况更为严重。特别是转速信号在低温情况下，不采取措施，机车在430 rad/min时，转速信号超过表值50 μA，极易出现"窜车、卸载"情况。"窜车"会造成机车调控失效，进而损害柴油机；运行中突然出现"卸载"更是直接危害列车运行安全。

低温环境对机车运行的影响。

榆横铁路地处陕北高寒地带，冬季最低温度可达零下30 ℃，机车在冬季运行中经常受到低温影响，出现问题：中冷系统的中冷器等部件冻裂；微机控制系统的传感器，计算芯片，输入/输出控制各元件工作不正常，参数信息失真，"窜车""卸载"情况频发，制动系统分配阀、作用阀等制动部件装置，由于超低温作用，各偶件橡胶模板、气道胶圈失效甚至报废。同时，制动系统管路中的冷空气会在各系统节点结冰，从而阻断通路。这些问题最终会造成空车制动失灵，后果不堪设想。

机车在低温环境下出现"窜车""卸载"现象，其根本原因是DF-J40型车载微机控制装置的CPU芯片及励磁控制模块在低温下性能异常造成的，故而对CPU芯片和励磁控制模块严格依照《轨道交通机车车辆电子装置》（GB/T 25119—2010）做低温性能考核试验和低温存放筛选试验。

试验电路的搭建。将信号发生器的输出接入微机控制装置励磁控制组件（9#板）MOS管的光耦输入侧，用以模拟机车励磁电流的控制信号，同时在励磁主回路中串接电阻柜产生励磁电流，考核励磁控制模块的开关能力和通流能力。鉴于DF-J40型微机控制装置励磁控制信号为600 Hz的PWM信号，且最大励磁电流为6 A（微机励磁过流保护值),通过设置信号发生器与选择电阻柜阻值档位,实况模拟机车的励磁工况。

低温性能考核试验。将 DF-J40 型微机控制装置放至低温试验箱,在规定的时间内将箱内温度从室温下降至零下 25 ℃,试验箱内达到热平衡后,放置 4 h,然后在低温环境下按照《DF-J40 型微机控制装置例行试验规程》进行性能试验,保证一切正常。

低温存放筛选试验。低温性能试验合格后,在规定时间内将箱内温度继续降至零下 40 ℃,试验箱内达到热平衡后,放置 20 h,然后将箱内温度恢复至室温,在室温条件下按照《DF-J40 型微机控制装置例行试验规程》进行性能试验,保证一切正常。

2. 智能预热系统的设计和开发

(1) 控制系统,其原理图如图 1 所示。

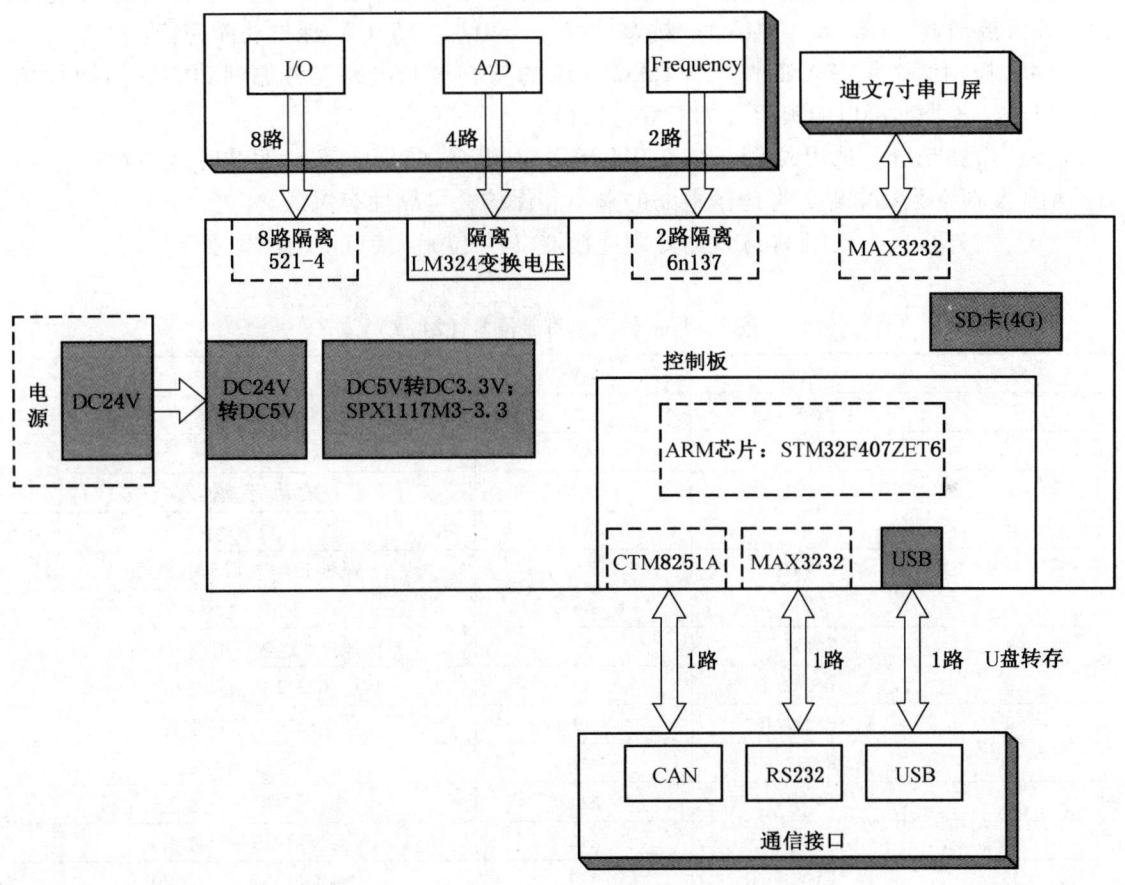

图 1 控制系统原理图

以 ARM 芯片 STM32F407 为控制核心,选用成熟稳定的朝阳电源变换器用于控制电源的输入,7 英寸的 DMT80480S070(北京迪文,-30 ℃ ~ +85 ℃)触摸屏作为人机交互接口,8 路 I/O 输入(含预留)(TLP521-4,光电隔离),4 路 AD 输入(含预留)(LM324,运放前级处理,通过金升阳隔离模块进行信号隔离),2 路频率量输入(6N137,

高速光电隔离),1 路 CAN 接口(CTM8251A 带隔离,预留),1 路 232 串口(MAX3232E 带隔离,实现与车载微机控制装置的通信),1 路 USB 接口用 U 盘实现控制数据(冷热风机的工作累计时间、风压、转速、故障报警情况等),内置 SD 卡(4G)控制数据的储存。

(2)触摸屏。采用应用级的工业触摸屏,外形尺寸为 190.5 mm(宽)×105.4 mm(高)×18.2 mm(厚),显示尺寸为 154.1 mm(宽)×85.9 mm(高),分辨率为 800×480,工作电压为 5~42 V,工作温度为 -30~+85 ℃,重量为 350 g。

(3)电源部分。采用两级设计理念,即选用成熟稳定的朝阳电源作为前端电源,用于抵制瞬间过压、电压跌落等极端情况,并将电压由 110 V 转换为 24 V;智能预热系统控制盒内部设置二级电源电路,用于将电压转化为 5 V、3.3 V 等控制电压。电源耐受能力强、输入范围宽(DC 66~160 V)、抗寒性好(-40~+55 ℃)保护功能完善。

(4)控制盒。采用 ARM 芯片 STM32F407 的核心控制电路,考虑到功能的拓展可能性,可做好各类型接口的预留(如 CAN 接口)。

(5)电路部分。选用成熟经典(工业运用成例多、货源丰富)的芯片或模块搭建 I/O、AID 及频率采集电路,考虑了电路的隔离和保护,可靠性有保证。

(6)对外接口,采用 Tyco 铁路专用连接器(24 位),接口说明详见表1。

表1 Tyco 铁路专用连接器(24 位)

序号	名称	位置	说明
1	24V+	A1	控制电源+
2	24V+	A2	控制电源+
3	IO1	A3	自动/手动输入
4	IO2	A4	风机1动作
5	IO3	A5	风机1运转(反馈信号)
6	IO4	A6	风机2动作
7	IO5	A7	风机2运转(反馈信号)
8	RS232/T	A8	RS232 通信发送端
9	RS232/R	A9	RS232 通信接收端
10	RS232/G	A10	RS232 公共端
11	AD1+	A11	温度信号1+(水温)
12	AD1-	A12	温度信号1+(水温)
13	AD2+	A13	温度信号2+(油温)
14	AD2-	A14	温度信号2-(油温)
15	AD3+	A15	风压信号+
16	AD3-	A16	风压信号-
17	AD4+	A17	备用
18	AD4-	A18	备用
19	f1+	A19	风机1转速+
20	f1-	A20	风机1转速-

表1（续）

序号	名称	位置	说明
21	f2 +	A21	风机2转速+
22	f2 -	A22	风机2转速-
23	24V -	A23	控制电源-
24	24V -	A24	控制电源-

3. 工艺流程

智能预热系统通过传感器实时监测柴油机油水管路的温度，并将采集的温度值送往控制盒，当采集的温度低于（2±2）℃时，控制两台冷热风机同时工作，快速对机车进行打温；当水温升至（10±2）℃时，一台风机工作即可（通过控制盒控制实现两台风机的智能轮流工作）；当水温升至（25±2）℃时，自动控制风机停止工作。温度控制回差为5℃。冷热风机控制示意图如图2所示。

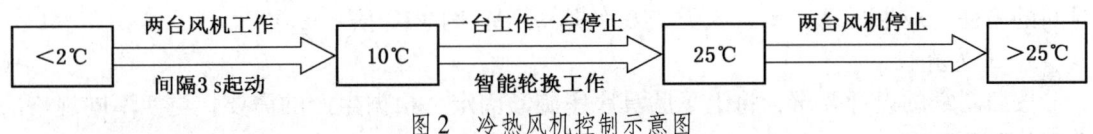

图2 冷热风机控制示意图

为保证可靠性，对冷热风机的工作状态进行监测，当某台风机出现故障时，控制器控制另一台投入工作，并在触摸屏上进行故障提示，若两台风机同时出现故障，则蜂鸣器声光报警。对冷热风机反馈信号的监测采用以下3种措施：监测冷热风机控制接触器的触点；在冷热风机风道加装风压继电器用以监测风压情况；通过温度传感器计算机车温度的变化率用以监测冷热风机的工作情况。

为延长冷热风机的使用寿命，设计出两台互为备用的冷热风机智能轮换打温的工作模式，避免某一台风机长期频繁启停而造成故障率提升。

通过触摸屏或转换开关实现自动/手动工作模式的选择。

采集到的相关参数如水温、油温、冷热风机的工作模式、工作时间、风机转速及故障信息等存储在内置SD上，通过U盘可实现数据的下载和打印（Excel形式）。

YS1-250锻床下料装置的设计

姚志杰

陕西陕煤澄合矿业煤机公司

一、成果特点

采用250T锻床下料，较之前锯床下料生产效率大大提高，每班产量3000根左右，生产效率提高到原来的 10 倍。

二、适用条件

该设备适用于 $\phi38 \sim \phi60$ 大规格及超大规格紧凑链原材料下料工序。

三、成果内容

1. 基本原理

将设备固定部分（下胎具底座+切料刀套）和动部分（上胎具底座+切料刀片）组合成系统循环动作，模具磨损严重时，只需更换切料刀片和切料刀套即可。切料刀片由上下两个刀口组成，其中一个磨损后，掉个头用另一端可以继续使用。

2. 关键技术

利用公司闲置设备 YS1-250T 锻床，采用冲床下料的方式下料。成果实现了大规格及超大规格紧凑链原材料的下料，较之前锯床下料，生产效率大大提高，并且经过两年多时间的验证，成果显著，节省人力，效率提高到原来的 10 倍。

3. 工艺流程

按照图纸的设计要求，将上下胎具底座旋紧固定，根据生产的需要，更换不同规格的上刀片和下刀套。

原材料（圆钢）由料架通过支撑杆和下刀套送至限位挡块处，踩下脚踏开关，上胎具下落至切断处，棒料切断、掉落，上胎具升起，如此循环，快速下料。

四、主要涉及指标和应用前后指标对比

原工艺采用锯床下料，每班产量 300 根左右，生产效率低，且锯条的成本高，300~400 元/根，使用寿命短，平均每 1~2 个班便需更换锯条。

现采用 250T 锻床下料，生产效率大大提高，每班产量 3000 根左右，生产效率提高到原来的 10 倍，易损件切料刀片和刀套使用寿命长，降低了生产成本。

五、先进性及创新

冲床下料替代锯床下料，生产效率提高到原来的 10 倍；闲置设备再利用。

六、成果的运行成本

采用锻床下料，生产效率大大提高，每班产量 3000 根左右，生产效率提高了原来的 10 倍，易损件切料刀片和刀套使用寿命长，成本低（200 元/件），每年工装费用节省约 5 万元。公司闲置设备（YS1-250T 锻床约 50 万元）盘活再利用。锯床下料需三班倒，冲床下料只需 1 人，减少 2 个劳动力，每年节约 8 万元。

七、应用效果评价及推广前景

加强对其他闲置设备的再利用，使设备创造更大的价值；对需要过多劳动力的其他设备进行改造设计，节省劳动力成本，提高生产效率。

矿用乳化液泵站标准化电控系统

赵光瑞　王清科　牛鹏程　姚　明　刘青林

神东煤炭集团高端设备研发中心

一、成果特点

矿用乳化液泵站标准化电控系统项目制定了通用的、统一的泵站电控标准，具有完备的、安全可靠的保护功能；采用通用的配件降低了备件储备数量；形成统一的操作方式、备件手册、图纸资料，减少了使用维修的人员培训、资料管理等。

二、适用条件

矿用乳化液泵站标准化电控系统适用于煤矿综采工作面不同配置的矿用乳化液泵站设备。

三、成果内容

首次采用环网冗余拓扑结构：每个节点有一进一出两个接口（图1）。当总线上的任一处发生故障，系统会自动改变数据的传送方向，从而实现容错功能，提升网络的可靠性（任意链路故障短线等不影响系统的正常运行）。结构简单，采用非常经济的一种冗余方式，布线容易，可靠性较高，易于扩展。分站数量可根据实际使用情况配置。原来的控制系统均未采用冗余，只要通信链路上有故障，整个系统将无法运行。

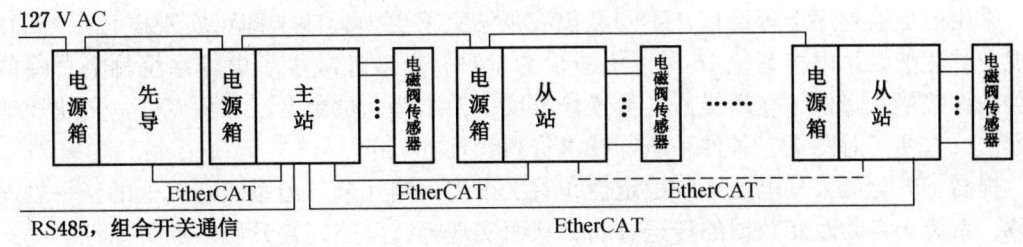

图1　矿用乳化液泵站标准化电控系统拓扑图

首次采用可更换程序卡设计，对于不同配置的泵站，只需更换相应程序卡，主控器、显示器即可通用且更换简单，提高了配件通用性，维修方便。原来的泵站控制系统程序储存在机板内，每次更换程序时需使用计算机重新写入。

（1）主控器：控制器与程序分开，程序使用内存卡或U盘外置，避免更换主控器必须做程序这一弊端，最终实现除程序外所有主控器完全互换。

（2）显示器：显示器与程序分开，程序使用内存卡、U盘外置或主机配置，避免更换显示器必须做程序这一弊端，最终实现所有泵站显示器完全互换。

（3）首次与支架电液控制系统联动，支架动作时泵站系统预加压，解决了泵站加压滞后，系统压力突变的问题。

（4）控制箱体：使用隔爆箱+本安箱，保证系统可靠性，箱体统一，维修方便。原先使用的泵站箱体为分体式，或需要使用单独的电源箱。

（5）元器件选型：选择抗震等级不低于4、抗冲击不低于15、工作温度范围为不小于-20~60℃的硬件，提高了系统可靠性。元器件选型考虑通用性，无定制化配件，降低配件库存量。原先使用的控制系统中有厂家定制配件，必须在主机厂家选购。

（6）通信方式：选择目前具有实时性好和拓扑灵活性的EtherCAT总线，不仅方便接入控制层，第三方厂家硬件可选产品广泛，而且网络可做环网冗余，系统可靠性极高。

（7）数据上传：使用基于Windows系统，控制软件使用基于VS的Twincat平台，有大量成熟行业解决方案可用，扩展性强，可以做复杂配方管理。协议种类多、开放，利于第三方协议接入。

（8）电缆：通信、电源电缆均使用带插头电缆，可以实现快速安装、拆解，同时根据工作面列车长度，将电缆长度标准化，减少电缆种类。电缆连接器选用防护等级为IP67的Souriau连接器（进口产品，已高端开发），有效避免接头进水导致设备偷停。电源线、通信线完全分开，便于故障查找。

（9）线号：选用EC型彩色数字号码管，数字有颜色区分，即使数字磨损看不清，也能通过颜色区分，线号采用统一的排列方法，易于辨识、查找故障及维修。

（10）端子排：统一选择轨装式接线端子、快插式接线方式，接线方便可靠。

四、主要涉及指标及应用前后指标对比

采用可更换程序卡等设计，不同乳化液泵站只需更换程序卡即可实现电控系统通用，将现有乳化液泵站电控系统16种以上减少为1种，有效地减少了电控系统种类，降低了库存备件数量；降低了使用维修人员工作难度，使维修人员更专注、更专业、更快速地进行维修；方便了对图纸、备件手册等技术资料管理。

提高了乳化液泵站电控系统稳定性，首次采用环网冗余，当系统总线上的任一处发生故障，系统会自动改变数据的传送方向，从而实现容错功能，提升网络的可靠性。

进口RMI泵站电控66.96万元，进口KMMAT泵站电控为147.26万元，国内不同厂家泵站电控几个在80万~140万元之间，如具备数据上传，彩屏组态显示等功能平均价格在100万元以上。矿用乳化液泵站标准化电控系统为60万元，节省40万元以上。

五、先进性及创新性

（1）采用可更换程序卡设计，对于不同配置的泵站，只需更换相应程序卡，主控器、

显示器即可通用且更换简单，提高配件通用性，维修方便。

（2）采用环网冗余。当总线上的任一处发生故障，系统会自动改变数据的传送方向，从而实现容错功能，提升网络的可靠性。

（3）使用隔爆箱+本安箱一体式轻量化设计，保证箱体的整体性；采用防锈材料制作箱体，解决箱体生锈问题，维修方便。

（4）通信、电源电缆均使用带插头电缆，实现快速安装、拆解，同时根据工作面列车长度，将电缆长度标准化，减少电缆种类。

（5）线号采用彩色数字号码管，数字有颜色区分，即使数字磨损看不清，也能通过颜色区分，线号采用统一的排列方法易于辨识，查找故障及维修（现用泵站系统采用白色塑料管印字形式）。

（6）与支架电液控制系统联动，支架动作时泵站系统预加压，解决了泵站加压滞后、系统压力突变的问题。

六、成果的运行成本

进口 RMI 泵站电控价格为 66.96 万元，进口 KMMAT 泵站电控价格为 147.26 万元，国内几个不同厂家泵站电控价格为 80 万~140 万元，如果具备数据上传、彩屏组态显示等功能，电控平均价格在 100 万元以上。矿用乳化液泵站标准化电控系统为 60 万元，节省 40 万元以上，并且可降低故障频次，降低企业生产、维修成本。

七、应用效果评价及推广前景

矿用乳化液泵站标准化电控系统目前在神东煤炭集团乌兰木伦矿 12421 综采工作面配套的 RMI 泵站上使用，效果良好、达到预期效果，神东新采购的 10 套泵站将配备该电控系统，2020 年低将有另外两套进口泵站改造成该电控系统。下一步在神东其他工作面泵站应用推广应用。

可伸缩验绳车创新设计

汪顺安　李明利　郑勇　郑伟

内蒙古银宏能源开发有限公司

一、成果特点

泊江海子矿主立井验绳要实现全绳段验绳，必须在井口搭设跳板，但跳板稳定性差，搭设不方便，人员作业时安全保障不高。本成果为手推车形式，行走机构由两只360°旋转轮及两只固定轮组成，位置不受限制，可以在不同地点方便灵活使用。验绳车设计有可伸缩机构，伸出后搭接在套架梁之间，作为验绳平台使用。可伸缩验绳车具有操作简单灵活、安全性高的特点。

二、适用条件

本成果适用于井筒直径大，套架跨度大，搭设跳板存在困难且安全性差的立井提升系统。

三、成果内容

1. 基本原理

验绳车设计为手推车形式，行走机构由两只360°旋转轮及两只固定轮组成，位置不受限制，可以在不同地点使用，方便灵活。验绳车设计有可伸缩机构，伸缩机构伸出后搭接在套架梁之间，作为验绳平台使用。

2. 关键技术

导轮组与轨道组合、验绳平台可推拉、前后限位。

3. 工艺流程

（1）验绳车收回状态结构。如图1所示，本设计安装两只360°旋转轮及两只固定轮，作为其行走机构。验绳车的伸缩机构由导轨和导轮组成，导轮采用的滚动轴承，减小摩擦阻力，使机构灵活，操作简易。

图1 验绳车整体结构（收回状态）

（2）验绳车处于伸出状态结构。如图2所示，验绳车处于伸出状态时，验绳车设计有二次保护机构，若滑轮组断裂，限位轴可以对伸缩机构限位，防止人员坠落。同时，设计有防护栏，在确保安全的同时能够消除工作人员的恐高心里，提高验绳质量。前后支撑能够提高验绳车的稳定性，伸缩机构利用麻绳配合回头轮伸出或收回，通过限位钢丝绳限位，防止脱落。

（3）现场实际应用。如图3所示，在井口水平位置，直接伸出伸缩机构，搭设在另一侧套架梁，并进行限位固定。在此位置可以对钢丝绳全绳段、尾绳悬挂及板卡、首绳悬挂及板卡进行检查，没有盲区。

四、主要涉及指标及应用前后指标对比

验绳平台安装前：指标验绳存在盲绳段，不能及时掌握钢丝绳的变化情况；验盲绳段需要搭设临时平台，耗时耗力；人员在临验绳平台安全性差，人员存在恐高情绪，验绳质量不能保障。

验绳平台安装后：实现全绳段验绳，能及时掌握钢丝绳的变化情况；验绳车设计简便灵活，不受位置限制，不占用井筒空间，大大节约时间，提升工作效率；验绳车平台设计有护栏、闭锁机构，有保险带生根点，平台稳定性好，安全系数高。

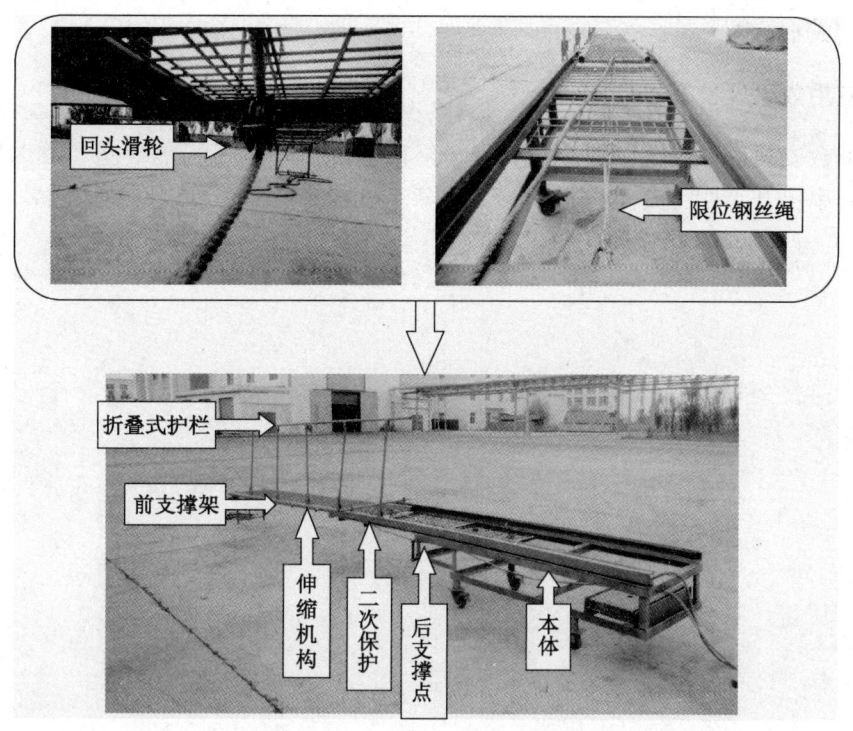

图 2 换绳车整体结构（伸出状态）

图 3 验绳车处于工作状态

五、先进性及创新性

（1）充分利用了立井井筒内有限空间，设计为推拉式验绳平台，可根据需要伸出或收回。

（2）平台采用了导轮组和导轨配合连接，操作更为灵活简便，安全性更高。

（3）平台设计有护栏和闭锁机构，可以消除作业人员的恐高心里，提高验绳质量。

六、成果的运行成本

验绳车导轨采用 12 号槽钢"口对口"使用，容纳成对使用的导轮组，导轮组为安全门旧滚轮，成本低廉。

七、应用效果评价及推广前景

验绳平台安装后，实现了对主提升绳全绳段验绳工作，不再需要搭设临时作业平台，使得工作效率提升，职工安全也得到有效保障。可伸缩验绳车可以在所有立井提升系统推广应用。

一等奖

煤 化 工

煤气化废水除硅

李玉林　刘　义　吴国祥　郑红飞　孙长军

神华新疆化工有限公司

一、成果特点

本成果推荐使用聚合氯化铝铁（PAFC）从气化废水源头进行深度除硅。聚合氯化铝铁（PAFC）是由铝盐和铁盐混凝水解而成一种无机高分子混凝剂，依据协同增效原理，对铝离子和铁离子的形态都有明显改善，聚合程度大为提高。采用聚合氯化铝铁除硅有以下优点：药剂成熟，价格较低，价格一般为1400~1600元/t；药剂投加量较低，除硅效率高，运行稳定；运行维护成本较低，无副作用；对水中的钙镁等硬度离子有非常好的协同去除效果，降低产水硬度，大大减缓废水汽提系统和管道结垢速率，有利于系统运行；直接可在现有设施基础上除硅，无须改造。

二、适用条件

本成果适用于水处理领域，特别是煤化工水煤浆气化废水处理。本成果所述除硅是在pH值10~11.5、水温40~60℃、碱度1000 mg/L以上、硬度1100~1300 mg/L的水中进行。

三、成果内容

1. 基本原理

本成果是通过在水中投加聚合氯化铝铁混凝剂，通过混凝剂的电负荷性和凝聚性作用将水中的活性硅进行吸附或凝聚来达到除硅目的的一种物理化学方法。具体包括以下5个作用机理。

（1）压缩双电层。基于颗粒相互作用理论提出的，在溶液中加入电解质后离子浓度增大，扩散层受到压缩，电位降低，胶体颗粒间的相互排斥力减小。当电位达到临界电位时，胶体颗粒失去稳定性，颗粒碰撞发生凝聚。

（2）吸附电中和。带有正电荷的高分子物质或高聚合离子吸附负电荷胶体粒子后产生电性中和作用，导致胶粒电位降低，使胶体的脱稳和凝聚容易发生。

（3）吸附架桥。3价铁盐混凝剂溶于水后发生水解聚合反应，形成具有线型结构的高分子聚合物。因聚合物线性尺寸大，它的一端吸附某一胶粒后，另一端又吸附另外的胶粒，这就在两个胶粒间产生吸附架桥作用，使颗粒逐渐变大，形成粗大絮凝体。

（4）卷扫絮凝。三价铝盐和铁盐等水解而生成沉淀物。这些沉淀物在自身沉降过程中，能集卷、网捕水中的胶体等微粒，使胶体黏结。

（5）此外，因系统使用氢氧化钠调节 pH，在强碱性环境下，二氧化硅和硅酸可形成硅酸盐胶体，在絮凝剂作用下，胶体絮凝沉降而进一步去除。

2. 关键技术

本成果主要涉及絮凝沉降的物理化学反应，反应场所为混凝反应池，主要包括混凝反应区、絮凝反应区、沉淀区以及污泥处理系统。反应过程需保留足够的停留时间，一般保证在 1 h 以上。

3. 工艺流程

气化废水除硅工艺流程图如图 1 所示。

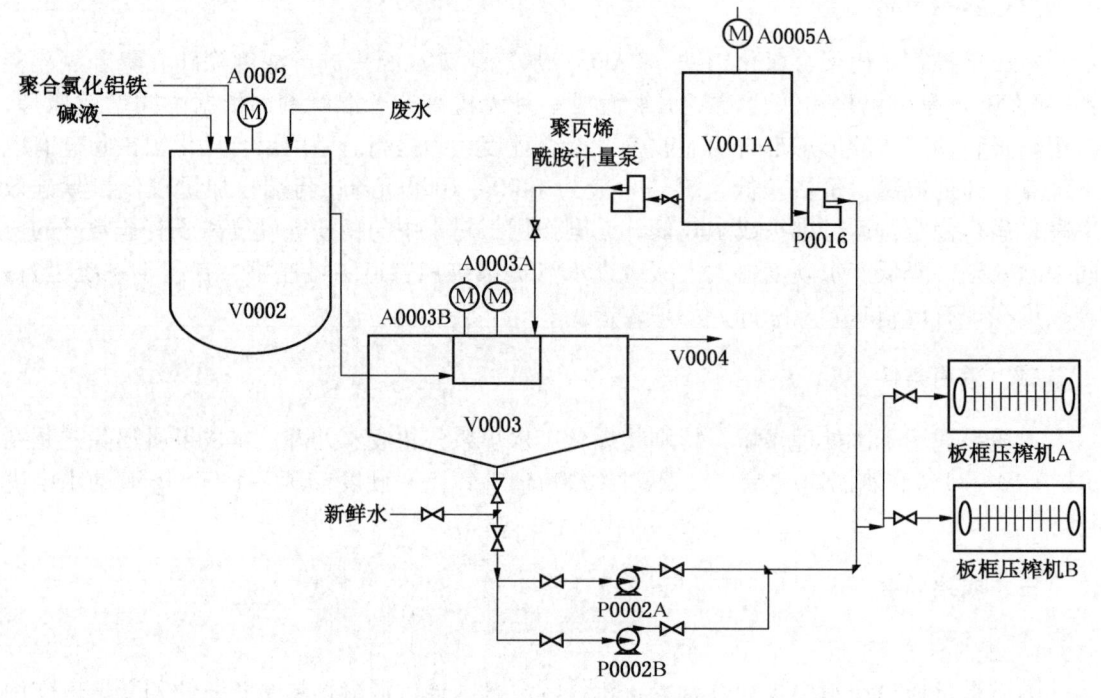

图 1　工艺流程

（1）从气化装置来的气化废水水温在 50 ℃ 左右，总硅含量为 700～1000 mg/L，溶解硅在 300 mg/L 左右，通过投加 NaOH 溶液，使废水 pH 值在 9.5～11 之间；然后将配药浓度为 1%（也可为其他配药浓度，投加时只需调整投加量即可）的混凝剂聚合氯化铝铁按照烧杯试验所得的最佳投加浓度投加至混凝反应池，在搅拌水力作用下活性硅和聚合氯化铝铁进行混凝反应。混凝反应池搅拌速度根据产生污泥矾花大小和沉降速率合理调整。

（2）经混凝处理后的气化废水进入絮凝反应区，通过投加配药浓度为 2‰ 的阳离子聚丙烯酰胺，投加浓度为 3 mg/L，以及来自沉淀池回流的 3%～4% 的污泥，发生絮凝沉淀后进入沉淀池。

（3）来自絮凝反应区的废水在沉淀池中利用较长的水力停留时间进行自由沉淀、分离，上层清液排出系统，底部污泥部分回流至絮凝反应区，其余排至污泥处理系统。

(4) 经处理过后硅含量达到要求的废水排放至污水系统进行生化处理。

四、主要涉及指标及应用前后指标对比

未经处理的气化废水活性硅含量最高达到 306 mg/L,平均在 275 mg/L,硬度也很高,维持在 1100～1300 mg/L 之间。经过处理后,气化废水进水硅含量基本保持在 250～310 mg/L,随着絮凝剂聚合氯化铝铁投加浓度的逐步提高,出水硅含量不断降低,在药剂浓度达到 500 mg/L 时,出水硅含量降至 120 mg/L 以下,当药剂浓度达到 1000×10^{-6} 时,出水硅含量达到 80 mg/L,详见表 1。该股水经过污水生化的絮凝沉降后,到达含盐膜与其他装置来水勾兑后,配合含盐膜药剂投加,完全满足反渗透膜进水水质的要求。

表1 经除硅处理的气化废水水质指标

序号	药剂投加浓度/$\times 10^{-6}$	出水硅/(mg·L^{-1})	除硅率/%	沉淀池出水总硬度/(mg·L^{-1})	沉淀池出水钙硬度/(mg·L^{-1})
1	200	149.8	50	41.35	28.33
2	200	151.7	51	45.49	33.08
3	200	165.2	47	54.79	48.59
4	200	177.3	43	54.79	49.42
5	200	159.8	49	49.83	43.42
6	200	163.4	43	57.07	49.62
7	200	148.4	38	62.03	55.83
8	200	153	43	47.56	31.43
9	200	171	40	24.81	20.68
10	200	168	42	41.77	39.7
11	200	160	41	43.42	42.39
12	350	163	41	16.13	15.09
13	350	141	52	23.98	14.68
14	350	144	52	29.77	28.95
15	350	138	51	31.43	21.09
16	350	142	48	22.74	12.82
17	350	133	51	30.60	28.95
18	350	128	53	35.77	27.50
19	500	129	53	32.67	14.47
20	500	116	56	29.36	26.47
21	500	110	60	33.91	31.01
22	500	113	59	27.91	15.09
23	500	111	60	19.85	9.72
24	500	110	60	20.68	9.72

表1（续）

序号	药剂投加浓度/×10^{-6}	出水硅/(mg·L^{-1})	除硅率/%	沉淀池出水总硬度/(mg·L^{-1})	沉淀池出水钙硬度/(mg·L^{-1})
25	500	117	59	29.56	20.68
26	500	118	59	62.65	51.90
27	1000	88	70	45.49	23.08
28	1000	82	71	47.97	45.49
29	1000	84	69	34.5	27.54
30	1000	77	72	44.65	32.43
31	1000	76	72	37.15	29.87

此外，从数据可以看出，投加聚合氯化铝铁后，气化废水的总硬度和钙硬度显著降低，这对减轻汽提塔结垢意义重大。

五、先进性及创新性

本成果通过对氧化镁、聚合氯化铝和聚合氯化铝铁的药剂去除活性硅效果的小试、中试和工业放大试验，最后选择出聚合氯化铝铁高效絮凝剂，即达到了对活性硅的高效去除，也减缓了系统结垢。同时，通过实际运行效果验证，该路线稳定可靠，运行成本低，维护简单，适合大型工业化应用。

据调研，除神华新疆化工有限公司外，目前行业尚未有其他单位采取聚合氯化铝铁进行气化废水除硅。

六、成果的运行成本

采用聚合氯化铝铁除硅，在满足下游污水处理装置膜系统进水条件的基础上，当气化废水量为360 m^3/h时，按照 $360\chi + 250 \times 15 = 1500 \times 30$，计算得到需达到的最终处理后废水的硅含量，$\chi = 115$ mg/L，式中，360为气化水量（m^3/h）；250为MTO水量（m^3/h）；15为MTO来水硅含量（mg/L）；1500为含盐膜装置处理水量（m^3/h）；30为含盐膜高密池最高可接受二氧化硅含量（mg/L）。

由以上分析可知，当气化废水量为360 m^3/h时，在气化装置投加聚合氯化铝铁需将出水硅含量去除到115 mg/L，此时，药剂投加浓度为 500×10^{-6} 左右，每小时药剂消耗0.21 t，每天5 t，药剂成本8000元/天，吨水成本0.93元，全年药剂成本281万元。

七、应用效果评价及推广前景

目前，采用聚合氯化铝铁除硅已经在神华新疆化工有限公司气化废水系统工业化运行一年半，期间气化废水系统和含盐膜装置运行稳定，未出现异常。

本成果可在有同样类型的废水处理工艺中适用，但需先根据实验室实验和现场中试确定最佳药剂投加量和投加条件后进行工业化试验。同时，需在实际生产中及时调整，避免药剂投加过量或投加不足影响处理效果。

提升过氧化物降解产品质量

相伟明　赵文亮　赵玉鑫　毛　伟　胡双伟

神华榆林能源化工有限公司

一、成果特点

本成果通过优化相关工艺参数，有效解决过氧化物降解生产的聚丙烯纤维料产品在下游客户实际使用过程中存在气味、掉浆等问题。①挤压工段优化筒体温度和节流阀关度；②风送单元加大脱气风量及延长掺混时间；③掺混风机出口温度提高 10~15 ℃；④粒料熔融指数由 3.5 g/min 提高至 4.0 g/min。通过以上工艺优化，在保证过氧化物降解产品窄分子量分布、高流动性的前提下解决了气味和掉浆问题。

二、适用条件

适用于采用过氧化物降解法生产的聚丙烯产品中，通过工艺优化在保证过氧化物降解产品窄分子量分布、高流动性的前提下解决了气味和掉浆问题。

三、成果内容

1. 基本原理

采用过氧化物降解生产的聚丙烯产品能够实现窄的分子量分布和高的熔融指数，但过氧化物降解产品在下游客户实际使用过程中存在气味、掉浆等问题。气味主要是过氧化物残留造成，通过优化下列工艺参数可以有效解决这一问题：

（1）提高挤压机的筒体温度和节流阀开度使过氧化物与聚丙烯树脂充分熔融混炼，加速过氧化物的分解，提高过氧化物的降解效率，进一步减少残留。

（2）风送单元加大脱气风量及延长掺混时间，使残留的过氧化物充分释放、挥发。

（3）掺混风机出口温度提高 10~15 ℃，加速残留的过氧化物挥发。

（4）粒料熔融指数由 3.5 g/min 提高至 4.0 g/min，提高聚丙烯树脂的流动性，避免掉浆现象的发生。

2. 关键技术

挤压工段优化筒体温度和节流阀关度；风送单元加大脱气风量及延长掺混时间；掺混风机出口温度提高 10~15 ℃；粒料熔融指数由 3.5 g/min 提高至 4.0 g/min。

3. 工艺流程

（1）粒料熔融指数调整：提高挤压过氧化物的加入比例，将粒料熔融指数中心值由 3.5 g/min 调至 4.0 g/min。

（2）挤压工段调节：①将挤压机三段至五段筒体温度由 225 ℃ 提高至 230 ℃；②将挤

压机六段至九段筒体温度由 225 ℃ 降低至 210 ℃；③将节流阀关度由 10°~20° 调整至 20°~30°；④将掺混风机出口温度提高 10~15 ℃。

（3）风送工段：①将粒料料仓脱气风量由 500 Nm³/h 提高至 1000 Nm³/h；②将粒料仓掺混时间由 6 h 延长至 10 h；③将掺混风机出口温度提高 10~15 ℃。

通过以上工艺优化在保证过氧化物降解产品窄分子量分布、高流动性的前提下解决了气味和掉浆问题。

四、主要涉及指标及应用前后指标对比

成果使用前后参数对比见表 1。

表 1 成果使用前后参数对比

参数	单位	使用前工艺指标	使用后工艺参数	参数调整方向
三段温度	℃	225	230	↑
四段温度	℃	225	230	↑
五段温度	℃	225	230	↑
六段温度	℃	225	210	↓
七段温度	℃	225	210	↓
八段温度	℃	225	210	↓
九段温度	℃	225	210	↓
模头压力	MPa（G）	9~12	6~8	↓
节流阀开度	(°)	10~20	20~30	↑
热油设定温度（模板）	℃	245~265	225~245	↓
热油温度（换网器等）	℃	240~260	220~240	↓
切刀转速	rpm	400±20	450±20	↑
切粒水温	℃	56~60	51~55	↓
脱气仓风量	Nm³/h	500	1000	↑
掺混时间	h	6	10	↑
掺混风机出口温度	℃	30	45	↑

通过工艺参数调整优化，过氧化物降解效率增加，过氧化物单耗实际值从 6.79 kg/t 下降到 3.74 kg/t。

五、成果的运行成本

通过以上工艺优化在保证过氧化物降解产品窄分子量分布、高流动性的前提下解决了气味和掉浆问题，进一步提升了公司在聚烯烃行业中的竞争力、影响力，增加公司的品牌效益和经济效益。

吨产品分子量调节剂成本计算公式：成本（元/吨聚丙烯）= 复合助剂单价（元/吨

助剂）×投标产品单耗（×10^{-6}），参数优化前的吨产品成本为：25300 元/t×6790 mg/kg = 171.787（元/tPP），优化后吨产品成本为：25300 元/t×3700 mg/kg = 93.6（元/tPP）。按照年排产 20000 t 过氧化物降解聚丙烯产品，一年至少可节约成本（171.787 - 93.6）× 20000 = 156.374（万元）。

测量稀氨水中的微量二氧化碳的应用

刘 强 杨红杰 吴永革 何建华 徐 特

神华榆林能源化工有限公司

一、成果特点

本成果用磷酸析出液体中的二氧化碳，采用先进的 NDIR 检测器（非散射红外吸收检测器）检测，该检测器灵敏度高、选择性高、检测线低（100 ppb）、测定速度快，测定准确度和精密度能够满足工业分析的需求。

二、适用条件

该成果应用于气化变换氨回收装置，氨水浓度必须为 5% 以下，主要应用于煤化工氨回收装置凝液、稀氨水中的微量二氧化碳分析。

三、成果内容

1. 基本原理

样品注入到含酸的 TC 反应器，产生的二氧化碳被吹扫出来，然后用 NDIR 检测器测定无机碳。二氧化碳的浓度每秒被测定几次，于是可以得到信号随时间变化的峰图。峰面积与测试溶液中碳的浓度成比例。通过使用先前确定的标定方程可以计算样品中碳的含量。

2. 关键技术

NDR 检测器（非散射红外吸收检测器），测定载气中 CO_2 含量。有两个平行的检测通道，用以动态检测不同浓度范围的 CO_2 气体。含有不同形态原子组成的分子气体在红外波长区域内有特征吸收，当一束光通过装有红外吸收气体的池子时，气体分子会在特征波长吸收一部分的光，吸收的这部分和它们在混合气中的浓度成比例。在 NDIR 检测器中的光接收器是对二氧化碳有选择性的，2 个测量通道是平行计算的，取决于二氧化碳在测量气中的浓度，其测量范围是动态切换的，采用系统综合法思维模型作为主要技术框架。

3. 方法实施

所有试剂用水均为无二氧化碳水。无二氧化碳水制作：将重蒸馏水在烧杯中煮沸蒸发（蒸发量 10%），冷却后备用；也可使用纯水机制备的纯水或超纯水。无二氧化碳水应临用现制,并经检验 TC 浓度不超过 0.5 mg/L。所有使用器皿均为玻璃皿。

(1) 单点标定。在 TOC 值很低的情况下可以使用单点标定;仪器的空白值低,且 NDR 检测器是线性的。可以得到一条经过原点的直线。推荐按照以下过程操作来减少单点标定时因配制标样出现的错误。

相同的浓度配制 3 个标样;测定标样,使用 3 个标样测量值的均值来绘制标定曲线;当使用单点标定时,必须确定试剂空白和准备用水空白的允许值;标准溶液的配备。

无机碳标准贮备液:ρ(无机碳,C)= 20 mg/L,准确称取无水碳酸钠(预先在 105 ℃下干燥至恒重)0.17667 g 置于烧杯中,水溶解后,转移此溶液于 1000 mL 容量瓶中,用水稀释至标线,混匀。在 4 ℃条件下可保存两周。

(2) 标线绘制。在 3 个 100 mL 容量瓶中,分别加入 5.00 mL 上述标液,用无二氧化碳水稀释至标线,混匀,配制成无机碳浓度为 1 mg/L 的标准溶液,以标准溶液浓度对应仪器响应值,绘制无机碳校准曲线。

(3) 试剂空白。在测量低 TIC 的样品时,不能忽略磷酸中(TIC)的空白值。可以单独测定试剂的空白值,并将其输入 Muw 控制和评价软件;或者可以在分析系列样品前自动测定这个空白值。试剂空白值的测定值最后使用手动输入。确定的试剂空白值(峰面积单位 AU)和加入的磷酸的量直接相关。当加入新批次的磷酸时,试剂空白值应再次测定。

(4) 水空白。配制标准溶液的水($A_{空白水样}$)在测定低 TIC(μg/L 量级)浓度的样品时,用于配制标准溶液的水中的 TIC 含量就不能忽略了。标样中的 TIC 和准备用水中的 TIC 往往在一个量级上。标定中可以设定此空白值的允许度。配置水中的 TOC 含量在标定前单独测定。标定时,每次检测的峰面积($A_{总}$)应该减去空白水样的平均峰面积,即 $A_{净} = A_{总} - A_{空白水样}$。

(5) 结果。该方法以 CO_2 浓度作为横坐标 X,以相应的信号强度为纵坐标 Y,建立工作曲线。测定样品的信号强度,通过工作曲线得到试样中二氧化碳的含量。

四、主要涉及指标及应用前后指标对比

该成果应用前,工艺凝液中的二氧化碳分析普遍采用化学分析方法,该方法检测限理论可以达到 ppm 级,但现实中由于干扰的存在,100 ppm 以下的数据平行性很难达到要求,这样的数据会对工艺有极大影响。该成果应用后,由于检测限可以达到 ppb 级,极大地降低后续工艺管道堵塞的时间间隔,对装置长周期稳定运行有重要的意义。

五、先进性及创新性

该分析方法测定稀氨水中的微量二氧化碳中含量,不测定氰化物、氰酸盐、异氰酸盐和碳颗粒物中的碳。该方法分析步骤简单,节省分析时间和试剂,抗硫元素、挥发性氨气干扰,在采样时用玻璃瓶采满样品,注射器密闭进样,最大限度地避免空气中的二氧化碳干扰,该方法检出限 100 μg/L,满足生产装置物料≤900 μg/L 的工艺指标。

六、成果的运行成本

该成果的投用,有效地检测二氧化碳分离塔 T-9003 二氧化碳的分离效率,杜绝因工

艺参数波动造成大量二氧化碳进入氨解析塔 T-9004，生成大量的碳酸铵结晶堵塞管线造成停车检修，每年避免减少检修 1 次（每次检修时间 7 天）。检修一次的影响：

（1）影响液氨产量 58.8 t。液氨产量 350 kg/h，液氨价格 2600 元/吨，则每次检修影响液氨产值为：$0.35 \times 24 \times 7 \times 2600 = 15.29$（万元）。

（2）每次检修用人 10 个工日，每个人工日 400 元，每年减少检修 1 次，则每年减少人工成本 $10 \times 400 \times 7 = 2.80$（万元）。

（3）每次检修设备更换，清洗塔件、管线成本费 10 万元。

因此，每年合计节省检维修费用：$15.29 + 2.80 + 10 = 28.09$（万元）。

七、应用效果评价及推广前景

由于氨水中的微量二氧化碳对装置长期稳定运行影响较大，以氨水中无机碳为例进行标线绘制。在 3 个 100 mL 容量瓶中，分别加入 5.00 mL 标用无二氧化碳水稀释至标线，混匀。配制成无机碳浓度为 1 mg/L 的标准溶液，以标准溶液浓度对应仪器响应值，绘制无机碳校准曲线（图 1）。

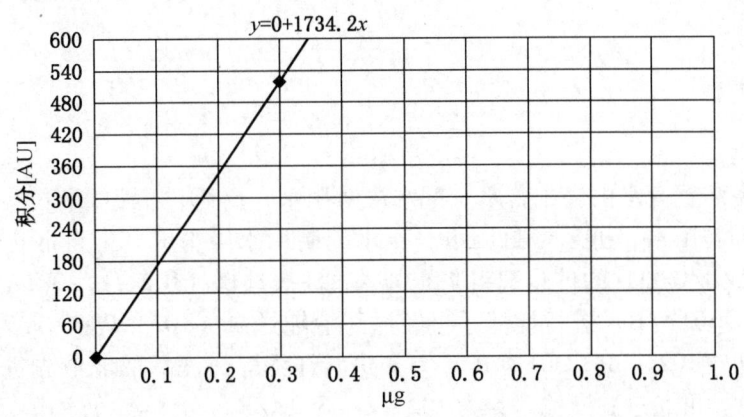

图 1　无机碳标准曲线

测量自动减除水空白、试剂空白，计算校正溶液的浓度，通过工作曲线得到试样中碳的含量（表 1）。

表 1　标样直接进样 NDIR（非散射红外吸收检测器）检测测量结果

元素号	1	2	3	4	5	6	7	8	9	10	相对标准偏差/%
碳含量/$(\mu g \cdot L^{-1})$	1010	997	1011	980	1012	1001	1004	1001	1012	1011	0.10

经研究结果发现，该方法测试结果稳定可靠，能够满足生产需求。该成果测定稀氨水中溶解二氧化碳，操作简单快速，避免了凝液中氨类和溶解性硫化氢的干扰，为国内同行业氨回收装置检测氨水中的二氧化碳含量开辟了全新的途径，可推广使用。

降低催化剂废水外排量

刘家兵　陈传富　高宗联

中国神华煤制油化工有限公司鄂尔多斯煤制油分公司

一、成果特点

通过对催化剂制备系统的合理分析，改变相关控制指标，对滤液进行重复利用，减轻了废水处理的压力，为废水处理系统稳定运行提供了保障。

二、适用条件

此成果为水煤浆系统废水优化与改造，在水煤浆系统及会产生含盐废水的煤浆系统均可使用。

三、成果内容

1. 基本原理

催化剂制备装置废水由煤中含水、配水煤浆用水、$FeSO_4$ 溶液、液位计冲洗水、地面冲洗水、管线冲洗用水、机泵密封用水、氨水配制用水等组成，来自催化剂料浆输送泵（102-P-204A/B/C/D）的催化剂料浆先进入过滤缓冲槽（102-D-301A/B）并通过搅拌器（102-M-301A/B）进行搅拌，再经过滤液输送泵（102-P-301A/B/C/D）送至四台板框压滤机（102-SR-301A/B/C/D）进行压滤。过滤后的滤液先进入滤液缓冲槽（102-D-302），再通过滤液输送泵（102-P-302A/B）分 3 部分输送：一部分滤液去催化剂制备工段配制稀氨水；一部分用作氧化反应器塔顶废气洗涤水；其余作为废水通过管网送至 154 单元进行污水处理。过滤后固含量约为 70% wt 的滤饼通过刮板输送机送至催化剂一段干燥工段。通过分析催化剂制备装置废水产生的源头，制定解决措施，逐步降低催化剂制备装置废水的处理量。

2. 关键技术

1）分析催化剂废水外排量大的原因：

（1）水煤浆浓度偏低或不稳定是催化剂工序废水量增大的主要原因。

（2）硫酸亚铁溶液浓度较低，为了确保催化剂中铁含量在控制指标以内，消耗量高，反应后无效产物溶液使得催化剂废水量较大。

（3）每台机泵使用的密封水量不能准确控制，用量大，进入系统成为催化剂废水。

（4）液位计冲洗水使用量不能准确控制，消耗量大，进入系统成为催化剂废水。

（5）地面冲洗水直接进入系统和滤液一并外排，增加了催化剂废水量。

（6）为了确保从混合设备出来的氨水浓度在一定范围内，稀释使用的脱盐水量高，成为催化剂废水。

（7）加压冲洗水和系统多处管线相连，只有一道球阀控制，易发生向系统内漏水。

（8）压滤机滤板长周期使用后会发生破损，导致挤压水泄漏至滤液中，增加了催化剂废水的外排。

（9）154单元回用黑水量较大。

2）针对催化剂废水外排量较高制定了相应的措施

（1）控制水煤浆浓度，确保浓度稳定。适当提高水煤浆浓度，尝试提到41%，可以节水2.3 t/h，逐步将水煤浆浓度提高到42%。

（2）提高硫酸亚铁浓度，严格控制硫酸亚铁用量，以免铁含量过剩，增加废水排放。要求上游装置提高硫酸亚铁浓度（设计13.6%左右）且稳定在15%~16%，可以节水3.4/h。

（3）经实践验证，提高氨水浓度，也就是降低超级吸氨器的用水量，将超级吸氨器由设计时的用水量8 t/h降到7 t/h，完全可以满足生产需求。

（4）降低机泵密封水和液位计冲洗水，机泵密封水通过增加的转子流量计控制在最低范围内，可降低废水量3 t/h；液位冲洗水增加限流孔板，控制水量。

（5）加压冲洗水改为双阀控制。正常情况下加压冲洗水不进入系统，但由于改造前为单阀控制，阀门经常内漏，导致废水量增加，改造后加双阀控制，改造前后通过对比每小时可节余废水约1 t/h。

（6）地面冲洗水回收利用。原先地面冲洗水直接进入系统作为废水排放，通过改造把地面冲洗水作为工艺水配制水煤浆，配水煤浆所使用的回用水量也相对降低。原始工艺设计时，地面冲洗水直接作为废水外排，每小时地面冲洗水量大约为1.0 t，冲洗水直接外排会给环保处理造成很大压力，同时也不利于节能降耗，所以尝试把外排废水改做生产工艺用水，每小时可以减少2.0 t外排废水量，同时也节约了2.0 t回用水。

（7）加强管理，提倡全员节水。将催化剂废水单耗列为小指标，纳入班组竞赛，对催化剂废水外排量管控好的班组进行奖励。

（8）改变液位计冲洗介质和方式，降低催化剂废水外排。催化剂制备装置共有煤浆罐8台和反应器2台，为防止煤浆罐和反应器的液位计引压管被煤浆堵塞，设计使用了工艺水对液位计进行在线冲洗，每个罐的液位冲洗水量约1 t/h。经过改造，已经将4台煤浆罐和2台反应器的液位计冲洗改为滤液冲洗，目前运行效果良好，可节约催化剂废水外排量6 t/h。尝试将不含氨的煤浆罐液位计冲洗水改为工厂风吹扫的形式，但运行效果不好。

（9）制定防内漏检查机制，消除系统漏水点。加压冲洗水管线和压滤机隔膜板是容易漏水进系统的主要部位。煤浆泵定期切换后必须对管线进行冲洗，加压冲洗管线上的阀门频繁使用会导致关闭不严，进而使加压冲洗水通过煤浆管线漏至系统内；压滤机隔膜板经过长时间使用后会发生隔膜破损，压滤机在挤压时会使挤压水漏进滤液罐内。这两处漏水进系统都会增加催化剂废水的外排量。针对生产现状提出新举措，制定防内漏检查表，每班对加压冲洗水内漏情况进行检查，每周对压滤机隔膜板进行检查，及时发现内漏点，以免冲洗水和挤压水进入系统增加外排废水量。

四、主要涉及指标及应用前后指标对比

成果使用前催化剂制备装置在 85% 负荷下外排废水量为 111 t/h。

成果使用后催化剂制备装置在 85% 负荷下外排废水量降至 90 t/h，减少了 21 t/h，处理 1 t 催化剂废水约花费 60 元，按每年 310 天计算，可节约废水处理费用：$21 \times 24 \times 310 \times 60 = 973.4$（万元/a）。

五、先进性及创新性

通过对催化剂制备系统的合理分析，改变相关控制指标，将滤液进行重复利用，减轻了废水处理的压力，为废水处理系统稳定运行提供了保障。

六、成果的运行成本

成果的实施使用转子流量计、阀门及管线约 5 万元，生产运行时不再产生成本。

七、应用效果评价及推广前景

降低催化剂废水外排量的实施可以应用在水煤浆制备和煤浆系统中，也为煤直接液化的二、三线节约废水提供了方案。

蒸汽钠离子不合格原因分析及治理

杜海胜　刘渤帆

中国神华煤制油化工有限公司鄂尔多斯煤制油分公司

一、成果特点

通过排除法寻找锅炉蒸汽中钠离子不合格的原因。

二、适用条件

该技术适用于化工、锅炉领域。

三、成果内容

1. 基本原理

通过分析，锅炉蒸汽发汽包热负荷发生变化，汽液分离闪蒸空间不足，导致蒸汽中携带的钠离子超标。

2. 关键技术

通过对煤液化装置余热锅炉和高压蒸汽发汽包运行情况评估，对于蒸汽中钠离子长期

频繁超标的原因进行逐一排查，最后得出蒸汽发汽包液位由原来的 50% 调整到 40%，根据炉水 pH 值确定合适的加药量，炉水中磷酸盐控制浓度指标需要下调，同时需要在规定的温度下进行分析。其次，建议对汽包容积进行重新核算，满足现有热量负荷条件下的运行要求，同时对汽水分离装置进行检查和优化。

3. 工艺流程

煤直接液化装置为了充分利用烟气余热，降低装置能耗，装置内的 3 台油煤浆进料加热炉排出的高温烟气集中设置了一台烟道式余热锅炉回收热量，余热锅炉入口烟气温度 693 ℃，出口烟气温度为 353.3 ℃，排烟至尾部的空气预热器，烟气量为 129016.9 Nm^3/h，热负荷为 18093.5 kW（6513.7×10^4 kJ/h）。

余热锅炉设有高压蒸汽发生器，汽包位于 18 m 框架平台上，内部设有水下孔板和均汽孔板，采用自然循环方式，由 3 根下降管及 3 根上升管组成。汽包进水为高压除氧水，生产 3.5 MPa 高压饱和蒸汽过热到 420 ℃ 送往管网，为了防止过热蒸汽超温，在饱和蒸汽过热前设置了除氧水喷水减温器。所产过热蒸汽除供本装置使用外，多余部分分别并入厂区的高压、中压、低压蒸汽管网。

余热锅炉蒸汽流程示意图如图 1 所示。高压蒸汽发汽包运行参数及饱和蒸汽和炉水控制指标分别见表 1 ~ 表 3。

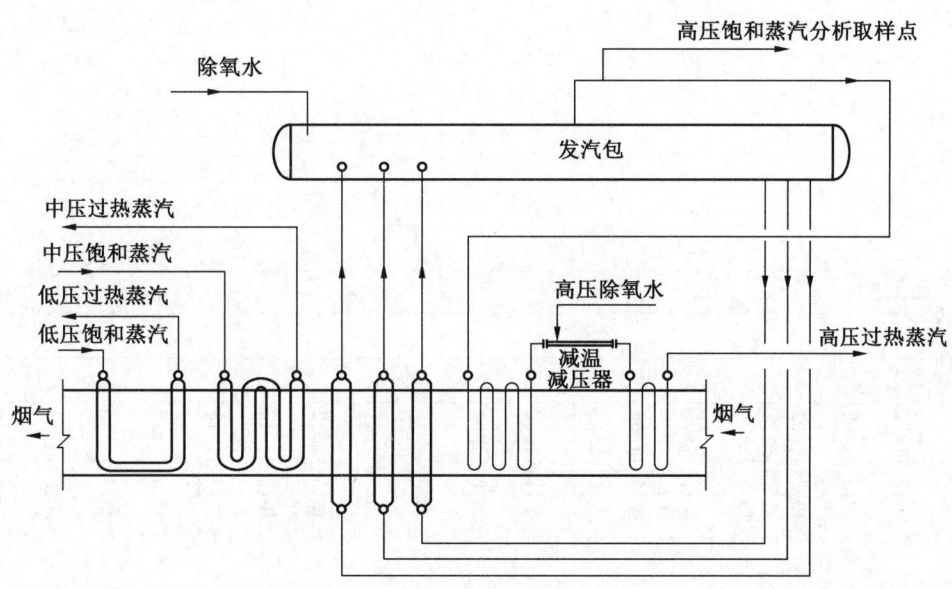

图 1　余热锅炉蒸汽流程示意图

表 1　高压蒸汽发汽包运行参数

项目	进水温度/℃	进水压力/MPa	饱和蒸汽温度/℃	一段过热后温度/℃	减温后温度/℃	二段过热后温度/℃
数值	155	7.5	253.5	369.6	340	420

表2 高压饱和蒸汽质量控制指标

取样温度	取样压力	蒸汽中钠离子含量（GB 12156-89）/(μg·kg^{-1})	蒸汽中 SiO_2 离子含量（GB/T 12148-2006）/(μg·kg^{-1})	电导率（GB/T 6908—2005）
常温	常压	<15	<20	实测

表3 蒸汽发生器炉水控制指标

取样温度	取样压力	磷酸盐（GB/T 6913）/(mg·L^{-1})	pH 值（GB 6904.1-86）	总溶固（GB-T 14419—93）
常温	常压	5~15	9~11	实测

四、主要涉及指标及应用前后指标对比

（1）成果使用前相关指标值。高压蒸汽发汽包炉水中正常控制 Na_3PO_4 加药浓度为 3%，药液注入量为 0.01 m³/h，根据质检化验中心分析结果统计得知，2013 年 11 月 1~18 日，高压饱和蒸汽中钠离子含量平均值为 28.0 μg/kg，最高达到 48 μg/kg，大部分分析结果不合格，但是蒸汽中 SiO_2 含量及炉水指标检测合格。经过加强汽包定排、连排后，效果仍然没有好转。蒸汽中钠离子含量以及炉水 pH 值分析结果如图2、图3所示。

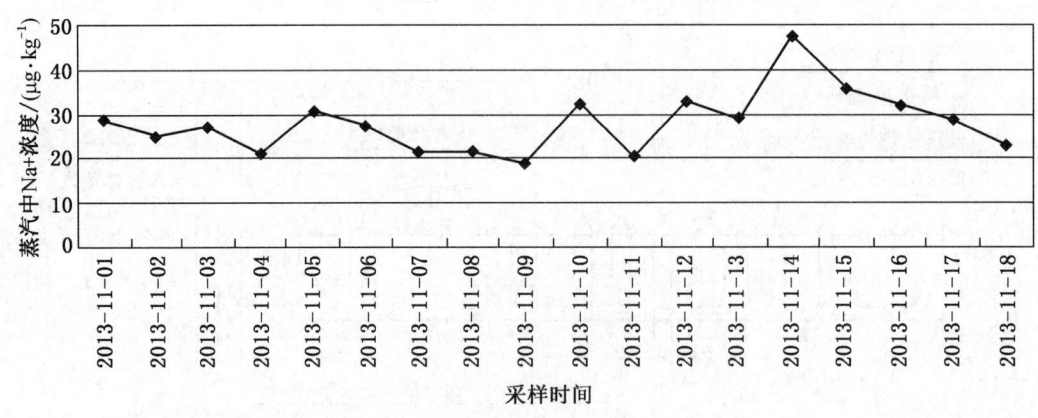

图2 蒸汽中钠离子含量分析结果

（2）主要涉及成果指标及指标值。汽包水位过高会使汽包上部的蒸汽空间高度减小，水滴飞溅到蒸汽引出管的距离减小，不利于自然分离，导致蒸汽携带的水量增大，蒸汽中钠离子含量偏高。为了进行试验，将汽包液位由 50% 控制到 40%，添加同等药剂，同时采取两台检测仪器做对比分析，考察检测仪器对分析结果的影响，分析结果见表4、表5。

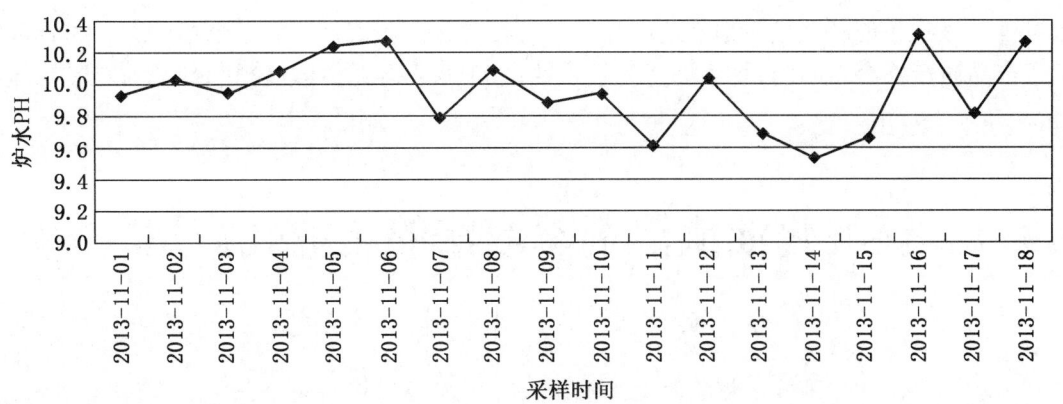

图 3 炉水 pH 值分析结果

表 4 蒸汽对比分析结果

不同时间采取样品	钠离子含量（检测仪器1）μg/kg	钠离子含量（检测仪器2）μg/kg
第一天采样	9.24	9.16
第二天采样	2.44	2.41

表 5 炉水对比分析结果

不同时间采取样品	磷酸盐浓度（检测仪器1）/(mg·L^{-1})	磷酸盐浓度（检测仪器2）/(mg·L^{-1})	pH 值
第一天采样	2.48	2.42	9.24
第二天采样	1.63	1.60	9.07

从表 4 和表 5 中可以看出，汽包水位降低后，采用两台仪器测试蒸汽中钠离子回到正常范围之内，炉水中磷酸盐浓度低于控制指标，pH 值在指标范围之内。同时也可以看出，原有检查仪器检查结果稍微偏大。

该装置高压产量为每小时 20 t，每吨蒸汽价格为 80 元，每年按照 7440 h 计，每年创造的经济效益为 20×80×7440＝1190.4（万元）。

五、先进性及创新性

（1）蒸汽中钠离子超标主要与加药浓度有关，关于液位、检测温度对分析结果的影响较难以发现。

（2）解决了装置蒸汽中钠离子超标问题，为装置创造了经济效益。

（3）可以借鉴应用到其他相关运行工况。

六、成果的运行成本

无运行成本。

七、应用效果评价及推广前景

蒸汽中钠离子超标主要与加药浓度有关，关于液位、检测温度对分析结果的影响较难以发现。该技术创新性强，很好地解决了煤直接液化高压蒸汽钠离子超标问题，为企业解决了产品质量不合格问题，每年创造的经济效益1190.4万元，具有较好的借鉴和推广价值。

煤液化油渣溶剂萃取法的工业化应用

李 刚 张 源 李 帅 李伏虎

中国神华煤制油化工有限公司鄂尔多斯煤制油分公司

一、成果特点

煤直接液化副产品油渣是煤化工行业独一无二的产物。油渣中含有50%左右的重质油和沥青质未被回收利用，3.5×10^5/a油渣萃取装置，通过溶剂萃取法，将煤直接液化副产品油渣中50%左右的有效物料，经过溶剂萃取、分离等工序进行脱灰处理，最终得到高品质沥青，将煤液化产品产业链进行了延伸。

二、适用条件

溶剂萃取法，可将重质油或者沥青质进行萃取，再次分离得到目标产物。可适用于重质油的再利用，比如加氢裂化渣油、催化裂化重质油等。

三、成果内容

1. 基本原理

煤液化油渣萃取法是利用煤焦油洗油对于油渣中固相及重质油溶解度不同进行溶质的分离和转移，将溶质进行分离的过程。

2. 关键技术

萃取过程主要是通过溶剂混兑和搅拌实现的，当固相与沥青质溶解洗油中后，利用卧螺离心机进行分离，将密度较大的固相与密度相对小的沥青质通过高速旋转的离心机进行分离。

3. 工艺流程（图1）

系统回收的溶剂油进入溶剂油缓冲罐，通过溶剂油泵将1.5:1的洗油与油渣在103减压塔底泵入口混合，再经过泵输送，在油渣萃取装置与洗油再次混合，混合后洗油与油渣比例控制在3:1，进入萃取罐内进行萃取。萃取过程溶质在溶剂中转移，与固体均匀分布在洗油中，进入离心机分离，在离心机高速旋转下，将萃取液离心分离为离心清液和沥青干相，再进一步加工和处理。

四、主要涉及指标及应用前后指标对比

（1）成果使用前相关指标值。煤液化油渣中四氢呋喃可溶物为52%，不溶物为48%左右。没有经过处理的油渣，经冷却后直接堆放至堆场出售。

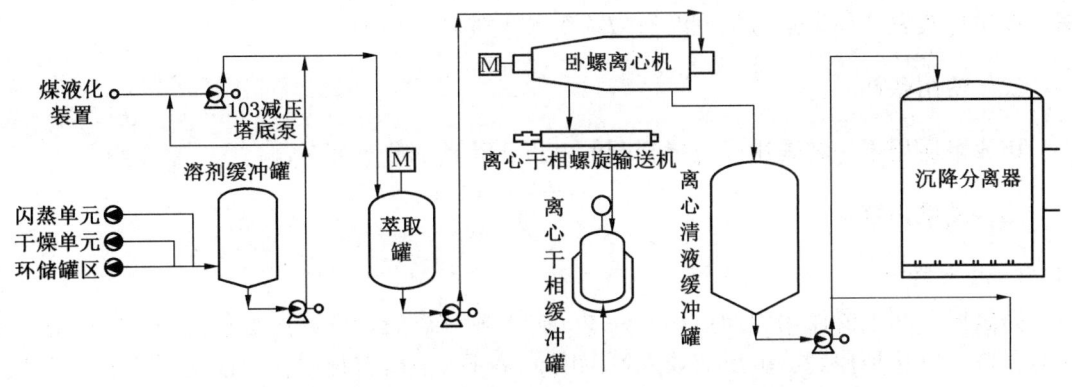

图1 工艺流程图

（2）主要涉及成果指标及指标值。经过萃取后，溶剂中四氢呋喃不溶物为12%，再经过离心分离后，不溶物含量降至4.3%，固体分离率为91%。

五、先进性及创新性

高黏度和高固体含量的物料分离是一直存在的难题，通过萃取将高黏度和高固体含量的物料进行稀释溶解，再经过高速卧螺离心机旋转，达到了高黏度和高固含物料的分离要求。成果可以有效地被利用在高含固和高黏度物料分离上。

六、成果的运行成本

液化油渣每吨按照均价500元计算，2 t油渣可以生产1 t沥青，如全部达到高级沥青生产要求，每吨可按照2500元左右销售，除去公用工程成本，每吨可盈利800～1200元。

七、应用效果评价及推广前景

煤液化油渣的萃取分离已经在 3.5×10^5 t/a 每年煤液化油渣萃取装置上得到验证，目前 3.5×10^5 t/a 煤液化油渣萃取装置已经开工运行，生产出合格沥青，并正在向高端碳材料方面发展。利用萃取法也可分析沥青质，作为针状焦等高端碳材料原料使用。

降低硫回收高温掺合阀故障率创新成果

王 斌　陈峻贤　魏振军　徐 驰　姬加良

神华包头煤化工有限责任公司

一、成果特点

该成果在不进行阀门更换或者材质升级的情况下，有效地降低了高温掺合阀的故障率，在实现装置长周期运行的同时有效缓解装置的环保压力。

二、使用条件

该成果适用于一切采用高温掺合阀的各行业硫黄回收装置。

三、成果内容

1. 基本原理

高温掺合阀主要作用为通过阀芯开度，调节制硫燃烧炉中高温过程气混入冷却后过程气掺合量，以达到控制一级反应器入口温度，保证反应器转化率，即催化剂处于最佳活性温度，同时，确保装置排放烟气SO_2浓度达标。但高温掺合阀在随后使用过程中会频繁出现阀芯破损和阀杆转动两种故障。该成果主要针对以上两种故障现象进行改造。

首先对阀芯表面进行了优化，阀芯表面增加耐高温、耐磨损材料，将原有的抛物线形变更至半球形，将阀芯垂直方向尺寸减小，阀门在使用过程中可以相对远离高温区，延长使用寿命。其次对阀芯通道进行优化，高温掺合阀阀芯通道是提高一级反应器入口温度热介质（制硫燃烧炉过程气）的主要通道，其流通量的大小取决于阀芯垂直方向的开度及阀芯通道宽度。在规格参数允许范围内，选取最小通道宽度，利用耐高温、耐磨损材料将原有 $DN150$ mm 缩径至 $DN100$ mm，减小阀芯垂直方向尺寸，阀门在使用过程中可以相对远离高温区，延长使用寿命。其主要的规格参数见表1。

表1 高温掺合阀规格参数表

项目	规 格					
	$DN800/\phi250$	$DN700/\phi180$	$DN700/\phi150$	$DN500/\phi150$	$DN350/\phi90$	$DN350/\phi80$
介质	H_2S、SO_2、CO_2、H_2O、空气等混合气体					
操作温度/℃	冷介质：150；热介质：1200~1400；混合介质：260					
阀芯通道/mm	$\phi250$	$\phi180$	$\phi150$	$\phi150$	$\phi90$	$\phi80$
调节信号/mA	4~20					

2. 关键技术

上述耐高温、耐磨损材料使用的是 TA-218（高纯度刚玉质复合材料），配以特殊黏结剂，主要理化指标见表2。

表2 主要理化指标

性　能		TA—218
耐火温度/℃		>1790
体积密度/(km·m^{-3}) (110 ℃×24 h)		≤3100
冷态抗压/抗折强度/MPa	110 ℃×24 h	≥80/10.0
	540 ℃×3 h	≥80/10.0
	815 ℃×3 h	≥85/11.5
线变化率/%		0~0.3
配合比（重量）		干料：湿料=3：7

耐高温、耐磨损材料与阀芯之间用挂片连接与固定。挂片采用半圆环，挂片采用与阀芯材质相同的焊丝进行焊接。同时为了保证阀芯表面耐高温、耐磨损材料与阀芯通道不进行硬面接触，对阀门定位器进行最小限位设置，保证阀门不全闭合，剩余5%开度。

3. 工艺流程

一般情况下阀门阀芯基本为锥体或者抛物线形，可以起到较好调节作用和密封作用。本装置高温掺合阀使用为抛物线形，但是此类型阀芯顶部长期处于高温区域，易受到酸性介质冲刷。为了便于阀芯远离或者减少接触高温区域，将阀芯形状更改半球形，两种阀芯示意图如图1所示。

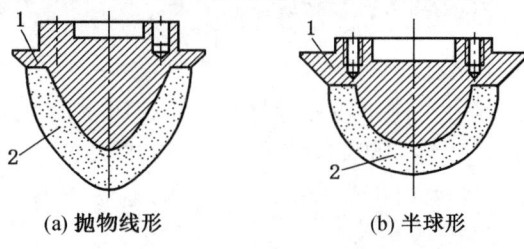

1—阀芯材料；2—衬里材料

图1 两种阀芯

本装置高温掺合阀阀芯通道为150 mm，为了减少阀芯与高温区域的接触，对通道进行了优化，将原有 DN150 mm 缩径至 DN100 mm，减少热介质流通量。调整后相同温度情况下所需热介质增加，高温掺合阀开度需增加，阀芯开度增大，减少了阀芯与高温区域的接触。

四、主要涉及指标及应用前后指标对比

成果使用前后相关指标值。改造前后高温掺合阀开度及其他相关数据对比，详见表3。

表3 改造前后高温掺合阀开度及其他相关数据对比

参数	高温掺合阀开度/%	制硫炉温度/℃	余热锅炉后温度/℃	反应器入口温度/℃	反应器一层温度（南侧）/℃	反应器一层温度（北侧）/℃	反应器出口温度/℃
改造前	68.0	1062	311.6	267.82	286.03	286.42	313.17
改造后	42.7	1068	312.2	266.15	293.43	288.10	312.33

五、先进性及创新性

（1）阀芯材质不进行变更情况下，长期在高温区域，接触 H_2S、SO_2 等酸性介质，极易出现破损，为了提高阀芯耐高温，耐腐蚀的性质，对其表面增加耐火材料 AT-218，该材料高耐温、高耐磨，耐腐蚀。

（2）阀芯在表面增加耐火材料时，对其形状进行更改。一般情况下阀门阀芯基本为锥体或者抛物线形，可以起到较好调节作用和密封作用。该处使用为抛物线形，但是此类型阀芯，顶部长期处于高温区域，易受到酸性介质冲刷。为了便于阀芯远离或者减少接触高温区域，将阀芯形状更改半球形。

（3）为了防止阀芯表面新增耐高温，耐腐蚀材料与阀芯通道出现硬面接触，导致材料破损，所以高温掺合阀不得完全关闭，即阀芯零位进行优化，提升5%。为了达到该效果，装置对阀门设定了最小限位。

（4）原设计高温掺合阀阀芯通道为 DN150 mm，在开启过程中100%阀位时，阀芯最前端离开阀芯通道，0阀位时阀芯最后端完全进入阀芯通道。对阀芯通道优化后，缩径至

DN100 mm，热介质流通量大幅减少，同等工况下，阀门开度需进行增加，阀芯远离高温区域，达到保护阀芯目的。

六、成果的运行成本

1. 成本投入

高纯度刚玉质复合材料 TA-218，1 t 大约 7000 元，高温掺合阀阀芯改型及通道缩径共使用一袋（50 kg/袋），大约花费 350 元；Inconel718 合金材料 268 元/kg，挂片使用量 0.5 kg，大约花费 134 元。本次改造成本共计 484 元（不计人工及辅料）。

2. 效益核算

改造前每年检修一次，每次检修费用为 15 万元左右。改造后每 3 年检修一次，每次检修费用 2 万元，可节约检修费用 43 万元。高温掺合阀故障，会使反应器温度下降，最终导致烟气二氧化硫出现超标，按照每次烟气超标罚款 4 万元计算，每年避免超标次数 2 次计算，可避免罚款 8 万元。综上所述，本次创新成果改造可为公司节省费用约 52 万元。

七、应用效果评价及推广前景

（1）将高温掺合阀的检修周期由原来的 1 年 1 次延长到 3 年一次，同时改造中所使用到的材料也较为常见，成本低廉。

（2）针对当前日益突显的环保压力，实现高温掺合阀长周期平稳运行显得尤为重要，通过一系列的探索改造，已基本上能保证高温掺合阀长周期运行，确保了装置一级反应器入口温度的平稳，可供相关单位借鉴。

MTO 装置冷壁单动滑阀内部结构优化改造成果

陈　斌　陈海辉

神华包头煤化工有限责任公司

一、成果特点

本成果主要用于 MTO 装置反-再两器的催化剂输送管线上，作用是切断两器催化剂循环，调节反应需要催化剂的循环量。MTO 装置反应为强放热反应，反应生焦少，催化剂的循环量小，反应器和再生器使用原有传统结构的小口径的冷壁单动滑阀，催化剂在输送管内流动在阀板处节流后，易出现噎堵现象，在小口径的滑阀阀板下部也会形成涡流冲刷阀杆和阀板，内件磨损、冲蚀严重，滑阀使用寿命短，制约 MTO 装置运行周期。新改造的滑阀，通过对滑阀开口中心与阀体中心进行偏移、阀板的底部增加耐磨衬里、阀杆头部增加耐磨镀层等一系列措施后，解决了滑阀下料不畅、滑阀内件磨损、冲蚀严重等问题,将滑阀的使用寿命从一年提高到三年,解决了 MTO 装置长周期运行的一项重大瓶颈。

二、适用条件

主要用于 MTO 装置反-再两器切断和催化剂调节用,也适用于 450~750 ℃ 高温工作状态下微球固体输送的管道上。

三、成果内容

1. 基本原理

MTO 装置催化剂为固体微球催化剂,反-再两器需要进行催化剂的循环,才能保证催化剂的反应活性。催化剂经过汽提段后进入再生滑阀,在阀板的位置截面积收缩率较大,使催化剂流动性减小,外加催化剂中含有细小的衬里块,易在再生滑阀处发生噎堵。催化剂在立管内部向下流动,伴随有气泡或气体流向上运动;催化剂在再生立管内经过再生滑阀时流通面积发生改变,细小的催化剂伴随着气体一起旋转,在阀板底部会形成涡流区(金涌著《流态化原理》也有相关类似的结论)。滑阀在正常生产时的开度一般在全行程的 1/2 左右运行,在生产中滑阀易出现不畅的现象,在执行机构侧的阀板上会有催化剂的沉积,在阀位开关的过程中,催化剂会通过阀板和阀座圈的间隙流至阀杆 T 型头处的涡流区,从而造成涡流区的冲刷。本成果通过对滑阀开口中心与阀体中心进行偏移来提高催化剂经过阀板位置处的流通性,避免阀板底部出现涡流区,同时阀板的底部增加耐磨衬里、阀杆头部增加耐磨镀层一系列措施来提高抗磨损的性能,解决现有滑阀存在的问题。

2. 关键技术

(1) 改变原滑阀开口中心与阀体中心线重合的设计,使滑阀在正常工况下运行两中心线,尽量减少两中心线的重合距离;将滑阀开口端进行偏移(即原滑阀开口中心与阀体中心有一定偏心量)。

(2) 在滑阀的阀板前端底部易被冲刷的部位增加衬里,增加阀板的抗催化剂冲蚀的性能。

(3) 阀杆 T 型头部位进行高耐磨合金镀层处理,提高该部位的抗催化剂冲刷性能。

(4) 调整导轨两侧吹扫蒸汽的吹扫口的位置,使吹扫口的两侧边缘避开 L 型导轨的边缘并与其平行,改变吹扫蒸汽的吹扫频次。

3. 工艺流程

(1) 改变原滑阀开口中心与阀体中心线重合的设计,使滑阀在正常工况下运行两中心线,尽量减少两中心线的重合距离;将滑阀开口端进行偏移(即原滑阀开口中心与阀体中心有一定偏心量),在远离执行机构侧,将节流准壁与竖直面的夹角变大,在执行机构端节流准壁与竖直面的夹角变小。这种结构的改变,使得滑阀在正常工况下 1/2~2/3 阀位处操作时,催化剂更便于从阀体中心通过,从而避免介质在阀板底部空间形成涡流。

(2) 在滑阀的阀板前端底部易被冲刷的部位增加衬里,增加阀板的抗催化剂冲蚀的性能。

(3) 阀杆 T 型头部位进行高耐磨合金镀层处理,提高该部位的抗催化剂冲刷性能。

(4) 调整导轨两侧吹扫蒸汽的吹扫口的位置,使吹扫口的两侧边缘避开 L 型导轨的边缘并与其平行。大的吹扫蒸汽量会加大导轨 T 型头处和阀杆与阀板连接处的催化剂涡流旋转速度造成金属的快速冲蚀，将吹扫蒸汽由 $\phi 3$ 的限流孔板调整为 $\phi 2.5$ 的孔板，同时将吹扫蒸汽由原来的一直投用改为定期投用。

四、主要涉及指标及应用前后指标对比

主要经济技术效益指标。成果实施后，再生滑阀在运行一年后，解体检查内件完好，未见冲刷；未改造的待生滑阀内部阀杆、阀板冲刷严重。再生滑阀在运行 2 年后，只发现导轨后部有轻微冲刷，不影响再生滑阀继续使用；未改造的待生滑阀内部阀杆、阀板、导轨冲刷严重，无法使用。再生滑阀在运行 3 年后，解体发现仍是导轨后部有轻微冲刷，外观检查，不影响再生滑阀继续使用。改造后滑阀的运行寿命由 1 年提高至少 3 年以上。同时也间接提高了 MTO 装置的运行周期提高至 3 年。节省每年的备件更换费用约 20 万元。

五、先进性及创新性

该成果，无须投入成本，利用备件采购过程借助于阀门制造能力对内部件进行以下改造措施：将滑阀开口中心与阀体中心进行偏移；阀板的前端底部增加耐磨衬里；阀杆头部增加耐磨镀层；调整导轨蒸汽吹扫量，解决滑阀经常性噎堵、内件磨损的问题，提高滑阀的运行寿命，解决装置的长周期运行瓶颈之一。

六、成果的运行成本

无须额外投入成本，在采购备件中，借助于阀门制造单位，进行优化即可。再生产中单动滑阀经常性噎堵的问题解决了，催化剂间歇中断的缺陷得到了解决，避免了严重的催化剂输送问题。操作人员的工作效率和安全性大大提高。

七、应用效果评价及推广前景

神华包头 MTO 装置再生滑阀运行寿命提高技术攻关，为其他单位同装置类似问题提供了技术支撑，奠定了包头煤化工首套煤制烯烃装置的示范地位，对同类装置的长周期运行优化有很强的借鉴性，也具有很好的推广性。

变换冷凝液汽提系统防腐设施创新成果

谭金浪　陈峻贤　姬加良　赵云峰　李剑晖

神华包头煤化工有限责任公司

一、成果特点

本成果开创性地在腐蚀介质浓度最高的塔顶回流液管线中填装易腐蚀的材料（鲍尔

环),通过易腐蚀材料与介质的化学反应,降低腐蚀介质的浓度,以期达到减缓管线腐蚀的目的。

二、适用条件

适用于输送介质含易腐蚀介质的管线及设备。

三、成果内容

1. 基本原理

通过易腐蚀材料与腐蚀介质的化学反应,降低腐蚀介质的浓度,减缓其他管线设备腐蚀。

2. 关键技术

在变换汽提系统腐蚀最为严重的汽提塔顶回流管线中增加防腐设施,填装易腐蚀的材料(鲍尔环),通过易腐蚀材料与介质的化学反应,降低回流液中腐蚀介质的浓度,以期达到减缓变换不凝气管线腐蚀的目的(图1)。为使腐蚀介质与腐蚀材料充分接触,该防腐设施水平安装,根部增加切断阀(内衬聚四氟乙烯闸阀),以便对腐蚀介质定期监控和更换。

3. 工艺流程

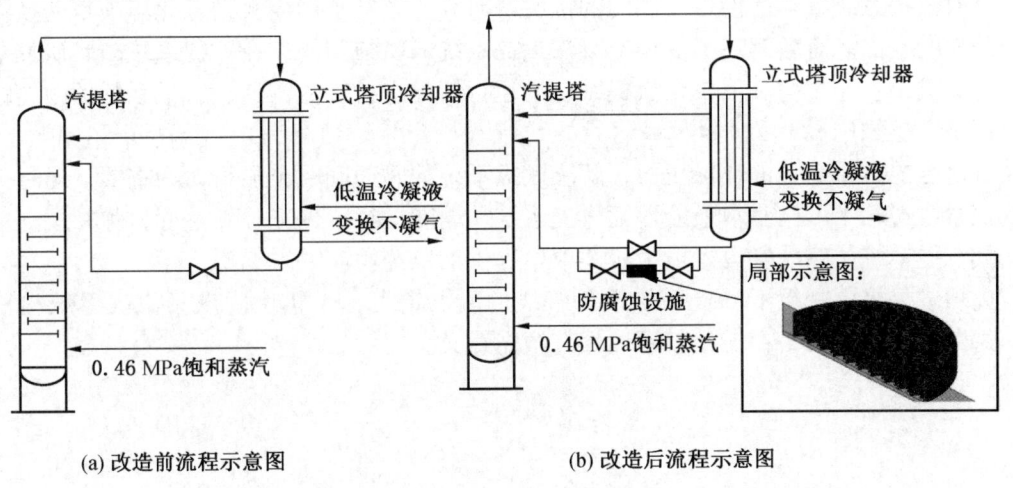

图1 改造前后流程示意图

四、主要涉及指标及应用前后指标对比

该成果应用前,汽提系统平均每月出现3次腐蚀泄漏,每月塔顶外送不凝汽夹套管泄漏更换1次,每三个月就需汽提系统停车检修一次。应用该成果后,汽提系统每三个月出现1次腐蚀泄漏,运行期间无须停车更换回流管线,每两年大检修时进行更换即可。

五、先进性及创新性

在原有的腐蚀处理手段,只是在腐蚀引起泄漏后对管线及设备进行消漏更换,不利于系统长周期运行。通过对汽提系统进行挂片测试，筛选出腐蚀最为严重的材料。制作防腐蚀填料，加快腐蚀介质的化学反应，减轻设备及管道的腐蚀。在运行中，定期将防腐设施隔离拆检，查看腐蚀情况，视情况更换防腐蚀填料，可以保证汽提系统长周期稳定运行。

六、成果的运行成本

1. 成本投入

每年安装更换填料 0.5 t，价格约为 3000 元。

2. 效益核算

汽提系统年检修费用：12÷3（平均每三个月对汽提系统大修 1 次）×20000 元（单次费用）=8（万元），年节省费用 8 万元。夹套管腐蚀速率 1 段/1 月，每段 321 材质的夹套管为 2.5 万元，12×1×2.5=30（万元），年节省费用 30 万元。泄漏 1 次处理需管卯工 1 人、焊工 1 人、保运监护人 1 人、工艺监护人 1 人，处理一处漏点时间平均需要一天工时。按管卯工 240 元/每人每天工时平均计算，每处漏点需支出 960 元。12×3×0.096=3.46（万元），每年可节约 3.46 万元。全年累计节约 41.46 万元。

七、应用效果评价及推广前景

针对汽提系统管道、设备及阀门的抗腐蚀研究，填补了国内大型煤化工项目变换汽提系统防腐的空白。有效解决了变换冷凝液汽提系统的腐蚀问题，在汽提系统防腐研究中取得了显著成果。通过与其他单位汽提系统的运行情况进行交流沟通，汽提系统的防腐蚀研究应用被广泛推广。

针对当前日益突显的环保压力，解决汽提系统的腐蚀问题也显得尤为重要，通过一系列的探索改造，本厂已基本上能保证汽提系统长周期运行，保证环保达标，弥补了一氧化碳变换汽提系统防腐的空白，可为相关单位提供借鉴经验。

此项成果极大减缓了汽提系统设备管线的腐蚀情况，大幅度降低了汽提系统检修频次。避免了大气污染，在煤化工领域具有领先意义。

一等奖

露天煤矿采掘

伊敏露天煤矿软岩深孔爆破及效益提升技术研究

李 伟 李月强 孙茂森 李伟亮 胡鹏飞

华能伊敏煤电有限责任公司伊敏露天矿

一、成果特点

通过调整爆破参数,实现了软岩条件下的深孔松动爆破。通过设计未爆破、浅孔爆破与深孔爆破条件采装作业效率对比试验,综合分析爆破成本增加与开采效率关系得出了软岩爆破技术可以有效提高生产效率降低生产成本的结论。

二、适用条件

该成果主要应用于软岩露天矿,适用于欲通过爆破提升采装效率的工作台阶,对蒙东草原区露天煤矿具有较高的参考意义。

三、成果内容

1. 基本原理

深孔爆破是指钻孔直径大于 75 mm、孔深大于 5 m 的炮孔爆破技术,小于其中之一的为浅孔爆破。深孔爆破具有单位钻孔量小和炸药单位耗量低、生产效率高和便于采用综合机械化施工进行爆破、挖装、运输作业等优点,广泛应用于露天矿开挖工程。深孔爆破可与毫秒微差爆破等技术相结合,以获得开挖面平整、岩石破碎率良好、提高工程爆破施工质量的效果,并有利于提高采装及挖运作业施工效率。

2. 关键技术

伊敏露天矿深孔爆破施工,爆破器材主要采用数码电子雷管及岩石粉状乳化炸药。数码电子雷管是国内具有自主知识产权、高可靠、高精度的电子雷管,雷管内置产品序列号和起爆密码、内嵌抗干扰隔离电路,使用安全、网路设计简单、操作使用方便;岩石粉状乳化炸药是防水工业炸药,具有爆炸威力大、抗水性能好、施工效率高,有毒气体含量少、贮存、运输使用安全等特点。二者在进行深孔爆破施工作业过程中,安全可靠、操作简单便捷,能有效提高施工效率。

3. 工艺流程

数码电子雷管施工工艺流程如下:雷管注册并编号→雷管发放、入孔→设置延期时间→组网连接→网络检测→炮孔充填→下载密钥、充电起爆。每道工艺流程操作简单但又环环相扣,避免在施工作业中因操作不当导致拒爆产生。从雷管注册编号开始,雷管信息已全面录入当次爆破作业信息系统中,直至下载密钥后、充电起爆前,均可随时检查并发现每发雷管的工作状态,确保爆破作业雷管百发百响、拒爆发生概率为零。

四、主要涉及指标及应用前后指标对比

1. 成果使用前相关指标值

未爆破工作面连续五车分解动作时间见表1。

表1 未爆破工作面连续五车分解动作时间

铲号:2002号		台阶高度:12 m			
采掘带宽度:22 m		小时能力:1180/(m³·h⁻¹)		未爆破工作面	
循环时间	挖掘	重载回转	卸载	空载回转	一次循环时间
第一个循环	16	12	4	11	43
第二个循环	27	11	5	12	55
第三个循环	18	11	7	12	48
第四个循环	18	12	7	11	48
第一个循环	17	11	3	11	42
第二个循环	16	13	5	13	47
第三个循环	45	11	4	12	72
第四个循环	21	11	4	11	47
第一个循环	14	15	5	13	47
第二个循环	13	12	7	13	45
第三个循环	28	17	8	13	66
第四个循环	19	15	5	11	50
第五个循环	10	10	3	13	36
第一个循环	20	11	5	12	48
第二个循环	36	13	7	14	70
第三个循环	20	15	4	13	52
第四个循环	13	13	7	14	47
第一个循环	20	14	9	13	56
第二个循环	31	15	5	12	63
第三个循环	26	16	8	15	65
第四个循环	14	13	10	13	50
平均时间	21.04	12.90	5.80	12.47	52.23
方差	72.44	3.89	3.86	1.26	93.79

2. 主要涉及成果指标及指标值

（1）浅孔爆破工作面连续五车分解动作时间见表2。2001号电铲理想条件下连续3 h能力测试见表3。

表2 浅孔爆破工作面连续五车分解动作时间

铲号：2001号		台阶高度：12 m			
采掘带宽度：22 m		小时能力：1500/(m³·h⁻¹)		浅孔爆破工作面	
循环时间	挖掘	重载回转	卸载	空载回转	一次循环时间
第一个循环	14	14	4	13	45
第二个循环	17	12	5	11	45
第三个循环	18	14	4	10	46
第四个循环	15	12	6	13	46
第一个循环	21	12	5	10	48
第二个循环	17	14	5	12	48
第三个循环	17	13	4	10	44
第四个循环	17	13	4	12	46
第一个循环	19	12	4	10	45
第二个循环	18	14	6	11	49
第三个循环	18	17	5	13	53
第四个循环	19	14	5	13	51
第一个循环	16	15	6	11	48
第二个循环	15	13	6	14	48
第三个循环	18	17	4	11	50
第四个循环	18	14	5	10	47
第一个循环	12	16	5	11	44
第二个循环	18	13	6	14	51
第三个循环	18	15	4	15	52
第四个循环	16	12	4	11	43
平均时间	17.05	13.8	4.85	11.75	47.45
方差	3.94	2.48	0.66	2.40	8.15

（2）深孔爆破工作面连续五车分解动作时间见表3。

表3 深孔爆破工作面连续五车分解动作时间

铲号：2002号		台阶高度：12 m			
采掘带宽度：22 m		小时能力：1600/(m³·h⁻¹)		深孔爆破工作面	
循环时间	挖掘	重载回转	卸载	空载回转	一次循环时间
第一个循环	12	11	5	11	39
第二个循环	12	11	5	12	40
第三个循环	14	12	4	13	43
第四个循环	10	12	5	12	39
第五个循环	17	13	6	12	48
第一个循环	12	11	4	13	40

表3（续）

铲号：2002 号		台阶高度：12 m			
采掘带宽度：22 m		小时能力：1600/(m³·h⁻¹)		深孔爆破工作面	
循环时间	挖掘	重载回转	卸载	空载回转	一次循环时间
第二个循环	14	13	6	16	49
第三个循环	14	14	5	13	46
第四个循环	19	14	6	13	52
第五个循环	16	13	5	11	45
第一个循环	11	10	3	11	35
第二个循环	16	14	5	13	48
第三个循环	12	13	4	10	39
第四个循环	13	13	5	13	44
第五个循环	16	13	5	11	45
第一个循环	12	10	3	12	37
第二个循环	14	13	5	14	46
第三个循环	16	13	5	13	47
第四个循环	15	12	5	11	43
第五个循环	17	13	6	12	48
第一个循环	19	12	6	12	49
第二个循环	13	13	5	12	43
第三个循环	13	12	5	11	41
第四个循环	13	13	5	12	43
第五个循环	12	12	4	12	40
平均时间	14.08	12.4	4.88	12.2	43.56
方差	5.74	1.25	0.69	1.5	18.42

2001 号电铲理想条件下连续 3 h 能力测试

台阶高度/m	采掘带宽度/m	作业时间		小时能力/(m³·h⁻¹)
12	22	13：00－16：00		
车号	装车数	产量/m³	待车时间	
220T18	10	4518	8 min	1506
220T20	11			
220T21	11		维护时间	
220T22	11		2 min	
172T19	11			

五、先进性及创新性

（1）采用深孔爆破施工，有利于降低施工成本，加快土石方剥离挖运施工进度，降低电铲损耗及维修费用，减少电铲大修频率，大大提高电铲采装效率。

(2) 采用深孔爆破施工技术后，可有效提高露天矿区内运输车辆的出勤率，降低车辆闲置，尽快将上层土石方剥离外运，露出下部煤炭。

六、成果的运行成本

1. 成本投入

伊敏露天矿2020年穿孔爆破需投入2233万元。

2. 提高效率

未爆破作业面一次循环时间和小时能力最低，理想状态下的浅孔爆破作业面一次循环时间降低9.3%，小时能力提升27%；深孔爆破作业面一次循环时间对比理想状态下的浅孔爆破作业面降低9%，小时能力提升6%，尤其挖掘循环时间降低17%，效果明显。

3. 产生效益

12立电铲通过深孔爆破年能力提升至3.09×10^6 m^3/a，4台12立电铲可每年提高产量2.24×10^6 m^3，节约生产成本224×6.63 元$/m^3$ = 1485（万元）。

20立电铲通过深孔爆破年能力提升至6.6×10^6 m^3/a，6台20立电铲可每年提高产量2×10^6 m^3，节约生产成本200×6.63 元$/m^3$ = 1326（万元）。

35立电铲通过深孔爆破年能力提升至8.26×10^6 m^3/a，1台35立电铲可每年提高产量1.49×10^6 m^3，节约生产成本149×6.63 元$/m^3$ = 988（万元）。

43立电铲通过深孔爆破年能力提升至5.37×10^6 m^3/a，1台43立电铲可每年提高产量9.7×10^5 m^3，节约生产成本97×6.63 元$/m^3$ = 643（万元）。

共节约生产成本：4443万元 - 2233万元 = 2210（万元）。

七、应用效果评价及推广前景

该技术的应用有效地提升了伊敏露天煤矿采装生产作业效率，同时提高了生产效益。松动爆破作为硬岩露天煤矿常规生产环节，在软岩露天煤矿应用较少，主要原因在于松散岩体自由面较广，不宜产生优良爆破效果，即软岩松动爆破参数设计较难。同时爆破环节带来的成本上升与生产效益提升关系难以把控。因此伊敏露天煤矿软岩松动爆破及效益提升技术研究的成功为软岩露天煤矿提供了优先例与成功经验，值得推广至全国软岩露天煤矿。

一种WK-35型电铲回转机构检修方式创新应用成果

张 雷　骆星宇　行保卫　鄂登荣　赵成海

华能伊敏煤电有限责任公司伊敏露天矿

一、成果特点

WK-35型电铲更换回转机构的回转大齿圈、环轨、滚盘及中央枢轴套等核心关键部件,以往检修工艺需要拆解回转平台上部各机构,工期25天。为了能够进一步缩短工期,减小工作量,降低劳动强度,经过详细计算,首次采用不拆解回转平台上部各机构整体起顶的方案,用液压支架、75 t桥吊、220 t汽车吊支顶成功,12天工期完成检修工作,工期提前13天。

二、适用条件

适用于WK-35型电铲回转机构检修。

三、成果内容

1. 基本原理

(1) 如图1所示:在回转平台起落工作中,借鉴该矿以往WK-35设备检修经验,采用液压支架和220 t吊车及75 t天吊共同起重的方案进行此次工作。同时,为了尽量少地拆除零件,节约检修工期,在此次检修中精确计算了起重前回转平台的质量,在起重工作中,将液压支架的位置向回转平台中心方向移动40 cm,并考虑原220 t吊车位置受力较大(由于有未拆除的提升机构),将75 t吊车和220 t吊车位置调换,合理地进行了载荷分配,在设备有限的前提下,安全地完成了此次回转平台的起落工作。

(2) 在回转平台起升工作中,在液压支架托举架两侧制作了一个简易的刻度尺,可观察起重过程中的起升高度和偏载度,确保回转平台起升和回落工作中的平行度,保证平台不会发生倾斜,避免载荷分配不均匀的情况,有效保障检修安全。

(3) 在上下环轨拆装过程中,由于环轨位置在回转平台下不易吊装的位置,拆装过程中存在较大的安全隐患。铲修车间制作了一个如图2所示的装置,该装置的支护槽钢在中央枢轴孔下方,能够满足吊车直接起吊的要求,从而使环轨的拆装工作变得安全、快速。

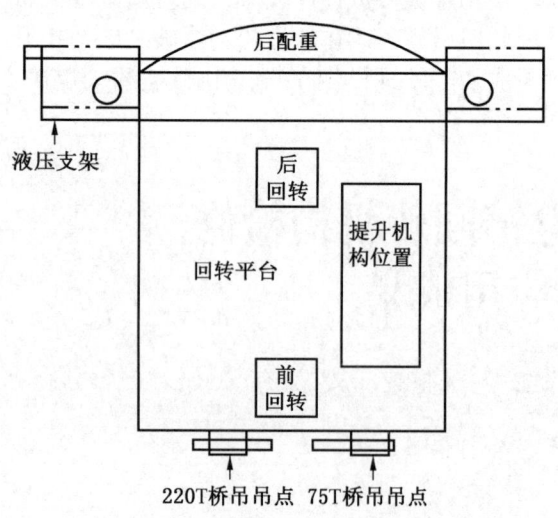

图1 3501号电铲起重方式改进示意图

图2 拆装支护装置

（4）如图3所示：在回落回转平台时，技术人员在原有对中装置的基础上，将回转平台上的设备影像投影至电铲大修班的一台50英寸电视机上，在回落过程中，能清晰地显示中央枢轴与回转平台基准孔的实时对中情况，保障回转平台回落工作的顺利进行。

图3 用电视机显示中央枢轴与回转平台基准孔的时时对中

四、主要涉及指标及应用前后指标对比

该成果应用前更换回转机构的回转大齿圈、环轨、滚盘及中央枢轴套等核心关键部件，需要工期25天；该成果应用后更换回转机构的回转大齿圈、环轨、滚盘及中央枢轴套等核心关键部件，需要工期12天。

五、先进性及创新性

（1）改善前，WK-35电铲正常大修工期80天，起重回转机构检修需要约20天时间，此次检修通过多种渠道的技术改进，仅用12天的时间就完成了此次检修。

（2）通过多种方式的技术改造，保证了回转平台起重的安全进行。

（3）此检修方法经进一步论证，有可在行业内推广的价值。

六、成果的运行成本

该成果可使回转机构检修提前13天完成，节约人工成本46800元（12人×300元/人×13），生产效益（WK-35电铲平均一天煤炭产量30000 t，吨煤利润效益按30元）：30000 t×13×30元/t＝1170（万元）。设备提前投入运行，缓解了生产压力，减小了工作量，减轻了劳动强度，降低了安全风险。

七、应用效果评价及推广前景

该成果的应用效果良好，已在伊敏煤电有限责任公司露天矿 WK-35 电铲检修中成功应用，可在行业中推广。

一种新型加热型防冻粘滚筒

朱龙啸

华能伊敏煤电有限责任公司伊敏露天矿

一、成果特点

滚筒内壁利用高强度磁铁铺设固定加热装置及温度传感器，滚筒轴端安装定制集电滑环装置，利用滚筒内部加热模式及集电滑环导电模式。

二、适用条件

北方地区行业内所有带式输送机系统。

三、成果内容

1. 基本原理

（1）在滚筒筒体内部表面安装加热板，冬季作业时投入加热板，通过加热滚筒筒体内部表面防止冻粘现象的发生。

（2）实现加热板自动控制加热，并可根据工作情况方便地调整加热设定温度值，实现在某一设定温度范围内加热板连续工作。

（3）增加测温点，每组（2块）设一个测温控制系统，保证加热板在低于煤粉燃点197 ℃温度工作，不得出现局部加热板温度过高点燃煤尘的现象。

（4）在轴一侧端部设置滑环，温度信号与电源线通过滑环与系统进行联系。

2. 关键技术

（1）温度检测与自动控制系统电气原理图如图1所示。

（2）轴端集电滑环结构如图2所示。

3. 工艺流程

（1）实现电气控制直接控制加热板温度，加热板温度在 0~240 ℃ 范围可调，如：25 ℃ 开始加热，35 ℃ 停止加热。在预设温度范围内自动控制，偏差 0~2 ℃，为滚筒筒体提供稳定的热源，并实现加热板 24 h 自动控制，连续工作。

（2）加热板温度初冬设定在 25 ℃，实现加热板 24 h 自动控制，连续工作。满足溢料刮板底板不发生冻粘的要求。

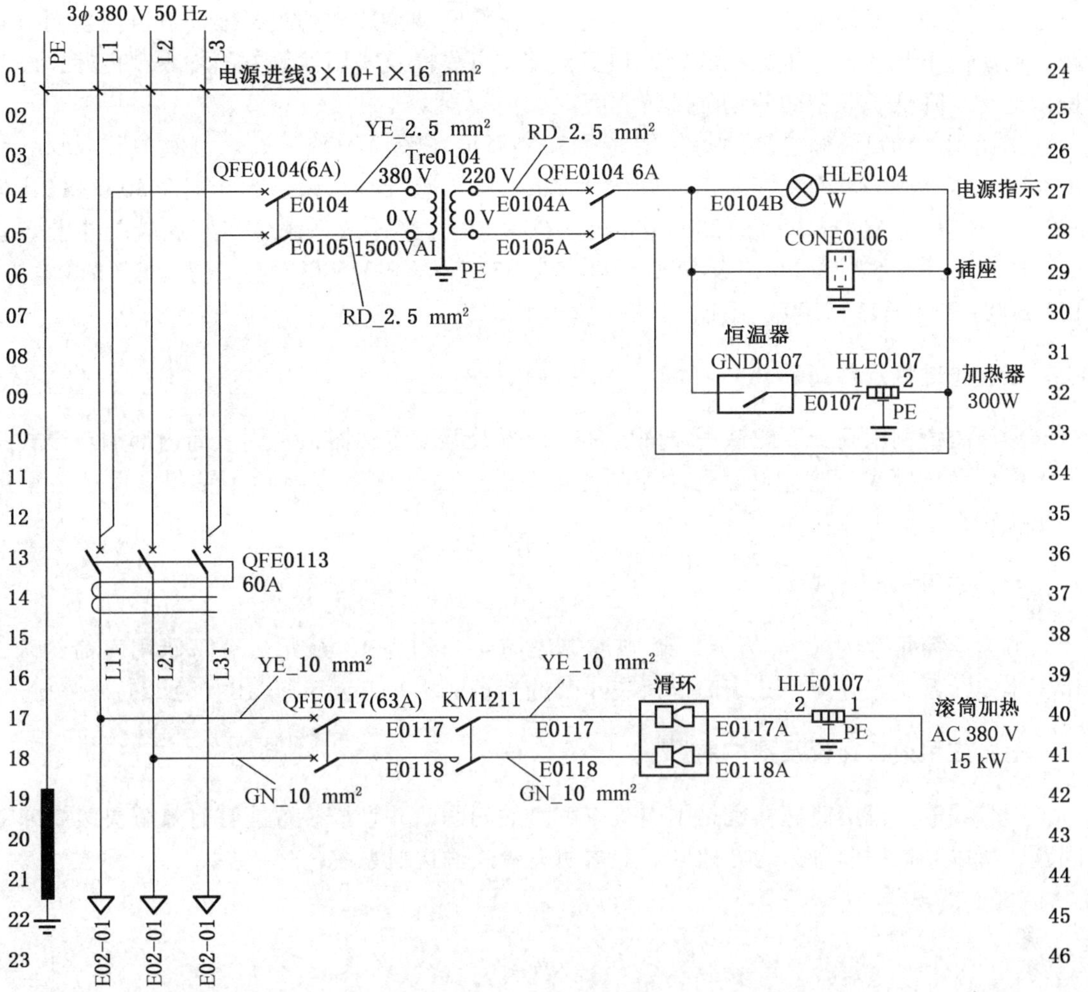

图1 电气原理图

(3) 在环境温度 -35 ℃以后加热板设定在 50 ℃。实现加热板 24 h 连续工作。满足溢料刮板底板不发生冻粘的要求。

(4) 温度设定好以后加热板自动控制，满足滚筒筒体不发生冻粘的要求，并保证加热板温度远远低于煤粉燃烧温度。

(5) 基本实现滚筒筒体表面（包胶表面）不存粘料，保证冬季带式输送机系统正常工作。

四、主要涉及指标及应用前后指标对比

使用此滚筒，增加了输送带及滚筒的

图2 轴端集电滑环结构

安全性，避免因滚筒冻粘造成的输送带撕裂及滚筒断裂事故；解决了滚筒自身温度调节问题，使滚筒不与物料产生冻粘问题，在安全性、可靠性及实用性等方面均表现良好；设备稳定运行，降低了职工的劳动强度等。

未使用此加热滚筒前，约每年因冬季粘料而损坏滚筒包胶一处，每次包胶 8000 元；冬季每天清理滚筒表面粘料所需时间约为 2 h，每年运行时间减少 5 个月 × 30 天 × 2 h = 300（h），可生产原煤 300h × 2500 t/h = 750000（t），半连续系统生产原煤较单斗卡车运输每吨可节约 2.57 元，经济效益 750000 t × 2.57 元/t = 1927500（元），共计经济效益为：1927500 + 8000 = 1935500（元）。

五、先进性及创新性

滚筒内壁利用高强度磁铁铺设固定加热装置及温度传感器，利用滚筒内部加热模式及集电滑环导电模式，通过温度自动控制使得滚筒表面（包胶表面）不粘料，保证冬季运输系统正常工作。

六、成果的运行成本

普通滚筒每个约为 12 万元，新型加热滚筒每个约为 18 万元。滚筒使用寿命约为 3 年，半连续系统三处应用此滚筒，每三年节约运行成本 6 万元 × 3 = 18（万元）。

七、应用效果评价及推广前景

因带式输送机滚筒冻粘也是国内难以解决的问题，并且该装置能够有效解决滚筒冻粘问题，所以其推广前景为北方地区行业内所有带式输送机系统。

大型矿用自卸卡车 360 度环视监控系统实施应用

刘利杰 陈 强 张 军 乔冬青 张殿辉 郭 培 崔 文

准能集团

一、成果特点

首次在露天矿大型矿用自卸卡车上实施应用 360 环视监控系统。

二、适用条件

所有露天矿山企业。

三、成果内容

1. 基本原理

大型矿用自卸卡车360环视监控系统是在自卸卡车前、后、左、右安装四个高清广角夜视摄像头，实时采集车身四周的高清视频画面，在图像处理器中经过畸变矫正、透视变换、图像拼接和融合等处理，还原车身周围真实的图像。该系统可以联动转向灯自动切换左右视角画面，联动挡位自动切换前后视角画面。驾驶员通过中控台的显示装置，实时了解查看车辆周围360°场景，解决车辆起步、转弯、倒车、停车等盲区问题。

通过车载显示屏观看卡车四周全景融合画面、超宽视角、无缝拼接的适时图像信息（鸟瞰图像），了解车辆周边视线盲区（图1）。

图1　车载显示屏

2. 关键技术

通过安装在车身周围前后左右的四个超广角高清夜视摄像头，实时采集车身四周的高清视频画面，在图像处理器中经过畸变矫正、透视变换、图像拼接和融合等处理，最终合成车身周围360°的鸟瞰全景画面，并显示在车载显示屏上，为司机提供360°全景驾驶辅助。

该系统可帮助驾驶员消除驾驶中的视觉盲区，从而有效降低交通事故的发生率。该系统可支持与4G车载台联动，使用FE接口连接车载台后，经过定制开发实现车辆视频（包括全景录像及行为监控视频）实时回传，同时实现车辆视频的点播、录制、直播等同步进行。

3. 工艺流程

第一步，现场根据车辆电器电路施工规范，使用了带有黑色波纹管保护的阻燃一体化线缆。电源取自车辆电源箱，同时整体电路具有两次电源保险以保证整车电路安全。

第二步，四路摄像机分别安装在车前梯正中、左右后视镜及车尾原倒车影像支架处。显示屏安装在车辆操作台左侧，控制器安装在驾驶舱后壁。

第三步，正常使用。

四、主要涉及指标及应用前后指标对比

1. 成果使用前相关指标值

卡车原有倒车影像系统体积庞大、故障率高、视频清晰度较低、不能进行录像，画面不能回传，仅有倒车画面，显示效果较差，卡车盲区大、存在安全隐患。

2. 主要涉及成果指标及指标值

使用后系统提供六种不同的视图模式，分别为前视行车视图、倒车后视视图、左侧行车视图、右侧行车视图、双边前视图（狭窄路段驾驶辅助）、双边后视图（狭窄路段驾驶辅助）以应对不同路况。同时，在全景视图和前后单视图中还提供智能轨迹线和倒车指示线，为驾驶员行车、泊车提供精确指引。视频清晰度高，本地存储行车记录，画面能实时回传，显示效果好，消除卡车盲区。

使用后可以为操作人员提供极大的便利，起步转向时可随时观察周围作业环境，保障车辆安全运行。

五、先进性及创新性

该系统可以联动转向灯自动切换左右视角画面，联动挡位自动切换前后视角画面（司机开启左右转向灯时画面自动转至左右摄像头，司机挂入倒挡倒车时画面自动转入后视，正常行驶时为前摄像头画面）。该系统可支持与4G车载台联动，使用FE接口连接车载台后，经过定制开发实现车辆视频（包括全景录像及行为监控视频）实时回传。

六、成果的运行成本

360环视系统费用约15000元/台套。

七、应用效果评价及推广前景

由于矿用卡车尺寸规格大，司机操作设备时有较大盲区，存在安全隐患。该系统可支持与4G车载台联动，使用FE接口连接车载台后，经过定制开发实现车辆视频（包括全景录像及行为监控视频）实时回传，同时实现车辆视频的点播、录制、直播等同步进行，使用效果良好。可以在矿用自卸卡车、电铲等设备上推广使用。

吊斗铲回转齿圈段更换工艺

乔飞飞　蒙利文　王凯华　崔俊强

准能集团

一、成果特点

本成果应用于露天煤矿8750-65型吊斗铲，通过对新齿圈段重新定位的方式进行现场更换，保证吊斗铲原有的回转性能，顺利解决了8750-65型吊斗铲回转大齿圈裂纹、断齿引起的停机故障。

二、适用条件

吊斗铲回转大齿圈节圆半径为 273.11 英寸，由 24 段齿圈段组成，每个齿圈段长约 2 m、宽为 530 mm、齿数为 13 齿、重为 2.7 t。每个齿圈段均由 8 套 $\phi 2 \times 18.50$ 英寸双头螺栓、16 套 $\phi 2 \times 14.75$ 英寸双头螺栓以及 2 套 54 mm×9.5 英寸定位螺栓固定在底盘上，齿圈段固定方式及螺栓连接形式如图 1 所示。

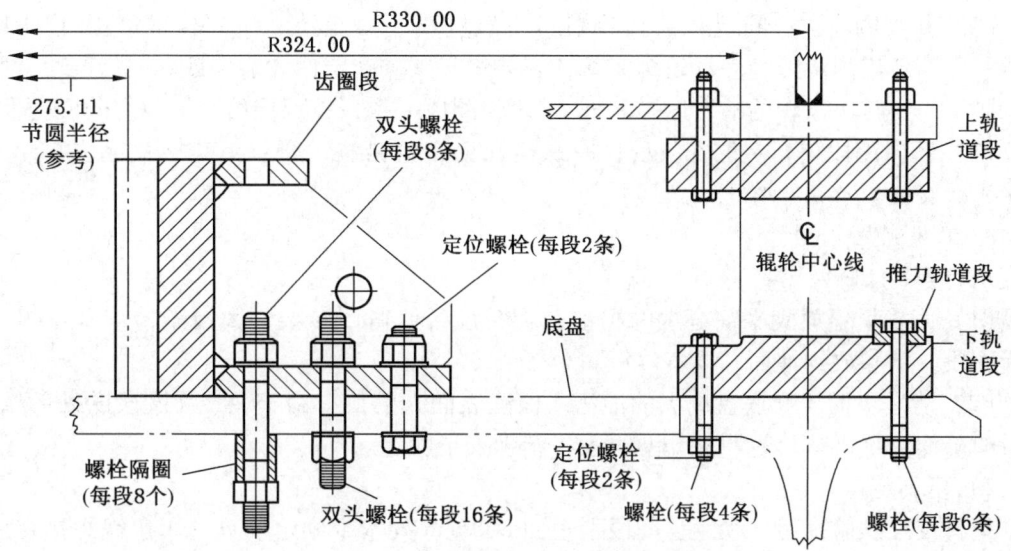

图 1 齿圈段固定方式

吊斗铲运行过程中，由于疲劳极限以及其他故障形成的连锁反应，造成回转大齿圈局部出现裂纹、断齿故障，严重影响吊斗铲正常运行。

三、成果内容

1. 基本原理

新齿圈段必须保证更换后吊斗铲能保持原有的回转性能，必须使新齿圈段与原齿圈段齿形位置一样，所以通过模具提前对齿形位置进行定位。选用厚度为 10 mm、宽度为 200 mm 的铁板，用等离子切割机按照原齿圈段实际齿形制作两块六齿型模具。将两块模具贴合在原齿圈段两端接口处，与相邻齿圈段各分布三齿。可用角磨机根据现场实际情况进行修整打磨，尽量保证模具的六个齿与齿圈段齿形贴合均匀紧密（图 2）。安装新的齿圈段时，同样与模具齿形贴合，这样即可保证新的齿圈段与

图 2 放置定位模具

其他23段节圆位置相同，保持其回转性能。

2. 关键技术

8750-65型吊斗铲回转大齿圈齿圈段为首次更换，没有技术资料、经验以及技术标准可借鉴，而且在更换过程中解决了以下3个关键问题：

（1）齿圈段的定位螺栓为过盈配合，过盈量为0.03~0.05 mm，采用液氮冷却安装。拆卸时一般的方法很难拆除（如拉拔法、破坏法），而且容易损伤孔壁，使再次安装时的过盈量失效。

（2）新齿圈段定位问题。由于原齿圈段经过长时间的运行，有一定的磨损且24段磨损量一样。新齿圈段因为齿形轮廓完整，安装时必须重新定位才能保证新旧齿圈段节圆圆心相同，与回转小齿轮的啮合度与其他23段齿圈段一致，以保持吊斗铲原有的回转性能。

（3）新齿圈段重新定位安装后，原螺栓孔会产生错位，原双头螺栓及定位螺栓无法直接进行安装。

3. 工艺流程

1）准备工作

（1）吊斗铲停放到平整宽敞的场地，旋转设备使得回转架的大齿圈检修孔正对损坏的齿圈段。铲斗放到地面，设备停机。

（2）清理齿圈段和底盘周围的油污，保证表面光洁，有利于观察齿圈段的外部结构，测量时降低测量误差，有明火作业时不易产生安全隐患。

2）模具定位

模具校准试验好后，在距齿圈段上表面200 mm处水平固定模具，用角铁焊接在底盘上，防止在拆装过程中发生移位，如图3所示。

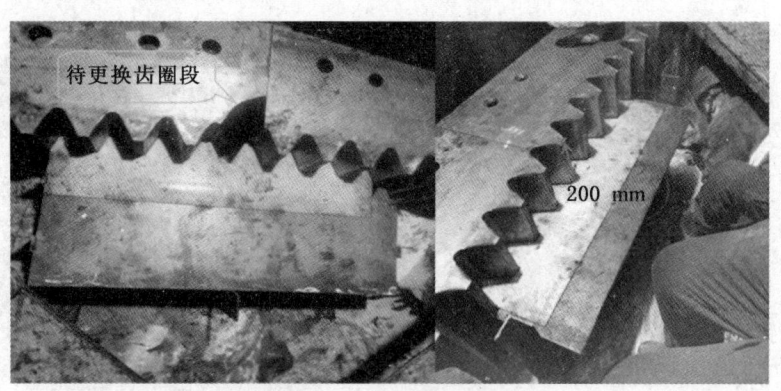

图3　固定定位模具

3）拆齿圈段

（1）拆连接螺栓。使用风控式液压拉伸器拆除24根双头螺栓，拆卸力矩大于200000 LB.FT（进气压力大于85 MPa）。使用磁力钻分别在2根定位螺栓上钻孔，用φ30 mm钻头钻一个通孔，再用φ50 mm钻头进行扩孔，释放其过盈量，用铜棒敲击剩余螺栓将其拆除，这样的拆除方法能有效地避免过盈配合螺栓损伤孔壁。

（2）吊装。吊斗铲在回转大齿圈检修孔正上方自备有两台轨道式 5 t 手拉葫芦，跨度为 1.8 m。使用两根 3 t×3 m 的吊带分别穿过齿圈段上部两侧的螺栓孔并与手拉葫芦连接，缓慢拉动葫芦，使齿圈段与底盘分离 50 mm（避免碰撞模具），检查无误后将齿圈段水平吊起足够高度，顺着轨道将齿段推到中盘吊装口下方，4 t 单轨吊配合将齿段立起，选用 5 t 吊带选择合适吊点将其吊出机械室外，如图 4、图 5 所示。

 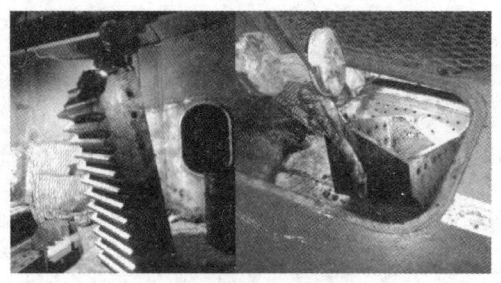

图 4　齿圈段吊离安装位置　　　　图 5　齿圈段吊离机械室

4）安装新齿段

（1）准备。使用角磨机钢丝刷清理底盘安装平面，并用抛光片清理新齿段的接触底面。用 1 m 钢板尺在不同角度对安装面进行测量，适当进行微量修整，直至整个安装面平整。

（2）吊装。按拆卸相反程序先将新齿段立起放入隔舱内，手拉葫芦配合放平，水平吊起推到安装位置后落于底盘上，下落时齿圈段与模具保持一定的距离，防止模具被撞击变形，造成定位失效。用两台 10 t 千斤顶从新齿圈段两侧缓慢推进，使齿圈段的齿根圆和齿顶贴合在模具上（图 6），用塞尺检查齿形与模具贴合均匀精密、齿圈段与相邻齿圈段的间隙相同，此时新齿圈段已定位成功。

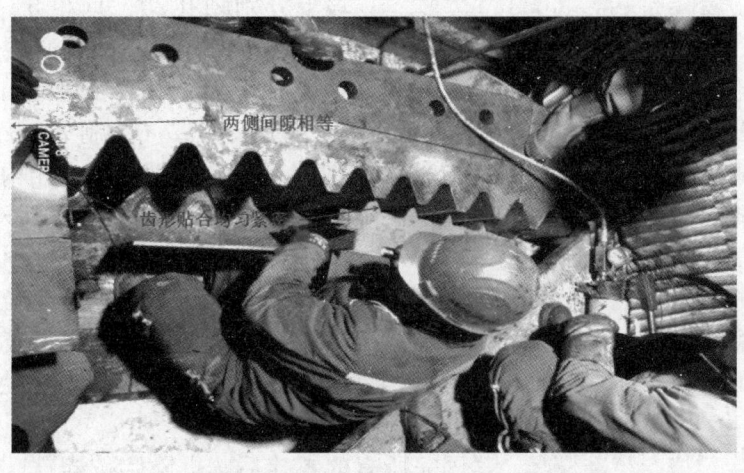

图 6　利用定位模具将新齿圈段定位

（3）钻孔、扩孔、铰孔。新齿圈段定位后，发现所有螺栓孔整体向前与底盘螺栓孔错位 2 mm，定位孔已失效。观察齿圈段发现⑬⑭的上方有大约 366 mm×400 mm 的平面，可在此位置重新钻孔作为定位孔（图7）。其他 26 个螺丝孔可直接用英制 ϕ2-1/16 钻头以齿圈段螺栓孔为基准对底盘螺栓孔进行扩孔。扩孔后将原来的定位孔也做连接孔使用，这样既不改变原有的安装结构，又可提高齿圈段的连接强度。

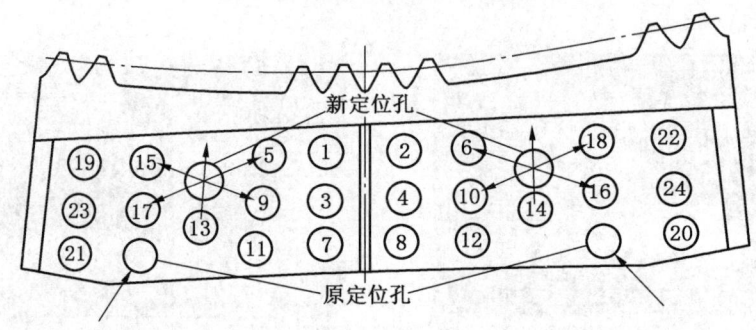

图7　新定位孔位置示意图

图8　利用楔铁固定齿圈段

现场使用磁力钻钻孔，为了防止在钻孔时齿圈段移位，使加工孔的精度达到规定的技术参数，必须先将齿圈段固定。用 4 组 150 mm×50 mm×80 mm 的直角楔铁均匀分布、前后对称焊接在底盘上，再用 80 mm×30 mm×50 mm 的直角楔铁同时打入上述 4 组楔铁内，将齿圈段形成 4 点定位（图8）。

为了使两个定位孔完全对称，在齿圈段上分别划孔⑨、⑮和⑤、⑰的中心线、孔⑥、⑯和⑩、⑱的中心线，中心线交点即为定位孔圆心（图7）。底盘与齿圈段底座总厚度为 175 mm，为了避免出现"让刀"现象造成空位偏差，先用 ϕ30 mm 的钻头定位打孔，再用 ϕ53.2（英制 2-3/32）大钻头配钻扩孔，最后用 ϕ53.97 mm（英制 2-1/8）的铰刀对孔进行精加工，用内径千分尺测量孔位符合技术要求，适合安装 54 mm 的定位螺栓。用英制 ϕ2-1/16 钻头对 26 个连接孔进行配钻扩孔（图9）。

（4）安装螺栓。安装 26 套双头螺栓，但不需要拧紧螺母，将两个定位螺栓在液氮中进行冷冻，大概需要 1~2 h，测量其直径小于 53.97，快速安装并使用液压扳手拧紧螺母，力矩达到 1500 N·M。待定位螺栓恢复到常温时，再按图7所示顺序使用风控式液压拉伸器紧固 26 套双头螺栓，力矩达到 889600 N·M。

（5）拆卸定位楔，校准模具。紧固完所有的螺栓后，拆除定位楔铁，再次检查新齿圈段与齿形校准模具接触精度，确保符合要求后将其拆除。清洁场地，清理一切焊渣、铁

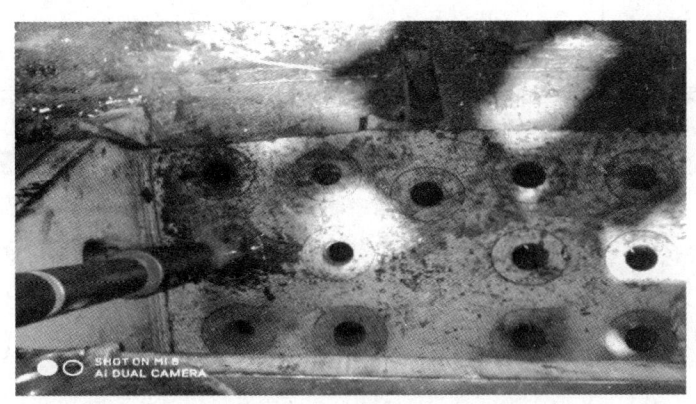

图9 配钻打孔

屑、材料等,防止运转时卷入齿面,损伤回转大齿圈和回转小齿轮。

5)试运行

在新齿圈段的齿面上涂抹足够的开式齿轮润滑油,司机配合转动回转系统,经过低速、高速以及换向等动作后,保证回转无异响,齿面的接触轨迹均匀,符合吊斗铲正常运行基本要求。

四、主要涉及指标及应用前后指标对比

1. 成果使用前相关指标值

当吊斗铲回转大齿圈出现局部裂纹或断齿等情况时,可通过以下2种方法进行修复。

(1)更换全部24段齿圈段。

(2)更换其中有缺陷的一段齿圈段,新齿圈段必须按其他23段的磨损量进行加工后安装。

一件齿圈段现市场价格大约为90万元,以上两种方法在配件成本和加工成本上都会形成浪费,而且加工后的齿圈段无法保证与原齿面相同的硬度,故两种方法均不可取。

2. 主要涉及成果指标及指标值

吊斗铲回转齿圈段首次更换,利用了现有配件,仅用了10天恢复了吊斗铲正常运行。

五、先进性及创新性

主要具备以下特点:①可以完好地将定位螺栓拆除,不影响下次安装使用;②新齿圈段定位准确,保证了吊斗铲原有回转性能;③对螺栓安装孔不同心提出了解决方案;④此方法简便、经济、实用、安全可靠;⑤有效提高吊斗铲回转齿圈段的更换效率;⑥降低维修成本,减少维修工作量,优化生产检修需求。

六、成果的运行成本

吊斗铲回转齿圈段更换工艺的实施,解决了吊斗铲因为回转齿圈段断齿造成停产故障,并利用现有配件完成了回转系统修复,节约了更换全部齿圈段所消耗的成本2160万元。节约维修时间180天。

七、应用效果评价及推广前景

维修完成后,经过2个月的运行,测量齿圈段齿侧间隙、位移量、接触面积等参数,均符合使用要求;螺栓无松动、无断裂。此次吊斗铲回转齿圈段更换成功总结了经验,并制定了新的检修工艺,为吊斗铲其他回转齿圈段的更换奠定了基础,可有效提高维修效率及设备出动率。

露天矿电动轮卡车的电路板卡全新制作技术的应用

庞松华　王　迪　马海龙

国家能源集团准能公司哈尔乌素设备维修中心

一、成果特点

通过对原有电路板卡进行研究,制作出全新的电路板卡进行替代。

二、适用条件

所有矿山企业设备内的电路板卡。

三、成果内容

1. 基本原理

通过对原有电路板进行拆解,元件测量,电路板的分层处理。再通过多个专业的电脑电路绘图软件,进行汇总处理,最终绘制出它的电路原理图,进行制作电路板。

2. 关键技术

由于设备长时间运行、电子元件老化等原因,电路板容易发生故障。通过对原有的电路板卡进行研究,对元件进行测量后,再使用专业的电脑软件进行汇总,可以制作出4层以下的全新的电路板,进行替代。

3. 工艺流程

以MT5500主发励磁控制器A6的制作为例,A6实物如图1所示。

A6不同于以往的电路板,它是四层板设计,难度大大增加。通过砂纸打磨出内部电路

图1　A6实物

层，然后把每一层的电路进行扫描，对过孔和线路连接进行分析，绘制出四层电路 PCB 图。委托生产商进行 PCB 加工制作。再对电路板上的电子元件型号和数值进行记录，最后采购对应的电子元件。然后进行最后的元件焊接和测试工作，从而完成 MT5500 主发励磁控制器 A6 的制作。

第一步，进行元件的拆除和测量，并记录参数生成 BOM 表。

第二步，进行电路板的分层打磨和电脑绘图，共有 4 层需要进行打磨和绘图（图2）。

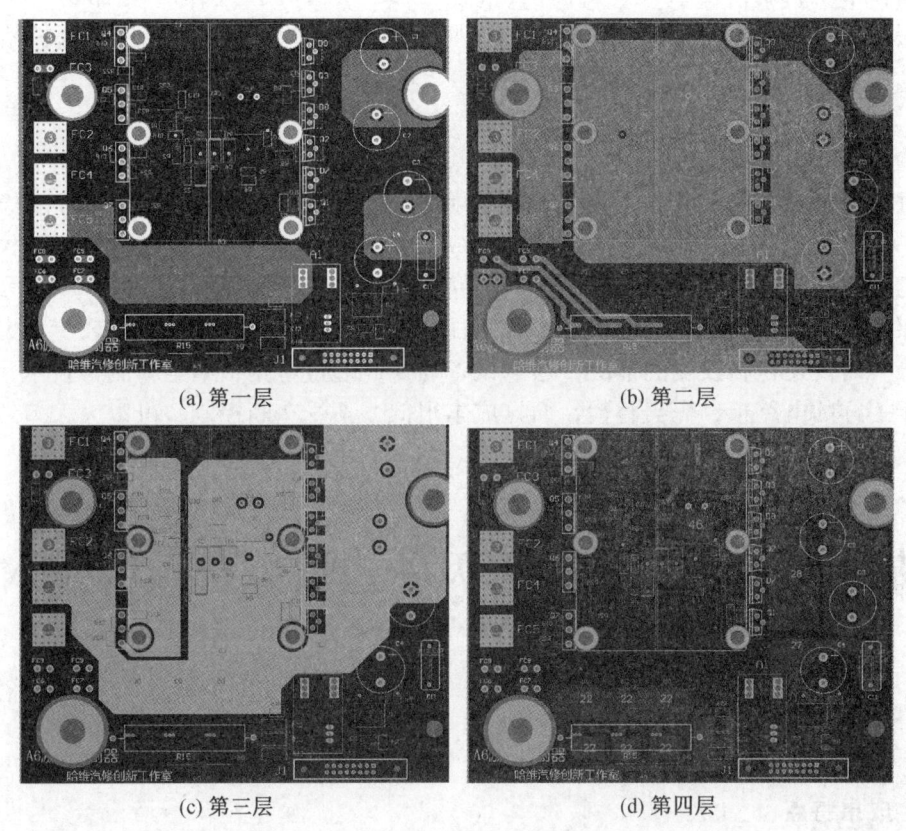

(a) 第一层　　(b) 第二层
(c) 第三层　　(d) 第四层

图2

最后通过软件汇总，制作好 PCB 原理图。委托生产进行 PCB 加工制作。采购对应的电子元件。然后进行最后的元件焊接和测试工作，完成 MT5500 主发励磁控制器 A6 的制作。

四、主要涉及指标及应用前后指标对比

露天矿的很多设备都是进口的，内部的电路板损坏后，只能进行更换，无法进行维修。而且价格非常高昂，有时候供应站还没有配件，耽误设备运行。

通过电路板卡全新制作技术，制作出的电路板可以完美替代，而且成本很低，价格仅为原来电路板价格的 10% 或者更低。

五、先进性及创新性

通过电路板卡全新制作技术,制作出的电路板可以完美替代原有电路板,成本低廉,大大节约了企业设备维修成本。

六、成果的运行成本

电路板卡全新制作技术只需扫描仪、焊接工具、元件测量仪器、电脑就可以进行工作。双层电路板需要 1~2 人配合,3~4 h 即可完成绘制 PCB 工作。四层电路板需要 3~4 人配合,20~50 h 即可完成绘制 PCB 工作。

七、应用效果评价及推广前景

通过电路板卡全新制作技术制造出的电路板,经过长时间的测试,都可以稳定地运行,效果很不错,且大大节约了企业的维修成本。目前在该单位已经制作出 15 种常用易损坏的电路板,已经完全替代对应的进口电路板配件,一年起码可以节约 200 万元。

在煤矿行业,很多都是用的大型设备,往往进口的比较多,配件也比较贵,尤其是电路板卡,有时候还存在没货的情况,影响设备运行,通过电路板卡全新制作技术,可以制造出性能一样的电路板,完美替代,而且成本很低,不受垄断控制,可以大大节约成本。

基于多监测系统的露天矿边坡综合预警技术

沈建明　王胜利　马建军　董蒙蒙

新疆天池能源有限责任公司

一、成果特点

基于多种监测系统下的露天矿边坡综合预警技术,将区域形变与深部滑动力监测相结合,采用多元数据处理和印证分析,提升预测预报的准确性与时效性,实现边坡灾害的动态预警,同时借助反馈的边坡监测信息指导采剥生产及边坡工程的维护与管理,做到信息化设计、生产和管理,消除边坡安全隐患,保障安全生产。

二、适用条件

适用于露天矿边坡地质条件和影响因素的综合预警。

三、成果内容

1. 基本原理

边坡雷达监测系统通过测量边坡与自身相对位置的变化,计算单位时间内边坡的变形速度，对大面积的边坡表面形变能实时监测预警，精度较高；GNSS自动化监测系统通过在地表设置GPS自动化监测点，对小范围内地表形变实时监测预警；锚索应力监测系统通过将应力计放置在深入岩层内部的锚索上，通过监测锚索所受应力变化来反映内部岩层应力的变化情况；深部岩移监测计则是放置在顺层岩层的深部，通过测量深部岩层的水平位移量来反映岩层的位移情况；深部水位监测计则是监测地下水位的变化。

南露天煤矿西帮为高大顺层软硬岩互层边坡，地质条件较为复杂，下部原煤如果直接开采，将严重影响边坡的稳定性，导致边坡片帮和滑坡事故。为回收下部原煤，对西帮进行了边坡治理工程，通过缓帮剥离＋锚索加固＋内排压脚的方式进行综合治理。为防止在治理过程和原煤回收过程中发生片帮或者滑坡，必须时刻掌握边坡动态形变，对边坡灾害进行预测预报。

技术人员对西帮边坡进行分析时，充分结合各自动化监测系统数据。通过边坡雷达和GPS监测点分析边坡表面位移变化和速度变化，通过应力监测计分析已施工的锚索所受应力变化从而判断内部岩层的应力变化，通过岩石深部位移监测分析判断深部岩层是否出现异常变化，通过地下水位监测分析地下水位变化判断岩层受地下水影响程度，将各监测系统数据进行统一分析，分析边坡稳定影响因素和边坡变化特征，理清各影响因素和边坡变化的逻辑关系，对整体边坡情况做出分析判断。在既能及时判断预警情况的同时又避免由于施工引起的误报警。

在整个西帮边坡治理过程中，发生过5次小片帮，边坡自动化监测系统均实现了提前预警，并且整个边坡持续施工作业，因施工作业导致监测数据出现的异常，通过各监测系统数据综合分析，有效剔除了误报警，保证了工程的顺利进行。

2. 关键技术

项目涉及的关键技术有远程边坡雷达监测预警技术、GNSS监测系统＋锚索预应力监测系统技术，针对高陡、顺倾、软硬岩互层等特殊地质条件的预警阈值设置；各监测系统数据的综合分析，通过分析表面和深部岩层位移及速度变化，对边坡形变趋势做出准确判断。

3. 工艺流程

边坡综合预警系统流程图如图1所示。

四、主要涉及指标及应用前后指标对比

南露天煤矿在应用边坡综合预警技术之前，因无法准确预测西帮边坡形变情况，不能完全保证在西帮边坡的施工安全，西帮边坡治理工程不敢贸然施工，西帮压煤约12 Mt无法采出，造成经济损失数亿元。西帮边坡前期受施工影响，不能准确判断边坡形变是自身形变引起还是受施工作业导致边坡现状改变，单一边坡雷达监测系统未能实现有效预警。

南露天煤矿在应用边坡综合预警技术之后，可以准确地预测边坡形变趋势，有效区分边坡形变是自身形变或是受其他施工影响，分析引起边坡异常形变的因素，判断边坡稳定性情况，有效保障了西帮边坡治理工程的顺利实施。西帮压煤12 Mt全部回收，创造利润数亿元。在施工期间边坡始终处于稳定可控状态，发生的5次小片帮均及时预警，提前撤离了人员设备，避免了损失。

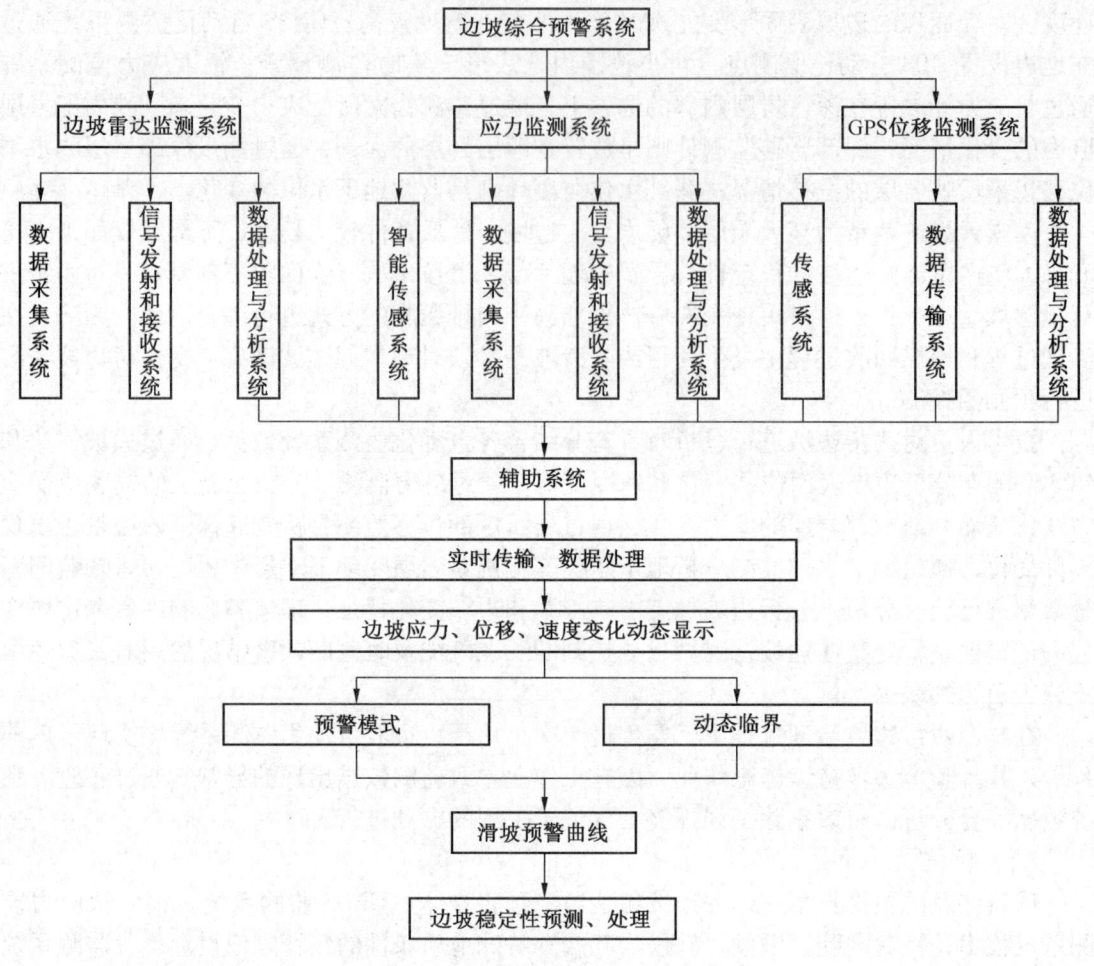

图 1　边坡综合预警系统流程图

五、先进性及创新性

采用边坡综合预警技术对南露天煤矿西帮高陡、顺倾、软硬岩互层复杂边坡的监测预警为疆内矿山首次应用；通过研究确定合理阈值并成功预警数次片帮的属新疆首家。其采用的新技术、新理念，积累的边坡雷达预警经验可广泛应用于高陡复杂边坡的监测预警工作中，可有效地保障边坡安全，为边坡监测和边坡治理提供坚实保障。

六、成果的运行成本

应力计监测＋边坡雷达监测＋GPS 自动化监测＋深部岩移＋地水位监测等综合预警系统总成本约为 500 余万元；其中边坡雷达监测系统 400 余万元，产生的直接效益是可实时掌握边坡形变数据，对异常边坡形变自动预警，保证了西帮边坡治理和原煤回收期间的边坡安全，工程顺利实施，回收原煤的利润达数亿元。

七、应用效果评价及推广前景

针对像南露天煤矿西帮这样的高陡、顺倾、软硬岩互层的复杂边坡时,边坡综合预警技术远比单一监测系统更有效,及时性和准确性更高,开创了倾斜巨厚煤层边坡综合治理及预警的先河,可广泛应用于高陡、复杂边坡的监测预警工作,有效保障边坡安全,为边坡监测和边坡治理提供坚实保障。

伊敏露天矿水资源分级利用

魏国君　袁金祥　李　伟　李伟亮　李月强

华能伊敏煤电有限责任公司伊敏露天矿

一、成果特点

根据该矿绿化浇水位置分布并结合超降管路走向及排水量,对绿化取水点进行改造,将原疏干排水管路绿化取水点废除,在超降管路上增设水泵、铺管引超降水作为绿化取水水源,每天可减少使用疏干水约3000 m^3。满足绿化灌溉的同时,将"好水"供往电厂使用,不但减轻污水处理厂处理超降水费用,同时降低电厂用水成本,使水资源合理、充分利用。

二、适用条件

适用于露天矿超降排水及绿化用水。

三、成果内容

1. 基本原理

充分利用现有管线,将采场超降水引至绿化浇水各取水点,根据绿化面积计算所需水量,选取合适水泵扬程及排水量,最大限度使用超降水用于绿化浇水,将水质较好的疏干水供往电厂使用。

2. 关键技术

目前绿化取水点共四处,根据绿化面积及超降水量,合理安排各取水点的用量及使用时间,最大限度地使用超降水绿化。

3. 工艺流程

(1)在超降井管路旁设置一个30 m^3的水罐,下泵、铺管引超降水作为绿化取水水源。

(2)在半连续变电站接出一条电缆到绿化取水水源处,作为绿化水泵电源。

(3)连接管路至2号公路喷淋,借用2号公路喷淋管路为观礼台附近排土场、油库后方排土场绿化引水。

四、主要涉及指标及应用前后指标对比

增加电厂疏干水用水量，减少污水处理厂处理超降水水量，同时满足绿化喷灌用水。

（1）成果使用前相关指标值。改造前，通过疏干管路用于绿化浇水约 3000 m^3/d。

（2）主要涉及成果指标及指标值。改造后，减少向污水处理厂供水约 3000 m^3/d，增加向电厂供水约 3000 m^3/d。

五、先进性及创新性

通过对超降水的合理利用，降低公司水资源成本，提高水资源利用率。

六、成果的运行成本

各绿化取水点设专人根据绿化面积合理安排时间进行绿化浇水即可。

七、应用效果评价及推广前景

满足绿化用水的同时，合理利用超降水置换疏干水，减少污水处理及运营费用 54.8 万元（根据污水处理厂运营费 0.87 元/t 计算），同时减少使用红水约 630000 t，按红水使用 4.97 元/t 计算（疏干水 2 元/t），减少水资源成本 187 万元，节省公司水资源成本。在未来绿化喷灌设计中，可考虑充分利用超降水进行绿化浇水。

一等奖

安　全

三层共挤瓦斯管表层原料与芯层原料的最优配比研究

王 瑞　李仁杰　范智海

陕西欣塑建材有限公司

一、成果特点

PVC 三层共挤瓦斯抽放管是以 PVC 树脂为主要原料，添加各种助剂，通过三层共挤技术进行生产的瓦斯管，其管壁分为三层，即内、外层和芯层。内、外表层所用原料为双抗料（一种经修饰改性的阻燃抗静电颗粒），以保证瓦斯管表面电阻小于等于 $1.0 \times 10^6\ \Omega$ 且具备相应的阻燃性能；芯层由 PVC 树脂和各类助剂组成，不需要抗静电性能，但有强度、抗冲击性等物理性能要求。在实际生产中，内、外表层与芯层分别通过 51、65 主机同时挤出，因内、外层原料成本远高于芯层原料成本，故在配方设计上，我们选择调二者配比以期达到较低成本的目的。

二、实验方案

在实际生产中，内、外表层与芯层分别通过 51、65 主机同时挤出。我们首先选取 φ160 瓦斯管为实验对象，同步改变 51、65 主机喂料速率，同时记录原料用量与成品产量，待成品挤出完成后测试瓦斯管相关物理性能是否达标，经过一系列配比实验后得到最优解，实验数据详见表1、表2。

表1　实验计划表

实验日期	实验序号	喂料速率 RPM（51/65）
2019 – 10 – 08	1	10.5/12.5
2019 – 10 – 10	2	9.6/11.5
2019 – 10 – 14	3	9.2/11.0
2019 – 10 – 16	4	8.5/10.2
2019 – 10 – 18	5	8.0/9.6

表2　实验数据记录表

实验序号	原料用量/kg		成品产量/kg	电阻（$1.0 \times 10^6\ \Omega$）		阻燃性/s		落锤试验	结论
	内外层	芯层		外壁	内壁	有焰燃烧	无焰燃烧		
1	425	756	1181	0.02	0.025	1.5	5.4	10 根无破坏	合格
2	425	816	1241	0.04	0.01	1.7	4.8	10 根无破坏	合格

表2（续）

实验序号	原料用量/kg		成品产量/kg	电阻 (1.0×10⁶ Ω)		阻燃性/s		落锤试验	结论
	内外层	芯层		外壁	内壁	有焰燃烧	无焰燃烧		
3	400	861	1261	0.025	0.013	1.5	6.3	10根无破坏	合格
4	275	1026	1301	0.05	0.03	1.9	6.7	10根无破坏	合格
5	250	1013	1263	1.2	0.94	2.2	5.9	10根无破坏	不合格

排除不合格项实验5，通过计算得实验1~4双抗料占比分别为35.99%、34.25%、31.72%、21.14%。

三、结果分析

通过表2可知，前4组对照实验所得瓦斯管成品经检测后其物理性能均符合标准要求，通过原料用量计算得出了双抗料占比，进而根据原料采购价格可得出瓦斯管成本。由表2可知51、65主机喂料速率比为8.5:10.2时，在该配方下生产得到的瓦斯管不仅各项技术指标达标且成本最低。经过计算，优化后的瓦斯管配方成本较之前每吨降低1600元，按瓦斯管年产量600 t进行估算，每年可为公司节约成本96万元，经济效益显著，对公司生产经营有十分重要的意义。

千米定向钻机专用复合钻头的改进

程 磊 王 鑫

阳煤集团岩土公司

一、成果特点

本成果属于"一通三防"领域，是关于瓦斯钻孔施工设备方面的一项技术创新。ZDY6000LD型千米钻机，其扭矩、给进/起拔力、液压系统压力等都难以满足目前高抽钻孔、水力压裂钻孔等钻孔施工高精度、大孔径、长深度的要求，且施工过程中经常出现塌孔、卡钻、孔径不足反渣困难，孔径不足需反复扩孔等现象，大大影响了施工质量和施工进度。

在使用ZDY6000LD型钻机进行千米钻孔钻进时，常使用$\phi=96$ mm钻头钻进，配合$\phi=127$ mm、$\phi=153$ mm扩孔钻头进行扩孔。钻孔的孔径直接影响反渣，正常钻进过程中经常出现因孔径小排渣不畅导致的憋泵现象，需及时撤杆进行扩孔钻进，一般作业顺序为开孔—钻进—撤杆—扩孔钻进—撤杆更换钻头……严重影响施工进度（图1）。若钻进部位后方出现塌孔或缩颈时甚至会出现卡钻、抱钻现象导致无法撤杆，造成较大损失。经不断研究试验，对普通钻头和扩孔钻头进行加工改进，改进后如图2所示。

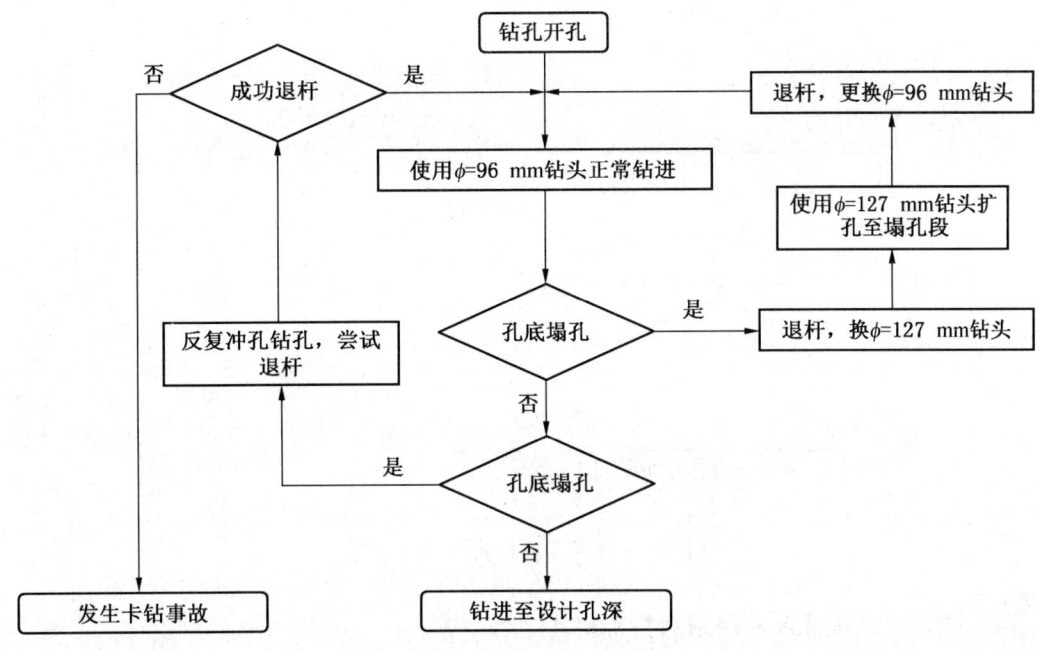

图 1　改进前千米钻孔施工流程图

改进后将 $\phi=96$ mm 钻头与 $\phi=127$ mm 扩孔钻头通过长度为 300 mm 钻杆连接连为一体，并在连接部位铣刻螺旋槽。在扩孔钻头胎体下部增加一排切削片，切削方向与胎体上部切削片一致。

$\phi=96$ mm 钻头与 $\phi=127$ mm 扩孔钻头之间连接部位处铣刻螺旋槽，螺纹方向为右旋，钻头顺时针回转过程中螺旋槽可以有效协助钻渣排向孔外，配合螺旋槽通缆钻杆使用可最大限度提高反渣效率，降低憋泵、堵孔概率。

二、适用条件

将钻头改进后，因其拥有快速扩大孔径、改善反渣效果，降低卡钻的概率、减少撤杆扩孔次数等诸多优良特性，不仅可以在普通瓦斯抽放钻孔工程中运用，还可运用在类似水力压裂、高位瓦斯抽放钻孔等工程中，在煤质较松软的区域内，依旧能够满足千米钻孔高精度、大孔径、长深度的要求。

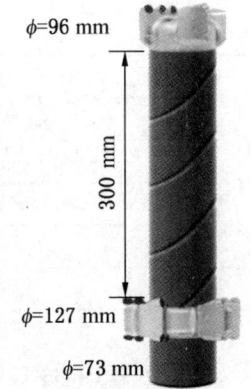

图 2　改进成果图

三、成果内容

1. 基本原理

此项成果是根据千米钻孔孔径越粗返渣效果越好的原理进行改进的。将 $\phi=127$ mm 钻头直接加在 $\phi=96$ mm 钻头后可以在钻进的同时进行扩孔，第一时间增大孔径，提高返渣效率。此外在连接处增加右旋螺纹可以减少返渣阻力，增强返渣效果。

2. 工艺流程

改进后的千米钻孔施工流程如图 3 所示。

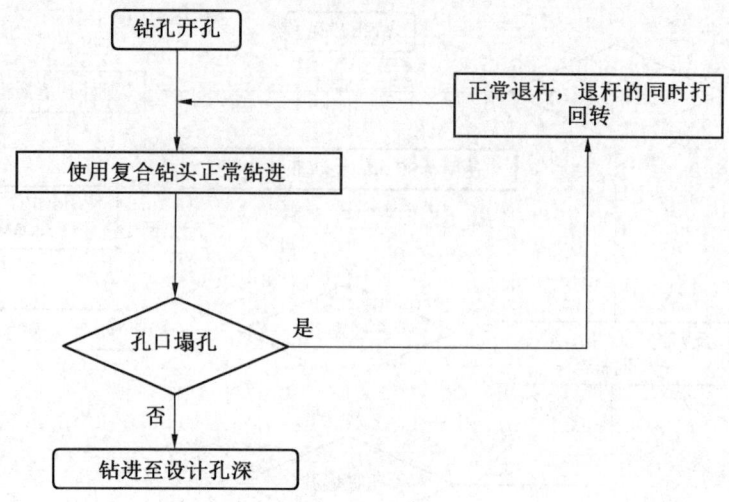

图3 改进后千米钻孔施工流程图

四、主要涉及指标及应用前后指标对比

改进成本见表1。

表1 改进工作成本投入汇总表

项目	单价/元
$\phi=96$ mm 平底切削钻头	1500
$\phi=127$ mm 扩孔钻头	1800
螺旋槽钻杆一根	200
人工成本	单位车间加工,费用120
合计	3620

使用创新成果前后各项指标对比(以钻孔轨迹精度要求较高的水力压裂钻孔为例)见表2。

表2 使用成果前后各项指标值汇总表

使用前		使用后	
钻孔名称	15121回风底抽巷4号孔	钻孔名称	15121进风底抽巷补1号孔
终孔深度/m	504	终孔深度/m	507
完成工时/天	55	完成工时/天	40
单米价格/元	1200	单米价格/元	1200
完成产值/元	604800	完成产值/元	608400
日平均产值/元	10996.36	日平均产值/元	15210
节省工时/天		15.33	
效率提高百分比/%		38.32	

五、先进性及创新性

将钻头改进后，在钻进过程中可直接使用改进后的复合钻头，其在钻进过程中可快速有效扩大孔径，改善反渣效果，降低因反渣不畅而憋泵、卡钻的概率，减少撤杆扩孔次数，提高工作效率。

且"千米定向钻机专用复合钻头"首次在钻头胎体后方加设切削片，若出现钻进部位后方塌孔、缩颈等现象，可在起拔钻杆的同时进行回转，此时扩孔钻头胎体后部的切削片会将钻头后方塌孔部位研磨，使钻杆能够顺利提出钻孔，降低埋压设备风险，减少损失。

六、应用效果评价及推广前景

改进后的复合钻头在施工高位瓦斯抽放钻孔和水力压裂钻孔时进行了多次试验，验证其能够有效地解决上述问题，达到预期效果。

在新景矿佛洼分区15121综采工作面进行"千米钻机水力压裂增透技术"科研项目时，钻孔要求为全煤孔，但由于施工区域煤层较为破碎，多次钻进均由于塌孔严重而受阻，拖延工期近一个月，后尝试使用复合钻头，在钻进过程中有效增大钻孔孔径，改善了排渣不畅的现象，最终在40天时间内成功施工507 m全煤孔。

在新景矿3213综采工作面第一辅助进风巷施工高位瓦斯抽放钻孔时，由于煤层松软，塌孔现象严重，且钻进至岩层后，钻孔前端煤段经常出现塌孔现象，导致多次卡钻，严重拖延工期。使用改进后的复合钻头后，有效地改善了排渣效果，且多次在撤杆时使用起拔+回转的撤杆方法解决了因钻孔前端塌孔而导致无法撤出钻杆的问题，降低了埋压设备风险，有效减少损失。

鉴于该成果创新在实际应用中取得的良好效果，建议将该创新广泛应用于煤矿井下各类瓦斯钻孔工程中。其拥有快速扩大孔径，改善反渣效果，降低憋泵、卡钻的概率，减少撤杆次数等诸多优良特性，完全能够满足各生产矿井对于"一通三防"工作中钻抽工作及时、精准、抽放效率高的要求。

回采工作面高低顺巷倾斜高抽巷递进抽采解决初采瓦斯的研究应用

孙 健 赵永强

阳煤集团五矿

一、成果特点

1. 实验工作面简介

该工作面地表位于天井村东北部，狼窝沟横穿该工作面，地表有狼窝沟河（季节性河流）经过，无建筑物，局部有黄土覆盖，井下南部临近 8403 工作面（已采），东部及北部为采区大巷，西部、西北部均无采掘工程。该工作面 15 号煤层为较复杂结构煤层，一般含夹矸 3~4 层。直接顶为泥岩，性软，断口平坦状，含星点状、层状黄铁矿晶体。直接底为砂质泥岩，性软，断口贝壳状，含菱铁矿结核和黄铁矿晶体，顶部含大量植物化石碎片。

8421 工作面挠曲构造较多，次生向斜发育。回采前期，煤层较平缓，距切巷 268~368 m 范围有一轴向北东的紧闭向斜构造，煤层倾角一般 5°~10°，最大倾角 30°；回采后期整体为一轴向北东的背斜构造，煤层倾角一般 2°~14°，背斜构造附近煤层坡度较大。

该工作面经坑透分析存在一个异常区，位于距切巷 750~900 m 范围内，该异常区由揭露陷落柱 X1，预测陷落柱 X2 及揭露挠曲 N5、N6、N7、N8 影响所致。揭露挠曲 N5 向工作面延伸预计 106 m 左右，不排除局部形成断层的可能，对回采有一定影响。

该工作面瓦斯地质条件较复杂，主要瓦斯来源为邻近层煤层，其次为本煤层。据瓦斯地质图及通风部门提供数据分析预测：瓦斯含量为 3.13~6.71 m^3/t；瓦斯压力为 0.14~0.34 MPa，该工作面煤层无瓦斯突出危险。

2. 项目特点

通过在工作面回风巷内切巷以外，分别布置一条后高抽巷和一条伪斜高抽巷，分别在两个高抽巷口对巷道进行封闭，通过管路连接与小南庄地面泵站抽放泵连接进行抽放来解决工作面初采期间的瓦斯。具体如下：

（1）解决初采期间的瓦斯：8421 工作面倾斜高抽巷和后高抽巷分别敷设 ϕ420 mm 瓦斯管，在两趟瓦斯管路汇合处利用三通进行连接，汇合后，沿工作面回风巷敷设一趟 ϕ420 mm 瓦斯管与南四回风巷 ϕ630 mm 主管对接，利用小南庄地面泵站进行抽放。

（2）解决正常开采期间的瓦斯：初次来压后，利用原 8421 高抽巷解决正常开采期间的瓦斯。

二、适用条件

阳煤集团五矿井下四采区 8421 工作面在前期已开采 400 m，但后期由于工作面遇构造将该工作面于 2017 年 1 月进行拆除封闭，2018 年经矿研究决定对已采面进行排放瓦斯，在外面补打切巷，重新安装工作面进行开采剩余煤体。这为全国其他矿井有与阳煤集团五矿井下四采区 8421 工作面有相同开采问题的矿井解决初采期间的瓦斯处理提供了极具实用指导性的"阳煤方案"，并且其在工作面高抽巷与已采区连通初采前不能正常抽放瓦斯，在工作面的回风巷内切巷以外分别布置一条后高抽巷和一条伪斜高抽巷来解决工作面初采期间瓦斯的思路比其他方案要更加高效和节省成本，为我国乃至世界矿业工程领域内的瓦斯治理及利用方面做出了贡献。

三、成果内容

1. 基本原理

在工作面切巷以外的回风巷内分别布置一条后高抽巷和一条伪斜高抽巷，由伪斜高抽巷处理初采期间的瓦斯；当开采到伪斜高抽巷和后高抽巷之间时，由后高抽巷解决初采后期的瓦斯，根据五矿多年来的现场实际情况和地质构造状态，当开采到30~50 m时，初次来压显现，就由原8421走向高抽巷衔接现阶段8421工作面后高抽巷，以此确保工作面的顺利开采。

2. 关键技术

该方案较其他方案成本较为节省，只需要在8421工作面切巷以外的回风巷内分别布置一条后高抽巷和一条伪斜高抽巷，在两个高抽巷口对巷道进行封闭，通过管路连接与小南庄地面泵站抽放泵来解决工作面初采期间瓦斯治理问题，其抽放管网布置是由桑沟瓦斯泵站3趟ϕ720 mm瓦斯抽放管路和一趟ϕ820 mm瓦斯抽放管路通过桑沟南、北井入井，通过北翼回中央及中央采区回风巷，在8401低位抽放巷系统巷段变为两趟ϕ820 mm瓦斯抽放管路，分别通过四采区南回风和四采区北回风到达南四采区和北四采区。同时，南四采区敷设一趟ϕ820 mm瓦斯抽放管路到达现阶段8421工作面高抽管道巷，负担现阶段8421工作面抽放任务。

3. 工艺流程

（1）后高抽巷布置。该后高抽巷开口位于工作面回风落山侧以外76.4 m处，距工作面切巷72.4 m，巷道从测点2192向西南25 m处开口施工，夹角为62.68°，以0°施工4 m，再以38°上坡施工55.8 m（平距44 m）至一平台，最后逆转117°以0°施工15 m到位，后高抽巷到位后，与切巷的水平距离为30 m。

（2）伪斜高抽巷布置：该伪斜高抽巷开口位于工作面回风落山侧以外56.4 m处，距工作面切巷52.4 m，巷道从测点2192向西南5 m处开口施工，夹角为75°，以0°施工16.4 m至一平台，逆转105°以0°施工12 m至二平台，再以21.5°上坡施工13.3 m（平距12.2 m），最后以0°施工14 m到位，伪斜高抽巷到位后，与切巷的水平距离为6 m。

四、主要涉及指标及应用前后指标对比

1. 成果使用前相关指标值

初采期间工作面平均日产量为3000 t/天，如果没有后高抽巷和伪斜高抽巷的抽放，在产量相同的情况下，工作面回风风流瓦斯浓度将达到0.88%，工作面将无法组织正常生产。

2. 主要涉及成果指标及指标值

日产量最大5360 t/天，通过后高抽巷和伪斜高抽巷的抽放，每天增量2360 t/天，按照每吨煤400元售价，则日收益增加94.40万元。

五、先进性及创新性

在考虑现阶段8421工作面后期瓦斯抽放管网布置时，将先期8421工作面原有管网系统考虑到后期的管路规划中，最大限度利用已有管网系统来对后期管网进行优化布置和节省管材用料成本，即开采初期利用8421工作面伪斜高抽巷处理初采期间的瓦斯；当开采到伪斜高抽巷和后高抽巷之间时，由后高抽巷解决初采后期的瓦斯，当开采到30~50 m时，初次来压显现，就由原8421走向高抽巷衔接现阶段8421工作面后高抽巷进行瓦斯抽放治理，为8421面的正常回采提供通风，保持抽采系统的稳定。

六、成果的运行成本

该方案只需在8421工作面切巷以外的回风巷内分别布置一条长约389 m后高抽巷和一条伪斜高抽巷,其中按照岩巷1530元/m造价,则总成本需389 m×1530元/m+90万元=149.51万元,同时根据该矿生产衔接整体规划,预计衔接时间为2018年8月1日—12月31日,衔接时间服务年限为5个月左右(劳动期按照120天)。按照平均初采期间工作面平均日产量为3000t/天,则8421工作面煤炭可采储量可达3000 t/天×120天=360000(t),按照煤价400元/t计算,则总价值量达1.4亿元,抛去成本,总盈利达1.38亿元。

七、应用效果评价及推广前景

(1)通过利用回采工作面高低顺巷倾斜高抽巷递进抽采解决初采瓦斯治理方案,有效地解决了工作面初采期间瓦斯治理的问题,保障了工作面正常投入生产,同时解决了工作面初采期间瓦斯涌出的技术问题,避免了瓦斯超限的发生,服务矿井安全生产。

(2)按照本矿衔接8421回采工作面,按照平均煤厚6 m,采长取值182 m,采出率取值85%,则8421工作面煤炭总采储量可达389 m×182 m×6.0 m×0.9 m×1.42 t/m³×85%=461400(t),按照煤价400元/t计算,则总价值量达1.8亿元。

新型智能通风远程可视调控装置

王明龙　孟凡平　周新义　种传强　赵　航

枣庄矿业(集团)付村煤业有限公司

一、成果特点

新型智能通风远程可视调控装置,属于煤矿"一通三防"设备技术领域,具体涉及一种煤矿井下远程风门、风窗调节控制系统和风门、风窗及调节装置。

传统的风门装置大多结构简单,在开启和关闭风门时主要通过人工的方式来进行开启和关闭,但是在巷道内强大的风压下开启和关闭风门不仅费时费力,而且效率较低。新型智能通风远程可视调控装置,实现了通风系统的在线分析、识别、诊断和优调优控,能够保障通风系统正常时期和灾变时期的按时按需低功耗最优供风,为实现井下环境参数实时监测、异常报警、应变决策智能辅助提供可靠平台,达到主要通防设施和装备操控实现远程化、智能化的目的,采用远程视频监控新模式,实现了远程风量调节。

二、适用条件

新型智能通风远程可视调控装置适用于井工煤矿全风压通风巷道的风流控制及调节。

三、成果内容

1. 基本原理

新型智能通风远程可视调控装置分为就地和远程两部分，就地由气动控制箱、风门自动控制器、各个传感器、风门、风窗等设备组成，远程部分由工控机和组态软件组成，通过智能通风软件系统发送指令给井下控制系统主机，控制系统主机接收到命令后启动气动调控装置，控制风门和风窗的开关状态。

2. 关键技术

新型智能通风远程可视调控装置数字程控系统是在 INSPEC TNT 自动化监控和信息化平台下二次开发的 SCADA/I 系统（图1）。上位机具有信息管理、视频监控、移动监测、GIS、多屏显示、3D视图、电子签名、工程回放与授权等功能。

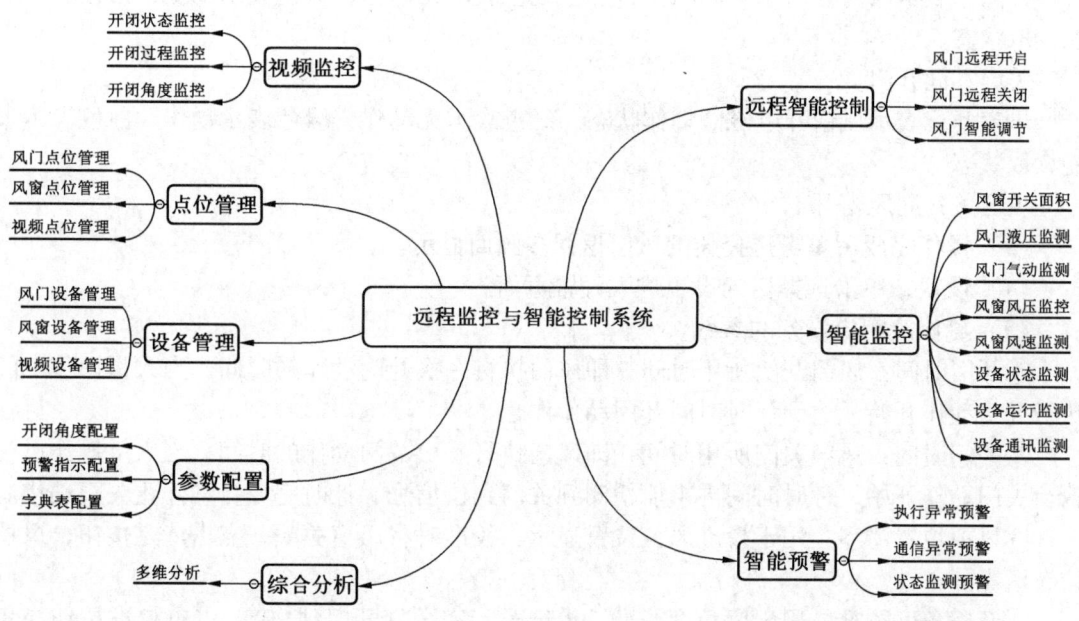

图1 远程监控与智能控制系统

调压风窗使用阻尼气缸，解决了开合精度不够的问题，内置拉线编码器，通过上位机可精准控制风窗开合大小及当前位置显示。

3. 工艺流程

1）就地操作

现场使用就地按钮箱操作：风门按钮用于风门的开关，风窗按钮用于风窗的开关，两道风门默认互锁，其中一道关闭完成后，另一道才能打开，解锁后，风门按钮失效，风门需人工推开，风窗采用点动操作，不受风门状态和解锁影响。

现场使用遥控器或者气动控制箱摇杆控制，两种方式互相独立，两道风门互锁且不能解锁。

2）远程操作在安装的工控机上进行

（1）打开组态软件 ▣，登录。

默认密码为空白，点击进入操作界面。

（2）选择需要操作的设备，点击选择树左侧的三角形符号打开下拉菜单，单击想要操作的设备，左下角为设备的状态显示和操作按钮，点击风门开关按钮，风门执行开关动作，点击风窗开关按钮，风窗执行开关动作。

通信：表示组态软件与设备控制器的通信状态，红色表示中断，绿色表示正常。

解锁：两道风门之间互锁的状态，红色表示解锁，绿色表示互锁，白色表示状态未能读取状态。

门关到位：表示风门关到位传感器状态，红色表示未到位，绿色表示关门到位，白色表示未能读取状态。

开门：表示风门开门电磁阀动作状态，红色表示无动作，绿色表示动作，白色表示未能读取状态。

关门：同开门。

风窗开：表示风窗开电磁阀动作状态，红色表示无动作，绿色表示动作，白色表示未能读取状态。

风窗关：同风窗开。

（3）操作完成后单击选择树的风门返回多画面显示。

（4）设置，单击选择树的设置进入设置页面。

（5）可修改相应设备的参数。

①开门时间：风门开门所用时间，即风门执行一次开门动作的时间，当人员操作风门执行开门动作开始，达到计时时间开门动作停止。

②关门时间：风门关门所用时间，即风门执行一次关门动作的时间，当人员操作风门执行关门动作开始，计时时间内未能检测到关门到位信号，计时完成自动停止关门动作。

③风窗位置清零：用于校准风窗位置显示，校准时将风窗关闭，点击清零按钮，风窗位置清零。

④开门角度校准：用于门角度校准，校准时，完全打开门到 $90°$，点击校准按钮，角度校准到 $90°$。

四、主要涉及指标及应用前后指标对比

1. 成果使用前相关指标值

相关设施巡查维护人工费用，按每周巡查一次，每次两人计算每年节约费用：

52 周 × 2 人 × 480 元 ≈ 4.99（万元）。

风量调节测定人工费用，按每旬一次，每次 1 人计算每年节约费用：

36 旬 × 1 人 × 480 元 ≈ 1.73（万元）。

2. 主要涉及成果指标及指标值

使用后，因系统具备可视功能和自动调节风量功能，所以节约指标主要体现在涉及的相关设施巡查维护人工、风量调节测定人工和自动调节风量所节省的风量费用上。

每年节约设施巡查维护人工、风量调节测定人工费用 6.72 万元。

每年自动调节风量所节省的风量费用 30.06 万元。

合计每年节约费用 36.78 万元。

五、先进性及创新性

本成果相比人工调节风门、风窗，采用远程视频监控新模式，实现了远程风量调节，主要有七种功能：①可在调度室远程或井下分站就地实现手动、自动模式切换；②可解除风门闭锁功能，在反风状态下实现风门全开状态；③可根据现场风速传感器的风量通过上位机任意调节风门开关角度。④上位机数据图形化（仪表盘、柱状图）实时显示开、关门时长、风速、风量、瓦斯、风窗位置等参数；⑤可通过上位机显示现场实时视频监控画面；⑥风门开关状态、关键动作等数据实时存储并可查询打印报表；⑦调压风窗使用阻尼气缸，调节时不受负载和现场风压的影响，解决了开合精度不够的问题，内置拉线编码器，通过上位机可精准控制风窗开合大小及当前位置显示。

六、成果的运行成本

本系统涉及的软、硬件具备一次投入、重复利用的条件，且每个矿井只安装一套新型智能通风远程可视调控装置数字程控系统，即具备同时管理多处风门、风窗功能。

软件初次投入：新型智能通风远程可视调控装置数字程控系统，共计投入 10.06 万元。

硬件初次投入：现场主机、气动控制箱、就地按钮箱、红外传感器、角度传感器、风速传感器、防爆摄像仪、风门本体、光缆等，共计投入 13.2 万元。

运行费用每年预计投入 1.6 万元。

七、应用效果评价及推广前景

该系统装置具有简单易行、节省成本、安全可靠等优点，为矿井安全、高效、经济通风提供了软件和硬件基础，创造了显著的经济效益，且智能通风是国家智慧矿山建设的重要组成部分，也是采矿行业科技发展的方向，因此新型智能通风远程可视调控装置具有较高的推广应用价值。

一等奖

选　　煤

地面生产系统全流程"一降、二封、三导、四抑、五控"粉尘综合治理方案

赵 奇 宋文清 李银广 翟晓宇 许建军 李浩峰

神华北电胜利能源有限公司

一、成果特点

地面生产系统承担着公司煤炭破碎、筛分、运输、装车的任务，目前共有三套生产系统，主要包含三座一级破碎站、两座筛分车间、三座储煤仓、一座储煤场、两座装车站及24条带式输送机。在日常生产、运输、装车过程中，由于各种原因导致产生大量粉尘，极大地恶化了工作人员的工作环境，增加了尘肺病的患病风险，在密闭环境中还存在煤尘爆炸的安全隐患，同时严重污染了周边的生态环境。

地面生产系统产尘点主要在一级破碎站、带式输送机转载点、装车站、落料点以及密闭环境下带式输送机机头尾部。上述位置粉尘主要由于煤炭由卡车进入破碎站受料斗、上游带式输送机通过溜槽进入下游带式输送机、装车站溜槽进入火车车厢时存在着一定高差，煤炭瞬间下落产生巨大的冲击气流，煤尘随着上升的气流向空中扩散，形成无组织排放的粉尘。

上升气流产生的原因主要有以下两项：一是由于煤炭下落料流冲击的路径结构的限制，物料顺着卸载方向冲击对面结构产生的上升气流；二是煤流下落过程中，冲击到四周结构，气流顺四周结构向上冲击产生的上升气流。由于上述原因，地面生产系统在生产过程中，产生大量无组织排放粉尘，粉尘浓度大大超过了国家标准，粉尘污染问题不仅威胁职工的生命安全，同时对周边的草原生态环境也造成了污染，影响企业的可持续发展。

二、适用条件

此项成果可以广泛应用于地面生产系统。此项成果所包含设备成熟可靠，具有故障率低、使用寿命长、后期维护量低的特点，对解决地面生产系统扬尘具有良好的效果。应用前景广阔。

三、成果内容

（1）"一降"：安装防风抑尘网，降低风速，减少起尘。

通过防风抑尘网降低破碎站风速，最大限度地降低来流风的动能，避免出现明显涡流，减少风的湍流度而达到减少起尘的目的。地面生产系统在一级破碎站卸料平台位置、装车站铁路沿线设计安装了防风抑尘网。在破碎站卸料平台外围整体环绕安装防风抑尘网

的同时,在每个卸料口位置增加隔离防风抑尘网,使每座破碎站形成一个独立的空间。

同时在装车站两条铁路环线两侧安装高6 m的防风抑尘网,自火车防冻液喷洒站开始安装,至火车喷胶压实处结束,分为四道安装,全长440 m。

(2)"二封":建立独立密封空间,阻止煤尘逃逸。

将无组织排放的煤尘封闭到建筑物内。地面生产系统结合车辆及现场实际情况,最终将破碎站卸料口封闭方案确定为车辆装载煤炭的车斗部分约50%进入封闭建筑物,高度按照卡车在最大举升高度工况下车斗全部进入封闭建筑物为依据,开展破碎站封闭项目。同时在两侧卸车位安装柔性软帘进行封闭,既可起到阻止建筑物内煤尘逃逸的作用,又不影响日常卸车。

地面生产系统根据火车车厢长度,将现有装车站装车涵洞延长6米,并在涵洞两侧安装高压风幕,保证装车过程中,涵洞内部形成独立的空间,不受外界环境影响,为"导"提供环境基础。

(3)"三导":应用先进技术,疏导煤尘,控制路径。

通过除尘器过滤效果,配合高质量导料槽以及曲线溜槽,可有效控制带式输送机头尾部、转载点以及落料点产生的煤尘。煤炭自曲线溜槽下落至输送带时,由于曲线溜槽的特性,煤炭获得一个与输送带方向大小均相同的速度,大幅度降低了粉尘。落入导料槽后,产生的少量粉尘在导料槽内迷宫帘的作用下,大部分缓慢沉降。同时导料槽两侧配有防溢裙边,杜绝粉尘自导料槽外溢。剩余粉尘进入除尘器,通过滤袋,煤尘附着在滤袋表面,干净气体排入大气。通过以上方式,粉尘自产生后,通过有计划地导流,最终全部被收集。同时地面生产系统在所有带式输送机转载点均安装了除尘设施。

在装车涵洞内安装一套粉尘导流设施,该设施由送风装置、吸尘装置、湿式除尘器、沉降池及管道构成,对涵洞内煤尘按照设计路线进行疏导,最终进入沉降池内,达到疏导煤尘的作用(图1)。

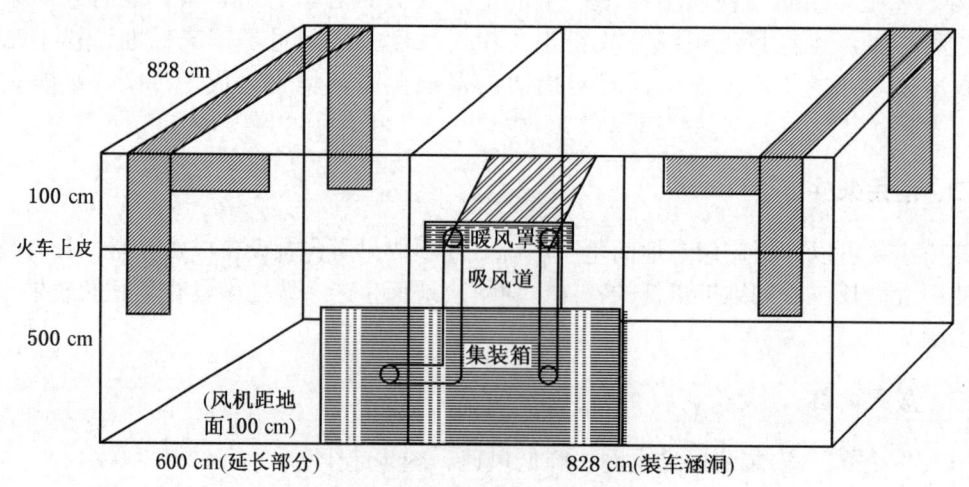

图1 装车站除尘技术原理图

设计并安装了装车站气流导通改造，将定量仓与缓冲仓连接，使气流实现内部循环，减少粉尘外溢。同时改造定量仓盖板形式，增加仓体容积，提升气体缓冲能力。

同时，为了控制密闭环境下带式输送机头尾部的煤尘污染，地面生产系统分别在头尾部安装头尾部除尘系统，利用高效离心真空泵的高负压配合吸尘管，产生高速、高负压将黏附在输送带表面的煤尘吸掉（图2）。

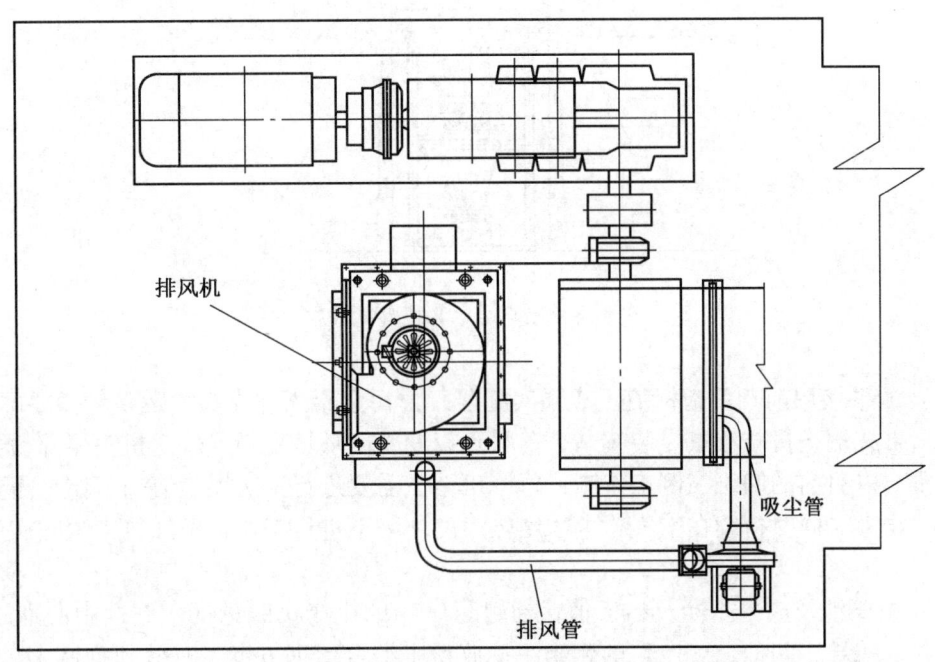

图2　密闭环境下带式输送机头尾部除尘技术原理图

（4）"四抑"：引进干雾抑尘，多举措配合抑制扬尘。

通过干雾抑尘设备的高效使用使外溢的煤尘沉降，达到有效抑制煤尘外逸的效果。破碎站采用了防风抑尘网＋干雾抑尘＋射雾器的粉尘治理方式，在卸料口四周安装了干雾抑尘装置，在卸料口上部安装了射雾器。逃逸到建筑物顶部的煤尘与顶部干雾箱产生的干雾相结合，最终沉降到卸料口，达到粉尘治理的目的。装车站采用防风抑尘网＋干雾抑尘＋涵洞加长、密封＋粉尘导流设施的粉尘治理方式，多方位紧密配合，达到粉尘与干雾结合后，按照导流设施设计路线进行疏导，最终进入沉降池内，达到疏导煤尘的作用（图3）。

（5）"五控"：控制入料速度，降低粉尘外溢。

通过合理控制卸车频率有效地控制料仓料位从而控制煤尘的产生，在实际生产中，通过受料仓容积以及卡车载重量的对比分析发现，当收料斗料位保持在30%以上时，既可保证卡车物料卸载需求，同时又可以降低粉尘外溢现象的发生。

四、主要涉及指标及应用前后指标对比

主要经济技术效益指标。

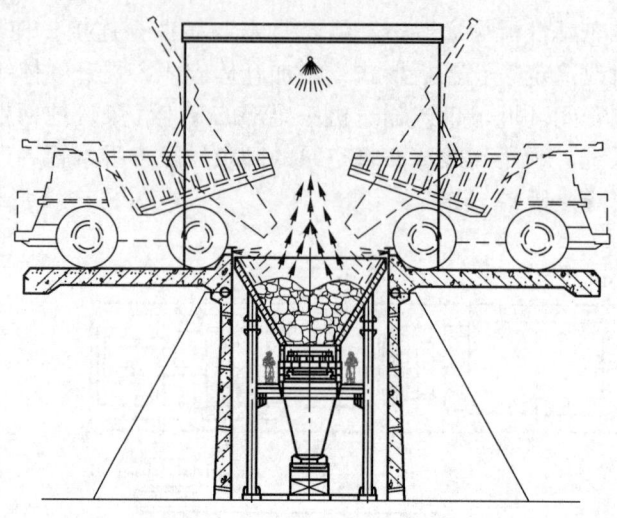

图3 破碎站干雾抑尘技术

（1）成果使用前相关指标值。成果实施前，公司全年累计煤炭发运量约 20 Mt，一级破碎站、带式输送机转载点、装车站、落料点以及密闭环境下带式输送机头尾部粉尘污染问题严重，以目前的四班三倒工作制，每个班至少需要进行 1 次煤尘清扫工作，需要大量的人力、物力，同时持续在空气粉尘浓度较大的环境下进行工作，增加员工尘肺病患病的概率。

（2）主要涉及成果指标及指标值。通过近一年的生产实践论证，储运中心通过"一降、二封、三导、四抑、五控"的无组织排放粉尘综合治理方案，有效地抑制了破碎站、带式输送机转载点、装车站以及密闭环境下带式输送机头尾部煤尘外溢的问题，改善员工作业环境，降低周边环境污染。同时，由于使用设备、设施均为市场成熟产品，具有故障率低、使用寿命长、后期维护量低的特点。每年可节约人工费用至少 700000 元。

五、先进性及创新性

破碎站、带式输送机转载点、密闭环境下带式输送机头尾部以及装车站均安装除尘、抑尘设施，目前已全面形成地面生产系统全流程"一降、二封、三导、四抑、五控"粉尘综合治理方案。

六、成果的运行成本

该公司实施的除尘设施总投入费用约 450 万元。

七、应用效果评价及推广前景

通过近一年的生产实践论证，通过"一降、二封、三导、四抑、五控"无组织排放粉尘综合治理方案，有效地抑制了破碎站、带式输送机转载点、装车站以及密闭环境下带式输送机头尾部煤尘外溢的问题，改善员工作业环境，降低周边环境污染。同时，由于使用设备、设施均为市场成熟产品，具有故障率低、使用寿命长、后期维护量低的特点，应用前景广泛。

洗选中心保德选煤厂炼焦配煤系统优化

陶亚东　高雨海　朱子祺　邓　伟　刘钦聚

神东煤炭集团洗选中心保德选煤厂

一、成果特点

炼焦煤煤种中储量最大的气煤，大多具有低灰、低硫的特点。气煤作为炼焦配煤可以显著降低焦炭的灰、硫等有害成分，减少焦化污染物排放，缓解冶金生产对大气环境的影响，是最具开发潜力的炼焦煤种。

保德矿原煤为低硫、低水分、高黏结性指数的气煤，属于国家稀缺煤种。保德选煤厂是矿井型选煤厂，长期以来以生产电煤为主，其煤种利用价值未得到充分体现。随着煤炭市场对商品煤的质量要求越来越高。选煤厂靠单一煤种难以保证选煤厂利润，必须结合市场需求和自身禀赋，研发商品煤新品种以增加利润增长点。保德选煤厂积极探索炼焦配煤生产方式。该探索是保德选煤厂转型发展的关键举措，是实现经济效益提升的重要手段，也是公司及中心的提质增效要求的具体体现。

二、适用条件

适用于矿井原煤为低硫、低水分、高黏结性指数的气煤，长期以来以生产电煤为主的重介质分选方式选煤厂。

三、成果内容

1. 基本原理

保德选煤厂原工艺系统为大于 25 mm 块煤脱泥后用重介质浅槽分选（分选密度大于 1.75 g/cm^3）；小于 25 mm 末原煤脱泥后用有压两产品重介质旋流器分选（分选密度大于 1.6 g/cm^3）；末矸石可进入矸石再选系统后用有压两产品重介质旋流器再选（分选密度大于 1.7 g/cm^3）。

为保证系统改造简单，能够最快产出炼焦配煤，决定采用"一段出焦二段排矸"工艺。在原有系统条件下，优化工艺流程，将矸石再选系统和末煤系统共用的稀介系统独立，利用一套末煤分选系统一段出焦（分选密度不高于 1.36 g/cm^3，焦煤灰分不超过 10%），矸石再选系统和另一套末煤系统设备二段排矸（分选密度大于 1.7 g/cm^3），同时布局焦煤、中煤、矸石 3 条通路，实现焦煤独立产出上仓，中煤回掺保证混煤质量，矸石独立处置总体布置。

系统优化改造后，实现了末煤系统低密度稳定出焦，焦煤单独进仓；矸石系统高密度稳定产出中煤，中煤回掺混煤，矸石单独转排。在末原煤入选40%时，焦煤产率达到3%，达到焦煤系统优化预期。

2. 关键技术

涉及末煤两产品重介质旋流器为 D33B – T214 型陶瓷内衬重介质旋流器，圆柱段直径 φ840 mm，底流口直径 330 mm，入料能力 567 t/h，入料粒度上限 50 mm，有效分选下限 1.5 mm，介质循环量 1202 m³/h，入料压力 8.0 m 水柱，分选密度 1.8 g/cm³，Ep 值 ≤ 0.03，安装角度 15°~18°。

为提高焦煤产率，重点进行底流口改造及入料压力调整。将底流口直径调整到 260 mm，入料压力由 180 kPa 调整到 240 kPa。

3. 工艺流程

共有 10 项系统改造点，具体如图 1 所示。

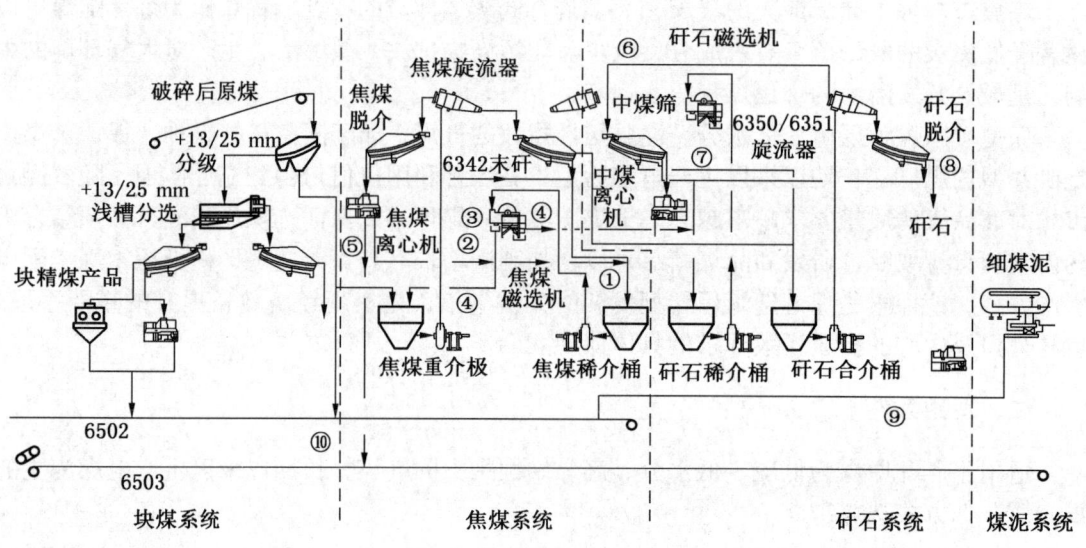

图 1　改造后设备联系图

（1）将原 6334 末煤 A 系统混料桶改为焦煤系统稀介桶，引 6339 焦煤脱介筛稀介、6342 末矸石脱介筛稀介进入 6334 桶。

（2）引 6340 焦煤离心机滤液进入 6334 桶。

（3）新增焦煤磁选机，引 6334 桶内稀介入料磁选回收介质。

（4）焦煤磁选机精矿回到焦煤混料桶，尾矿回到矸石再选稀介桶。

（5）新增焦煤离心机产品通道到 6503 带式输送机实现单独储运。

（6）6350 矸石再选旋流器溢流引入原末煤 A 系统 6338 精煤脱介筛机（改造后为中煤脱介筛），产出中煤，中煤脱水后进入 6502 混煤带式输送机。

（7）6338 中煤筛合介改入矸石再选系统混料桶。

（8）原矸石再洗系统 6352 中矸联合脱介筛改造，使 6352 成为独立矸石筛。

(9）细煤泥刮板输送机 6419 机头回缩，使落料点落入 6502 混煤带式输送机上。

（10）6314/6315 末原煤转载刮板输送机机头物料落料点调整到 6502 混煤带式输送机上。

四、主要涉及指标及应用前后指标对比

（1）成果使用前相关指标值。改造前仅生产混煤作为动力煤销售，混煤发热量指标为 4750 大卡（1 大卡 = 4.1868 kJ），产率约为 57%。

（2）主要涉及成果指标及指标值。改造后生产炼焦配煤及混煤。炼焦配煤灰分低于 10%，发热量为 6200 大卡（1 大卡 = 4.1868 kJ），产率约为 3%；总产率基本不变情况下，混煤发热量指标约为 4670 大卡（1 大卡 = 4.1868 kJ）。

五、先进性及创新性

利用原有设备布局，构建焦煤生产工艺系统，同时不断解决系统瓶颈问题，实现焦煤顺利产出，实现了以较小的投入获得巨大的效益。

六、成果的运行成本

投入改造资金约 12 万元。

焦煤产率稳定在 3% 左右，按照年原煤量 7 Mt，年产焦煤约 0.21 Mt，与厂家协商售价 660 元/t，较混煤提高 224 元/t。刨除混煤降低利润及增加的生产成本，每年可产生经济效益 1500 万元以上。

七、应用效果评价及推广前景

该成果能够根据煤种特性，探寻新的产品结构，利用现有系统进行简单改造，小投入产生了大效益。根据其筛分浮沉实验及理论验证，可以进一步进行系统改造，其焦煤产率可达到 20% 左右，将会创造更大的利润空间。也为周边煤矿、选煤厂提供了实践参考，带动区域产品利润提高。

关于弧形振动筛检修防坠落以及安全快速更换筛板的研究与应用

廉　凯　高美荣　贾晓阳　刘　旭　潘建峰

准能集团

一、成果特点

该装置可有效防护检修工意外坠落，且又不影响筛机物料正常运行。专用工具具有拆

卸安装方便快捷、减少人工和工时且安全可靠等特点，可用于大批量更换筛板。

二、适用条件

适用于所有弧形振动筛检修作业安全防护改造和安全快速拆卸安装筛板作业。

三、成果内容

1. 弧形振动筛检修防坠落装置

该装置由防护栅栏、提升绳、固定销等构成，其示意图如图1所示。

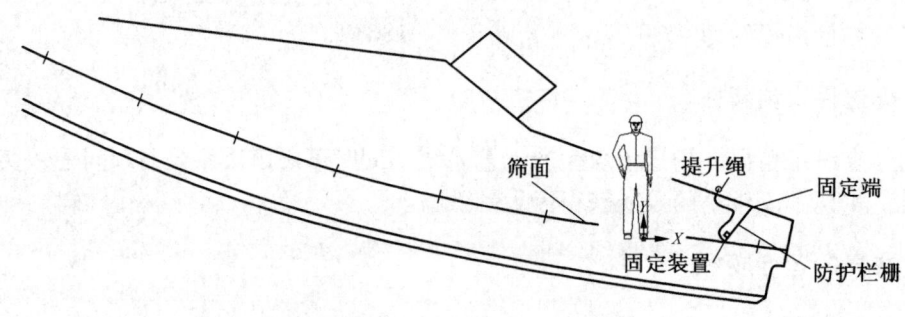

图1 振动筛检修防坠落装置示意图

（1）防护栅栏。防护栅栏为等距离的条状栅栏，长度小于筛面宽度40~50 cm，防护栅栏一端安装固定在振动筛上方防护罩上，防护栅栏的固定端安装在振动筛排料端最后一块筛板的上方。防护栅栏可以实现0°~85°的旋转。防护栅栏的长度为大于防护罩与筛面的垂直距离5~10 cm，这样防护栅栏可以落在振动筛筛面上，无须固定，实现对下滑人员的阻挡保护。

（2）提升绳。提升绳一端固定在栅栏的移动端位置，另一端穿过防护罩，防护绳固定卡环，保证提升绳在防护罩外侧露出。作业人员在振动筛防护罩外侧通过提升提升绳，实现防护栅栏升降功能。

（3）固定销。当使用提升绳将防护栅栏提升于防护罩平行时，防护栅栏上提升绳两端的固定端露在防护罩外，这时采用固定销穿过防护栅栏的固定端，保证防护栅栏紧贴防护罩，在振动筛运行时，保证防护栅栏不掉下阻挡煤流。

（4）工作过程。当作业人员需要进入振动筛机内部时，作业人员握紧提升绳，将防护栅栏的固定销轴拆除，然后徐徐将防护栅栏放下即可；当作业人员检修完毕后，从观察孔走出振动筛，作业人员提起提升绳，防护栅栏提升绳固定点两边的固定端露出防护罩时，使用柱销插入固定端。防止防护栅栏掉下。

2. 安全快速更换筛板专用工具

该工具是针对聚氨酯边框筛板的专用安装工具，是根据筛机的结构自制的便于筛板拆卸安装的工器具，如图2所示。

该装置主要由液压千斤顶、移动卡梁、固定卡环、固定横梁构成。固定卡环：筛机靠近入料端和出料端一般设置两根吊装梁,用于起吊和支撑筛机侧板,筛板安装装置固定在振动筛吊装梁,固定卡环可以安装在横梁的任意位置,实现左右移动。固定横梁:该装置与固定卡环连接,用于液压千斤顶的支点。

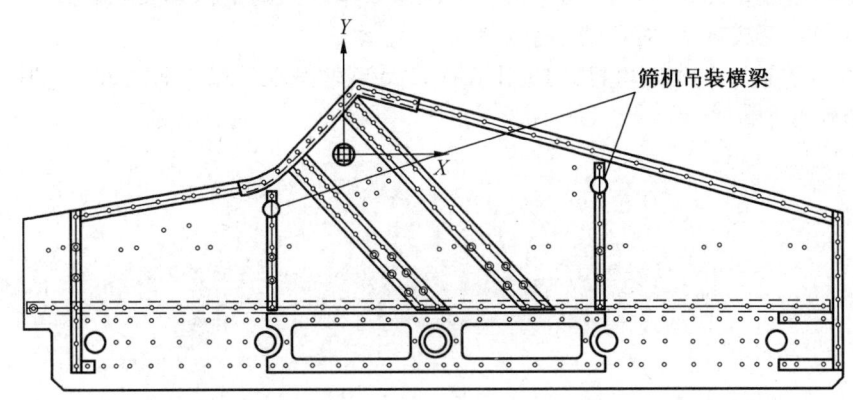

图 2　安全快速更换筛板示意图

(1) 工作原理。自制移动卡梁可以实现在筛面上横向左右移动,利用移动卡梁作为有效支点,使用液压千斤顶将筛板快速安全压入镶嵌槽内。

(2) 工作过程。首先将自制移动卡梁置于筛面上,将横梁放置在便于液压千斤顶作用点上方,两人配合将移动横梁提起,将横梁前后两端的固定卡环装置固定在筛机横梁上。将筛板的一边放置在镶嵌槽内,筛板另一边上方放置液压千斤顶,保证筛板另一边垂直受力,将筛板压入到镶嵌槽内完成更换。

四、先进性及创新性

(1) 巧妙地应用筛机上的支撑梁,使其作为可靠的支承点。
(2) 设计新型轻型活动导轨,革新筛板更换作业方法。
(3) 实现筛板全覆盖更换,解决部分狭小位置筛板更换困难问题。
(4) 创造性地解决了振动筛内部无保护装置问题,解决了以往人员检修作业时容易滑倒坠落的安全隐患。

五、成果应用的效益

(1) 经济效益。提升筛板更换作业效率,避免更换过程中筛板损坏、人员伤害等事故发生,该成果应用于洗选二车间脱泥筛、脱介筛、高频筛 18 台上,以 2019 年因操作不当导致更换筛板损坏情况计算,损坏筛板 50 余块,每块成本约为 2400 元,则每年可节约筛板成本 2400 元 × 50 = 12(万元)。而且因更换简单、快捷,减少了人工成本和工时,确保安全生产,其经济效益更为客观。

(2) 安全效益。有效杜绝检修作业人员坠落伤害事故的发生,提升了检修作业本质安全。

六、应用效果评价及推广前景

（1）应用效果评价。该成果自应用以来，有效防止了检修坠落事故的发生，有效防止了因操作不当导致筛板损坏问题，提高了检修效率，提高了检修安全系数，极大地降低了材料成本和人工成本，达到了预期效果。

（2）推广前景。此成果可推广应用于所有大倾角振动筛检修作业的防护以及安全快速更换筛板作业中。

一等奖

其　他

含油废水处理一体化装置

肖乃友　王亚强　常赵刚　田陆峰　李艳芳

煤炭科学技术研究院有限公司煤化工分院

一、成果特点

该成果采用隔油气浮＋高级氧化法＋活性炭吸附过滤＋反渗透，去除废水中的乳化油、COD、SS 等污染成分。其中，装填的活性炭经过氯化钙、酒石酸、甘露醇等浸渍改性，显著提高了对有机污染物的吸附性能，高级氧化法利用研发的最佳药物配比投加量进行加药，两者联用情况下，COD 去除效率达 90% 以上，石油类去除效率达 95%。含油废水一体化装置紧凑，占地面积小，自动化程度高，有 PLC 人机界面，操作简单。

二、使用条件

成果适用于企业车间含油废水、煤矿含油废水、煤化工及化工企业等废水的处理，可以去除废水中的有机物、石油类和悬浮物等污染物，实现达标排放或回用车间。

三、成果内容

1. 基本原理

隔油是利用废水中油类和水的比重不同而达到分离的目的，其中比重小于 1 且粒径较大的油珠上浮到水面上，而比重大于 1 的杂质则沉于池底，上浮的浮油和沉淀的重油分别收集。气浮是在含油污水中通过通入空气并使水中产生微气泡（同时加入浮选剂或混凝剂），使污水中粒径为 0.25~25 μm 的浮化油、分散油或水中悬浮颗粒附在气泡上，随气泡一起上浮到水面并加以回收。高级氧化是利用二价铁离子（Fe^{2+}）和双氧水之间的链反应催化生成羟基自由基，其具有较强的氧化能力，氧化电位仅次于氟，高达 2.80V。另外，羟基自由基具有很高的电负性或亲电性，其电子亲和能高达 569.3 kJ，具有很强的加成反应特性，因而可以氧化废水中的溶解油等有机污染物。活性炭吸附是利用活性炭的多孔性质，使水中一种或多种有污染物被吸附在固体表面而去除的方法，活性炭吸附对于去除水中有机物、胶体、微生物、余氯、嗅味等具有良好的效果，保证了回用水的水质要求。

2. 关键技术

一体化装置的工艺设计及结构设计；投加的氧化剂经过试验配比，COD 去除效率达 90% 以上，石油类去除效率达 95%；装填的活性炭经过多次试验，通过氯化钙、酒石酸、甘露醇等浸渍改性，显著提高了对有机污染物的吸附性能。

3. 工艺流程

成果主要脱除煤科院采育园区车间排放污水中的污染物，污染物包括石油类、COD、氨氮、总磷等。设备主要由3道工序组成。第一道工序是除油，包括隔油沉淀和气浮。隔油主要是脱去游离油、悬浮油、重油，通过气浮加药去除乳化油、溶解油。第二道工序是去除废水中的有机污染。由于污水排放量小，本方案采用氧化的工艺，通过投加药剂降解废水中的有机污染物。第三道工序是回用工序，工序路线采用多介质过滤＋活性炭过滤器＋反渗透装置，通过过滤器介质拦截污水中的悬浮物，另外活性炭对污水中的有机物也有吸附作用，确保水质满足RO的进水要求，RO反渗透装置，对废水进行进一步处理，确保水质达到回用水质要求。废水处理流程如图1所示。

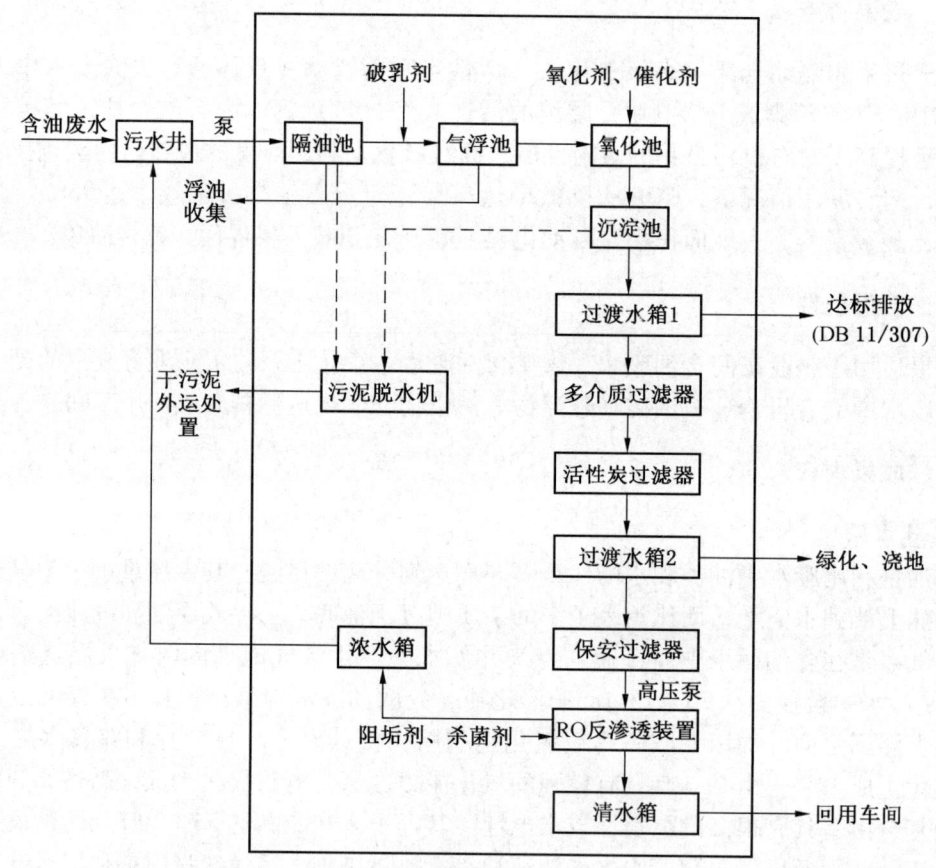

图1　废水处理流程

一体化设备收集的浮油排入收集桶，定期外运处理。污泥采用污泥脱水机进行浓缩脱水，然后干污泥外运处置。

四、主要涉及指标及应用前后指标对比（表1）

废水未处理前按照危废处理，委托有资质的单位处理，按照3000元/吨左右收取处理费用，处理后处理每吨成本为15.1元，产生了良好的经济效益。

表1

序号	污染物名称	监测值	评价标准（DB 11/307）	是否达标	监测值	评价标准（DB 11/307）	是否达标
		成果使用前水质检测结果			成果使用后水质检测结果		
1	悬浮物(SS)/(mg·L^{-1})	374	400	是	384	400	是
2	五日生化需氧量(BOD$_5$)/(mg·L^{-1})	866	300	否	72.0	300	是
3	化学需氧量(COD$_{Cr}$)/(mg·L^{-1})	2475	500	否	206	500	是
4	氨氮/(mg·L^{-1})	24.5	45	是	7.05	45	是
5	总氮/(mg·L^{-1})	37.8	70	是	10.3	70	是
6	总磷(以P计)/(mg·L^{-1})	5.41	8.0	是	1.17	8.0	是
7	硫化物/(mg·L^{-1})	0.018	1.0	是	0.012	1.0	是
8	挥发酚/(mg·L^{-1})	0.01(L)	1.0	是	0.01(L)	1.0	是
9	石油类/(mg·L^{-1})	116.01	10	否	5.68	10	是
结论		经现场采集水样检测，成果使用前污染物指标均不符合北京市地方标准《水污染物综合排放标准》（DB 11/307—2013）的排放限值，BOD$_5$、COD、石油类均超标严重。			经现场采集水样检测，本项目排放污染物指标均符合北京市地方标准《水污染物综合排放标准》（DB 11/307—2013）表3排入公共污水处理系统的水污染物排放限值。		

五、先进性及创新性

该成果具有模块化、标准化、操作智能化、材料耐久性强、运行费用低等特点，且占地面积小，大大减少了设备现场的安装、调试时间。

该成果装填了自主研发的活性炭经过浸渍改性，显著提高了对有机污染物的吸附性能；投加的氧化剂经过试验配比，大大提高了氧化有机污染物性能，经过处理后最终的出水达到回用水的标准，解决了相关企业的污水处理难以达标的难题，赢得了一致好评。

六、成果的运行成本

以1 m^3/h含油废水处理一体化装置日常运行为例，其运行成本见表2。

表2 运行成本

序号	项目指标名称	单位	单价	数量	费用
一	水、电费用（51.00元/d）				
1	水	t/d	5元/t	0.2	1.00元/d
2	电	(kW·h)/天	0.5元/(kW·h)	100.0	50.00元/d

表2（续）

序号	项目指标名称	单位	单价	数量	费用
二	药剂费（262.00元/d）				
1	PAC	kg/d	3.0元/kg	6	18.00元/d
2	PAM		20元/kg	0.2	4元/d
3	NaOH（98%）		2元/kg	15	30.00元/d
4	硫酸亚铁		3.0元/kg	20	60.00元/d
5	硫酸		2元/kg	15	30.00元/d
6	过氧化氢		4元/kg	30	120.00元/d
三	其他（48元/d）				
1	污泥处理费				48元/d
	费用合计		362.00元/d		
	每吨污水处理运行费用		15.1元/m^3		

本设备为全自动运行，只需一人定期巡查即可。

七、相应效果评价及推广前景

应用案例：煤科院采育园区检测分院实验室车间含油废水处理（处理量1 m^3/h）。

效果评价：采育园区检测分院实验室在液压支架检测评定过程中和油品分院矿用润滑油生产过程中产生的废水含有较高的石油类污染物，检测石油类含量高达300～500 mg/L，直接排放到下水道进入采育开发区污水处理厂，被监测到石油类等污染物超标，当地环保执法机构要求采育园区进行整改和限期达标治理。经过一体化污水处理设备处理后石油类含量小于5 mg/L，其他污染物指标均达到北京市地方标准《水污染物综合排放标准》（DB 11/307—2013）的排放限值。

我国工业废水处理行业市场规模预计达到3800亿元，工业废水处理行业竞争分散，对高效、低耗的难处理废水技术和装备需求较大。随着环保执法力度的加大，带来了较好的市场机会，全国各地的环保督查成为常态，环保督查的频率逐年提高，工业比较集中的省份和地区以及存在环境违法行为的地区成为督查的重点，企业违法排放风险将越来越大，这些为废水处理装置及工程化应用与推广带来良好的市场机遇。

井口智能多维安全信息检测系统升级改造

刘安强　张碧川

榆北曹家滩公司

一、成果特点

本成果具有显著的唯一性、排他性、稳定性及非接触采集的特点，而且设计的安检多系统相互有效融合，职工多维信息相互关联，实现井口的智能综合安检，降低井口安检人员数量及劳动强度，实现减人少人的目的。

二、适用条件

井口入井安全检查。具备供电、网络等基础条件，多系统可相互兼容，可实现对接融合。

三、成果内容

1. 基本原理

在体温、酒精检测功能基础之上，对井口智能综合安检系统进行二次开发，具备入井人员入井证到期提醒、人卡一致性检测、安全知识答题测试功能。同时与人员定位系统进行关联，对于人员定位卡电量低于10%以下的人员，闸机自动识别并关闭闸机，杜绝人员定位卡有问题的人员下井。另外，实时检测下井人员血压、体温、心跳及其他身体数据，关联健康小屋，每日生成健康报表，存入个人健康档案中，全方位地检测入井人员的各项状态。对于下井时间超过 8 h 员工，闸机自动判断并限制此类人员入井，防止疲劳工作，确保井下生产安全。

2. 关键技术

体温、酒精检测；井下人员定位技术；健康检测技术；活体虹膜识别技术；人员基础信息相互关联技术；各系统相互融合技术。

3. 工艺流程

基于井口智能综合安检一体机，融合生物识别技术、智能卡技术、机械自控技术、网络技术、移动通信技术、多媒体信息技术，实现安检、考勤综合系统功能，融合酒精检测、身份检测、身体状态检测等针对入井人员的多维检测。

四、主要涉及指标及应用前后指标对比

成果应用前，井口安检人工检身，劳动强度大，人员入井需手写资料。成果应用后，实现机器检身，班前确认表等资料实现电子化、无纸化，方便整理相关各类资料，有效降低人员劳动强度，提升安全管理水平。

五、先进性及创新性

（1）先进性：多系统相互融合，完成井口智能多维安全信息检测系统建设；融合人员入井证到期提醒、安全知识答题测试功能，有效提升安全管理工作水平。本系统技术达到全行业领先水平。

（2）创新性：井口智能多维安全信息检测系统，可实现智能检测携带违禁物品入井、酒精测试、安全知识答题、人卡唯一性识别、资格证到期提醒、来宾预约等，通过多维度智能分析，降低井口安检人员数量及劳动强度，使井口每班检身员工减少 1 人（共减少 3 人），按年薪 20 万元计算，节约人工成本 60 万元，确保井下安全生产。

六、成果的运行成本

成本投入约一百余万元，包含在智慧园区整个项目中，投入运行后，极大地降低了井

口安检的劳动强度，方便了资料整理及职工入井信息确认流程，实现了井口安检减人少人及相关资料的电子化、无纸化，推动公司安全管理水平的进一步提升。

七、应用效果评价及推广前景

系统融合信息全面，检测精准，应用效果良好，有效提升安全管理水平，促进公司的智能化建设实现有效突破，可为具有完备工业环网的矿山企业提供参考样本及技术支持。

职工技能大赛移动培训系统

杨 艳 孙小军 刘向忠 蒋 博 孙翔宇

山西焦煤西山煤电东曲矿

一、成果特点

面对5G时代的来临，利用5G网络通信技术带来的高带宽、低延时的特性，研发"职工技能大赛移动培训系统"，将职工培训所需的课件、视频、资料和题库等信息统一整合，将资料搬到云上。

系统内置现学现考、大屏竞赛、知识淘汰赛、AR模拟和素质提升等功能块，在5G信息高速公路中为职工打造新颖、趣味、高效的新型职工技能学习平台，进一步提升培训质量。

二、适用条件

适用于煤矿职工技能培训、职工技能大赛。

三、成果内容

1. 基本原理

结合往年职工技能大赛培训经验，融合互联网信息技术；参照 csdn、极客学院、慕课网等在线学习平台，边学边练设计；加入 AR 增强现实技术与部分井下作业场景或设备使用相结合；采用技术 htpp2，gRPC 高速通信技术，一次最大通信数据量为2G；采用数据瓦斯和 AI 分析技术。

2. 关键技术

C#开发高速的 API 数据接口服务；接入网易严选 Unity 3D AR 增强现实，及部分可穿戴设备；JavaScript 开发 uni-vue 多终端客户端；Python 开发 TensorFlow2 人工智能数据分析和数据挖掘；服务器采用乌班图 liunx 操作系统；数据库采用 PostgreSQL 开源关系型数据库和 Redis 高速内存数据库；使用 rabittmq 队列消息，保证数据不丢失。

3. 工艺流程（图1）

所有操作均在手机完成。

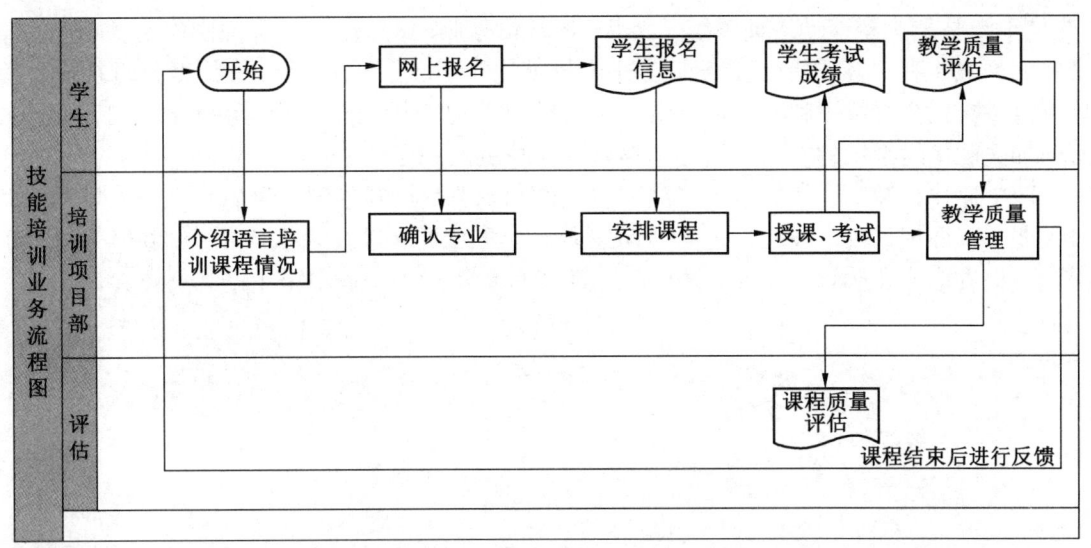

图1 工艺流程

四、主要涉及指标及应用前后指标对比

职工通过手机进行在线职工技能大赛教学，边学边考。系统模拟考试中，学员理论成绩同比普遍提高20%左右；通过大屏竞赛、知识淘汰赛等机制，增加职工主动学习时间，参赛职工平均每天使用系统时间约为2 h；缓解职工因为井下生产任务紧张，无法参加集训影响成绩的情况，为参加职工提供灵活、多元的培训手段；增强职工弱项培训，利用AI为职工提供针对性的培训题库，节约时间和合理化利用资源。

五、先进性及创新性

采用"5G互联网+"实现移动终端互动式教学与考试。加入大屏竞赛、知识淘汰赛等趣味考前演练环节。利用AR模拟，还原实际作业场景。加入AI培训结果分析，找出职工在竞技中存在的弱项，自动调整部分题库，加强弱项培训。系统支持多种部署模式，纯内网部署和公网部署。其中，内网部署包含矿wifi接入和IP访问；公网部署终端包含微信嵌入式网页应用、多种微端小程序（微信小程序、支付宝小程序等）、手机独立App和网页大屏。

六、运行成本

腾讯云服务器Windowsserver2012 64操作系统、4核心8GB标准型S3、硬盘300GB、5MB带宽。

腾讯云数据内装MySQL开源数据库。租用2项服务每年产生服务运行成本1.2万元。

七、应用效果评价及推广前景

"职工技能大赛移动培训系统"为 5G 时代的来临而打造。充分利用 5G 信息高速公路带来的网络便利,将技能大赛培训推进"数字化"时代。通过后台大数据分析技术,管理者通过数据全方位了解实际培训情况,有针对性地安排工作;及时调整部分工作策略,不断加强职工对系统的黏度,让总体培训和竞技更上一层楼。

职工通过该系统,解决培训时间和空间的问题、生产和集训的矛盾。系统引导和帮助广大职工掌握现代科学技术,提高劳动技能和综合素质,增强学习能力、创新能力、竞争能力,促进培养和造就一支高素质的职工队伍。系统对于企业安全生产、文化建设具有非凡的意义。

二等奖

井工煤矿采掘

"丁"字形挡水坝墙设计

陈苏社　李瑞群　王庆雄　康　健　庞乃勇

神东煤炭集团生产管理部

一、成果特点

对井下挡水墙和地下水库坝体采用"丁"字形设计，具有以下特点：坝体加固首次采用"丁"字形结构，强度大、效果好；采用横向和竖向工字钢配合，构筑坝体骨架，保障坝体强度；挡水墙内部骨架采用"锚杆+工字钢+网片"联合加固技术；用C30混凝土浇筑为一个整体，然后用喷混凝土的方式封顶及堵漏。

二、成果内容

坝墙内采用工字钢为骨架，工字钢布置方式为里横四、外竖四；坝墙外丁字形支撑墙内工字钢布置方式为横三、竖一，工字钢之间采用电气焊焊接，顶帮均施工 $\phi 18 \times 2100$ mm 全锚螺纹钢锚杆，并在工字钢前后铺设两层 $\phi 6.5$ mm 钢筋网，并用10号铅丝将锚杆、工字钢、网片绑扎在一起。坝墙采用C30混凝土浇筑为一个整体，浇筑完成后采用喷混凝土的方式封顶及堵漏，"丁"字形人工坝墙加固平面示意图如图1所示。经清华大学水利专家论证该墙体结构安全可靠、稳定，当安全稳定系数为3.0时，最大承载水位为60 m。

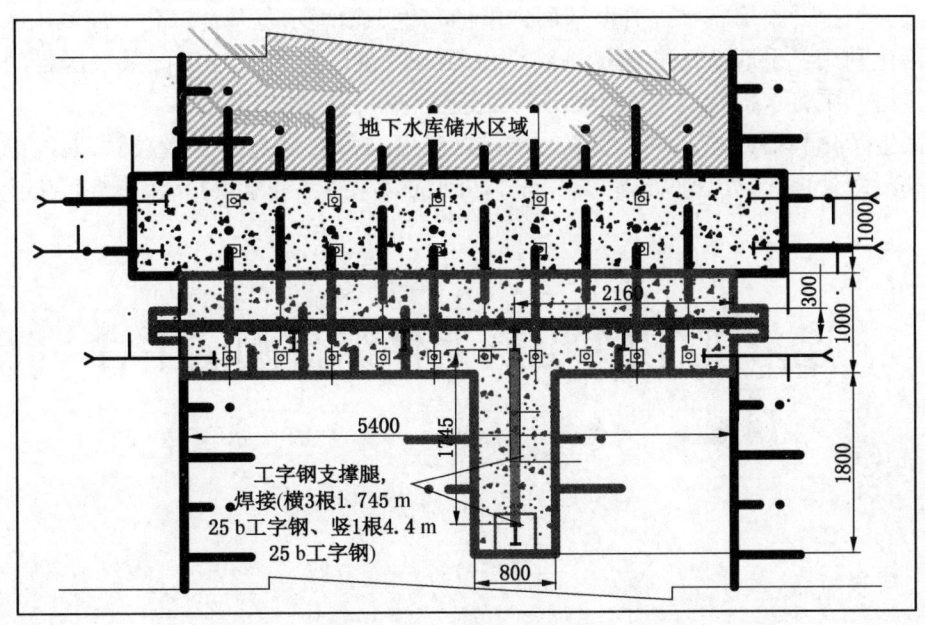

图1　"丁"字形人工坝墙加固平面示意图

西部缺水矿区矿井水资源化利用技术

王庆雄　罗　文　高登云　王志峰　侯志成

神东煤炭集团生产管理部

一、成果特点

从井下生产源头抓起，采取清污分离措施，充分利用井下采空区自净功能，实现井下清水生活、生产和生态利用；结合矿井水处理厂污水产生量、水质情况，将矿井水处理厂处理后的水提升至洗煤厂供生产用水。

二、成果内容

通过采取清污分离措施，将哈拉沟煤矿井下污水收集排入水仓，清水（未污染过的矿井水）排入采空区，矿井水水源包括：22 煤二、五盘区采空区、松散含水层水，22 煤四盘区采空区、松散含水层水和井下作业点、巷道污水。结合已有水处理设施，通过综合分析产水点水质、用水点水质要求，矿井水资源化利用技术体系如下：

井下生产化利用：采取清污分离措施将清水排入二、五盘区采空区，采空区自净、过滤后，通过井下复用水系统去除矿井水中的 Fe、Mn 离子，达到工业用水水质标准，供井下生产用水。

生态化利用：采取清污分离措施将清水排入二、五盘区采空区，采空区自净、过滤后，通过井下提升泵房将水提升至地面，供神东生态治理示范基地绿化、灌溉用水。

生活化利用：采取清污分离措施将清水排入四盘区封闭采空区，采空区自净、过滤后，通过提升泵将水提升至地面净处理厂处理后供矿区居民生活用水。

地面生产化利用：井下冲洗巷道、作业点产生的污水排入井下水仓后，通过提升泵提升至矿井污水处理厂，处理后的矿井水能够达到洗煤厂循环补水要求，供洗煤厂生产用水。

连采机/梭车电气元件综合测试平台

常彦鹏　刘俊彦　张世峰　曹富生　张蒙达

神东煤炭集团设备维修中心

一、成果特点

通过模拟连采机/梭车电气控制系统，搭建连采机/梭车的电气通信及控制回路，可以进行连采机/梭车电气配件的性能测试，从而达到了连采机/梭车配件在使用前对其性能检测的目的。

二、成果内容

模拟连采机/梭车的控制系统，在测试台一侧搭建连采机的通信及控制回路，使用原机适用的变频器、中央处理器及 RIO 模块、智能传感器、数字输入输出模块、显示装置及 Interbus 通信和 Canbus 通信形成整个控制系统；另一侧搭建梭车的通信及控制回路，分别使用原机适用的变频器、中央处理器及综合保护器、显示装置和具有诊断功能的 Canbus 通信网络来形成整个控制系统。在设备相关操作指令线路及常见故障线路上串接扳钮开关及指示灯，用于系统故障模拟及指示。连采机电气元件测试系统通过遥控器控制整个系统或相关模拟动作的启停。梭车电气件测试系统通过旋转开关来控制整个系统或相关模拟动作的启停。最终通过显示器所显示的内容或指示灯的亮灭来判断待测配件的好坏。

测试时将需要测试的装置上原有的配件拆下，换上待测的配件，然后接通测试装置电源，根据操作流程逐级启动测试装置。测试装置正常投入运行后，待测配件已经投入运行，测试装置整个电气系统会根据系统内的信号接收及反馈来判断待测配件是否运行正常。最后从测试装置面板的显示器上就可以查看到该配件是否存在故障，存在什么故障。

1500 kW 加载测试台电路、控制系统改造

张建铭　王　慧　刘混田

神东煤炭集团设备维修中心

一、成果特点

通过自主编程设计，采用更先进的主流 ABB 变频模块和模块化控制逻辑（Beckhoff），由老旧的模拟量控制改变为数字量控制，对原设备的电控系统进行了全新技术改造升级。适用于大型煤炭采掘设备的主传动机构的模拟加载实验及 8 – 520 kN 转矩设备的加载试验。

二、成果内容

待改造的"1500 kV 减速机、电机交流传动试验站"于 2009 年投入使用，主要负责公司 JOY、EKF 采煤机摇臂、三机电机及部分国产化部件的加载测试。该设备自 2009 年投入使用以来，长期满载运转，设备各功能部件老化严重，且各电器元件均因升级改造而停产。同时，各电气元件已趋向使用临界点。在正常生产过程中由于控制程序和输出执行上产生匹配误差，时长导致承载能力变弱的 IGBT 板路被击穿；造成加载测试工作任务停

产。面对如此情境,遂决定对 500 kW 加载测试台电路、控制系统进行改造,具体做法如下:

拆解原来模块:替换现有的整流电路和逆变回路的 IGBT 组以及所属的集成控制板路,1SD418 更换为新的 IGBT 组和升级后的集成控制板路。

更换原有控制设备:保留现有的外围硬件(调压器、变压器、陪试电机、上位机),将整流电路、逆变回路、控制柜全部升级为现在通用的控制模块。

更换整体控制模式:对控制程序柜、电抗整流柜、逆变回路柜进行全部改造升级,重新设计核心硬件主控程序和上位机控制系统,结合先进的 ENTHERIP 协议及稳定的转频算法实现精准控制,增加 WIFI 无线温度、频率采集传感器,实时采集分析被测设备的运转数据,实现集数据分析、工矿模拟等多位一体的综合试验平台。

一种顶板水力压裂半径确定方法及施工工艺

张有志　丁国利　王治文　石超弘　姚　锐

中天合创葫芦素煤矿

一、成果特点

通过分组施工压裂孔、检验孔,经现场观测、窥视,较为直观地反映顶板水力压裂时的裂纹延伸长度,从而得到最佳压裂半径。该施工工艺简便、快捷,可根据顶板岩层结构变化随时优化压裂方案,确定出科学合理的施工参数,既可避免压裂半径过小造成的资源浪费,又可保证顶板弱化效果。

二、成果内容

编制施工方案,设置不同间距压裂孔、检验孔,如图 1 所示。对不同间距的压裂孔进行切缝、压裂,观测检验孔出水情况,并在压裂孔压裂前后对检验孔进行窥视,对比裂纹发育情况。通过观测检验孔出水效果、对比裂纹发育情况,选择合理的压裂半径,最终得出顶板水力压裂钻孔间距。工艺流程如图 2 所示。

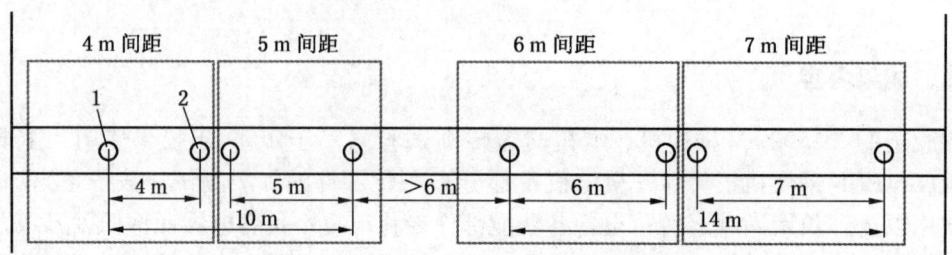

图 1　顶板水力压裂方案设计图

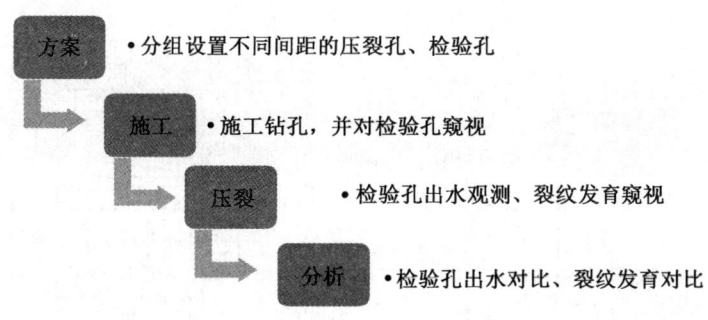

图2 工艺流程

关键技术：顶板水力定向切缝、压裂技术；不同地质条件对顶板水力压裂施工参数的要求不同是施工关键点；检验孔出水现象观测、裂纹发育对比是技术核心。

适用于冲击地压矿井气动架柱式卸压钻机升降液压支柱改造

刘晨阳　丁国利　石超弘　王治文　巴彦那木拉

中天合创葫芦素煤矿

一、成果特点

该成果应用后，主要采用外注式单体支柱结构，该结构简单，使用集注液升柱、超载溢流、卸载降柱于一体的三用阀作为其核心，虽容易磨损，但容易更换，当班损坏当班更换，不会影响生产，是原来卸压效率的2~3倍。

二、成果内容

内循环升降支柱工作液为液压油，回柱时油缸中液压油流回活柱内腔形成封闭式循环；不需要泵站和管路系统，配套设备少，但由于结构相对复杂，内部密封等配件较多（图1），出现磨损时需升井维修，严重影响生产。

外注式单体支柱结构简单（图2），三用阀是其核心部件，集注液升柱、超载溢流、卸载降柱于一体，虽然使用过程中三用阀相对容易损坏，但更换容易，不会影响生产。

关键技术和理论：将原有升降液压支柱更换为外注式单体支柱，加工配套抱箍和带颈法兰与原有上立柱连接，采用手压泵辅助升降。

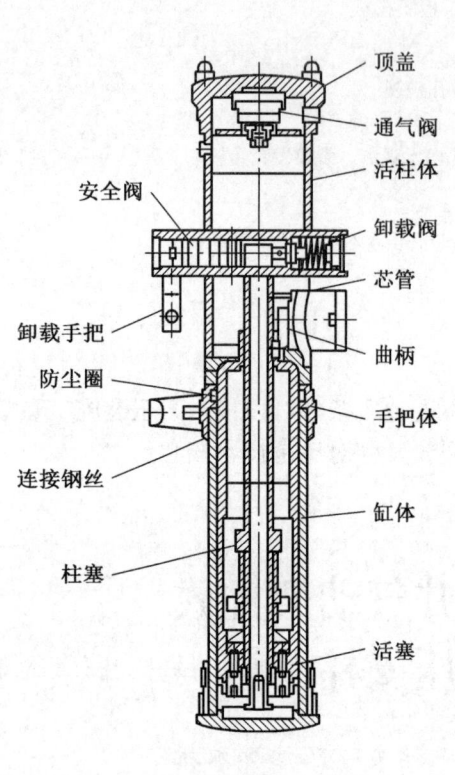
图 1 改造前钻机支柱结构

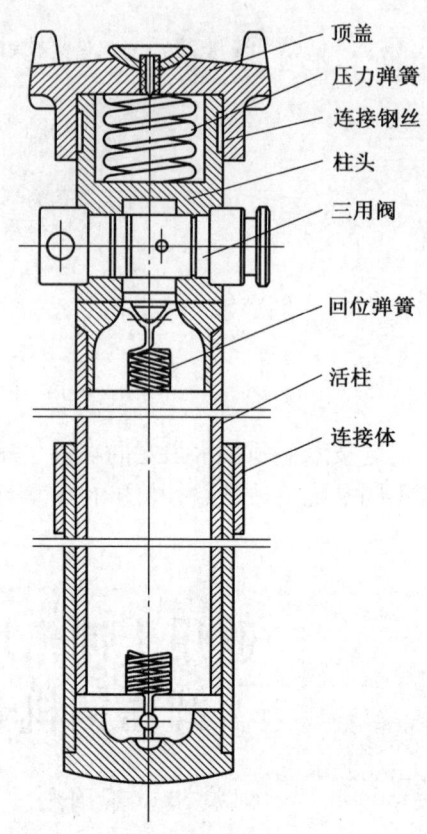
图 2 改造后钻机支柱结构

综采工作面两巷超高区域假顶施工新技术

刘永强 陈璞 李兵

中天合创葫芦素煤矿

一、成果特点

该成果针对过断层期间顶板冒落高度较高，回采时液压支架不能有效接假顶，通过对常用支护材料的截割、组装形成新的生根锚索，施工难度大大降低，解决了施工假顶时工期长，超高区域锚索施工安全风险较大、成本较高的问题。

二、成果内容

利用巷道超高区域掘进原有有效支护锚索，通过在其外露部分悬挂新锁具并将锁具预紧，将 40 t 链条和提前截割好尺寸的钢绞线吊挂在预紧的锁具上侧，形成新的假顶生根锚索，然后按照假顶施工正常程序挂钢梁、铺设钢筋网、架设道木等施工假顶。改进后的假顶施工方法，避免了在超高区域重新施工新锚索，既节约了成本，又缩短了假顶施工工期，同时规避了超高区域施工锚索带来的安全风险，为综采工作面顺利、安全、高效通过超高区域提供有力保障，确保安全生产（图1）。

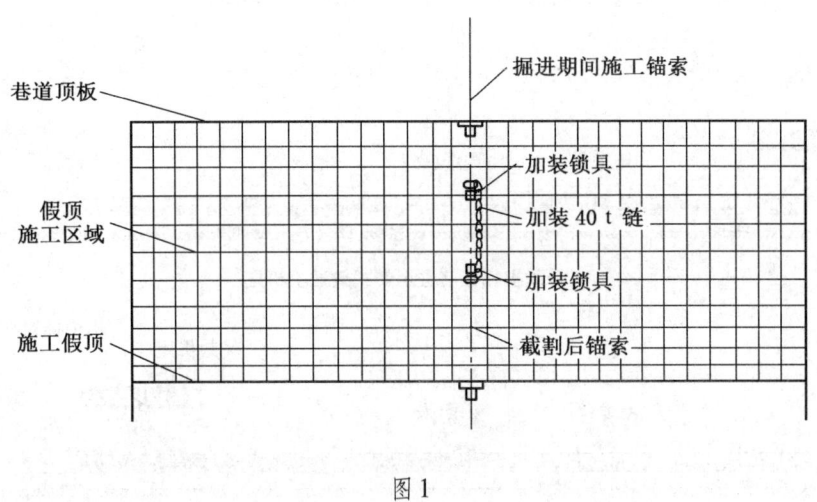

图1

掘锚工作面跟机电缆移动导向装置设计及应用

赵　辉　高剑峰　苏士杰　郝英豪

中天合创门克庆煤矿

一、成果特点

该装置由电缆导向槽、电缆槽托架及托缆装置三大部分组成，设计时借鉴了综采工作面采煤机电缆槽的运行方式，利用了电缆夹板的使用特点。该装置投入使用后，电缆夹板能够保护电缆避免磨损，同时可将风水管及信号线一并装入电缆夹板内，统一管理；电缆导向槽安装在巷道行人侧，无须专人看护，杜绝了电缆看护人员在里帮被掉道二运架挤伤的现象。

二、成果内容

该装置设计时主要参考综采工作面采煤机电缆槽运行方式，结合掘进工作面所使用的设备结构和跟机电缆走向布置特点。

从电缆储存架至转载机头之间的电缆套在专用铰接电缆夹里，并将电缆夹置于电缆槽内，使电缆在转载机前后移动过程中，始终在电缆槽内折叠定向滑移，以保护电缆不受损坏,如图1所示;电缆导向槽采用分组安装方式,分别安装在机尾刚性架人行道侧面,可根据工作面实际调整电缆导向槽长度,电缆槽外侧高度设计为320 mm,能够满足3层电缆夹板自由活动需求;电缆槽之间采用锚索进行连接,在遇到底板起伏变化时,能够利用锚索的柔韧性平稳过渡;因电缆夹板的最大弯曲弧度将近ϕ200 mm,所以拖缆装置主体采用ϕ240钢管进行加工,能够避免电缆夹板因弯曲过度导致损坏。

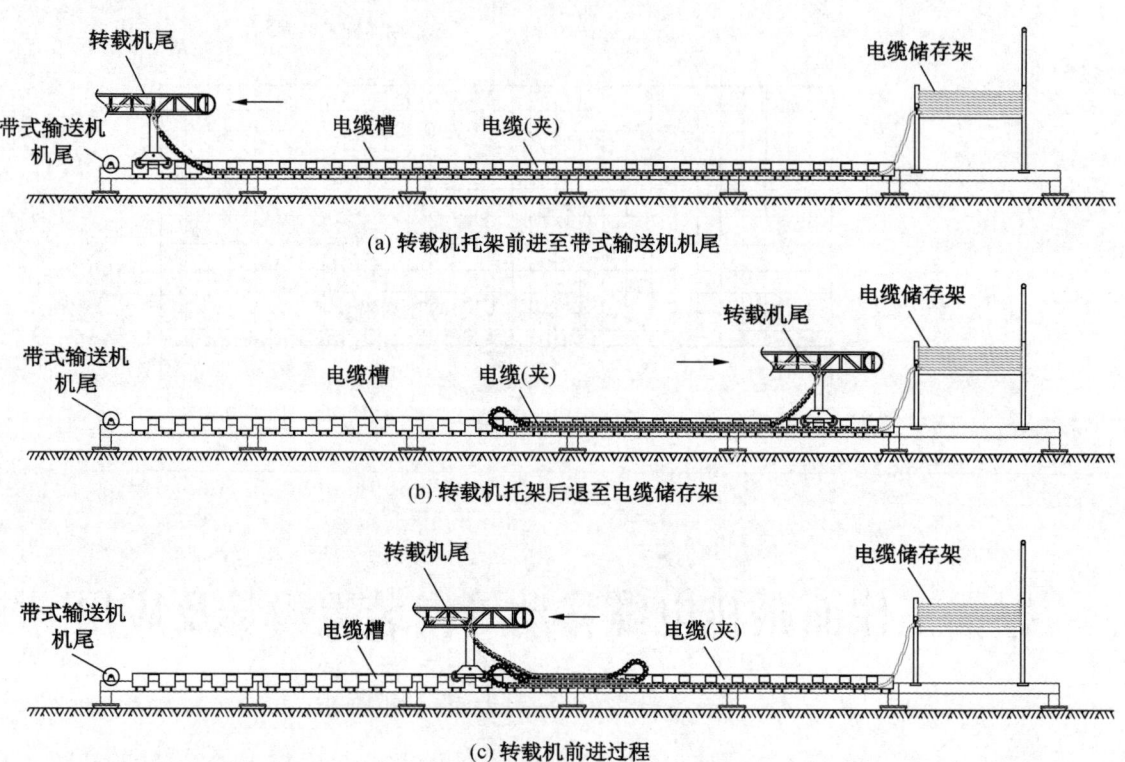

图1 跟机电缆导向装置工作原理图

煤矿井下应对顶板破碎支架倾斜的技术研究

苏正友 李建功 关昕宇 李 畅

同煤国电同忻煤矿有限公司

一、成果特点

本方法利用煤体加固剂、"工字钢"、千斤顶、单体、链子等材料,通过改变割煤工艺,用最短的时间处理了顶板破碎支架倾斜的问题,保证了工作面正常生产。

二、成果内容

1. 支架倾斜期间过破碎顶板方法

割煤前在顶板破碎区域提前注入煤体固化剂固化煤体。在顶板破碎区每隔 4 个支架打一个孔，使用专用空心麻花钻杆，开孔位置距支架顶梁下方 0.5 m，垂直煤壁向上呈 5°的仰角，孔深 10~12 m。注固化剂时必须由专业人员进行操作。

在工作面煤壁顶部穿钢丝形成人工假顶。钢针可使用麻花钻杆和圆钢两种。每个支架打 2 根钢针。

应采用单向割煤工艺，具体方法：机组由头部下尾时，遇全断面岩石时，拉回前输送机，机组通过后由尾部向头截割，将后滚筒摇起，用头滚筒先截割顶部，然后再截割底部岩石，防止上头时尾滚筒割下大块石头卡在机组与输送机间。采煤机割岩石时，必须用水管冲水，以防有火花引起煤尘燃烧和爆炸事故。

采煤机通过顶板破碎区域时，要控制好采煤机速度，要缓慢通过（按作业规程规定为 1~2 m/min）。

割煤时工作面中部底板高的区域往下刹底，工作面底板整体形成平缓坡。

移架时要滞后采煤机前滚筒 2 个支架并擦顶带压移架，移架后及时伸出伸缩梁和护帮板进行机道及时护顶；由于煤壁松软或片帮深，机道顶板超前暴露时，超前二次移架使前伸梁前端顶住煤帮，同时采煤机前滚筒降低不割顶煤。顶板完好区域，支架初撑力必须达到 25 MPa 以上，使支架有效支撑顶板。

拉支架时，必须保证支架前探梁仰起，不能出现栽头状态，否则必须采取爆破方法先处理顶板上的矸石再拉支架。

2. 处理支架倾斜技术方法

移支架要顺序逐一移设，移一架升一架，杜绝多架同时操作。移架之前，清理架前和架内的浮煤和碎矸，以免影响移架。同时还要检查管路有无被砸、被挤情况，防止胶管和接头损坏；检查各部位连接销子有无脱落、窜出、弯曲现象，并及时处理。

由于工作面顶板破碎，拉架工要做到带压移架，及时支护破碎顶板。但特别注意的是，割煤时沿煤层顶板割煤，底板要平缓过渡，尽量割平，每走一架，支架要垂直顶底板，并保持一定迎山角，每架支架必须达到初撑力。

第一架支架移架后，及时收回侧护板，向上位移大概 0.2~0.3 m，其他以此类推，目的是给支架倾斜之处腾出一定空隙，方便扶架。

处理支架倾斜时，先把支架降下 200 mm，在支架倾斜一侧的顶梁下分前后各支一根单体液压支柱，（支在底板和顶梁之间）把顶梁调平，然后适当降架，提起支架倾斜一侧底座，在底座下方垫入碎矸石或道木等物，最后升紧支架。若一次调不好，可进行多次。

处理支架倾斜时作业人员不少于 3 人，该支架下不准有行人，支柱时要选择支架的坚固可靠部位，防止损坏支架零部件或支柱滑脱伤人。

为了防止压死支架，在合理选择支架的前提下，必须控制采高，清扫杂物，加强顶板控制，直接顶容易破碎时，要注意及时支护。

用单体液压支柱调支架时，点柱底部要放在工作面牢固可靠的地方，点柱前头要顶在支架不宜损坏的位置，施工时，要采取面接触并垫好木板，以防支柱滑脱伤人，且支柱拴绳。支柱注液采用远距离操作，操作注液枪人员要站在能避开因支柱滑脱而可能造成伤害的地方。

调架时，多余人员站在该支架上下 10 m 以外的距离，防止蹦柱伤人，且必须有班组长现场指挥，由有经验的老工人操作。

调整支架倾斜、咬架时，需将千斤顶一端连接在相邻支架的起吊孔内，另一端连接在需调整支架的顶梁起吊孔内，需用 40 t 链条时，链子必须用 U 形环连接，U 形环必须用 40 t 溜子螺丝上好，螺母上全丝，必要时加备帽。链条、U 形环、螺丝不得有老伤、损坏现象。拉支架时，应掌握好降架高度，确保支架移架均匀可靠，首先供液试拉，链子稍一用劲，再仔细检查，确保无误后，再正式拉架。当支架带有防倒防滑装置时，可将防倒防滑千斤顶上齐，利用支架操纵阀操作。

综采工作面远端供液系统的升级改造

郭建军

同煤集团云冈矿

一、成果特点

既保证了供液的平稳顺畅，提高了供液的可靠性，又满足了液压支架的工作要求，确保了支架工作的流量需求，起到了事半功倍的效果。

二、成果内容

1. 基本原理

根据流体力学沿程压力损失计算公式 $\Delta P\lambda = \lambda L/d\rho v^2 /2$（$\lambda$ 为阻力系数，ρ 为流体密度，v 为管内平均流速），流体压力损失与沿途长度 L 成正比，与圆管直径 d 成反比，在实际工作中，巷道的既有长度 L 不会改变，只有采用增加管径可以减小沿程压力损失。

2. 关键技术

在工作面采用增加一趟高压管路，减少了支架供液沿程损失，使沿程压力损失减小为原来的一半。在远端出液口增加蓄能器，保证了供液的平稳顺畅，提高了供液的可靠性，满足了液压支架的工作要求。

云冈矿综采二队对 8615-1 工作面远端供液系统进行升级改造以来，大大改善了该面支架的供液质量，减小了供液压力损失，增加了供液流量，使用效果十分明显，工作面生产得以有序进行，做到了正规循环作业，采煤机割煤、拉架、推刮板输送机、放顶煤、拉后刮板输送机平行作业，也保证了支架支护质量，杜绝了顶板事故，改造后支架远端压力达到了 26 MPa，达到了支架要求的初撑力。

水泵提升滑移式天车装置

魏武奇

同煤集团塔山煤矿

一、成果特点

该装置操作方便，更换水泵不用装、卸车，方便快捷，省时省力，彻底解决了水泵维修和更换难的问题，缩短维修和更换的时间，节省了人力，安全可靠。

二、成果内容

"水泵提升滑移式天车"使用槽钢做成"7"字形主体框架，一端用锚杆固定在帮部或顶部，另一端通过支撑架与路面固定；在主架上平面框架内镶入使用轴承制作的跑车，跑车中部钢板上焊接手摇吊链，通过手摇吊链实现水泵的升降；在主架上合理布置定、动滑轮，通过拉绳牵引来实现水泵前后滑移；在主架上平面的侧面焊接6分钢管制作的拖缆和拖管装置，实现水泵、水泵排水管和水泵电缆的迅速提升及滑移（图1）。

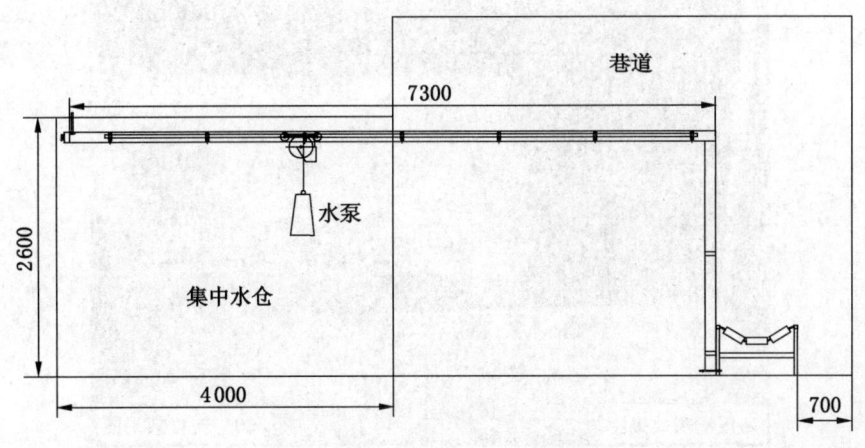

图1 巷道内安装示意图

多功能高压清洗机

马志平　张　辉　孙绪斌　郭帅帅　贺文波　周元飞

陕北矿业神南产业公司

一、成果特点

采用多功能高压清洗机占地面积小、工作环境好、安全性能高，无须专人清洗，解决了作业环境污染，工人作业劳动强度大，皮肤过敏、耗材浪费等问题，可满足最大直径为1.2 m、最小直径为100 mm的部件清洗。

二、成果内容

将原公司报废区域的一台搅拌机，进行配件拆解维修后再次利用；图纸设计制作一款立式封闭清洗柜尺寸（长×宽×高）为1400 mm×1400 mm×2100 mm，底部设计装有三级沉淀池；将设计制作的360°转盘安装到立式封闭清洗柜内部，并在柜体四周及上下内壁装设24个喷水头；将被清洗部件安放到360°转盘上，关闭防护门，启动主电机旋转，开启压力泵对部件全方位进行清洗；在防护门中间部位安装观察孔，可观察被清洗部件动态（图1）。

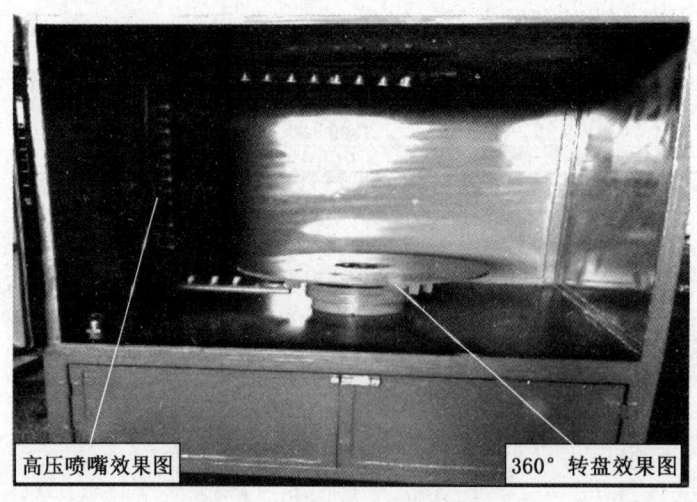

图1　多功能高压清洗机效果图

综采工作面回撤三角区掩护支架组研发

王进朝　　白来平　　杨晓斌　　马志强　　王　祥

陕北矿业神南产业公司

一、成果特点

综采工作面回撤三角区掩护支架组解决了三角区因空间狭小无法采用机械支护的难题。

二、成果内容

1. 基本原理

三角区域支架组的研制以满足综采工作面液压支架回撤端头顶板机械化支护要求及回撤作业工艺要求为目的，对三角区支架组与其他设备空间位置配套合理性、三角区支架组结构参数及结构布置等方面进行研究。

三角区掩护支架组通过两架底座之间的两根推移千斤顶连接，两台支架相互作用，每台支架分别以对方为支点，实现迈步式的自移方式。为了应对三角区复杂工况，支架配备相应的电液控制系统，采用远程无线控制方式，实现支架组机械化自移功能，既可避免反复使用绞车牵引等作业带来的安全风险，又能降低劳动强度。

2. 关键技术

支架组主要由一架两柱掩护式液压支架和一架四柱支撑式液压支架组成，前架采用 ZZ12000/29/45 型四柱支撑式液压支架，后架采用 ZZ12000/20/40 型两柱掩护式液压支架。

3. 工艺流程

回撤施工时，待回撤支架、专用掩护支架与垮落顶板相交区域形成三角区，将研发的掩护支架组布置于三角区处，支架组前架为四柱支撑式液压支架，后架为两柱掩护式液压支架，前后架通过底座之间的两根推移千斤顶连接，作业时，两台支架互为支点，实现迈步式的自移方式。

卸压钻孔专用封孔器

席国军　焦　彪　史星星　田晓兵　张怀忠

陕西彬长胡家河矿业有限公司

一、成果特点

本封孔器为半自动化封孔器，每次只需2人便可完成钻孔封孔工作，2人先对封孔材料进行搅拌后，1人操作封孔器，1人填入规定体积的封孔材料，每个钻孔需要3~5 min便可完成封孔工作。本封孔器适用于大直径卸压钻孔封孔作业。

二、成果内容

（1）因为施工大直径卸压孔的钻头直径为113 mm，成孔后钻孔直径约为115~120 mm，因此选用 ϕ108 钢管作为螺旋封孔器的外壳，一方面能够保证外壳与钻孔之间间隙达到最小，同时能够保证封孔材料输送通道的最大化。

（2）使用 ZQS-50/1.6S 气动手持式钻机为封孔器提供动力，通过计算，其最大输出功率1.6 kW、额定转速320 r/min 和最大扭矩50 N·m 等参数满足封孔要求。

（3）由于气动钻机正转方向为顺时针旋转，在顺时针旋转时能够发挥最大功效，因此螺旋叶片旋向为左旋，确保在顺时针的转动前提下将封孔材料连续送入钻孔内并进行挤压。

（4）将外径为90 mm 的左旋螺旋叶片装入钢管内，叶片中心安装 ϕ38 mm 专用轴，轴的一端通过轴承进行固定，减小摩擦力，提高封孔器输出功率，同时轴端伸出轴承盖外，与气动钻机相连接，另一端呈半自由状态，可自由旋转，不安装轴承。

（5）在动力输入侧的外壳上开口并安装料斗，封孔材料可通过料斗进入封孔器内。

（6）风动钻机与轴承盖之间通过4根 M10 mm 螺丝连接，可拆除进行维修、更换。

（7）轴承盖与外壳通过 ϕ108 法兰盘进行连接，可拆卸。

（8）由于大直径卸压孔封孔深度设计为3 m，因此在第一次使用螺旋封孔器进行封孔时，需要将钻孔3 m 处使用编织袋等材料进行封堵，然后填入封孔材料，确认3 m 钻孔封堵完毕后统计填入材料体积。

（9）正常封孔时，只需要填入规定体积的封孔材料即可，并缓慢将封孔器抽出，同时将孔口抹平便完成钻孔封孔工作。

托盘一次冲压成型工艺

王乐钊 黄海龙 弥宏刚

陕西陕煤彬长矿业有限公司生产服务中心

一、成果特点

在进行托盘冲压时,将冲头设计成带有圆弧度的冲头,可实现冲压挤一次完成,既节省了专用钻孔工序,又可使效率加倍提升,产品质量更是大幅提升。

二、成果内容

托盘成型一次冲压要实现托盘中心孔的冲剪、托盘加强筋弧面的冷压,以及中心圆弧孔的冷挤压。所以实现该成果的关键是冲头的尺寸控制及不同工序的安排。

(1) 根据调心圆弧接触面尺寸,计算所需的挤压力(图1)。根据挤压力的经验计算公式,可以初步计算挤压成型所需要的压力约 300 t。另外大托盘冲孔冲压成型所需压力约 400 t,目前的压力机设计为 500 t,则满足一次冲压成型的需要。故在当前压力机下通过设计冲头磨具可实现圆弧成型需要。

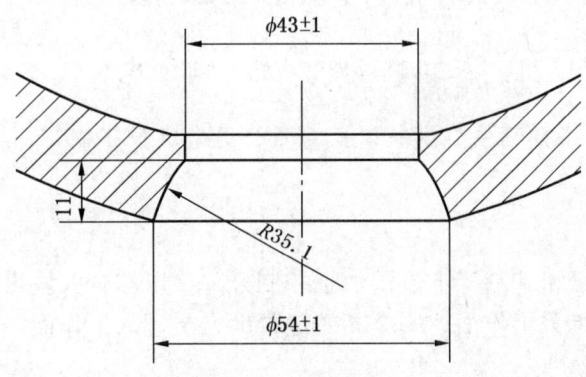

图 1 调心圆弧接触面尺寸

(2) 通过 CAD 模拟冲孔、成型、挤压所需的冲头尺寸。通过 CAD 冲压模拟,设计冲头尺寸及形状(图2)。

(3) 通过冲头在下压过程中的模拟,我们设计预留合适的弹性变形尺寸,得出在保证托盘尺寸的前提下冲头的最终设计尺寸如图3所示。

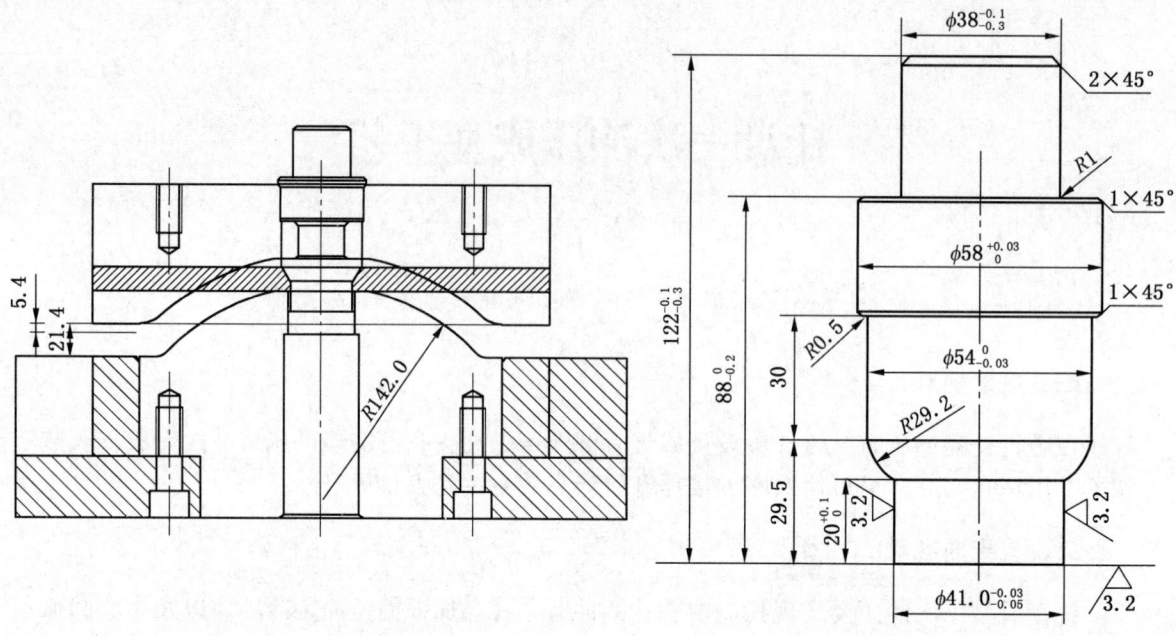

图2 冲头尺寸及形状　　　　图3 冲头的最终设计尺寸

升降人行过桥

王瑞鹏　张　龙　刘彬虎

陕西陕煤彬长矿业有限公司生产服务中心

一、成果特点

本成果安装在转载机卸料槽上，用油缸控制升降，以减少大块煤的冲击并提高人员安全系数，适用于矿井综采工作面，安全高效地帮助人员进入工作面。

二、成果内容

本成果主要由升降踏板、折叠式扶手、扶梯、升降油缸和液压系统组成，所有部件可通过螺栓连接安装在转载机卸料槽上，便于拆装。人行过桥安装在卸料槽上方，可以通过阀组控制升降，过桥降下，作业人员可通过过桥进入工作面；过桥升起，禁止作业人员跨过正在运行的转载机，并且可以避免大块煤对过桥的冲击。

本成果在设计时，对转载机卸料槽挡板重新设计加工，加工出过桥的安装固定位置，过桥可用螺栓固定在挡板上，便于拆卸维护。采用四根伸缩油缸，可控制过桥的升降，禁止作业人员跨过正在运行的转载机，并且可以避免大块煤对过桥的冲击。

112202 回风巷二次动压围岩控制技术

陈 真

渝北小保当一号煤矿

一、成果特点

本成果可控制顶板下沉及两帮变形量,并为综采后期推采提供有利条件,为人员作业提供安全保障。该成果主要应用于加强支护,控制围岩变形。

二、成果内容

112202 回风巷变形破坏严重、塑性区大、围岩破碎、整体移动,岩体处于峰后承载能力弱,需要采取针对性措施:提高锚固深度(深生根),提高护表能力(强护表),形成特殊稳定结构(能自稳),提高预紧力(大预紧),故对 112202 回风巷进行补强支护。

顶板采用锚索梁支护,有强度、有刚度,与超前架配合形成梁结构,楔形深入煤体 1.5 m,分散应力,自稳;回采帮采用高强防退丝玻璃钢锚杆+抗撕裂塑料钢带补强,大锚固深度、大扭矩、全长锚、密支护,构成护表结构,特别强调整体性;煤柱帮进行锚索梁加固;回采帮安设贴帮木点柱。

梭车与破碎机联动技术

张斌权 席义苗 程伟鹏 马元元

渝北小保当一号煤矿

一、成果特点

本成果简化了连采工作面破碎机的操作流程,减少破碎机输送机链条的磨损和电能消耗,为煤矿的井下工作面管理提供了方便,为煤矿的高效生产提供了有效可行的新方法。同时减少了破碎滚筒噪声对操作人员的健康损害,从而改善了现场的工作环境。

二、成果内容

1. 电控系统结构设计

梭车和破碎机之间增加无线通信,梭车上安装一个无线信号发射器,给料破碎机上安装一个无线信号接收器。接收器通过检测发射器的信号检测梭车和破碎机之间的距离,当距离到达设定范围,无线信号接收器发出一个信号给电控箱内的PLC;给料破碎机上增加声光语音报警装置,在破碎机启动时发出语音报警;给料破碎机内部增加电源模块、电磁阀驱动板、声光语音报警装置驱动板等。系统结构如图1所示。

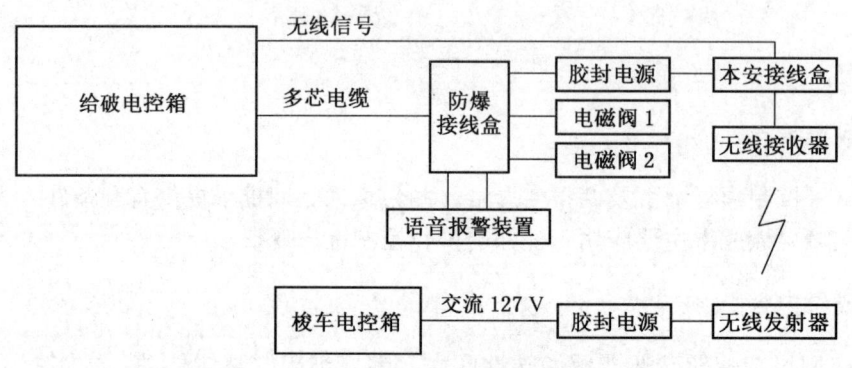

图1 系统结构框图

2. 系统软件设计

采用西门子S7-200可编程控制器,采用梯形图的编程方式,主要由初始化模块、保护模块、工作循环控制模块组成,系统控制流程如图2所示。当初始化任务完成后,系统对保护进行检测。在自动工作模式下,控制器一直在检测自动启动信号,检测到启动信号后,灯光语音报警装置发出"破碎机启动请注意"的警告,报警持续3.5 s后破碎滚筒运行,同时灯光报警装置开始"红灯闪烁",破碎滚筒运行后输送机立即启动,延时3 min后输送机停止,等待下一次启动信号的到来再次启动,如果启动信号20 min后还没有到来,破碎滚筒也停止,需要等待下一次启动信号到来再次启动。

3. 液压系统设计

液压系统改造:在原系统基础上,增加两组输送机电磁控制阀和高压球阀以及相对应的管路接口、胶管等,使输送马达可实现手动、自动控制,行走马达则仍为手动控制方式。

4. 电控系统改造

梭车上安装无线信号发射器;给料破碎机上安装无线信号接收器,增加声光语音报警装置,内部增加电源模块、电磁阀驱动板、声光语音报警装置驱动板等。

给料破碎机自动控制改造完成后,实现了给料破碎机的远程自动、现场电液自动和就地手动三种操作方式,既保证了生产设备的可靠运行,又实现了给料破碎机的自动起、停控制,减少了破碎机的空载运行时间,改善了现场工作环境。

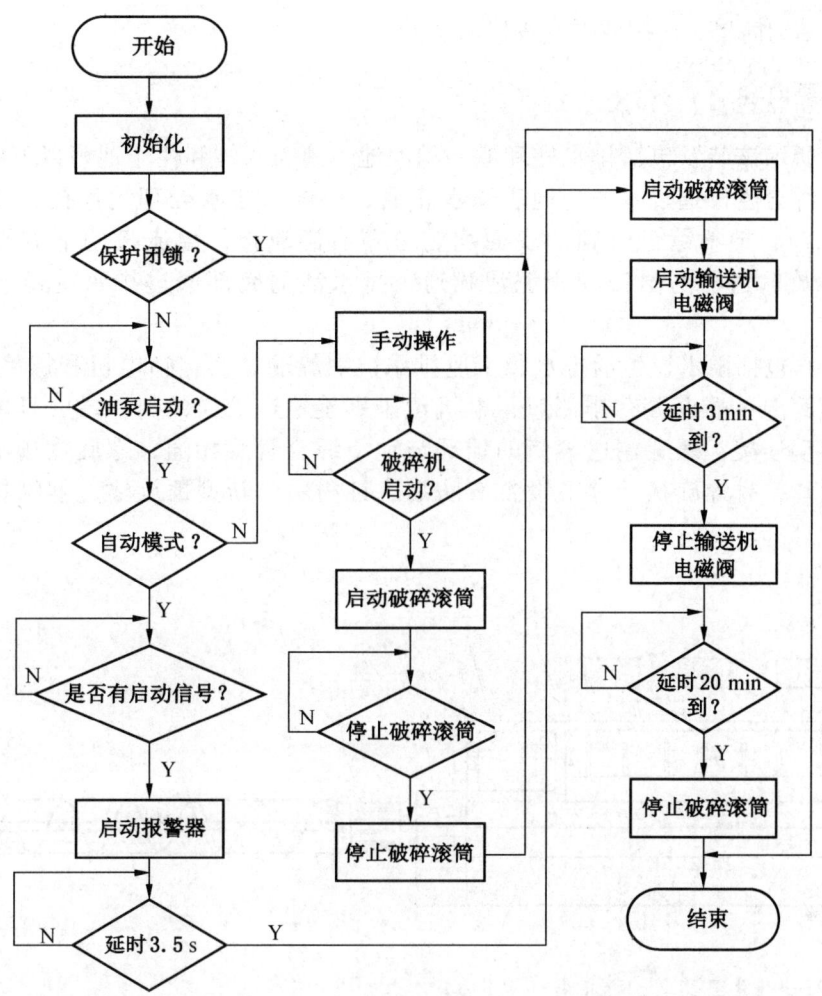

图2 控制流程图

煤矿地下巷道排水应急装置

黄 帅 刘英杰 齐庆杰 赵尤信

煤炭科学研究总院

一、成果特点

在降雨量较大的季节,含有泥沙的积水通过立井和斜井进入地下巷道,在溢流板的作用下,质量较大的泥沙积落在地下巷道的底部,在螺旋输送器的作用下将泥沙输送至积泥池进行处理,排水则通过地下巷道进入排水处理池进行处理,最后通过排水管道通入地表水体，具有结构简单、使用效果好等优点。

二、成果内容

如图1所示该装置包括排水处理池、积泥池、地表水体和位于地表以下的地下综合管廊，地下综合管廊通过水井与地表积水相通，一端与排水处理池连接，排水处理池设置有排水池，地下综合管廊的底面均匀分布有溢流板，溢流板的下方设置有螺旋输送器，螺旋输送器的出口与积泥池相通，排水池的底部通过排水管道与地表水体连接。

地表积水包括雨水、生活排水和工业排水；螺旋输送器包括电机和螺旋输送滚筒，螺旋输送滚筒的一端设置有排泥口，电机位于螺旋输送滚筒的另一端，且电机与螺旋输送滚筒传动连接；螺旋输送滚筒的顶部与地下综合管廊相通；螺旋输送滚筒上设置有螺旋状叶片，且螺旋状叶片上设置有防耐腐蚀材料。新型螺旋输送器结构示意图如图2所示。

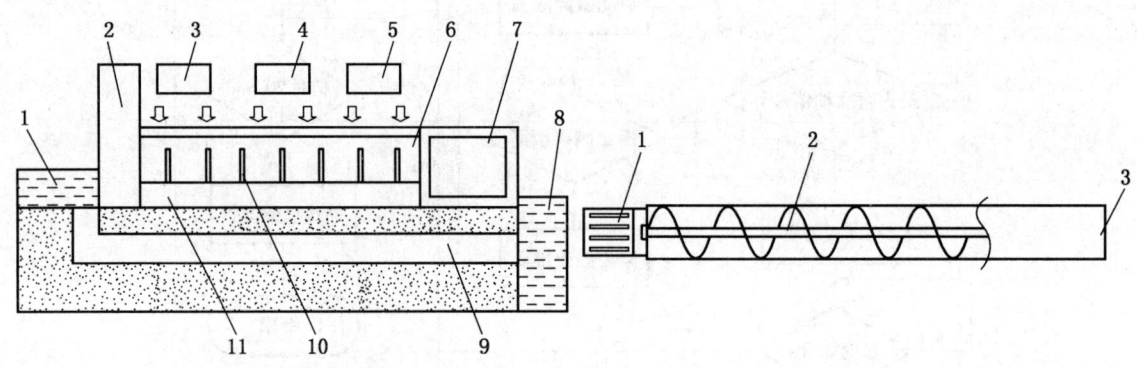

1—排水池；2—排水处理池；3—雨水；4—生活排水；
5—工业排水；6—地下巷道；7—积泥池；8—地表水体；
9—排水管道；10—溢流板；11—螺旋输送器

图1 煤矿地下巷道排水应急装置

1—电机；2—螺旋输送滚筒；3—排泥口

图2 新型螺旋输送器结构示意图

该装置主要用于地下巷道，通过将积水中的泥沙进行高效分离，从而提高了积水在地下综合管廊中的流通性，有效地防止的堵塞，提高排水系统的工作效率。工作时，在降雨量较大的季节，含有泥沙的积水通过水井进入地下综合管廊，在溢流板的作用下，质量较大的泥沙积落在地下综合管廊的底部，在螺旋输送器的作用下泥沙输送至积泥池进行处理，排水则通过地下综合管廊进入排水处理池进行处理，最后通过排水管道通入地表水体，具有结构简单、使用效果好等优点。

一种煤矿矿井开裂加固的低碳高性能注浆材料生产技术

黄　帅　齐庆杰　刘英杰　赵尤信

煤炭科学研究总院

一、成果特点

以固废基中钙体系胶凝材料和尾矿砂石、废弃石粉为物质基础，兼顾紧密堆积与拌合物流动性，通过颗粒级配一体化设计理论，实现绿色高性能加固材料的科学制备；采用内－外协同养护技术，解决了绿色高性能加固材料水化进程缓慢而需要高效养护的问题，在加固材料中固废用量可达到80%以上的同时，保证低碳高性能注浆材料具备优异的性能。

二、成果内容

在由94%矿渣粉（比表面积为530 m^2/kg）、1%熟料（比表面积为420 m^2/kg）和5%脱硫石膏（比表面积为320 m^2/kg）组成的极低水泥熟料胶凝材料的基础上，采用标准胶砂试验，研究了钢尾渣（比表面积为550 m^2/kg）取代矿渣粉对抗折、抗压强度影响，试验配方设计见表1，所对应的抗压强度如图1所示。

表1　钢尾渣取代矿渣对胶砂试块强度影响试验配方　　　　　　　　　%

编号	钢尾渣取代量	原料				PC减水剂（外掺）	水胶比
		钢尾渣	矿渣粉	熟料	脱硫石膏		
5B1	0	0	94	1	5	0.3	0.33
5B2	5.3	5	89	1	5	0.3	0.33
5B3	10.6	10	84	1	5	0.3	0.33
5B4	16.0	15	79	1	5	0.3	0.33
5B5	21.3	20	74	1	5	0.3	0.33
5B6	26.6	25	69	1	5	0.3	0.33
5B7	31.9	30	64	1	5	0.3	0.33

从图1可知，抗压强度随着钢尾渣取代量增大呈现出先增大减小的变化趋势，当钢尾渣粉取代矿渣5.3%时，胶凝材料各龄期的抗压强度达到最大值，3天、7天、28天的抗压强度分别为23.0 MPa、34.0 MPa和50.3 MPa。

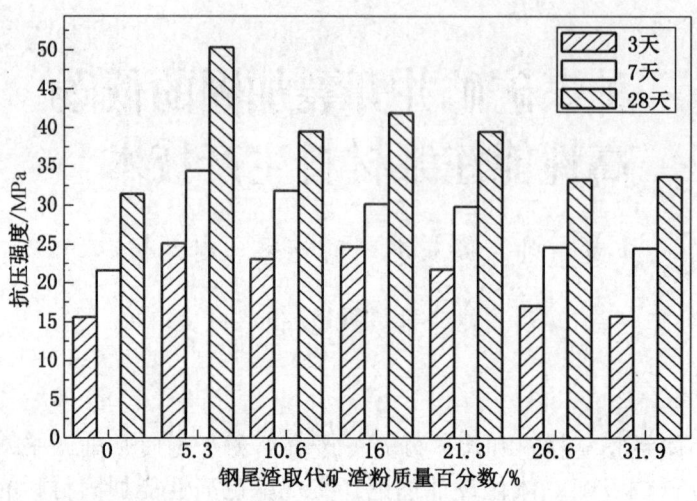

图1 钢尾渣粉取代量对抗压强度的影响

通过胶凝材料的多因素综合优化,优选出的极低水泥熟料全尾矿废石骨料低碳高性能注浆材料专用胶凝材料,原材料的配比见表2。

表2 极低水泥熟料全尾矿废石骨料低碳高性能注浆材料专用胶凝材料制备方案

原料	钢尾渣粉	矿渣粉	熟料	脱硫石膏
掺量/%	5	83	1	11
比表面积/($m^2 \cdot kg^{-1}$)	550	530	420	320

采用表2中的极低水泥熟料胶凝材料制备了全尾矿废石骨料低碳高性能注浆材料。试验研究了极低水泥熟料低碳高性能注浆材料胶凝材料用量对其抗压强度影响。极低水泥熟料低碳高性能注浆材料用量分别为 350.0 kg/m^3、379.2 kg/m^3、408.4 kg/m^3、437.1 kg/m^3,低碳高性能注浆材料配合比设计见表3。采用极低水泥熟料全尾矿废石骨料低碳高性能注浆材料专用胶凝材料制备的低碳高性能注浆材料取代量对抗压强度的影响如图2所示。

表3 极低水泥熟料全尾矿废石骨料低碳高性能注浆材料配合比设计

编号	水胶比	胶凝材料	水	尾矿中砂	废石粗骨料		
					4.75~9.5 mm	9.5~16 mm	16~19 mm
5G1	0.60	350.0	210	847.6	552.2	562.9	218.7
5G2	0.53	379.2	200	847.6	552.2	562.9	218.7

表3（续）

编号	水胶比	胶凝材料	水	尾矿中砂	废石粗骨料		
					4.75~9.5 mm	9.5~16 mm	16~19 mm
5G3	0.47	408.4	190	847.6	552.2	562.9	218.7
5G4	0.41	437.6	180	847.6	552.2	562.9	218.7

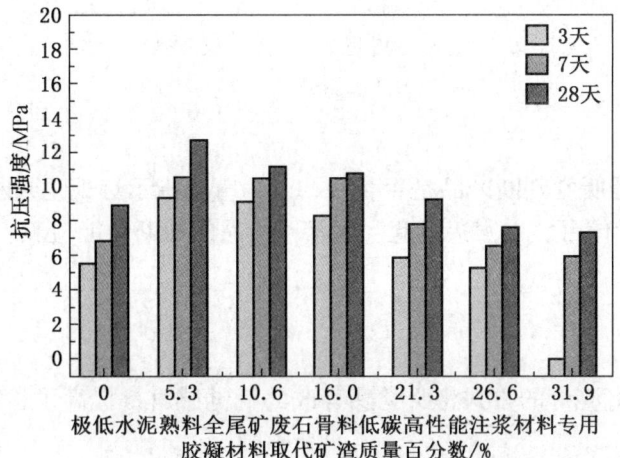

图2 极低水泥熟料全尾矿废石骨料低碳高性能注浆材料
专用胶凝材料取代量对抗压强度的影响

由图3可知，极低水泥熟料全尾矿废石骨料低碳高性能注浆材料3天、28天抗压强度随着胶凝材料用量的增大而增大。在配合比中，胶凝材料用量为408.4 kg/m³时，3天抗压强度分别为23.2 MPa、28天抗压强度为43.4 MPa，这时低碳高性能注浆材料的废弃物占99.84%，而水泥熟料只占0.16%。极低水泥熟料低碳高性能注浆材料的研制成功有助于进一步减少水泥熟料及胶凝材料的用量，制备全尾矿废石骨料低碳高性能注浆材料更加可行。

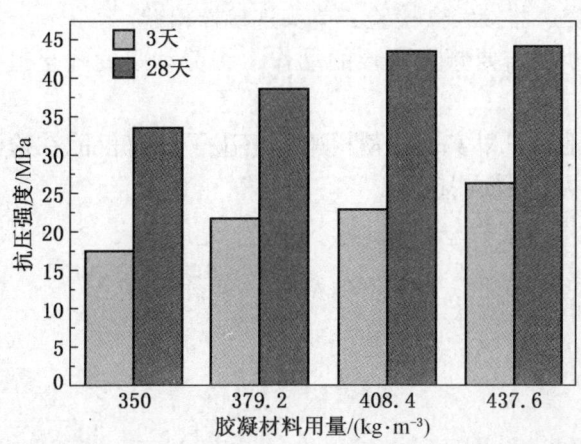

图3 胶凝材料用量对极低水泥熟料低碳高性能注浆材料抗压强度影响

· 195 ·

TH24 操作台性能检验工装

周帅杰　刘志新

北京天地玛珂电液控制系统有限公司

一、成果特点

由原来靠蜂鸣器听觉判断产品是否合格，改为直观指示灯视觉判断产品是否合格。本成果适用于 TH24 操作台、本安接线盒、连接器产品的通断性能检验。

二、成果内容

1. 实施方案

（1）利用指示灯亮灯的方式将听觉感官改为视觉感官，提高了检验人员的反应速度，增加了检验准确率。

（2）将对应按钮的线序标注于壳体上，无须接线图纸引导即可直观地通过显示按钮对应的指示灯进行判定。

（3）内部加装电池，提高测试工装的移动便利性，实现随时随地可进行产品检验，提高便携性。

（4）将三组端子集成到工装上面，制作快插接线端子实现一次插接即可完成 34 个端子测试。

2. 主要涉及指标及应用前后指标对比

（1）改善前检验时间为 128 s，改善后检验时间为 66 s，检验效率提升了 51%。

（2）用指示灯亮灯的方式检验接线线序是否正确和导通的检验方式还拓展应用到了其他产品上，如用于变送器接线盒检验、单头连接器检验。

（3）彻底解决了员工需要频繁弯腰的动作，将劳动强度降至最低，保障了员工的身体健康。

（4）内部加装电池后可以实现移动检验，解决了原有仅能在检测工位固定检测的问题，在任何工位均可以实现性能检验。

KJJ18 系列接入器综合测试装置

周帅杰　武士夺

北京天地玛珂电液控制系统有限公司

一、成果特点

根据设定程序可一键实现 6 个通道间的自动切换与测试；通过集成摄像仪和 26 功能控制器于工装内部，减少了外接线；各工装采用铜头快插方式，实现接入器绝缘耐压及性能检验的快速装夹。本成果主要适用于 KJJ18 系列二代 3C、三代（2T、2F、FT）等型号接入器的出厂检验工作。

二、成果内容

（1）制作性能检验工装，将检验所配套的 3 件本安摄像仪、2 件 26 功能控制器集成在绝缘盒内，减少外部接线，避免检验现场接线混乱。

（2）制作绝缘耐压快插测试工装，将二代接入器及三代接入器的绝缘耐压性能均集成到一个绝缘工装内，并将接线端引出，避免人员直接接触被测物。

（3）采购安规综合分析仪实现绝缘耐压本安与本安多通道间频繁切换检验。

（4）定制 26 功能控制器 CAN 通信测试程序，使用指示灯和蜂鸣器判断通信是否合格。

安规综合分析仪解决了公司电控产品绝缘耐压测试涉及多通道间频繁切换检验现象；将检验过程所需的电控成品采用电路板模块集成与定制化的方式也开拓了创新思路，此改善方案已经应用到研制无线接收器、遥控发射器、测高传感器的检测工装上。

薄煤层底板钻孔施工机具及注水软化

雷　顺　段红民　胡　滨　韩　雷　睢佩斯

中煤科工开采研究院有限公司

一、成果特点

本成果应用环境为综合机械化采煤工作面，煤层厚度为 1~1.5 m，底板岩石厚度为 0.3~1 m，底板岩性以砂质泥岩为主，连接压风和水管路等。应用范围：薄煤层综采工作面两巷道工作面方向底板岩石。

二、成果内容

本成果以神木市新窑煤业有限公司24307综采工作面为设备改造、技术革新对象，通过现场底板强度测试、打钻设备设施改造、现场注水软化实践及现场监测等方法，针对24307综采工作面回采期间薄煤层底板岩石强度大，在现场进行了钻机改造并采用封孔注水工艺达到了对薄煤层底板泥岩进行松动弱化的效果。

1. 对气动锚杆机的改造

对现有气动锚杆机进行改造利用，改进钻机整体结构如图1所示，支腿倒置外接KJ19变DN19三通作为钻机推进装置；钻机平台制作由角钢焊接架、拖板、轴承座、可伸缩支撑腿等部分组成。动力头固定在拖板上，其功能是将风能转换成往复运动的机械能，带动拖板、轴承座及动力头沿导轨做往复运动；钻具由钻杆、水套、搅拌套、钻头组成。

2. 薄煤层底板钻孔施工及注水软化工艺

首先根据薄煤层综采工作面推进速度、液压支架受力状态及预测支撑压力分布范围，明确钻孔施工位置；其次综合打钻高度、水平度、俯仰角等参数调整钻机平台方位；为了使水压预裂效果达到预期效果，保证预裂网舒展范围，在预裂孔5 m位置平行打一个45 m监测钻孔，在水压预裂钻孔保压过程中，检测到钻孔出水时表明预裂钻孔达到预期效果；最后确定钻孔软化时间及区域。本成果工艺流程如图2所示。

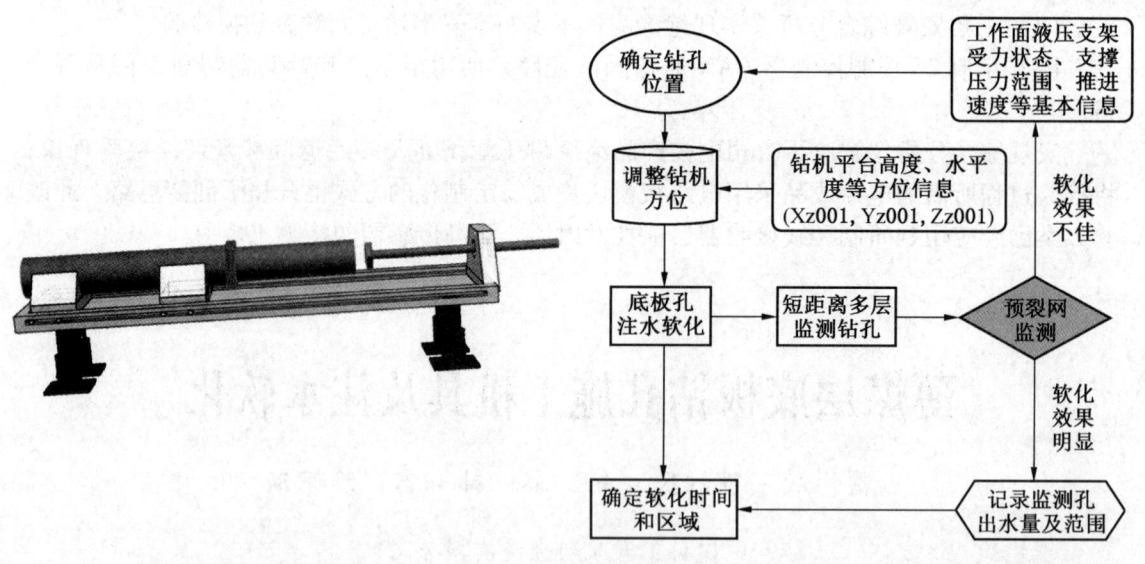

图1　改进钻机整体结构图　　图2　薄煤层底板钻孔施工及注水软化工艺流程

3. 具体钻孔施工方案

钻孔间距：设计水压预裂钻孔裂隙网有效半径约5 m，预裂孔间距设计为10 m；钻孔位置：钻孔布置在距煤层200 mm，平行于工作面布置底板预裂钻孔；钻孔数量：钻孔区域共布置钻孔 87 个、监测钻孔 86 个；预裂钻孔设计长度：预裂钻孔 5220 m，监测钻孔 3870 m，钻孔长度共计 9090 m；单孔预裂压力：单孔预裂压力控制在 4~8 MPa；单孔保压时间：20~30 min。

大倾角综采工作面支架防倒自制底靴及配套改进创新应用

刘少杰　张秀林　袁月清　李新文　孙章应

潞安化工集团余吾煤业有限责任公司

一、成果特点

在支架底座低侧方向安装防倒靴，减缓支架倾斜角度，防止支架回采过程中歪斜、倒架，为大倾角工作面回采提供了实际参考。

二、成果内容

在液压支架底座下坡侧安装支架靴，防止支架回采过程中歪斜、倒架，从而既能消除摆架带来的不安全因素又能保证高效快速推进，为大倾角工作面回采提供了实际参考，提升生产效率30%。

由于安装了防倒靴，支架扶正后与倾斜的前部刮板输送机中部槽不在一条直线上，前部刮板输送机中部槽与支架用扭10°的8字前部刮板输送机中部槽连接头进行硬连接，减少因承受额外扭力导致的连接头损坏。在拉后部刮板输送机中部槽单耳连接头和后部刮板输送机中部槽连接耳中间设计安装自制的十字万向连接头，避免在井下实际生产过程中因拉后部刮板输送机中部槽顶与拉后部刮板输送机中部槽单耳连接卡不在一条直线上导致的单耳连接卡被撕裂。

在工作面推进过程中，部分支架段因地质条件变化，坡度变缓，为简化生产、检修工艺，设计安装机头方向底靴，实时调整支架倾斜角度，保障了安全、高效回采。由于安装局限，底靴长度设计为 400 mm×1200 mm 长，防止支架往机头方向倒架，机头方向底靴前部与支架底座包裹，通过 1 条 $\phi 42$ 螺栓与支架龙门固定、2 条 $\phi 30$ 螺栓与支架底座进行固定。

本成果的工艺流程为焊接→安装→调试→应用→回收再利用。

设备列车阻车器设计与应用

周 朋　张佳飞　李小根　李 鹏　张 浩

淮河能源西部煤电集团色连二矿

一、成果特点

工作面设备列车使用该阻车器后,阻车器能够随设备列车同步移动,在线发挥阻车作用,作业人员拉移设备列车时无须拆装阻车器,不仅提高了拉移作业效率,减少了拉移设备列车工序,而且极大地提高了作业环境的安全系数。该装置设计巧妙、加工制造成本低、装卸方便、在线阻车效果明显、易于推广。

二、成果内容

1. 基本原理

本成果设计制作了设备列车防跑车阻车器,该装置通过销轴安装在列车连接头上,支撑件无须拆卸,可以绕销轴转动,拉移时跟随列车一起移动,可自动跨过钢枕,移动方向无阻力移动,能够随设备列车向前移动无间断全天候发挥反向支撑阻车作用,防止设备列车因抱闸系统损坏、巷道倾角增加、连接保护绳断、连杆及销子折断而发生的跑车事故,提高了作业环境的安全系数。

2. 关键技术

该装置关键部件由连接件、支撑件及连接销轴 3 部分组成,其中连接件由两块尺寸为 170 mm×200 mm×20 mm、一块尺寸为 170 mm×450 mm×20 mm、一块尺寸为 30 mm×130 mm×2 mm 的铁板焊接而成;支撑件由 3 根长为 400 mm 的 11 号工字钢焊接而成;连接销轴尺寸规格为 $\phi 50$ mm×200 mm。

3. 工艺流程

该成果从设计制作到应用分为地质资料调研、阻车器设计、阻车器制作、阻车器现场组装、阻车器设计在线应用共计 5 个部分。

地质资料调研:主要确定设备列车或轨道运输设备重量、巷道倾角及沿巷道切向分力大小等参数,为阻车器设计尺寸、材质选择、支撑力及数量提供依据。

阻车器设计:根据煤矿轨道运输矿车使用情况,确定阻车器各个部件的尺寸参数,利用 CAD 软件制作阻车器各个构件三视图,利用 solidwords 软件制作阻车器各个构件三视图。

阻车器制作:本阻车器由连接件、支撑件及连接销轴 3 部分组成,其中连接件由 4 块铁板焊接而成;支撑件由 3 根 11 号工字钢焊接而成;连接销轴尺寸规格为 $\phi 50$ mm×200 mm。

阻车器现场组装:首先将连接件与设备列车平板车连杆一起固定到设备列车平板车

上，其次采用销轴将支撑件与连接件固定在一起，支撑件能够通过销轴旋转支撑地面，实现反向阻车，同向无须拆卸向前随设备列车移动。

阻车器在线应用：阻车器安装好后，当上山拉移设备列车发生跑车时，本装置支撑件着地端受力给列车盘施以反向力阻止继续跑车。如果跑车严重时列车向后运动距离大时（最大约 60 cm），支撑件着地端就会触碰轨道枕铁上，其反向力就会相应增大从而阻止列车后移。

带式输送机马蹄儿可调式防洒煤装置

张佳飞　周　朋　李　振　李小根　李　各

淮河能源西部煤电集团色连二矿

一、成果特点

回煤罩燕尾板通过两根调节杆进行支撑，调节杆上有销轴孔，通过用销轴穿不同销轴孔可实现调节杆伸入回煤罩的长度，进而实现燕尾板回转角度的调整，操作简答，稳定可靠，能够将转载机头落煤调整至输送带中央。燕尾板上挡煤皮能够紧贴输送带，防止货量较大时，上输送带煤撒向底输送带，减小断带、撕带事故概率。回煤罩前方焊制两块挡煤板，两块挡煤板前部距离窄、后部距离宽，能够将落煤点落下的煤二次调整到输送带中央，防止洒货。回煤罩上部盖板为半圆弧形，能够有效防止堆货卡链条事故发生，行人侧具有护网，安装拆除方便，能够有效增大作业环境安全系数。

二、成果内容

1. 基本原理

对现有马蹄儿防洒煤装置进行综合改造，所设计的回煤罩具有两片可调节燕尾板，通过调节杆能够改变燕尾板角度，进而能够将转载机卸载滚筒出来的煤调整至输送带中间，防止货量较大时发生跑偏；改造后的回煤罩上盖板具有半圆弧形结构，当货量大时，货物能够通过圆弧形上盖板溢出，杜绝转载机头囤货压链事故；带式输送机尾设计焊制两片成锥形的缩口挡煤板，能够对转载机落下的货进行二次调整，将货物二次调整聚集到输送带中央，减少洒货量；在转载机头压块与燕尾处设置的两块挡煤皮，能够防止货量大时，煤泥、矸石块进入机尾压带滚筒，减少操作人员清理换向滚筒的煤泥工作强度，降低带式输送机因滚筒直径变大出现断带撕带概率；在马蹄儿上焊制了护巷，能够防止煤矸石块意外飞出时砸伤操作人员，提高作业环境的安全系数（图1）。

2. 关键技术

关键设备为转载机回煤罩及马蹄儿行人侧护网，具体包括回煤罩燕尾板、回煤罩燕尾板调节杆、回煤罩上盖板半圆弧形结构、带式输送机机尾锥形缩口挡煤板、回煤罩燕尾处挡煤皮。

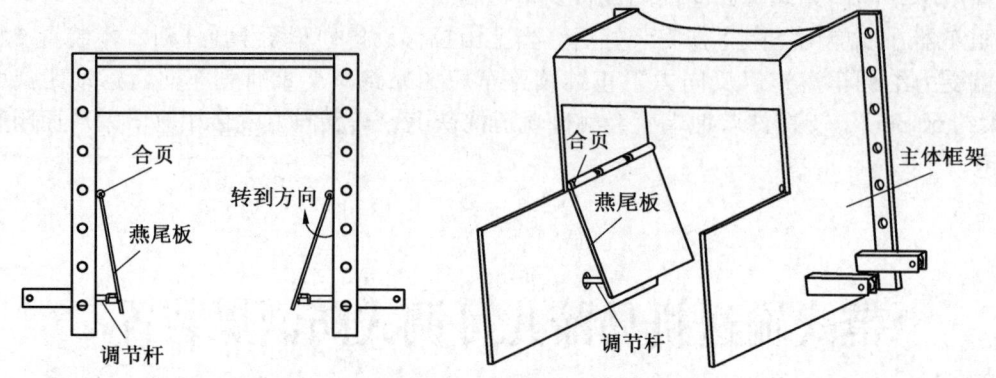

图 1　转载机回煤罩三维图

3. 工艺流程

（1）马蹄儿回风罩尺寸测量。确定马蹄儿大小，燕尾板大小，连接杆材质等参数。

（2）马蹄儿回煤罩图纸制作。采用 CAD 图纸对马蹄儿回煤罩、燕尾板、调节杆长度、半圆弧形圆弧半径，进行绘制图纸。

（3）马蹄儿回煤罩制作。采用钢板、销轴、挡煤皮、护网等材料根据图纸焊制马蹄儿。

（4）马蹄儿井下现场应用。在进行安装马蹄儿后对马蹄儿处煤流系统进行改造应用。

拆除掩护支架的研制

郭　盛　赵继涛　吴春涛　孙学强　王业繁

铁法煤业（集团）有限责任公司晓南矿

一、成果特点

一是支架的立柱优化为双伸缩立柱，减少了安拆卡块的工作；二是支架增设抬底缸，抬底只需操作液压片阀，通过液压缸抬柱脚，工作效率高，安全性强；三是支架推拉缸行程更改为 1600 mm 行程，调整推拉缸位置，将推拉缸的推力作为支架的拉架力，提高了工作效率，增加了拉架力。

二、成果内容

1. 基本原理及关键技术

研制的双伸缩立柱如图 1 所示，该双伸缩立柱的一级缸径为 230 mm，一级缸柱直径为 220 mm，一级行程为 960 mm，二级缸径为 180 mm，二级缸柱直径为 160 mm，二级行程为 840 mm，立柱的支撑力和总行程和以往使用的加长杆式立柱相同，确保了支架的支撑力及升降高度。

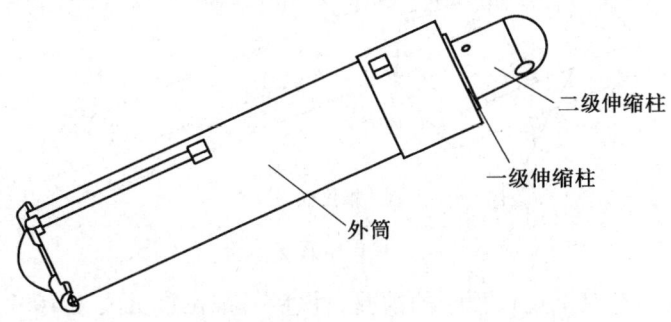

图 1　双伸缩立柱示意图

研制后的掩护支架推拉结构如图 2 所示，推拉改造包括推拉杠的制作和推拉缸的选择，推拉杠的长度为 4500 mm，推拉缸的行程为 1500 mm，将推拉缸的推力作为拉架力，提高了拉架的能力。改造后的推拉缸缸径和缸柱与以往使用的推拉缸相同，缸径为 180 mm，缸柱直径为 120 mm，推拉缸的推力为 801 kN，拉力为 445 kN，以往掩护支架的拉架力为 445 kN，现在掩护支架的拉架力为 801 kN。

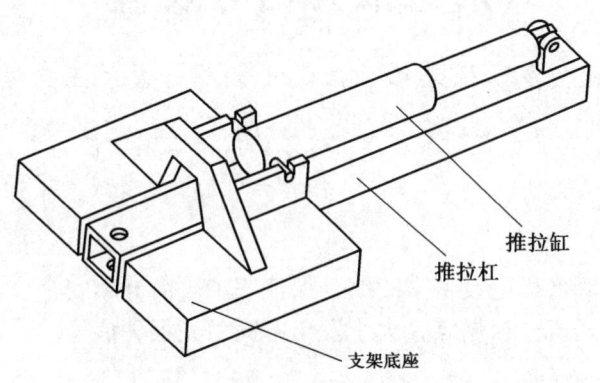

图 2　推拉结构示意图

研制后的掩护支架抬底缸如图 3 所示，抬底缸的活塞杆和底座通过连接块连接，抬底缸作用在推拉杠上，带动底座向上移动，实现抬底功能。抬底缸缸径为 125 mm，活塞杆径为 90 mm，推力为 385 kN，推拉行程为 260 mm。

2. 工艺流程

拆除掩护支架主要进行了立柱、推拉和抬底三方面的研制。

（1）立柱研制。针对目前立柱存在的问题，该矿采用双伸缩立柱取代目前使用的加长杆式立柱，为了保证支架的技术参数，双伸缩立柱在设计上要求各连接部位的尺寸和以往使用的立柱相同，双伸缩立柱直接更换加长杆式立柱即可使用。

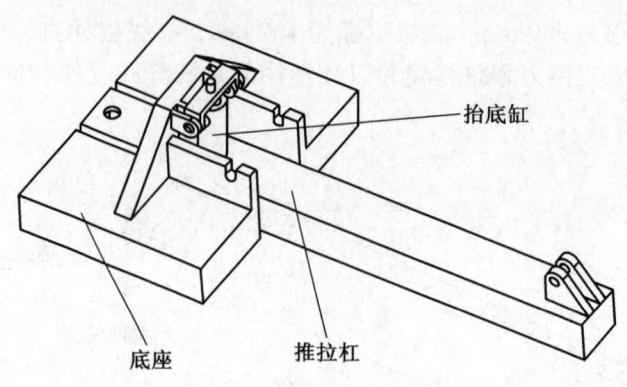

图 3 抬底结构示意图

（2）推拉研制。针对推拉行程短的情况，该矿将推拉缸更改为 1600 mm 行程推拉缸，参照 24/47 支架推拉结构进行了相应改造。

（3）抬底研制。以往掩护支架上没有抬底缸，为了使掩护支架具备抬底功能，参照 24/47 支架抬底缸的布置情况在掩护支架上加设了抬底缸，抬底缸的活塞杆和底座通过连接块连接，抬底缸作用在推拉杠上，带动底座向上移动，实现抬底功能。

声光报警信号装置

魏金龙　张宏伟　张学文　陈　磊　王　波

内蒙古满世煤炭集团罐子沟煤炭有限责任公司

一、成果特点

提高生产效率，降低机电设备事故率，保证职工生命健康安全。本成果适用于煤矿采煤工作面后部刮板输送机，根据煤量大小发出不同声光报警信号。

二、成果内容

本成果用声光报警装置代替人工喊话，可有效防止工作人员因喊话吸入体内煤尘，降低职业病发生的概率；工作面作业人员利用约定好的信号指令来控制生产煤量，提高生产效率；设备超负荷运行时自动发出声光报警信号，有效减小冲击载荷对设备造成的损伤。

该成果是在工作面安装一套声光报警信号装置，制定统一的信号指令，岗位工发现溜槽异常后开启报警装置相应的指令，放煤工即可调整放煤量，如果出现淤煤情况时会导致电流达到额定值，报警装置自动发出声光报警信号，支架工和放煤工停止放煤，及时找到淤煤地点进行处理，避免后部刮板输送机高负荷运行造成过载断链。声光报警信号可更直接、更迅速地传递信号；有效控制职业病发生的概率；降低故障率，提高生产效率，有效保护设备。

自制单体液压支柱打压装置

焦存福　廖春印　兰晓龙　董向荣　高双喜

内蒙古满世煤炭集团罐子沟煤炭有限责任公司

一、成果特点

单体液压支架打压装置完全取代了传统的单体试验平台，单体打压装置试验速度快，工序简单，安全性高，打压试验工作效率有了明显提高。本成果适用于井下回收后重新使用的单体液压支柱。

二、成果内容

用废旧设备材料场淘汰的电机底座作为单体的试压平台，在平台基础上加了两个足够强度的插板，试验不同长度的单体时，调节插板即可。平台的一端放置一个抬底油缸，抬低油缸内注部分液压油后，在油缸的出液口安置一个电子压力表，就可对单体进行打压试验。

在抬底油缸出液口安装电子压力表，油缸作为单体伸展时的第一受力点，单体加压时直接读取压力表数值，从而判断单体是否合格。

单体液压支柱打压装置采用高强度插板，试验不同型号、规格的单体时，随意调节插板，设备利用率超高。将抬底油缸作为单体伸展时的第一受力点，油缸内注液压油后，在油缸的出液口安置一个压力表可直接检测出单体的压力值。在试验平台安装安全防护措施，试验安全性高。

该成果充分利用淘汰设备经过改装制作试验平台，修旧利废，减少了设备投入，降低了制作成本。平台结构设计突破传统样式，开创单体液压支柱试验平台新技术。操作简单、安全快捷，适用于各种规格单体液压支柱进行打压试验。

主井装载给煤机煤流长材自动拣选系统

王力生　陈铁亮　赵春雷　王光勋

北京天地华泰矿业管理股份有限公司

一、成果特点

主井装载给煤机煤流长材自动拣选系统采用高可靠性非接触磁性传感器，利用原系统自带西门子300PLC模块,自编程序来进行长杆材自动拣选及停机、报警保护,初始一次投入低,仅机械加工及传感器费用,一次投入小,后期基本免维护,运行成本近乎为零。

二、成果内容

1. 基本原理及关键技术

主井装载系统分南翼缓冲1号煤仓、北翼缓冲2号煤仓,两个煤仓直径10 m,最大储煤量3000 t,每个煤仓下口安装海智GLD/2000/7.5甲带给煤机4台,分别向1号、2号带式输送机给煤。给煤机入料粒度0~500 mm,出力$Q = 2000$ t/h,带宽$B = 1100$ mm,仓口尺寸1550 mm×1300 mm。装载采用带式输送机型号:DTⅡ XK06-005-00874,输送带长度87.474 m,宽度1600 mm,带速3.15 m/s,输送量3200 t。为了更为有效地提前检测到长材铁器及锚杆,根据给煤机给煤的物料抛物线原理,利用煤流与长材铁器的抛物线落点差别来判断是否有长材铁器。

2. 工艺流程

如图1、图2所示,给煤机甲带宽度1100 mm,给煤机溜煤口截面积1550 mm×1300 mm,根据图1煤流落煤点位置,煤流宽度,高度参数,对给煤机溜煤口外护板截取1200 mm×600 mm,加工改造成带转轴及轴承的活动检测翻板,翻板下部焊接延长轴,上部安装检测传感器磁铁,正常状态下,活动翻板靠重力保持垂直趋势,在检测翻板与原外框板加8 mm翻板倾角垫块,确保外翻板与原外护板有8 mm间隙。

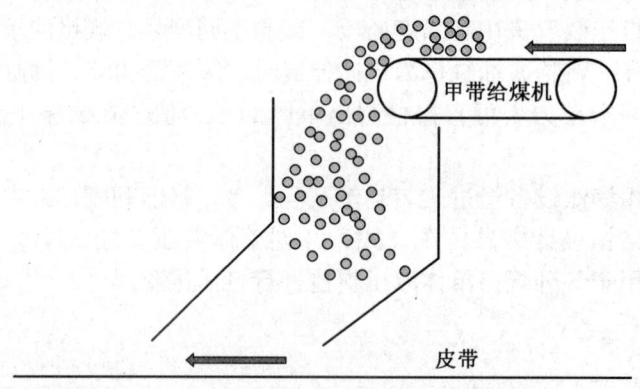

图1 给煤机给料口落煤点抛物线图

由于给煤机溜煤口原框板加工成活动翻板,在原外护板外200 mm处加装新的外框板,护外框板与给煤仓口开1200 mm×50 mm的开口作为崩落煤溜口。

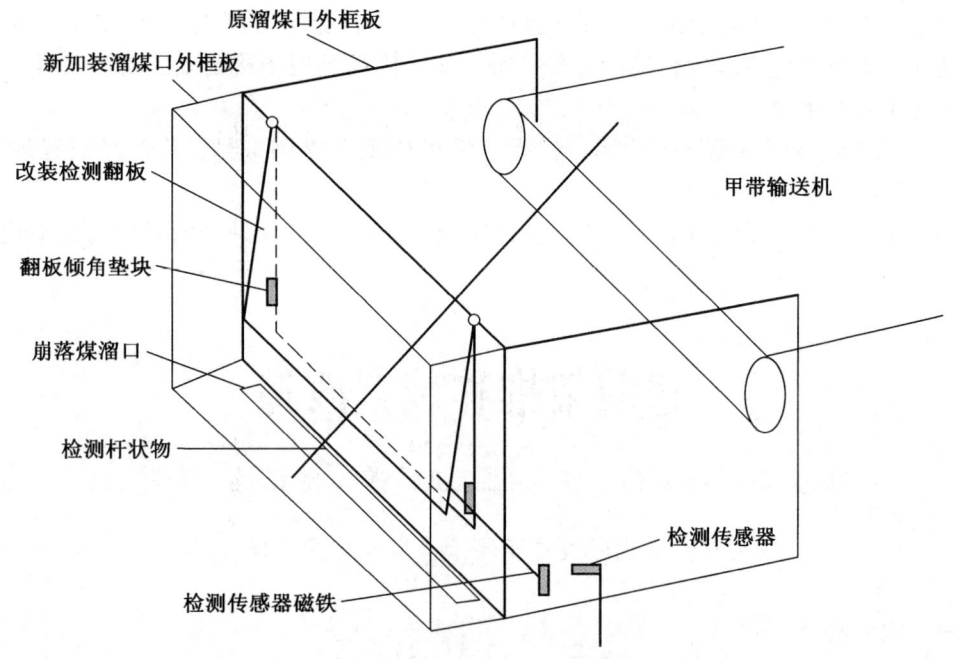

图 2　给煤机煤流长杆材自动拣选系统结构原理图

KDW127/12 系列电源箱综合测试装置

周帅杰　邓光亚

北京天地玛珂电液控制系统有限公司

一、成果特点

安规综合分析仪可一键扫描完成 3 个通道且不同电压值的自动切换测试。电源箱测试安全屋实现了 220 V AC 上电及绝缘耐压测试均由检验人员按钮操作，检验过程中不接触被测物，避免了安全事故的发生，消除了安全隐患。集成测试装置将外部接线全部放置工装内，杜绝了现场交流电与直流电交叉接线，同时也优化了检验现场。缩短了检测时间，原来要 19 min 才能完成的检测，现在只需要 10 min 即可，提升了检验效率。本成果适用 TMDKDW127/12 系列单路电源箱、双路电源箱、JRQ 双路电源箱的出厂检验工作。

二、成果内容

（1）根据产品的工作特点以及检验班组检验人员提出的意见和建议，汇总检验现状，找出可优化检验的点，从降低劳动强度、提高检验效率、杜绝生产安全事故发生等方面进行问题归纳，最终生成课题报告，并进行备案。

（2）制作万用表集成测试盒，将检验所需要的3件数字万用表、AC交流调压器、负载切换开关集成在绝缘盒内，减少外部接线。避免因检验现场接线混乱而导致测试数据不准确及发生安全事故。

（3）制作绝缘耐压测试安全屋，进行绝缘耐压及性能测试时，将产品放置绝缘装置内，避免测试人员接触。

（4）采购安规综合分析仪，实现绝缘耐压本安、非本安及外壳间频繁切换检验现象。

超前架推移装置改造

魏金龙　张宏伟　杨　悦　王建芳　陈振勇　郭建东

内蒙古满世煤炭集团罐子沟煤炭有限责任公司

一、成果特点

超前架推移装置制作成本低，安装简单、拉力强度高、安全可靠，提高了井下生产效率，大大减少人员工作量，缩短了推移转载机时间，解决了生产中存在的实际性问题。

二、成果内容

转综放工作面仰斜开采，转载机自重260 t，将转载机和超前支架连接头由原来的上下重叠式改为上下卡槽式，使其更加稳固，推移转载机时推移座不再来回摆动，推移用时也由原来的15 min 变为1 min 完成，由原来的3人操作变为1人操作，且改造后轴销未断过。

矿用高强聚酯纤维柔性网应用

樊　刚　吝伟阳　马政和　姚　磊　王　博

陕西陕煤澄合矿业董家河煤矿分公司

一、成果特点

打破原工艺思路，采用一张柔性网作为综采面末采通道，一张网整体支护作用将远远大于零散片网的支护效果，并且工艺简单可靠。

二、成果内容

工作面从距终采线20 m 开始逐渐降低采高，距终采线12 m 时保证采高为3 m。开始挂网，推采过程中两巷超前及端头支护与正常生产时支护方式相同，超前支护距离不少于 20 m，端头戗棚密柱及丛柱齐全可靠。在顶板上挂网，施工时必须先割上刀煤（保证底煤高度便于人员站立铺网、联网），然后将采煤机和工作面刮板输送机停电闭锁，伸出支架伸缩梁至煤壁。

工作面上网、铺网具体操作方法如下：

(1) 将工作面柔性网摆正，确保网片没有扭曲。

(2) 剪断捆绑柔性网的绳索，将折叠部分展开。

(3) 挂网第一茬割煤前，将工作面范围内的网片连接到张紧的钢丝绳上，柔性网边每架使用 1 个弹簧扣与张紧的钢丝绳吊挂连接。绞盘钢丝绳的连接方法为：将绞盘上面安装好的钢丝绳通过导向滑轮穿过网卷下方，与张紧的 $\phi 22$ mm 钢丝绳连接。然后从中部向两头方向顺序操作绞盘将柔性网吊起。

(4) 柔性网边每架使用 1 个弹簧扣与张紧的钢丝绳吊挂连接。柔性网与挂网钢丝绳连接的具体方法：首先利用绞盘钢丝绳的钩子挂在柔性网网片钢丝绳上，利用绞盘钢丝绳将网片全部吊起后使用弹簧扣将网边钢丝绳与挂网钢丝绳连接。连接完好后将绞盘钢丝绳钩子取下，绕过网卷后从网卷后面挂在挂网钢丝绳上。

(5) 连接完毕后，用绞盘将柔性网拉起，将柔性网紧贴液压支架顶梁，绞盘锁紧完成工作面上网工作。

第二茬网挂完后，开始绷钢丝绳、割煤。绷绳时，先分别在轨道巷和运输巷煤柱侧顶部平行运输巷的两根锚索上各固定一根工字钢，然后将钢丝绳一头固定在工字钢上，绳头采用绳卡固定，每个绳头固定绳卡不少于 3 个。然后平行切眼在支架顶梁前端的柔性网下方逐段将钢丝绳拉展，贯穿整个工作面，将柔性网每隔 1 m 用 12 号铁丝固定在钢丝绳上，再用导链将钢丝绳绷紧，每隔 10 架打一根锚杆将钢丝绳固定在顶板上。锚杆与钢丝绳采用 "8" 字形固定，即相邻两根固定锚杆分别打在钢丝绳的老山侧和煤墙侧。最后将钢丝绳另一头固定在另一条巷道的工字钢上，每个绳头固定绳卡不少于 3 个。每隔 1.2 m 绷一道钢丝绳，共铺 3 道钢丝绳。

末采具体割煤流程如下：

(1) 割煤工序为：割煤→放网→拉架→推溜→撩网→割煤。采煤机割煤前，将柔性网用手动绞盘绞起，开始割煤（图 1a）；采煤机割煤后，松开手动绞盘将柔性网放下，然后跟机拉架（图 1b）；拉架后，将柔性网用手动绞盘绞起（图 1c）。

(2) 割煤时要严格按照回撤通道的底板标高及其图纸参数进行割煤，顶板不能留台阶，速度控制在 1.5 m/min 之内，绝对不能割破网片。

(3) 放网时要离开煤机后滚筒不小于 3 架，放下长度保持在 2 m 左右，但要离开刮板输送机 300 mm 以上。

(4) 拉架要滞后煤机 6~8 架以上，拉架时支架降下高度在 200 mm 左右，降架过程中必须确保前梁不能挂住柔性网，升架时再将前梁挑起。第一刀拉架时架间漏煤、矸石较多，漏在网卷内的矸石，必须及时停机处理。

(5) 撩网时要一手摇绞盘，一手摆顺钢丝绳，防止钢丝绳扰乱扭结，网片紧贴液压支架顶梁，绞盘锁紧。

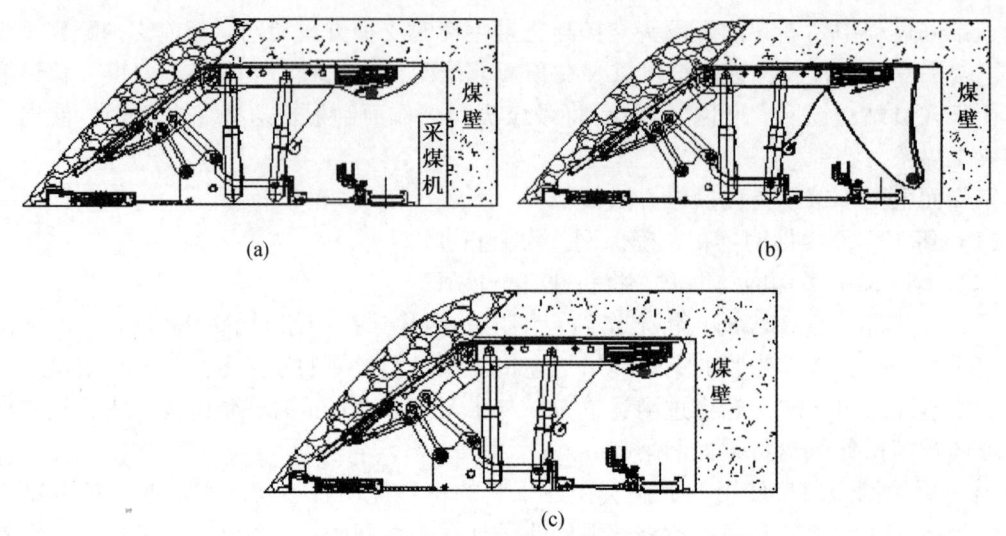

图1 柔性网配合采煤、移架的过程

（6）煤机割到两端头时，要停止放网拉架，待煤机割通后退到刮板输送机推直处，再放网→拉架→撩网→煤机割三角煤。

距终采线6.6 m时，顶板为锚索、锚杆配合柔性网支护，每割两茬支护一排，锚索、锚杆排距为1200 mm，间距1500 mm（采用两根锚杆一根锚索循环布置），帮部采用柔性网配合护帮板支护，严禁空顶作业。

人员在距每架液压支架顶梁前端200 mm平齐的架间顶板上打眼，锚杆、锚索采用"十"字形相间支设。

距停采线3 m时，开始做回撤通道，保证通道净高不低于3 m，煤壁垂直顶底板，工作面不得留伞檐煤。先将刮板输送机与支架脱离，支架不移，然后采用远程操作单体支柱推移刮板输送机，机组割煤。使用支柱推移刮板输送机时，支柱两端必须背板皮，拴好防滑绳，固定牢靠，防止滑脱伤人。

推采至终采线后，煤壁使用玻璃钢锚杆、锚梁配合废旧塑钢网进行支护，锚杆间距800 mm，排距1500 mm。如工作面有片帮，根据现场实际情况缩小排距。

机头硐室施工工艺创新

郭晓栋

陕北矿业中能煤田公司

一、成果特点

综掘机一次成巷掘进工艺，安全可靠，巷道成型和工程质量达到设计效果，施工周期缩短，工作效率显著提高。本成果适用于煤矿井下横跨 3 条大巷的运输巷机头硐室综掘机快速施工，且倾角小于 15°、岩石硬度系数 $1.5 < f < 6$ 的上下山及平巷掘进施工。

二、成果内容

1. 工程概括

煤矿井下运输巷带式输送机机头硐室 502 运输巷机头硐室，设计长度 328.3 m，锚网索联合支护方式，巷道最大断面：掘进宽度 5.5 m，掘进高度 4.15 m，掘进面积：18.85 m²；最小断面：掘进宽度 4.2 m，掘进高度 3.5 m，掘进面积：13.64 m²。硐室布置在 2 号煤上部（煤层顶板），并且施工 3 座风桥（硐室下面横跨的 3 条大巷）；风桥支护方式采用钢筋混凝土浇筑，该硐室出渣采用无轨胶轮车运渣，该硐室设计掘进坡度最大 13.2°，最小 6.1°，为提高掘进速度确保施工安全及工程质量，该硐室采用 EBZ-200 型综掘机掘进。

2. 基本原理

因硐室掘进施工采用 EBZ-200 型综掘机掘进，开工前先把带式输送机运输巷风桥位置进行临时支护，待硐室开口后，再支护另外两个风桥，支护采用 $\phi 17.8 \times 8300$ mm 钢绞线配合矿用 11 号矿工钢及枕木进行临时支护，支护强度是综掘机总体重量的 10 倍以上。综掘机在掘进机头硐室的过程中需要在横跨的大巷上面预留岩板梁厚度不小于 500 mm，贯通后综掘机采用后退方式进行拉底揭露风桥，提前预留的岩板梁厚度使综掘机能够安全平稳地通过风桥上方。

3. 工艺流程

开口施工：割岩→铺顶网→临时支护→永久支护（顶、帮部锚杆支护）→出渣→前移综掘机→进入下个循环→锚索支护。

锚固剂快速安装器创新成果应用

李苏珍　张刚刚　张　焘　贺剑峰　李　航

陕北矿业中能煤田公司

一、成果特点

人员可以站在已经支护的地方进行安装，不需要进入空顶区域，提高了安全系数；安装速度快，效率高，保证了正常的安全生产；减少了安装人员，原来安装需要两个人，使用安装器后一人便可操作；安装过程中，工人不需要上下人字梯，劳动强度明显降低。

二、成果内容

安装槽是管状结构，具有容纳锚固剂的空腔。预先将锚固剂放入空腔内，然后，利用顶杆在操纵杆的推动下将锚固推至钻孔边缘。切口的顶端对准钻孔,使用顶杆将推送到切口处的锚固剂向钻孔内推送,最后将锚杆推入钻孔内。将设备拿下来时利用拉线将顶杆拉出进行下一支锚固剂的安装。实用新型顶板锚固剂安装器示意图如图1所示。

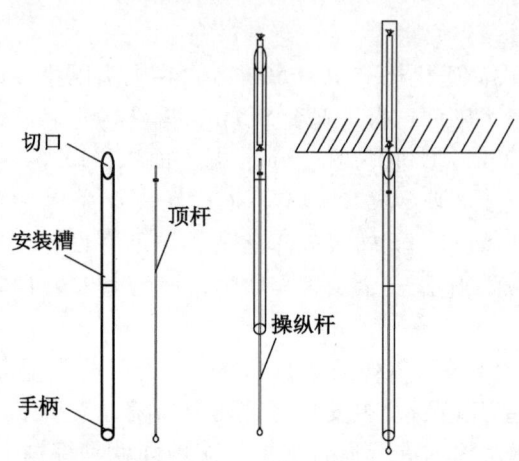

图1　实用新型顶板锚固剂安装器示意图

转载机传动部安装(拆解)操作平台

马　腾　杨晓斌　陶小松　代成领　韩岗杰

陕北矿业神南产业公司

一、成果特点

转载机传动部安装(拆解)操作平台,通过液压动力控制系统实现传动部的位移,提升了作业的机械化程度。本成果适用于煤矿综合机械化采煤工艺的综采工作面设备安装回撤工程中。

二、成果内容

1. 基本原理

通过操作平台上的操作杆对平台进行加液,控制油缸升降及导轨位移,进而实现转载机传动部对位。

2. 关键技术

转载机传动部安装(拆解)操作平台主要由顶梁、底座、平移导轨、升降导轨及液压动力控制系统构成。顶梁与底座均采用厚度为 30 mm 的钢板加工制成,长 3150 mm,宽

1350 mm，平台底座两侧分别设置一对起吊环，方便其装卸、运输。

3. 工艺流程

作业人员通过操作平台上的升降操作杆对操作平台进行加液，升降油缸随之升起，使转载机传动部达到能够和转载机对正的高度，随后推移操作杆，将转载机传动部进行推移，传动部在上下、前后、左右3个方向进行位移，使其与转载机进行对正。

主要通风机控制回路双电源自动切换改造

雷 鹏　黄天尘　李瑞龙　姚 凯

陕北矿业涌鑫公司

一、成果特点

通过在主要通风机房设计增加双电源切换柜，提高了设备运行可靠性，保证了大型固定设备主通风设备的安全可靠运行。

二、成果内容

利用双电源自动切换模块，设计加工一台双电源切换控制柜，增加在所用变 380 V 负荷侧，负责主要通风机驱动电机、油泵电机等辅助设备及控制回路供电，当一回路出现故障时，另外回路自动切换进行供电，实现双电源自动切换功能，如图 1 所示。

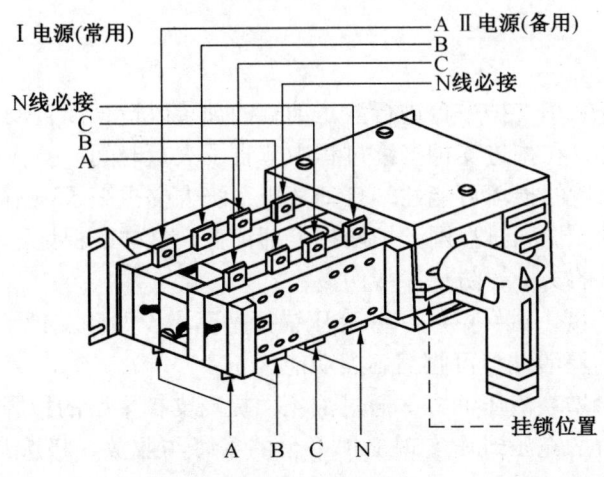

图 1　双回路供电示意图

四臂锚杆机支护平台加设及液压系统改造

张斌权　席义苗　程伟鹏　马元元

渝北小保当一号煤矿

一、成果特点

改造后平台支护时的稳定性得到保障，同时可以利用液压油缸的充压泄压实现平台自动化的升降和收放功能；优化了工作面掘进与支护工序的交替过程，节省了退机时平台收缩的时间；提高了掘进作业的机械化程度，同时支护工作的安全性得到了保障。

二、成果内容

1. 实施背景

为增强陕西小保当矿业有限公司一号煤矿采掘接续平衡，提高掘进效率，一号煤矿掘进一队采用 EML340 连续采煤机搭配 CMM4-28 四臂锚杆钻车，对 112203 辅助带式输送机运输巷进行掘进。由于 CMM4-28 四臂锚杆钻车进行帮部支护及倒机时两侧的支护平台人工收放费时耗力，且人员在其上方进行锚杆支护时稳定性不佳，施工工序烦琐，容易因为锚杆钻车司机操作失误而造成煤壁帮部碰撞和悬挂管路的损坏。为了解决以上问题，提高锚杆钻车支护平台的机械能动性，决定对四臂锚杆钻车支护平台进行创新改造。

2. 实施方案

通过对四臂锚杆钻车支护平台进行液压油缸的加装改造，以自动化液压系统来控制支护平台的升降与缩放，在掘进支护接续过程中节省了大量时间，并大幅降低了锚杆钻车在行进过程中对周围环境的损坏可能性，自动液压系统大幅提高了顶锚与帮锚平行作业的效率，每一排顶部锚网支护同时挂网支护两排上部锚杆，这样既保证了顶部支护的强度，同时又保证了帮部煤壁的支护，防止片帮伤人。

（1）通过人工焊接，对 CMM4-28 液压锚杆钻车增设两侧支护平台。

（2）打造平台的灵活性与可收缩延展功能。

（3）为支护平台增装液压油缸，通过液压力提高支护平台的稳固性。

（4）操作液压缸的充压泄压实现支护平台的升降与收放，极大地节省了人力操作的同时也保障了作业人员的安全。

护盾式掘进机器人系统侧推纠偏装置

张宏伟

渝北小保当一号煤矿

一、成果特点

当护盾式掘进机器人掘进过程中出现偏离巷道设计中心时，强制性侧向推移、调整掘进机器人，使其按照巷道设计正常掘进。采用油缸推移、纠偏，具有操作简单、推移力度大、调整均匀的优点，对巷道顶底、帮部破坏极小。

二、成果内容

本创新的工作原理是在护盾式掘进机器人前盾体两侧的机架底部，安装可以侧向推移（推力设计78 t）的油缸，当操作人员发现巷道偏离设计（中线激光）中心，操作行程为350 mm的侧推油缸，利用油缸活柱顶在煤壁后的反作用力实现掘进机器人盾体的稳定、匀速移动。

安装（拆解）小油缸手推车

张建宇　武　靖　赵　军　高升涛　张友前

神东煤炭集团设备维修中心

一、成果特点

解放操作人员的劳动力，安装拆解油缸作业人员的安全得到了有力保障。适用于1.5～2.5 m高空油缸件的安装以及拆解。

二、成果内容

伸缩槽可放置不同长度（规格）的油缸，伸缩槽下部安装底座采用销轴连接，伸缩槽的倾斜角度可自动调整。顺时针旋转螺旋传动装置手柄使油缸两侧的手臂夹紧油缸；逆时针旋转螺旋传动装置手柄传动轴上压缩状态弹簧，使手臂在油缸安装完成之后，自动松开。长手柄截止阀有两个作用，一是在系统压力过高时，起节流作用，控制油缸伸缩速度过高；二是在控制阀出现故障，不复位情况下，起到急停保护作用，避免油缸坠落造成人员受伤及工装损坏。

转载机与运输机连接自移装置的设计与应用

刘 勇　张 磊　林学伟　褚大雷　江永恒

枣庄矿业（集团）付村煤业有限公司

一、成果特点

该装置解决了生产中的难题（原设计安装的拐弯带式输送机，在工作面推移过程中制约生产），特别是运输机中部槽的缩减，减轻了劳动强度，并能实现一次缩减多节中部槽，减少缩减中部槽的次数，优化了工序，提高了工效，收到了较好的使用效果。本成果主要适用于井下工作面走向倾角 ±0°~10°，局部 -15°等复杂地质条件。

二、成果内容

付煤公司 $3_上$1006 工作面运输巷有两处18°的拐点，初期安装时两处拐点均安装了拐弯装置，随着工作面的推采，当转载机头拉移到第一拐点处时，拐弯装置无法使用，严重制约了生产。为解决生产运输环节制约因素，需要对运输巷的运输系统进行改造，把两处拐弯装置撤除，带式输送机机尾拉到拐点以外，在带式输送机和转载机中间安装一部 SGZ-830/800 运输机（单机驱动），使用简易机尾。

依靠 U 型框架上的小车轨道与带式输送机自移机尾轨道间距相同，实现推移油缸固定座相同，并做到在第一节框架的底部两端加油缸 2 件，连接架底部两侧的伸缩油缸能轻松实现运输机中部槽的拉开与合茬，实现工序交替衔接，保证了生产优化运行。

"三段法"乙二醇水溶液配制法降耗创新应用

王小军　赵学文　郭 星　侯鹏飞　周志同

准能集团

一、成果特点

乙二醇水溶液是冬季生产乳化炸药时必需的辅助原材料，原有工艺配方规定，乙二醇水溶液冰点控制在（-35 ℃），在经过多次实验结合天气特点，将乙二醇水溶液配制冰点控制在（-10 ℃；-20 ℃；-35 ℃）时，可以满足乳化炸药生产需求，同时也能节约乙二醇的使用量从而降低生产成本。

二、成果内容

由乙二醇水溶液产生的水膜可以使高密度的乳化炸药顺利输送到 50 m 深的炮孔，根据爆破设计实现精准装药。乳化炸药和重铵油炸药车打料过程中，用乙二醇水溶液做水膜可以防止管道堵塞，起到润滑作用。打料完毕后，如果不及时冲洗管路可能会造成管路中的乳胶基质堆积，进而造成管路堵塞影响炸药车正常使用，耽误生产。但由于无水乙二醇的价格昂贵，所以提出通过改变乙二醇水溶液冰点配比，将冬季乙二醇水溶液原有单一冰点（-35 ℃），根据节气和气候实时温度，以及炸药车实际需要，调节为 3 个浮动冰点（-10 ℃，-20 ℃，-35 ℃），在对生产无影响的情况下，通过节约原料乙二醇用量，实现降本增效。其工艺流程如下：

(1) 向乙二醇制备罐添加一定的水。
(2) 顺序启动搅拌泵、乙二醇泵，将计算用量的乙二醇泵送到制备罐。
(3) 搅拌 30 min 后，停止搅拌，检测冰点（冰点 -10 ~ -35 ℃）。
(4) 测试冰点是否达标。

掘锚机操作平台多功能组合架设计及应用

赵　辉　高剑峰　苏士杰　郝英豪

中天合创门克庆煤矿

一、成果特点

本成果由材料箱、登高台两部分组成，既具备支护材料、工具的临时存储功能，又能够作为支护工登高作业的可靠支点，弥补了掘锚机顶锚杆机操作平台出厂设计缺陷，保障了职工作业安全，减少了材料浪费，满足了安全快速掘进的要求，促进了煤炭企业高质量发展。

本成果适用于煤矿掘锚工作面，主要针对以澳大利亚山特维克公司生产的 MB670 - 1/255 型掘锚一体机为主要快掘设备的矿井。

二、成果内容

(1) 材料箱为半封闭式框式结构，便于钻杆、药卷、搅拌器的临时集中存放和取用。
(2) 材料箱底部留有泄水通道，避免积水影响材料箱内的支护材料使用。
(3) 材料箱两侧安装可调节式登高台，台面铺防滑钢板，解决支护作业时无可靠登高点问题，保障了作业安全。
(4) 材料箱底座与操作平台之间采用螺栓式固定，既稳定可靠又能拆卸，满足检修需求。

组合架设计整体设计图如图1所示,材料箱及登高台侧视图如图2所示。

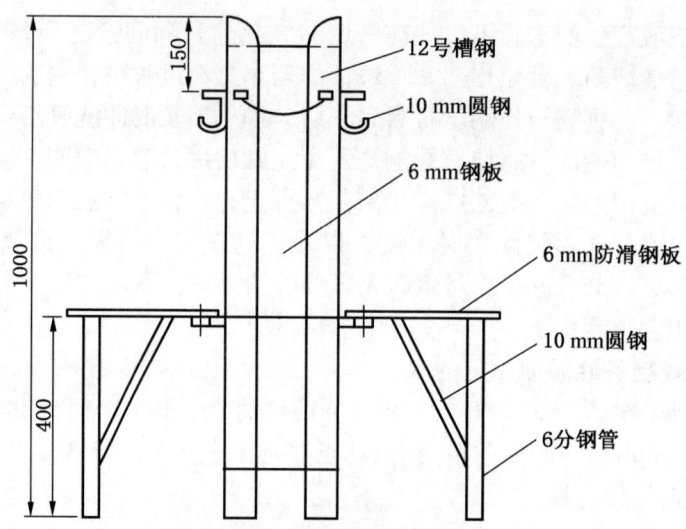

图1 组合架设计整体设计图

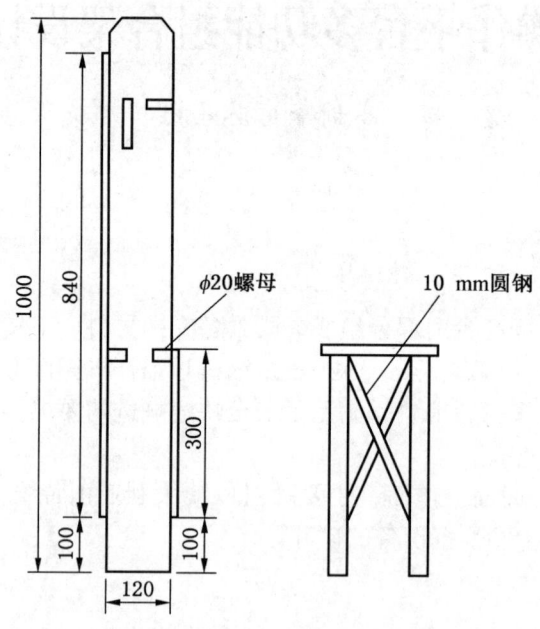

图2 材料箱及登高台侧视图

前后双向防卡钻钻头

张振营

淮北矿业集团石台矿业

一、成果特点

本成果是防卡钻、丢钻、塌孔的新型钻头，能有效提高湿式钻眼效率、杜绝粉尘污染，提高钻孔效率及质量。该设计结构简单、操作便利，能最大限度地改善职工劳动环境、提高工作效率。

二、成果内容

1. 基本原理

"前后双向钻头"是在认真分析总结卡钻原因，利用后钻齿对卡滞矸石的研磨杜绝卡钻现象的发生，是解决水平、底板钻进的关键，能有效提高钻孔质量和效率。主要由钻头座、前钻齿、后钻齿组成。

2. 关键技术

本成果的关键是设计了后转齿，退出钻头时，不改变钻杆旋转方向，令前后双向钻头旋转退出，钻头座后部的钻齿上的钻刃将卡住钻头的碎块进行研磨，把碎块变成粉末，并利用钻齿之间的空隙将其排出，方便钻头退出钻孔，实现防卡钻。

采掘工作面运输平巷小型清煤机

赵建昕 任 伟 刘 洋 任五星 安宏志

同煤集团雁崖煤业有限公司

一、成果特点

本成果体积小，结构简单，操作方便，能够在带式输送机与底板之间狭小的空间内作业，降低清煤所需的人员数量及清煤工人的劳动强度，提高了劳动效率，节约了清煤成本，而且在一定程度上避免了因人工清煤造成的安全隐患。

二、成果内容

1. 基本原理

该装置主要由清煤铲板、清煤耙手、底板、托煤板、挡煤板、调节千斤顶、升降千斤顶、风盘、两根链接杆和一对锥齿轮构成（图1），利用静压风的动能为清煤机提供动力（将静压风的动能转化为机械能）。

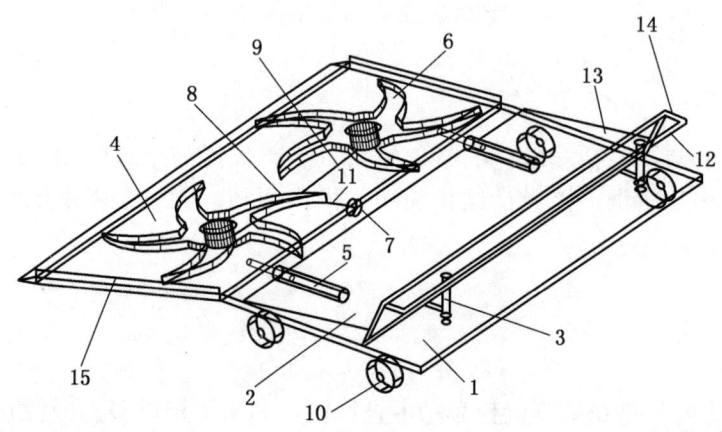

1—底板；2—托煤板；3—升降千斤顶；4—清煤铲板；5—调节千斤顶；6—清煤耙手；7—高压风推动风盘；8—二级传动锥齿轮；9—连接杆；10—轮子；11—传动轴；12—托板；13—挡煤板；14—千斤顶板；15—挡板

图1 本实用新型的结构示意图

2. 工艺流程

将整个铲煤机放置于需要清煤的位置，通过调节两个调节千斤顶活塞杆的伸出长度调整清煤铲板铲煤的角度，清煤铲板前端贴到地面，然后使整个清煤机通过底板下的轮子前进，清煤铲板开始铲煤，静压风由高压胶管接入高压风推动风盘，为其提供动力，然后通过传动轴带动锥齿轮转动，从而二级传动锥齿轮转动，再带动两侧的连接杆转动，从而带动两个清煤耙手旋转，将清煤铲板上铲到的落煤及煤泥收集到后部的托煤板上；当收集到一定重量时，后部的升降千斤顶活塞杆伸长，托板将托煤板升高，升至带式输送机上方合适高度，托煤板与底板分离，最后扳动起落连接板与升降千斤顶连接的卡扣，使托煤板与升降千斤顶和托板脱离，再经过卸煤装置，将托煤板上的煤及煤泥倒入带式输送机。

回撤工作面回撤通道"走向梁"支护技术研究与应用

薛国华

陕西陕煤黄陵矿业公司一号煤矿

一、成果特点

优化回撤通道支护后,实现每刀煤每循环均可完成锚索梁支护,提高了回撤通道顶板支护效果,确保顶板安全可靠;不再采用锚杆支护,减少锚(杆)索施工数量,提升了回撤通道施工效率,降低了职工劳动强度,节约了支护成本;回撤通道在回撤过程中形成了"短臂梁"结构,有利于回撤期间顶板管理。

二、成果内容

回撤通道采用"锚索梁+菱形铁丝网"联合支护,锚索梁采用 T140 型钢带加工,梁长 4.2 m,一梁三索,每刀煤割完后支护一排锚索,第一排锚索距支架前梁 400 mm,第一排、第二排、第三排之间间距为 1000 mm,第三排与第四排锚索之间间距为 1100 mm,每排锚索梁之间间距为 1000 mm,锚索排与排成菱形布置;锚索均采用 $\phi 17.8 \times 8300$ mm 钢绞线,锚深 8 m,每孔消耗 $L = 700$ mm 树脂 3 节;顶部挂单层菱形网,网长 10 m,宽 1.2 m,长边搭接 200 mm,短边搭接 500 mm,搭接处用双股 14 号铁丝扭结。优化前后回撤通道支护平面图对比如图 1 所示。

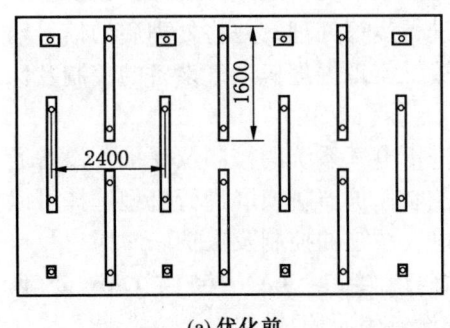 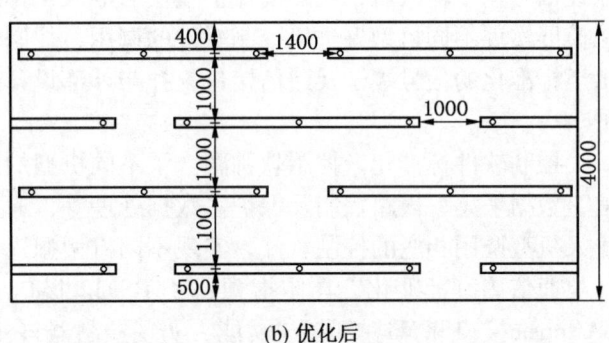

(a) 优化前　　　　　　　　　(b) 优化后

图 1　优化前后回撤通道支护平面图

控制保护器标准化设计改进

刘国鹏　靳明智　康永玲　范柄尧　范海峰

中国煤炭科工集团太原研究院有限公司

一、成果特点

控制保护器标准化设计改进，具体为信号端子标准化、隔离保护模块标准化、控制系统标准化、通信接口标准化、外观结构标准化。能够实现不同机型掘进机电控系统的控制和保护功能，不需要各机型掘进机电控系统的控制保护器再进行单独的个性化设计及控制保护软件的重新编写。

二、成果内容

信号端子标准化，具体指输入输出信号端子的标准化，实现外部信号的输入及处理后信号的输出。

隔离保护模块标准化。隔离保护模块中隔离模块用于将输入输出信号进行隔离，以防止外部接入不安全的信号，包括本安信号、通信信号的隔离；保护模块用于外部220 V及其以下信号电气设备的漏电保护、漏电闭锁故障保护、过热保护等。

控制系统标准化，具体指控制器及其控制软件标准化，控制器接收经信号隔离保护模块后的信号，通过标准化的控制软件实现电机及外部设备的控制保护。

控制保护器标准化，是在外观结构标准化的情况下，不同机型掘进机电控系统外部信号经信号端子输入后，经隔离保护模块后输入至标准化控制系统，通过控制保护器的显示触摸屏实现不同机型掘进机控制软件的调用，控制器进行运算处理，并将处理后的信号输出至标准化的信号端子及通信接口，并与外部设备连接，实现掘进机电气设备的控制及保护。

控制软件标准化。控制软件融合了不同机型的掘进机电气系统的控制及保护，设备通信、数据采集、回路控制及保护、数据处理等，通过控制保护器触摸屏进行机型选择可以输入机型调用相应的控制软件，实现不同机型掘进机电气系统的控制及保护。

通信接口标准化，具体指预留了 RS232 接口、RS485 接口、LAN 接口、CAN 接口、CANopen 接口和 Wi–Fi 接口功能，实现控制器与外部设备的通信。

外观结构标准化，具体指外观结构、显示触摸屏及外形尺寸标准化。

二等奖

机 电 运 输

连掘工作面 GP460/150 破碎机自动启停改造

高奎英　王文晖　卜建明　杨晓强　王淑燕

神东煤炭集团生产管理部

一、成果特点

对 10SC32-48C 型梭车进行自动化改造，实现破碎机、运输机与梭车联动启停，从而减少用工人数。适用于机械化程度较高的各类煤矿。

二、成果内容

在破碎机和梭车上分别安装信号发射和接收装置，电源取自设备电控箱，通过矿用防爆兼本安型直流稳压电源后使用，通过信号来判断破碎机与梭车的距离。

将破碎机运输机驱动马达并联一路油路，由电磁阀控制，当梭车距破碎机料斗小于 1 m 时，电磁阀不动作，破碎机运输机正常运行；当梭车距离破碎机料斗超过 1 m 时，电磁阀动作，破碎机运输马达并联油路打开，将马达油路短路，运输机马达停止运转，实现破碎机梭车联动启停，如图 1 所示。

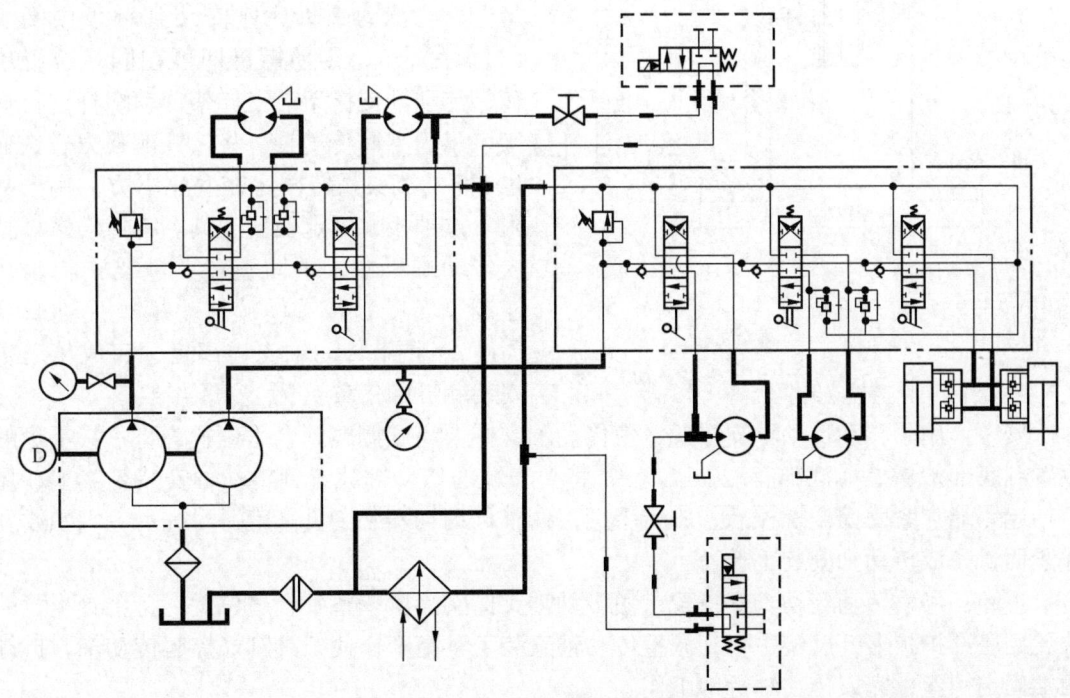

图 1　改造后系统原理图

铲板式支架搬运车传动轴快速拆装机构设计

尹鹏辉 李宝修 卢志琦 郭皓 毕大为

中国煤炭科工集团太原研究院有限公司

一、成果特点

通过对铲板式支架搬运车传动轴安装位置和结构的分析，设计制作在狭窄空间内可升降的、有足够承重能力的传动轴拆装工具，使用该工具后，一个人就可以安全、便捷、高效地完成传动轴的安装任务。

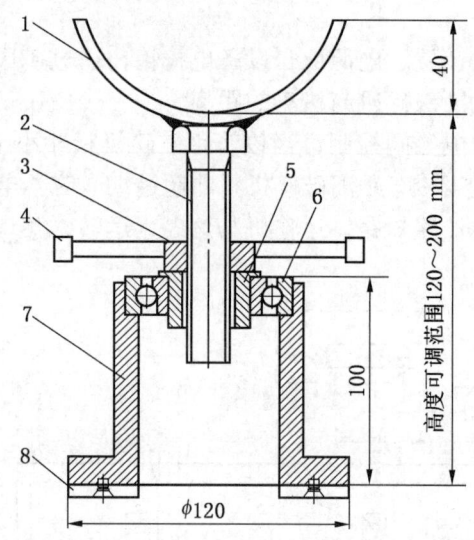

1—传动轴支撑架；2—支撑架传动螺杆；3—传动螺母；
4—旋转手柄；5—传动螺母底座；6—7008AC 轴承；
7—底座；8—钕铁硼磁铁

图 1 传动轴安装工具结构示意图

二、成果内容

1. 基本原理及关键技术

传动轴安装工具结构示意图如图 1 所示。将可承受轴向力的 7008AC 轴承安装到底座图示位置（过盈配合）。传动螺母与传动螺母底座焊接，将旋转手柄焊接在传动螺母上，将传动螺母底座安装到轴承内圈中（过盈配合），传动螺母即可在同一位置旋转。传动轴支撑架与支撑架传动螺杆进行焊接，用于支撑传动轴。将钕铁硼强力磁铁通过 M5 的沉头螺钉固定在底座下方，用于吸附下方护板，固定安装工具。将传动螺杆拧入传动螺母中，手动旋转支撑架（初步快速调节高度）或旋转旋转手柄（后期微调高度），调节传动轴支撑高度，完成传动轴安装和拆卸任务。

安装：用手转动传动轴支撑架，使传动轴支撑架高度调整到合适位置，将工具平稳的放置到底部护板上（底部有磁铁吸盘），将要安装的传动轴放置到传动轴安装工具上，用手抬起一端，紧固固定螺栓后，旋转手柄，调整传动轴安装工具高度，对齐另一端螺纹孔并紧固，完成传动轴安装工作。

拆卸：用手转动传动轴支撑架，使传动轴支撑架高度调整到合适位置，将工具平稳的放置到底部护板上，旋转手柄，调整传动轴安装工具高度，使工具刚好撑起传动轴，拆卸两端固定螺丝，完成传动轴拆卸工作。

2. 基本参数

①整体高度：160～240 mm，高度可调；②传动轴支撑高度（传动轴底部到底部护板）：120～200 mm，高度可调；③底座外径：ϕ120 mm；④传动轴支撑架直径：ϕ100 mm；⑤可支撑传动轴直径：90～100 mm；⑥工具整体质量：8 kg；⑦工具最大承载重量：40 kg。

液力变速箱多盘湿式离合器组件快速解体及组装装置设计

卢志琦　郭　皓　李宝修　尹鹏辉　徐　龙

中国煤炭科工集团太原研究院有限公司

一、成果特点

液力变速箱多盘湿式离合器组件快速解体及组装装置解决了液力变速箱多盘湿式离合器组件解体及组装困难的问题，缩短大修周期，提高大修质量，节约人工成本，降低安全隐患。适用于搭载液力变速箱的矿用铲板式无轨支架搬运车，承载能力为6 t、7 t、10 t、25 t、40 t。

二、成果内容

1. 基本原理

液力变速箱多盘湿式离合器组件快速解体及组装装置结构示意图如图1所示。旋转平台通过旋转机构与导向支架从下基座上部旋转至外部，将待拆或待装离合器组件放置在旋转平台上，再将旋转平台旋转至下基座上部进行解体和组装。气缸缸筒固定于上基座，卡盘、导向套焊接到滑动平台上，滑动平台与活塞杆通过螺纹连接并沿导向支架滑动。当卡盘下降到指定位置，气缸的推力大于离合器轴上碟簧回弹力时，可拆装挡圈及其他零件，完成离合器组件的解体和组装。

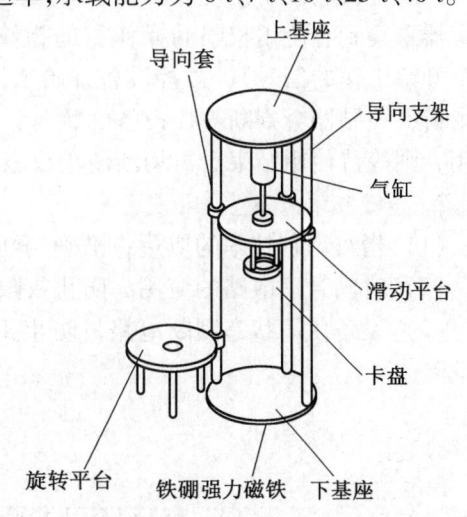

图1　液力变速箱多盘湿式离合器组件快速解体及组装装置结构示意图

2. 基本参数

(1) 外形尺寸（高×外径）：720 mm×ϕ330 mm。

(2) 可拆装的离合器组件最大高度：410 mm。

(3) 可拆装的离合器组件离合器组件最小直径：ϕ180 mm。

(4) 可拆装的离合器组件离合器组件最大直径：ϕ280 mm。

(5) 最大承载重量：50 kg。

高风险机电设备使用权限控制器

苑士泽　于国强

北京天地玛珂电液控制系统有限公司

一、成果特点

高风险机电设备使用权限控制器可直接在设备的供电或开关侧进行控制，杜绝无权限人员使用设备，降低风险安全，保障生产安全。主要应用于具有高安全风险的机电设备的使用权限管理。

二、成果内容

1. 基本原理

高风险机电设备使用权限控制器主要由指纹采集器和自研控制电路两部分组成，指纹采集器采集到有使用权限的操作员的指纹后，权限控制器给被控机电设备供电（或发出一个开始工作的信号），被控设备开始工作。同时权限控制器根据预设值进行计时，计时结束后，控制器会判断被控设备的状态，若处于闲置状态，则直接断开使用权限，若正在使用，则等待使用结束后再切断使用权限。

2. 关键技术

（1）指纹识别技术的应用，准确判断操作员是否具有操作权限。

（2）时间管理电路的应用，防止权限长时间获取。

（3）设备使用状态判断电路，防止正在使用中的设备因权限计时结束突然停止而发生危险。

定排扩容器乏汽回收

奥虎旗　李向军　高向旗　牛　强　王力飞

神华榆林能源化工有限公司

一、成果特点

喷射式乏汽整体回收装置设置安全水封阀，可确保定排扩容器安全运行，通过改造使装置消除定排扩容器顶部乏汽直接排入大气，符合国家节能减排的产业政策，环保效益显著。采用就近循环冷却水作为冷却介质实现定排乏汽零排放。

二、成果内容

喷射式抽气混合器由壳体、喷嘴(单孔或多孔)、混合管等零部件组成。当冷液体通过喷嘴时,由于流速非常大,在其喉管处形成一定的低压,从而将乏汽抽吸入,与冷液体一起经混合管进一步混合,以达到回收乏汽的目的。

混合后热水流入脱气储水罐,此罐温度可通过调整循环进水管流量来控制,热水最后进入减温池,通过增压泵将回收水打入循环水回水管线。

乏汽回收系统组成:喷射式抽气混合器1台,脱气储水罐1台,水封阀1台,配套管道及阀门(图1)。乏汽回收系统拟考虑在定排扩容器上部排空管加装一套水封,对排空乏汽进行封堵,在水封下部的排气管增设接口,将乏汽经过射水抽气器经管道引入脱气储水罐,在脱气储水罐中冷凝下来的水和不能凝结的空气进行分离,液体送至定排降温池,空气从脱气储水罐上部排放。供水管路设两道阀,其中一道为全开关断阀,另一道为手动调节阀。

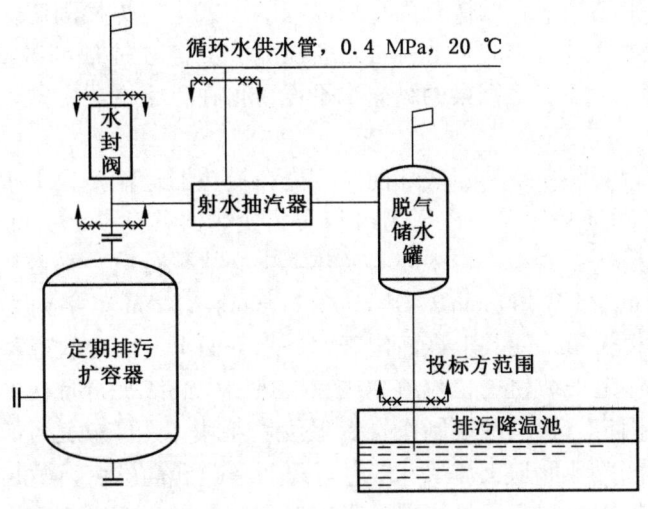

图1 乏汽回收系统

大型换热器狭小空间更换平台轨道工装开发

梁中超 王洋洋 杨 超 王景彬 贾旭飞

神华榆林能源化工有限公司

一、成果特点

该轨道平台工装适用于狭小空间内大型换热器更换作业。

二、成果内容

MTO装置烯烃单元丙烯冷剂冷凝器的整体更换，采用前后各4台千斤顶，把冷凝器顶升抬高，脱离原基础，再用轨道支架和平板小车承载的方式，利用手拉葫芦为牵引，把换热器从框架内转移至框架外，进而完成吊装。为避免冷凝器在千斤顶抬起时倾覆，造成事故，设计了如图1所示的换热器底托，底托上部，根据冷凝器平盖的外形尺寸，采用相同弯曲半径为1195 mm的弧形作为换热器的底托与平盖贴合，底部采用平板的形式，确保千斤顶在顶升换热器时能通过微调保证设备的水平。

另制作如图2所示钢结构支撑轨道平台，上面敷设轨道，安装平板小车，用来承载冷凝器。该平台分为三部分，底板规格为3000 mm×2000 mm×20 mm的碳钢钢板，做成8个独立的工装板块，板块间相隔一块工装间距敷设在地面，工装板块间用HW400 mm×408 mm×21 mm×21 mm的工字钢梁相连接，以保证换热器牵引平移时，地基不因换热器整体重量过大而产生地面塌陷；中间选用20号工字钢作为支撑立柱，分散承载冷凝器的重量；支撑立柱与钢结构平台的接触面采用满焊的方式进行焊接固定，焊接完成后，采用渗透探伤的方式对焊缝进行100%比例的无损检测。支撑立柱顶部敷设500 mm×500 mm的平板，利用斜铁，调整工字钢梁的纵向水平度，再在工字钢梁上敷设钢轨，用轨道压板固定连接成整体。

换热器支撑平台安装在换热器底部前，首先在换热器运输路径上敷设3000 mm×2000 mm×20 mm钢板，对地基加强。在现场组装安装换热器移动平台，确保移动平台放置在换热器正下方，且换热器移动平台中心与换热器中心线平行后，平台与地面固定。用斜铁调平纵向轨道基座4根HW400 mm×408 mm×21 mm×21 mm工字钢梁，再以一根钢梁为基准，横向调平2根大梁，使其上表面位于同一水平面上，固定轨道基座。轨道基座安装完成后，在轨道基座上安装轨道，轨道中线和换热器中心线平行且在中心线正下方，用轨道压块对轨道进行固定，轨道两端制作安装限位块4块，用于轨道小车的极限终端限位。在换热器管板处，放置千斤顶支撑架（2个）并调平。选择吊点，吊起千斤顶支撑座，使其弧面保证与换热器轴向同心，且底部与支撑架上表面平行，每个千斤顶支撑座与支撑架之间放4个50 t千斤顶，左右对称，每个千斤顶处安排一名钳工，统一号令，保证同时水平的顶起千斤顶，千斤顶顶起的高度为190 mm（地脚螺栓高100 mm，考虑到换热器重量大，增加富余量），并能保证载重轨道小车放进去。把载重轨道小车放在轨道上（行走轮边缘凸台与轨道的间隙，满足规范要求，50 t载荷间隙≤10 mm），并与轨道左右对称，保证换热器重心在两个轨道小车轴心线上，再缓慢降低千斤顶（保证每个千斤顶同步），使换热器落在载重轨道小车上。取出千斤顶，吊开千斤顶支撑座及支撑架。用材料硬连接两个载重轨道小车。在移动平台两端部，轨道中间位置安装轴向牵引挂点，高度与轨道轮支架中心点同高，两端各挂一个3 t手动葫芦，分别牵引在载重轨道小车上，两个手动葫芦前拉后松，保证换热器安全缓慢运输。利用3 t手动葫芦牵引，待换热器平移合适位置至3/4换热器长度，移出框架边缘，利用300 t吊车，吊出旧的换热器。

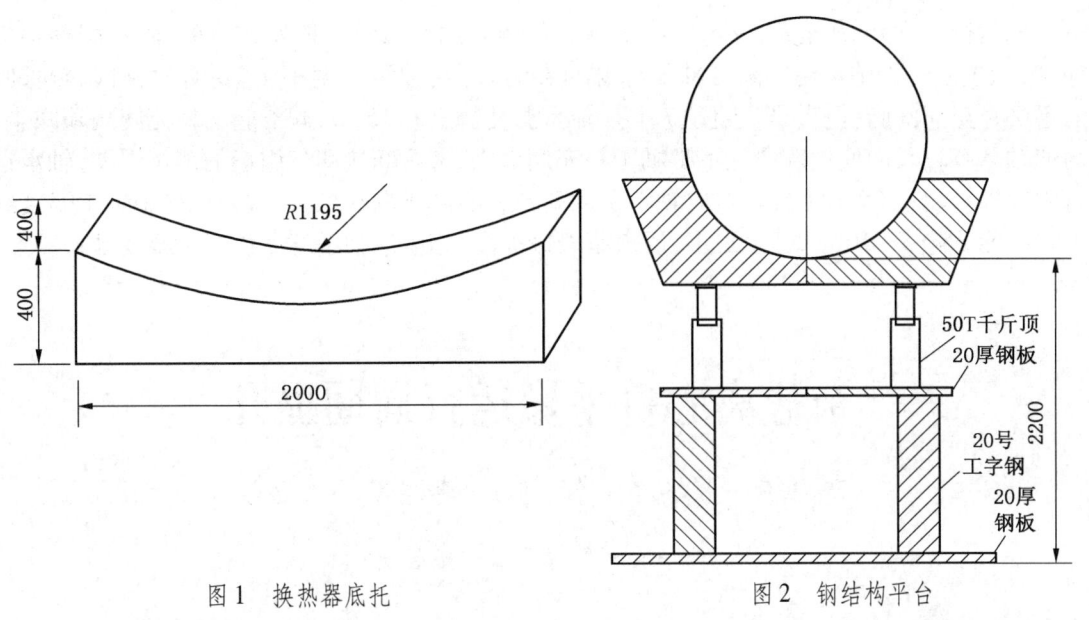

图1 换热器底托   图2 钢结构平台

真空瓦斯泵电机轴承绕组温度监控及超温报警研究与应用

翟 强 苏保军

铜川博瑞矿山电器有限公司

一、成果特点

真空瓦斯泵电机轴承绕组温度监控及超温报警系统通过监测电动机定子绕组的温度，也监测循环水的温度和水位，及时反馈警界温度和水位，提示操作人员采取必要的防护，以保证轴承的使用寿命，提高工作效率，减少设备故障，节约生产成本。

二、成果内容

高压隔爆型三相异步电动机在定子绕组和轴承室中安装了测温装置，目前高压电动机生产厂家在高压电动机出厂前轴承温度是必须测定的项目，而滚动轴承高压电动机轴承温度试验除了有最终温度不超过95 ℃限制外，对在运行中95 ℃以下何种情况属于轴承温度高还没有统一的标准，按一般习惯，电动机运行1.5～2 h后，轴承温度稳定温升≤35 ℃便可以认为正常，但轴承运行短时（如15 min）温度上升至65 ℃或运行1.5 h以上温升超过65 ℃仍然没有下降趋势，及运行不到1.5 h但轴承稳定温度超过75 ℃，皆可以视为轴承温度高（期中65 ℃、75 ℃是针对夏季而言，在寒冷的冬天应以55 ℃、65 ℃为宜），皆不宜直接投入使用，需进行修理。实践证明，轴承使用寿命长短与轴承运行温度有很大关系，轴承长期运行温度高,润滑条件变坏,润滑脂老化变质加快、液化、挥发或流失,轴承摩擦损坏加剧(这里不讨论轴承温度高对轴承自身的影响)。当轴承温度小于70 ℃时,可以较长时间不必补充润滑脂,但当温度超过70 ℃,轴承温度每上升15 ℃,润滑脂的补充间隔须减半。为使轴承有较长的使用寿命且不必勤于补充润滑脂,考虑间接测量引起的测试误差,轴承运行温度以不超过65 ℃为宜。对有轴承温度高现象的高压电动机,通过采取措施轴承温度绝大多数能下降5~10 ℃,甚至更多,润滑脂寿命提高,相应地轴承寿命便能大幅度延长。

杂盐离心机平稳运行周期提升

陈慕赟　崔冬冬　贺　飞　李志军　王思学

神华榆林能源化工有限公司

一、成果特点

杂盐离心机固体出料在高速离心力的作用下容易产生粘壳现象,影响转鼓动平衡和连续出料,采取在固体出料口增加平衡板刮刀的措施,改变了固体料流向,使物料不容易粘壳,同时对部分粘壳的物料进行不间断的刮除,实现了一周至两周停机检查、清理离心机下料口,延长了离心机的运行周期。

二、成果内容

该改造是在卧螺式杂盐离心机的转鼓外侧对称增加一组刮板,离心机转动过程中刮板不停地将粘在出料口机壳处的固相出料刮除,减少离心机固相出料粘壳堵塞出料口频次,达到延长离心机稳定运行周期的目标。由于杂盐离心机处理的料液中含有高腐蚀性的氯离子,所以要求刮板及螺栓螺母材质有极高的硬度。

料液从杂盐离心机的进料管进入到离心机螺旋中部被甩出到转鼓壁上,在离心力的作用下固液分离。固相物料被螺旋输送到固相下料口排除,液相母液运动到液相下料口排除(图1)。

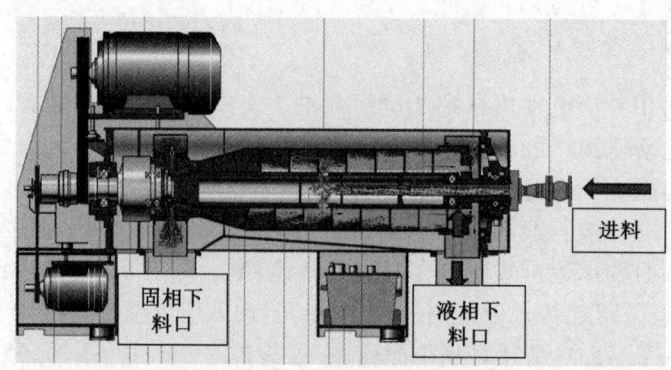

图1　离心机进料固液分离示意图

TDS矸石仓双出口分运系统设计

王海涛

陕西澄合百良旭升煤炭有限责任公司机电部

一、成果特点

煤仓在下口浇筑时，提前按照设计浇筑预留两个成90°方向的给料出口，下部安装2台给煤机，1台顺带式输送机方向给料，1台成角度角向轨道方向给料，实现带式输送机、轨道给料双向运输。两套系统可实现随时切换，且备用系统可立即投入运行，操作简单、方便。投资少，见效快。

二、成果内容

矸石仓下部煤仓收口浇筑时，施工预留两个给煤机安装口，两台给煤机成90°方向安装，其中一台给煤机为原设计和下部800带式输送机搭接，矸石运至充填工作面；另一台给煤机出口为矸石联巷轨道运输方向，下部和1.5 t矿车搭接形成第二个矸石外运系统。在矸石量较小或矸石运输系统不能正常使用时，利用第二台给煤机配合1.5 t矿车出渣（可轨道提运至充填工作面或升井至地面矸石仓）。

矸石充填系统正常时作业流程：1号给煤机工作→矸石运输带式输送机→充填带式输送机→充填机。

矸石充填系统不正常时作业流程：2号给煤机工作→1.5 t矿车自动装料→轨道运输系统→充填巷（升井矸石仓）。

2JK-2.5提升机松绳保护电控改进

刘运河

陕西陕煤韩城矿业有限公司桑树坪煤矿机运一队

一、成果特点

提升机司机能及时掌握松绳情况，有更多的精力投入到工作中；增加了提升机机械电控系统的寿命；减少了维修人员的维修量；加快了井下矿车的循环进度，保障了设备的安全提升下放。

二、成果内容

钢丝绳瞬时敲动开关 127 V 独立声光信号即时得电动作,如果钢丝绳松绳松动超过 2 s 时安全回路断电实现制动,进而完成对绞车的保护。

结合现场实际情况,决定在原有的信号盘上增加独立松绳声光系统,以便于司机观察,再在原保护线路增加中间继电器、延时继电器进行改造,使其不会瞬时断电。因增加的独立声光信号电源取得是 127 V 电压,而原安全回路是 24 V 直流电压,因此需要在原安全回路中加一个中间继电器,使独立声光信号电源在上取点,这样就解决了电压互相独立又互相关联的问题,再在安全回路中增加一个延时继电器调整为 2 s 动作,也就解决了瞬时松绳断电制动的问题。

内置幅板滚筒焊接装置

雷 磊　种柏杨

陕西陕煤韩城矿业有限公司生产服务中心

一、成果特点

采用内置幅板滚筒焊接装置焊接,由人工焊接转为机器焊接,减小了人工劳动强度,提高了生产效率,降低了生产成本,保证了安全生产。适用于滚筒带式输送机。

二、成果内容

内置幅板滚筒焊接装置利用了接头转换原理,将原来的固定式接头转换为可调整接头,对准滚筒需要焊接的坡口缝,进行固定后转动滚筒,实现环缝焊接作业(图1)。

图1 环缝焊接作业流程

装车仓闸板重载滚轮润滑自动控制系统

权永刚

陕西彬长矿业集团有限公司铁路运输分公司

一、成果特点

一是避免重载滚轮因缺油卡死而导致闸板运行困难产生磨损,有效地保护了闸板油缸的工作效率和使用寿命;二是节约了润滑油脂,降低了保养费用,提升了装车效益。

二、成果内容

通过装车仓控制软件PLC实现润滑油定时定量润滑和报警提示功能的远程控制。经过与装车站现场探讨,在保持原有手动控制的基础上,增加自动控制功能。

自动化控制润滑油系统,利用原装车仓软件改造编制的设备动作计数子程序中"定量仓动作累计数"进行自动控制;装车时,闸板每开关一次PLC统计为闸板动作一次,并累计在装车软件显示屏上显示。当装车系统启动运行时,自动润滑系统采集闸板开关次数,当PLC检测闸板动作次数达到150次时(装车150节),向润滑油泵发出启动命令,润滑油泵启动,开始向各润滑点供油;在采集到闸板持续运行15次(装车15节)时发出停止命令,润滑泵停止工作。依次累计循环完成向闸板和溜槽轴承供润滑油的工作。

安装该系统后,装车仓闸板重载滚轮润滑油脂消耗由每周30 L降低至10 L,每年节省油脂1040 L。

自动排水装置加装防烧泵功能改造

焦悦峰

陕北矿业柠条塔公司

一、成果特点

可有效防止自动排水开关因水泵堵塞不上水等情况的烧泵现象。减少水泵烧坏的设备维修成本费用及更换水泵所带来的人工成本费用,减少换泵次数,降低工人的劳动强度。主要应用在井下自动排水控制方面

二、成果内容

在排水管路出口安装水流压力传感器,优化自动排水控制线路板,从而实现水泵不上水或排水管路堵塞等因素烧泵情况。

对原有自动排水控制器线路板进行优化,在原线路板的基础上新增水泵出水口无水流时自动停泵功能,并增加 1~3 min(时间可设置)无水流延时判断功能,避免因车辆通过时水面液位变化造成水泵故障停泵等现象。

在排水管路出口安装水流压力传感器,当排水管路有水流时水流压力传感器触点闭合,将闭合信号传给自动排水控制器,水泵正常运行,若排水管路中无水流时水流压力传感器触点断开,将信号传给自动排水控制器,自动排水控制器经过一定时间延时,仍然无闭合信号时自动排水控制器控制开关停泵。

变电所低压供电系统改造

张连杰

陕北矿业柠条塔公司

一、成果特点

当一回路低压进线出线故障时可通过母联开关实现回路切换,提高供电可靠性。适用于井下变电所有两套低压供电系统,要求低压系统变压器电压等级相同、容量相同、连接组别相同时。

二、成果内容

34号低压开关控制变压器控制电源取自两路，通过一个中间继电器，保证34号低压开关控制回路始终有电源。正常情况下，34号低压开关控制变压器控制电源取自34号电源侧，此时中间继电器始终带电工作，通过其常开点将34号电源与变压器一次侧接通，变压器带电，控制回路正常工作；当一段低压出现故障或失压时，34号低压开关电源侧无电，此时中间继电器失电，常开点断开，使34号低开电源与变压器一次侧完全断开。通过常闭点将控制变压器与33号低开电源侧接通，控制变压器由33号低开供电。控制原理图如图1所示。

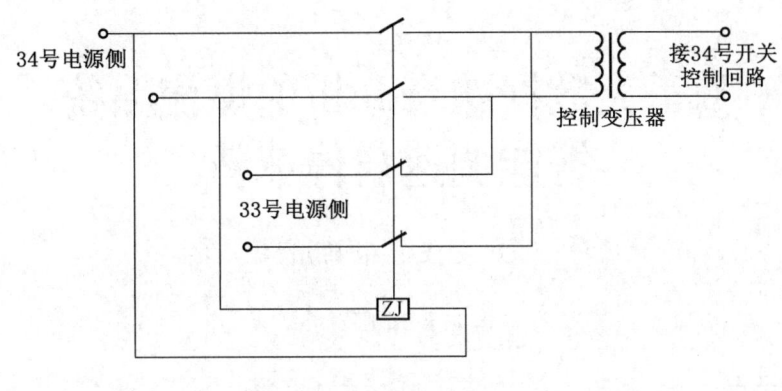

图1 控制原理图

更换上托辊液压装置

刘 杰

陕北矿业柠条塔公司

一、成果特点

利用液压升降原理，在托辊更换装置中安装了一个液压千斤顶，通过千斤顶的作用可轻松将处于张紧程度的带面顶起，可由一人完成对带式输送机上托辊的更换工作，节约了人力劳动强度，提高了作业效率。该装置适用于所有带式输送机的上托辊更换作业。

二、成果内容

带式输送机运输工区日常检修工作主要集中在更换带式输送机上下托辊，之前制作过多种更换上托辊以及下托辊的装置，在使用期间由于通用性不够强，使用效果均不佳，为此我们对之前改造过的装置进行了认真分析，对关键部位的几个位置进行活动式改造，使其通用性更强。

使用 50 mm 方管焊接槽型结构，固定在带式输送机纵梁上，焊接长支撑机构，配备 1 t 液压千斤顶（行程 150 mm），带式输送机带面使用 80 mm 槽钢，整个装置重量仅为 3.8 kg，一人即可轻松完成托辊更换作业。

工艺流程：第一步，闭锁带式输送机；第二步，将该装置垂直插入损坏上托辊附近，以保证足够的工作空间为主；第三步，将该装置底部锁定销插入并锁紧；第四步，手动操作千斤顶使其沿带式输送机带面上升并将带面顶起；第五步，将损坏托辊拆下并安装新的完好托辊；第六步，将千斤顶收回，保证斜撑部位与带式输送机带面完全不接触为准；最后将千斤顶底部锁定销拆除并将该装置搬走，从而进行下一次作业。

基于大数据融合分析的煤流系统智能调速启停革新

刘安强　张碧川

榆北曹家滩公司

一、成果特点

基于大数据融合煤流控制系统煤流计量、视频分析、人员定位、通信联络、巡检机器人等技术，改变了传统的逆煤流启动方式，利用多系统智能联动、诊断、调速，实现了顺煤流智能启停和多煤源协同运输。

二、成果内容

通过大数据分析，优化原来的控制流程，让系统空载的开机时间减少，精细化整个控制过程，从而降低设备的空载、轻载率，达到节能减耗的目的。其工艺流程如下。

（1）大数据平台应用架构设计。曹家滩矿井智能管控平台以六大功能中心为基础，以工业环网链接各个子系统，实现数据的采集、存储，通过大数据平台，实现多种类数据的融合分析，提供辅助决策，从而保证生产的安全、智能与高效。

（2）优化控制流程。根据输送带前后煤仓、输送带等数据实时建议启停输送带，保证安全又减少输送带运行时间。

（3）减少启停时间。对于井下较长的输送带，输送带有多个给煤点，需要停止时，根据平台电流大小给出输送带上煤段的实时情况。

（4）提供顺煤流启动保障。井下煤流输送带较多、较长时，平台中输送带上煤段实时显示，可以让顺煤流启动可视化，更加安全、可靠。

（5）启停占比明晰化。通过带式运输机启停占比的按天对比，明确每天输送带启停占比时间。

（6）通过关联信息减少输送带运行时间。矿井的实际调研中发现，区队之间主要通过调度电话进行交流，信息没有关联起来，导致经常出现输送带空转较长时间。通过关联工作面设备运行情况，减少带式运输机运行时间。

（7）动态调整输送带转速，推动煤流系统减人少人。根据输送带上的煤量、电机电流、功率，分析电机是否在最佳功率上运转，动态调节输送带转速，防止大马拉小马。

基于830E-AC矿用卡车基础结构平台完成的废气排放系统深度创新与改造项目

邵满泉　翟建军　常　鑫　李复东

神华北电胜利能源有限公司设备维修中心

一、成果特点

该装置能有效提高防火布的使用寿命，降低发动机因机体或部件进水发生故障及泵管路集中区域发生火灾事故的概率，提高液压管路使用寿命，降低材料配件的损耗率。

二、成果内容

1. 排气管的改造方案

结合设备实际生产情况及对相关问题分析研究后得出，为整体排气系统加装一套侧面排放装置（以下简称侧排），具体方案如下。

（1）位置选取。排气管前段因与发动机相关排气部件相连，结构复杂，改造空间极为有限，所以前段加装侧排难度较大，而后段经过泵集中区域，管路较多，考虑安全因素，同样不利于加装侧排，因此选择在排气管中段，两侧支撑梁过桥后方选取位置加装侧排装置最为合理，将中段排气管进行完全改造后，从原排气管前段接口处连接，高低平行排列，固定安装在右侧平台下方。

（2）功能实现。在完全保留前、后段排气管情况下，将中段排气管处（支撑梁后侧接口至主梁第一接口）进行改造，此段加装或重新设计制作一段三通管，分别连接前段、后段或侧排，同时该三通管道有阀门，可以分别实现前段—三通—后段及前段—三通—侧排相应的排气功能，满足自由切换的目的，改造后的排气管道布局平面图如图1所示。

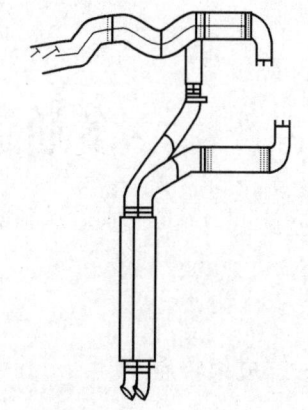

图1　改造后的排气管道平面布局图

2. 排气管的相关参数设计

（1）直段跨接排气管，材质为镀铝钢，表面喷涂防锈、防腐蚀、耐高温等聚合性材料，凹槽内径 $\phi_{凹}$ = 240 mm，凸沿外径 $\phi_{凸}$ = 235 mm，外缘直径 $\phi_{外}$ = 250 mm，两种长度尺寸规格短管 $L_{短}$ = 500 mm，长管 $L_{长}$ = 2450 mm，凹槽与凸沿形成沟槽连接方式，外缘面使用卡箍紧固连接，管两端截面其中一端为凹槽面，另一端为凸沿面。

（2）中段三通排气管，T型正三通管道，材质使用同于直段跨接管，前后端分别采用凹槽、凸沿设计，垂直端无加工工艺，各直径相同于直段排烟管，各端长度 $L_{通}$ = 430 mm，三通后端及垂直端各设计安装一叶面型阀门装置，外部的操纵机构能有效带动阀门进行360°旋转，叶面随旋转而开启或闭合通道，达到改变排气流体方向的目的。

（3）90°弯形排气管，主要作用为改变三通垂直端方向连接至消音器，使排气方向由垂直变为水平向右，其设计参数：弯曲角度 DOB = 90°，空间转角 POB = 283°，各直径角度与上述排气管相同。

（4）阻性消音器，其直管多室式结构适用排气量较大烟道，其原理是利用多孔及相关吸音材料来降低噪声，在声波传播过程中，管道截面积的改变或内部共振室能引起声阻抗的改变，产生声能的反射和消耗，吸音材料按一定排列方式固定在气流通道或共振室的内壁上，当声波进入消音器后，一部分声能在多孔材料的孔隙中摩擦而转化成热能耗散，声波减弱，该消音器对高频消声效果较好。内部材料选用 2 mm 厚耐高温、抗腐蚀性金属板材，表面进行穿孔并卷成圆柱形，孔径约为 5 mm，穿孔率达 60% 左右，外表面仍使用相同于直段跨接管材料，加工成室型焊接与内表面焊接，设计尺寸：内管直径 $\phi_{内}$ = 240 mm，外管直径 $\phi_{外}$ = 400 mm，消音器长度 $L_{消}$ = 1420 mm。

（5）固定件，管道之间连接件采用卡箍件连接，采用双T性沟槽强力喉箍，内槽角度约为5°，消音器前后端各使用一个U型卡子固定，U型卡子定位焊接于平台右侧下方。

3. 排气管的装配

左侧前段排气管→（前端）左侧三通排气管（垂直端）→90°弯形排气管→长直段排气管→消音器，三通后端接左侧后段排气管，其消音器位于并列排布的前侧。

右侧前段排气管→短直段排气管→（前端）右侧三通排气管（垂直端）→90°弯形排气管→消音器，三通后端接右侧后段排气管，其消音器位于并列排布后侧。

多通道电压采样监测报警器

刘文江　杜水霞　杜秉周　侯宏波　刘　霞

神东煤炭集团供电中心

一、成果特点

多通道电压采样监测报警器通过监测系统电压过高、系统电压过低、系统发生接地、系统发生断相、系统失压等故障现象来保障煤矿一类负荷的安全供电。发生故障时能够及时在线语音和声光报警。该设备安装在变电站的集控室，设备接线简单、安装方便。

二、成果内容

多通道电压采样监测报警器由多通道输入、滤波降噪、AD 转换、LED 显示、数据发送、MCU 微处理器、语音模块、预置开关模块组成（图1）。从各级电压互感器（PT）的二次侧连接到12通道输入；再通过12通道输入模块输入到滤波降噪模块；再转换成信号传输到 AD 转换模块；由 AD 转换模块处理成数据信号输入到 MCU 中央处理器模块；由中央处理器模块分别连接到数据发送模块、语音模块、LED 驱动模块和预置开关模块。LED 驱动模块连接到信号显示模块；语音模块通过语音数据直接发送到喇叭上；数据发送模块通过各串行口远程发送电压数据；预置开关模块可以切换电压等级，音量大小和报警可以自动调节。

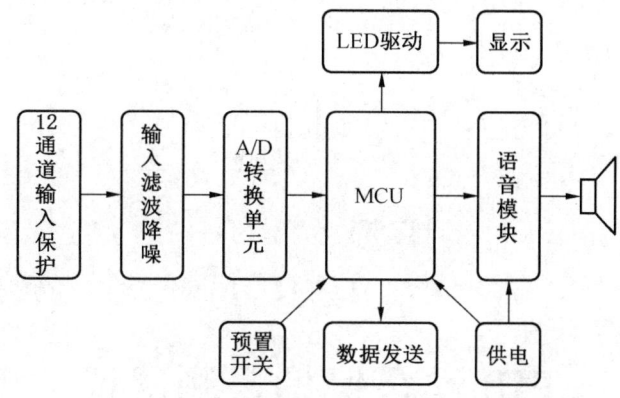

图1　多通道电压采样监测报警器原理图

柴油机车断油系统改造

李林林　高瑞岗　汪　靖　吴　杰　张春林

神东煤炭集团上湾煤矿

一、成果特点

该成果只需在原柴油机车断油系统增加一个控油球阀，就保障了车辆及人员安全，小物品起到了大作用，具有安装维护简单、故障响应速度快的特点。

二、成果内容

在以前正常供油、断油系统中串接了一个控油球阀，并将该球阀安装在车辆驾驶室内，利用人为开关球阀控制燃油供给系统通断，从而在发生柴油机"飞车"故障时能够第一时间切断燃油供给，控制柴油机"飞车"故障。车辆正常运行期间球阀处于开通状态，一旦发生柴油机"飞车"故障，驾驶员能够在第一时间迅速关断球阀，阻断燃油供给。

控油阀安装原理图如图1所示，在高压燃油泵到柴油发动机之间，增加了一个控油球阀，控油球阀安装在驾驶室内，当柴油发动机失控不能停车时，驾驶员扳动控油球阀，切断高压燃油泵到发动机的油路，实现急停发动机的功能。

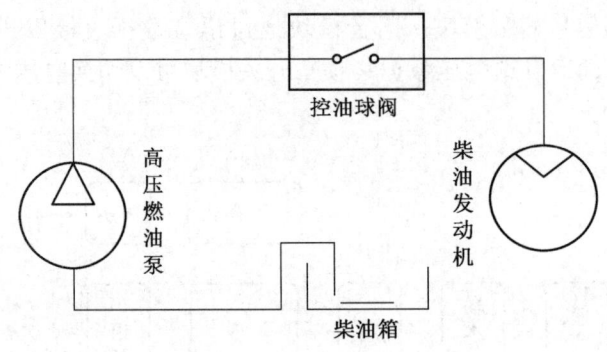

图1 控油阀安装原理图

PIB综合保护器测试仪

刘战英　吕彦飞　李健伟　杜继程　孟昭军

神东煤炭集团设备维修中心

一、成果特点

PIB综合保护器测试仪采用可控硅等电子元件，通过模拟量输入小的电流信号给保护器，实现过载保护功能检测。同时通过控制角调整，对输出电流进行无极调整，实现不同电流倍数的测试。PIB综合保护器测试仪所需配件以电子元件为主，体积小，测试过程中无大电流，安全系数高，经济成本低。

二、成果内容

采用金属薄板制作测试仪壳体，壳体上安装有测试钮、指示灯及2个高精度LCD数显表，壳体上部安装有2个可折叠测试插头，测试仪整机尺寸330 mm×150 mm×200 mm，整机功耗≤20 W。测试仪使用220 V交流电源，通过变压器为本机和保护器提供AC24 V和AC36 V电源，按钮和发光二极管组成了数字量发生和接收电路。由R1、C1、D5、V1、V2、V3组成电流发生器，通过调节R1阻值，调整C1充电时间常数，从而实现V1、V2、

V3控制角调整，实现输出电流的无极调整，SA2与R2、R3、R4组成粗调电路，R5、R6、R7组成保护电路，D1、D2、D3、D4与电流表组成测量电路，R8为漏电试验电阻（图1）。测试插头与保护器插座一一对应，测试时，由测试仪为保护器输入所需的各类数据信息，测试仪接收保护器输出数据，通过高精度LCD数显表和发光二极管显示，从而实现对保护器的检测。

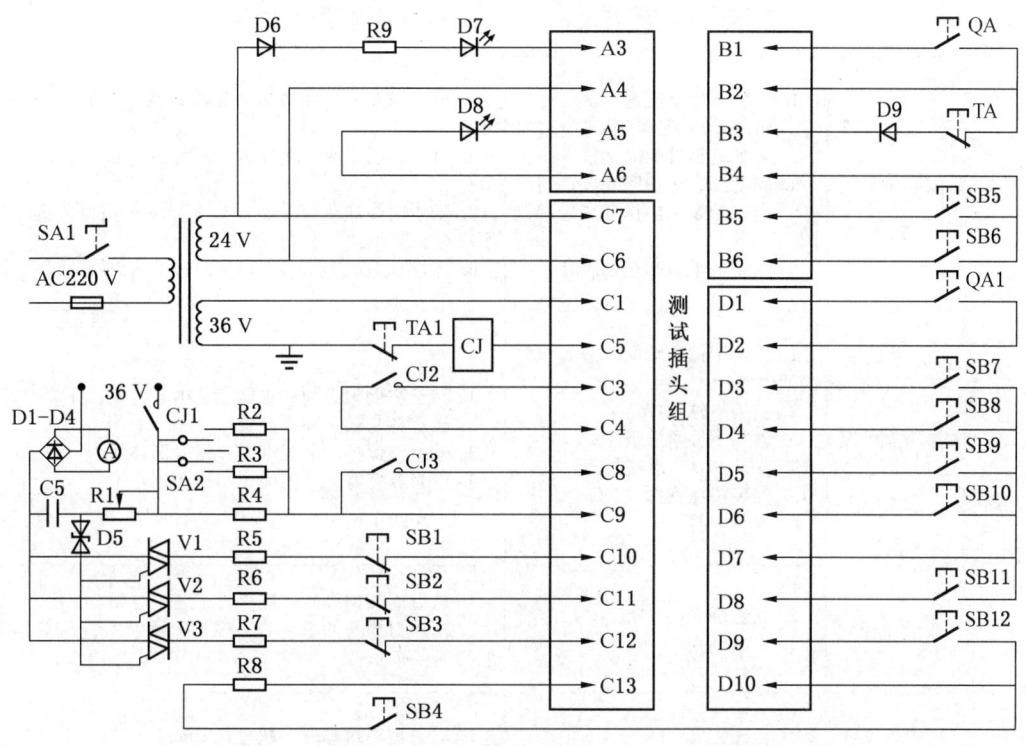

图1 电气原理图

4 kW水泵组装流水线配套工装

王振斌　张忠伦　徐志峰　贺佳佳　常翻卫

神东煤炭集团设备维修中心

一、成果特点

4 kW水泵组装流水线配套工装可以大大减少工人的劳动强度，增加工作效率，提升水泵的检修质量，改变了水泵轴承安装、油室蜗壳安装、静密封安装、骨架油封安装的装配工艺，减少水泵准备周期，为后续的自动化流水线作业提供有力保障。

二、成果内容

工序1	安装机械密封	1. 安装下轴承座静密封 2. 安装蜗壳机械密封 3. 安装骨架油封 4. 安装机械密封压片	1. 动密封与转子轴配合的过盈量在 0.4~0.6 mm 之间 2. 机械密封波纹管安装平齐，压片高度不得超过静密封 3. 骨架油封硬度为邵氏 85~90 度
工序2	安装轴承	1. 安装下轴承压盖 2. 将轴承放置到工装定位块内 3. 转子输出端朝向油缸方向 4. 固定工装防护网并放置到位 5. 启动油泵，操作液压缸控制阀 6. 压装轴承内圈至轴阶处	1. 轴承压盖的内径与轴的配合间隙为 0.2~0.4 mm 之间 2. 轴承转动灵活，无异响，配合过盈量 0.002~0.030 μm 3. 轴承内腔加注润滑油 25%~35% 之间为合适，卡簧不得有变形现象 4. 下轴承座压盖止口方向朝向转子输出端
工序3	安装下轴承座	1. 将转子输出端向上放置于防倒架内 2. 安装下轴承座 3. 紧固下轴承压盖 4. 安装"O"形密封圈 5. 安装机械密封（动） 6. 安装卡簧	1. 转子防倒架必须放置到工装中心位置，并关闭把手 2. 轴承杯与轴承外圈贴合 3. 轴承座保持灵活无卡滞，螺栓循环紧固 4. 密封圈完好，无扭曲、切边现象
	安装蜗壳	1. 放置蜗壳 2. 安装蜗壳	1. 放置安装蜗壳时，应垂直工装中心贴合紧密 2. 出水口要与油眼垂直，螺栓紧固结实，压平壳体无漏油
工序4	安装叶轮	1. 安装键条 2. 安装叶轮 3. 锁紧叶轮	1. 轴与键不对称度不超过 0.1 mm 2. 叶轮转动灵活，平稳无晃动 3. 锁紧叶轮时必须安装防松装置，叶轮与蜗壳间隙为 2.5~3.5 mm 之间
	气密性测试	1. 气管接头与下轴承座气孔连接并紧固 2. 气管接头与快速接头 3. 调整压力并开始测试	1. 气密性测试时应将压力加至 0.03 MP 2. 保压 10 min，压力无下降
工序5	注油	1. 插入油管并注入 25 号变压器油 2. 打开油泵开始注油 3. 紧固油眼螺栓	注油时将油泵开启，28 s 后自动停止，注油量为 500 mL，油眼保持不漏油
	安装进水盖	对准螺孔，用铜棒对称敲击底盘，不得与叶轮摩擦，转动转子时无卡滞现象，然后紧固螺栓	1. 叶轮与进水盖的间距为 3~5 mm 2. 转动转子无卡滞、晃动等现象

(续)

工序6	安装定子	1. 在下轴承座处安装"O"形密封圈 2. 安装定子	1. 密封圈完好,无扭曲、切边现象,松紧适宜 2. 引线方向应与蜗壳出水方向一致 3. 转子铁芯的高度与定子铁芯高度相等,转子铁芯的外径与定子铁芯的内径间隙应在0.3~0.5 mm 4. 定子与上轴承座贴合严密 5. 螺栓、弹垫规格一致,无变形
工序7	安装导流套	1. 安装导流套胶垫 2. 用定位螺栓将倒流到定位 3. 用专用的工装压下导流套 4. 安装导流套出水口	1. 导流套胶垫无扭曲,导流套螺纹口与胶垫孔对应一致 2. 导流套出水口与蜗壳进水口方向一致 3. 导流套与蜗壳结合压紧胶垫变形量为20%~30% 4. 出水口胶垫无变形,无老化。出水口轴线与定子轴线相平行
工序8	安装上轴承座	1. 在上轴承座安装合适的"O"形密封圈并涂抹适量的密封胶 2. 拉出引线与接线柱对接并固定接线板 3. 使用压装工装安装上轴承座 4. 用绝缘表测量绕组绝缘	1. 密封圈完好,无扭曲、切边现象,松紧适宜 2. 引线头绝缘皮与电源接线柱应留有2~5 mm的距离 3. 压装定子结合面与上轴承座结合面贴合 4. 绝缘≥1000 MΩ
工序9	安装滤水网、翻转	1. 顺时针旋转导流套180° 2. 安装滤水网 3. 逆时针旋转导流套180°	1. 导流套旋转时无磕碰卡滞 2. 滤水网平整无松动,螺栓紧固
工序10	接线	1. 将定子引线依次接到接线板上 2. 安装接线板 3. 安装接线板压片并紧固螺栓	1. 接线板完好,对地绝缘达到1000 MΩ以上 2. 接线板压片无变形,螺栓紧固 3. 接线时接头无毛刺、无虚接状态,连接可靠
工序11	更换电缆	1. 将防爆盖固定在台虎钳上 2. 安装合适的电缆胶套和挡圈,并穿入电缆拧紧喇叭嘴 3. 安装电缆压线板	1. 台虎钳固定牢固、可靠,并设有防滑胶垫 2. 电缆型号为3×4+1×4,并标有煤安标志"MA";电缆穿入装置后外套伸出装置内腔壁5~15 mm的距离,低于5 mm为失爆,大于15 mm为不完爆;喇叭嘴最少拧紧扣数为6扣,拧紧后用手拽电缆不窜动为合格;喇叭嘴与进出线装置,拧紧后应留有3~7 mm的距离,小于等于2 mm为失爆 3. 安装压线板时,电缆的压扁量为小于电缆原值的10%
工序12	安装防爆盖、压装	1. 安装"O"形密封圈并涂适量的密封胶 2. 接线时先接地线再接 3. 相线 4. 安装防爆盖并紧固螺栓 5. 测量水泵的对地绝缘	1. 密封圈完好,无扭曲、切边现象,松紧适宜 2. 地线比相线长10~15 mm 3. 同一部位的螺栓、弹垫规格一致,螺栓伸出长度为1~3 mm,喇叭嘴与出水嘴分别位于泵体两侧,呈对称位置 4. 绕组对地绝缘达到1000 MΩ以上
	安装提把	用M10×25的螺栓将提把紧固	紧固时必须安装垫片

联力开关模块综合测试台

王程鹏　王福英　魏占宽　高　冲　宋　盛

神东煤炭集团设备维修中心

一、成果特点

联力开关模块综合测试台主要是用于检测联力开关各种模块各端口功能是否正常。

二、成果内容

通用性探讨。为了具有11开关的通用性，可将第4插槽的模块更换为4号处理、调理模块，由于33开关各种试验是在控制模块上进行的，可将控制模块的试验接点与外部试验开关并联，33开关的试验可以通过控制模块或试验按钮来完成，而11开关可通过试验旋钮来完成。但4号处理、调理模块更换为控制、漏电模块时，会导致33开关过载试验无法进行，可以通过外加一个转换开关来解决该问题。

制电气原理图。以开关模块的接线图作为依托，设计外围电路图，直接提供模块所需电量信号供模块检测，将模块输出信号经外围电路直接反映出来。

选用元器件。选用变压器、电源模块、开关、电量传感器、二极管等电气原件来实现电气原理图所有功能。

选用芯架。将报废开关的模块芯架拆下，作为该项目的核心部件，报废开关为14回路有5对插槽，为了方便与33开关通电，选用4对插槽，同时可以节省调试时模块使用量和测试台体积。

PLC、触摸。模块的硬接点信号的输入可以用PLC输出点来实现，这样可以大量减少外部开关按钮的使用，组合开关上的操作手柄和按钮可以通过触摸屏虚拟元件来代替。

电脑、机架。通过电脑在触摸屏上编辑各种工种工程画面。通过触摸屏对PLC的操作，可以实现对开关模块的控制，可以作为联力开关学习培训平台，也可以作为技术人员学习软件平台。

最后调试成型。

综采三机破碎机磁力偶合器的研究与应用

王 鹏　薛 军　刘 鑫　卜 闯　李金生

神东煤炭集团高端设备研发中心

一、成果特点

适用于煤矿综采工作面三机破碎机、MMD 破碎机等振动较大、频繁过载的设备。

二、成果内容

目前煤矿综采工作面三机破碎机、MMD 破碎机联轴器均使用液力偶合器，液力偶合器是以油液为介质，输入部分（泵轮）将引入的机械能转换为液体流动的动能，较高能量的液体以离心的方式从泵轮流至从动部分（涡轮），并转换成机械能，进而完成电机到负载的动力传递。

综合分析液力偶合器失效情况，多数属密封失效所致。因此改造方案为：使用磁力偶合器替代液力偶合器。磁力偶合器以磁场为介质实现非接触式传动，电机通过联轴器与磁力偶合器连接，驱动铜转子旋转，铜环切割永磁体磁力线产生感应涡流，形成涡流磁场与永磁体磁场相互作用生成转矩，带动永磁体盘旋转，驱动工作机运行，实现电机到工作机的动力传递。磁力偶合器对输入输出部分的对中要求很低，适用于井下恶劣的安装条件和生产环境。磁力偶合器过载保护电机功能更为简单，无须任何维护措施，更加高效可靠，传递效率有保障。

连续采煤机收集头减速器传动系统的改进

王 军　刘海平　王炳鑫　王永军　索智文

神东煤炭集团高端设备研发中心

一、成果特点

连续采煤机收集头减速器传动系统的改进主要是将直齿伞齿轮优化改进为零度弧形伞齿轮，改进后基本参数不变，其受力没有发生变化，但提高了齿轮的精度等级和安全系数。弯曲安全系数变大，齿轮的强度增加，不易出现断齿现象；接触安全系数变大，齿轮的传动平稳性增加，齿轮运转噪声随之降低。

二、成果内容

零度弧齿伞齿轮是一种不完全共轭局部点接触的齿轮副（图1）。零度弧齿伞齿轮由于其齿线呈螺旋状，故传动时存在轴向力，且轴向力随转向变化，零度弧齿伞齿轮中点螺旋角为 0°，轴向力又不是很大，在一些情况下可以不需改变支撑系统，与直齿锥齿轮传动相似，在诸多应用中可以互换。

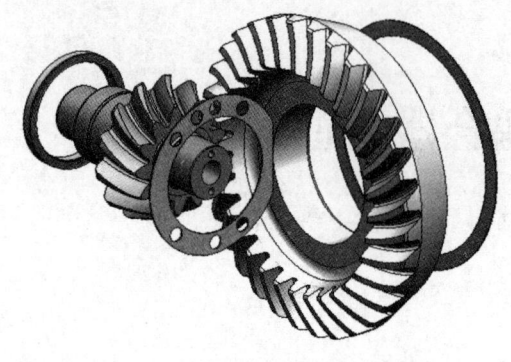

图1 零度弧齿伞齿轮三维图

零度弧齿伞齿轮其传动平稳性远大于直齿锥齿轮，可以用在线速度为 60 m/s 的高速传动中。直齿锥齿轮的齿面接触状况不能避免边缘接触，而零度弧齿伞齿轮的中点的螺旋角等于 0，它是点接触齿轮副，可以很方便地调整齿面接触区印痕来避免边缘接触，因此，不易产生边缘接触、偏载和应力集中现象，且凹凸齿面接触使其拥有更优的轮齿强度性能，相同规格的零度弧齿伞齿轮能够承担更多的载荷。因此，零度弧齿伞齿轮相对于直齿锥齿轮具有传动更平稳、传递的载荷和功率更大，使用寿命更长等优点。

机电设备多维矩阵故障预警系统研发

于海涛　魏志宇　赵　辉　王中举　李　磊
刘万远　王云庆　齐　磊　马　列

内蒙古平庄能源股份有限公司六家煤矿

一、成果特点

多维矩阵故障预警系统具有参数设置、超温报警、历史故障查询、故障复位、地面调度室主机综合显示和预警、远程监测监控上传、局域网 Web 发布访问等功能。

二、成果内容

多维矩阵故障预警系统对井上下各个系统监测监控预警装置，采用震动传感器、红外线感应器、霍尔转速传感器、昆仑通态触摸屏和以西门子 300PLC 为核心主机进行采集数据和控制，通过 485 通信接口进行数据传输。

数据传输过程：将各种监测点通过不同模块将信号传递到转换器并转化为 RS485 信号，通过光纤将 RS485 信号传递到变电所自动化通信分站，通信分站将检测信号打包处理上传到井上调度室主机，调度室主机将通过软件显示，并做 SOE 时间报表，保存历史记录，同时做 Web 发布，作为客户端的办公室电脑，通过矿局域网，进行 Web 访问（图1）。

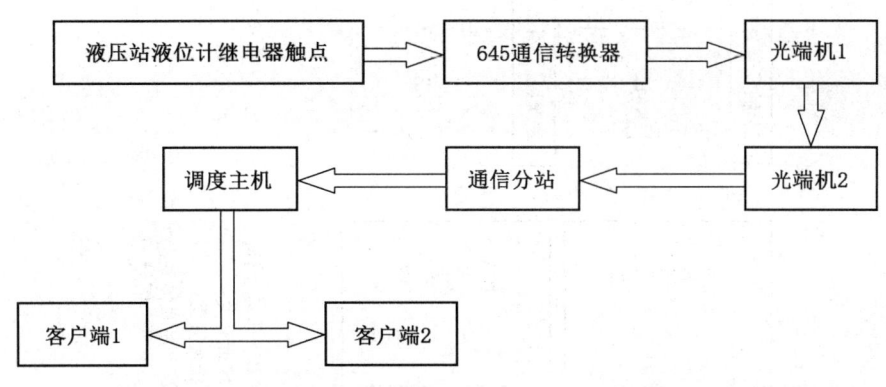

图1 监测设备通信网络流程图

系统硬件的设计选用了西门子300PLC、模拟量模块、红外线温度传感器、昆仑通态触摸屏、霍尔转速传感器、红外线感应器，以及PT100电阻各种传感器。控制电源为DC24 V，DC24 V报警灯、DC24 V电源指示灯、复位按钮由单独外加的电源模块提供。信号传输电缆选用屏蔽通信电缆，以减少对信号的干扰性。PLC主机箱和触摸屏布置在提升机操作室，监控主机布置在矿调度室，监测设备具有远程通信功能，并在触摸屏上设置设备上限报警温度，下限报警温度，再借助触摸屏组态装置，进行自动记录实时数据和历史故障曲线监测；在瓦斯抽放泵、注氮泵、主运输装车站、给煤机电机上安设霍尔转速传感器、温度传感器、电流互感器，本地设置停泵、超温、过流声光报警装置；这样让绞车司机、值班工作人员和地面调度室人员随时监测到井上下整个提升系统的状态并便于日常维护。

采煤工作面安全出口报警及防护系统

赵连广　李东辉　谢嘉琪　于鑫磊　刘万远　李　磊　隋　欣　包　银

内蒙古平庄能源股份有限公司六家煤矿采煤队

一、成果特点

采煤工作面安全出口报警及防护系统设备采用PLC控制，系统稳定可靠，并配专业人员进行装配，以便日后维修时查找原因。

二、成果内容

该设备采用可编程控制程序进行操控，程序自行编制，控制顺序符合警戒的要求。在采煤机机身及机头机尾电缆槽内安装接近开关，机组行驶至接近开关位置时，语音报警装

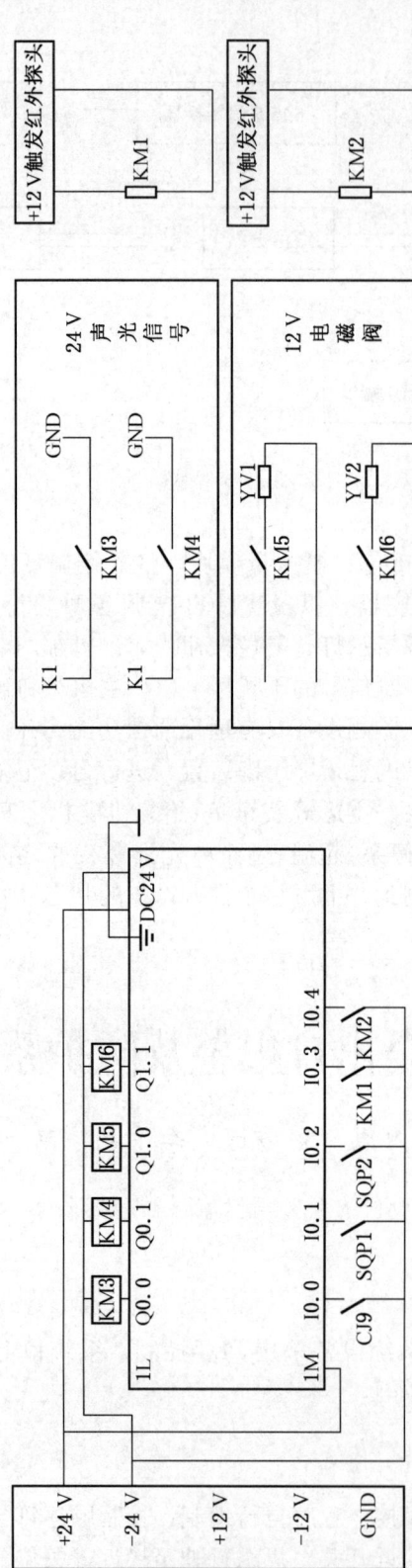

图 1 采煤工作面安全出口报警及防护系统原理图

置开始报警,人员听到提示不得进入上下出口。当机组驶离机头机尾,再次行驶至接近开时,语音报警完毕,人员方可入内。如果人员听到警示后仍强行入内,将会触发工作面运输巷和回风巷内的激光对射传感器,传感器将触发电磁阀,电磁阀门打开进行喷水警示。该装置实现了数字化,智能化。其原理如图1所示。

通过对PLC进行编程,将声光及电液控制系统有效结合,实现了无人值守,做到一次警戒、二次警示的智能化警戒模式。

轴电流监测装置自主创新设计与应用成果

马海龙　王东飞　金　鑫　解惠盛　李三柱

准能集团

一、成果特点

矿用电动轮卡车轴电流监测装置使用安全简便、效率高、成本低、智能化。将传统的严重影响效益、效率、存在安全隐患的手持监测改为自动智能监测,较好地实现了对大型矿用电动轮卡车主发电机轴电流的监测与分析,有效避免了因主发电机轴电流过大引发的设备较大故障。本成果适用于大型矿用交流发电系统电动轮卡车,卡车进行发电驱动工作模式下对主发电机轴电流进行监测。

二、成果内容

1. 基本原理

通过选定主发电机转子同电位活动部件作为碳刷接触点,转子产生的轴电流通过发动机飞轮将轴电流引向电流分流器的一端,电流分流器的另一端连接报警模块一端,报警模块另一端连接车架,这样主发电机转子电流形成闭环,通过电流分流器将微电流输入到电流显示器中显示实际电流,报警模块设置电流达到上限值进行报警(图1)。

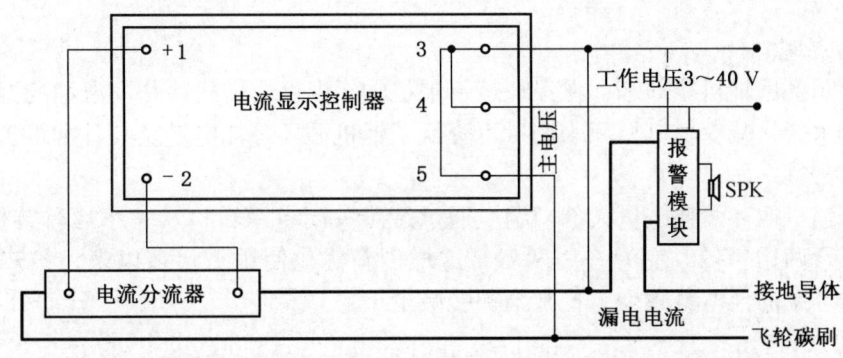

图1　矿用卡车轴电流检测装置设计与实际应用

2. 关键技术

在发动机支架飞轮正下方 10 dm 位置处，固定碳刷刷架，保证碳刷刷面与飞轮紧密结合，选定电流分流器按 1000∶1 的参数进行安装。通过电流分流器输入到电流显示器的铜线电阻不得大于 0.5 Ω，报警模块设置电流上限值参数 1 A 为报警参数值。

3. 安装流程

（1）刷架安装，通过在发动机架上焊接固定螺栓，将刷架固定在钢片上，然后使用 5/8 螺栓将钢片固定在发动机机架上，第一部分安装完毕。

（2）电流分流器与报警模块安装，将电流分流器外壳使用 1/2 螺栓固定在左前保险杠下方，然后将电流分流器与报警模块安装在防护壳内部绝缘板上，将电流分流器一端用导线连接到碳刷上，另一端连接到报警模块上，报警模块的另一端连接到车架上，第二部分安装完毕。

（3）轴电流报警控制器通过控制器可以设置电流上限值，当电流达到上限值时，实时报警。

（4）将电流显示器使用 7/16 螺栓安装在驾驶室工作台上，然后将电流分流器输出线接到电流显示器上，电流显示器供电接到卡车 24 V 开关上，显示器安装完毕。

准能集团 2×330 MW 机组辅机循环泵创新优化运行

陈杉林 孙 茂 高 平 石 瑾 张 宏

准能集团

一、成果特点

将 2×330 MW 机组辅机循环泵两用一备改变为一用两备。适用于煤炭企业电力板块火电机组闭式辅机冷却水系统。

二、成果内容

1. 基本原理

通过关闭备用辅机冷却水，在保证运行辅机轴承温度及转机冷却润滑油的温度情况下关小其冷却水阀，减少辅机循环水用量，降低了辅机循环泵耗电量及其日常维护费。

2. 关键技术

解决了辅机循环泵耗电量大的问题。通过逐步关闭备用转机及关小运行转机冷却水，将辅机循环泵两用一备改变为一用两备，这样创新优化使用 1 年多以来，各转机温度正常，辅机循环泵的耗电量减少，日常维护费减少。

3. 工艺操作

第一步，关闭机侧的备用辅机冷却水（真空泵、给水泵、冷油器）。

第二步，关闭炉侧的备用辅机冷却水（"U"形阀风机）。
第三步，关闭除灰备用空压机冷却水。
第四步，根据运行辅机轴承温度及转机冷却润滑油的温度情况下关小其冷却水阀。

装车塔溜槽自制分级筛改造

侯小平　邵津津　徐瑞军　高海聪　杨宝波　李振富

陕西神延煤炭有限责任公司西湾露天煤矿

一、成果特点

自制分级筛装置具有结构紧凑、操作方便等特点，通过对块煤在运输过程中进行二次筛分，将块煤中的混末煤分离出去，实现了提高块煤煤质的目的。

二、成果内容

1. 基本原理

带式输送机运输至装车塔的混煤，进入溜槽落至筛板上，通过2台1.5 kW振动电动机产生的激振力及利用块煤自身产生的重力，完成块煤与沫煤的分离工作。

2. 关键技术

利用装车塔刮板输送机与上部溜槽的空间安装制作完成的，采用箄式结构，首先用钢梁制作一个长4600 mm、宽1800 mm箄式筛分装置，钢梁间距为30 mm，用来对块煤进行二次筛分以提高块煤的产品质量，通过2台1.5 kW振动电动机产生的激振力及利用块煤自身产生的重力，完成块煤与粉煤的分离工作，然后将箄式筛分装置与刮板输送机上溜槽组合在一起，这样制成一件长3200 mm、宽1800 mm、高2200 mm块煤筛分装置，并以45°角安装在355刮板输送机槽箱上（图1）。

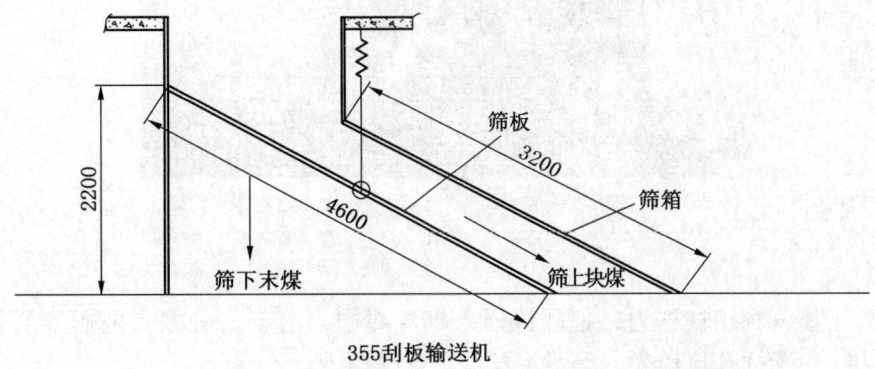

图1　355刮板输送机筛分装置安装示意图

3. 工艺流程

（1）对刮板输送机及上部溜槽进行现场测量，绘制加工图纸确定加工工艺。

（2）按照图纸进行划线及下料工作，划线及下料工作由钳工技师完成。

（3）为了确保加工质量，筛板在检修车间进行加工，加工由经验丰富的电焊工进行焊接工作，焊接后由技术人员进行验收。

（4）该筛分装置具有结构紧凑、操作方便等特点，通过对块煤在运输过程中进行二次筛分，达到块煤中的混末煤分离出去的效果，提高了块煤质量。

钢丝绳插接装置的设计

高金良　丁柏顺　史忠宝　陈志彬　袁有军

内蒙古大雁矿业集团有限责任公司雁南煤矿

一、成果特点

把人工手扶插锥并配合大锤插接钢丝绳方式改为机械插接，降低人身伤害事故发生的可能性；利用杠杆原理，节省人力。

二、成果内容

按图1加工钢丝绳插接装置平台，把插锥从固定在立柱上的工字钢孔内穿过，插锥一头固定在一短杆上，固定端可随短杆上下移动，插锥同时随短杆上下移动。图2中短杆上抬，可把钢丝绳放在下方平台上，做好插钢丝绳准备。

图1

把短杆下压，利用杠杆力，把插锥插入钢丝绳中，由于是机械式把插锥插入钢丝绳中，更省力，由于插孔比较大，单股钢丝绳更容易插入。

图2

大罐笼提升机罐内自动阻车器无线充电装置

米彦军　王建理　李　波　杨建芳　徐　磊

神华亿利能源有限责任公司黄玉川煤矿

一、成果特点

该装置运用蓄电池无线充电技术，改变了大罐笼自动阻车器蓄电池充电模式。改造后，可实现罐笼在井口下层罐到位的间歇为自备电源自动充电，无须额外操作。蓄电池不再需要频繁更换，解决了更换蓄电池过程中存在的安全隐患，同时提高了设备作业效率，彻底解决了自动阻车装置长时供电问题。

二、成果内容

1. 结构组成

（1）工作方式：配置ZCW-200型无线充电器，可自动开启充电，发射端可自动智能检测是否有接收端，当确定有接收端时，可自动开启充电模式，不需要接受上位机的开关机命令。当装有接收线圈的罐笼到达指定位置，发射端检测到接收端，自动开启充电模式。

（2）结构组成：无线充电器由发射机箱、发射线圈、接收机箱、接收线圈四部分组成。

发射机箱使用全铝制外壳，LCD显示面板，输入线束1根，输出线束2根（红、黑），通过对接端子与发射线圈连接。显示面板分为两个显示界面：通信状态界面、充电状态界面。通信状态界面：显示该界面时，表示发射端与接收端尚未连通。充电状态界面：显示充电器充电的即时状态，电压与电流分别为当前充电电压和充电电流。

发射线圈外壳采用高强度、高耐温塑制材料,防水式结构设计,防水电气接头2个,输入线2根,通过对接端子与发射机箱连接。

接收机箱使用全铝制外壳,输入线束2根(黑色),输出线束2根(红、黑,接负载)。

接收线圈外壳采用高强度、高耐温塑制材料,防水式结构设计,输出线2根,通过对接端子与接收机箱连接。

2. 工作原理

发射线圈安装在井筒套架立柱(横梁)上,接收线圈安装在罐笼上盘顶部,罐笼到达正常停罐位时,接收线圈与发射线圈之间的距离满足功能要求,发射机启动,开始对蓄电池充电。

接收机安装在罐笼盘体内部,接收机与发射机之间在3 m范围内可以互相感应,达到自动检测和启动的目的。

3. 关键技术

当发射端与接收端相对时,可自动开启充电,发射端可自动智能检测是否有接收端,当确定有接收端时,可自动开启充电模式,不需要接受上位机的开关机命令。当装有接收线圈的罐笼到达指定位置,发射端检测到接收端,自动开启充电模式。

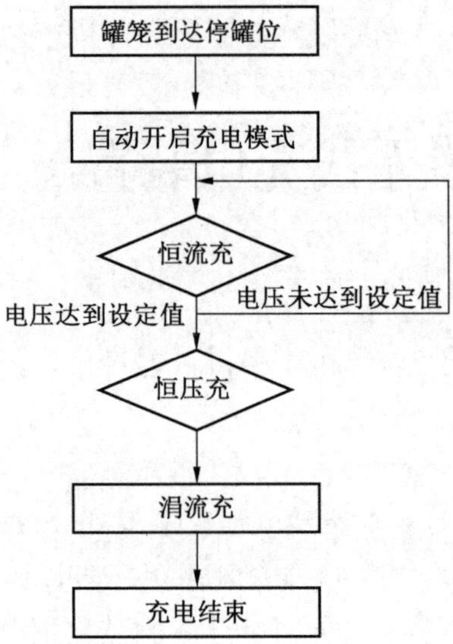

适用于置放于运动载体上的直流蓄电池远程高效率充电装置。它是一种采用谐振式电磁感应原理,可以实现为48V直流电气设备非接触式充供电的装置。

4. 工艺流程

当罐笼到位时,安装于井筒套架梁上的发射端与安装于罐笼顶上的接收端正对,发射端自动智能检测到接收端,自动开启充电模式。罐笼位置不发生改变,发射端能够一直检测到接收端,充电过程将一直以恒电流持续,当蓄电池电压达到设定值时,改变为恒电压充电,至快充满时,以涓流充电,直至充满,充电结束(图1)。

图1 充电控制逻辑图

综采工作面自移便携式大型配件装卸装置

王崇平 涂显赫 张 恒 李 春 安伟涛

神华亿利能源有限责任公司黄玉川煤矿

一、成果特点

充分利用超前支架拉移实现装置的自动前移,利用杠杆原理通过操作油缸实现装置的上下摆动，装置起吊高度为 100～4500 mm，最大起吊重量为 6 t，操作方便便捷，有效杜绝了使用起吊锚索、起吊用具、人员操作站位不当存在的安全隐患。

二、成果内容

1. 基本原理

将超前支架底座、油缸末端作为支点，利用油缸的伸缩实现起吊臂上下摆动完成配件的装卸环节，充分利用回风巷超前支架，使装置随支架的拉移实现自动前移。

2. 关键技术

一是充分利用回风巷超前支架，使装置随支架的拉移实现自动前移；二是结合杠杆原理，装置通过油缸、起吊臂实现上下摆动，将起吊臂前端固定的新旧配件完成装车/卸车。三是该装置起吊高度在 100～4500 mm，最大起吊重量 6 t，操作方便便捷，大大减少了员工的工作量，避免了使用起吊锚索、手拉葫芦起吊大件的安全隐患。

3. 工艺流程

材料准备：30 mm 厚钢板若干、双重型工字钢一根（4 m）、起吊油缸（缸径 160 mm，行程 960 mm，推力 753 kN）。

具体制作方法：将 30 mm 厚钢板根据超前支架底座大脚形状尺寸焊接成方形框架，框架加工完成后整体套入右大脚并使用销轴固定牢固，实现装置底座随支架前移而自动前移。在框架正前方中部位置焊接起吊座，高度 0.7 m，上下各预留直径为 100 mm 的销轴孔，将长度 4 m 的起吊臂一端安设在上方销孔内并使用销轴固定；在起吊臂 1.8 m 位置焊接耳座一组，耳座上预留直径为 100 mm 销轴孔，将拉后溜油缸一端与耳座销轴孔连接，另一端与起吊座下方销轴孔连接，使用销轴固定牢固。

矿用移动变电站保护器兼容问题的解决措施

裴德军　王新界　贺　磊　李继磊　崔格日乐吐

神华亿利能源有限责任公司黄玉川煤矿

一、成果特点

该成果成功地解决了以往同型号保护器在不同移动变电站上不工作的技术难题。具有兼容性好、成本低等特点。

二、成果内容

GZBY-1 型高压电网综合保护器主板分为 Ver2.1 版本（2005 年研发）和 Ver3.0 版本（2009 年研发）两种，Ver2.1 版本应用于机械合闸机构，不能应用在永磁合闸机构中。Ver3.0 版本同时可以兼容两种合闸机构。由于两种同是 GZBY-1 型高压保护器，外观也没任何标记,所以检修人员更换时无法区别,误判断保护器损坏的现象时常发生,直接导致很多保护器闲置不用,带来了很大的经济损失。为此黄玉川煤矿创新工作室将两种保护器主板电路进行对比并通过图纸进行分析,找到不兼容的解决方法。

根据图1电路图分析得知Ver3.0版本保护器主板交流100 V电源由ZB8和ZB18进入保护器内部,保护器内部ZB18和ZB19短接,此时保护器正常工作,当该保护器装在图2机械合闸机构中也可以正常使用。当Ver2.1版本保护器安装在图2机械合闸电路中电源通过ZB8和ZB18 \ ZB19给保护器供电,此时保护器工作正常。将Ver2.1版本保护器安装在图1永磁机构电路中将工作不正常,图1中供电方式是ZB8和ZB18,缺少一路ZB19,于是将保护器主板背面快速插头位置将ZB18和ZB19用线短接即可。改造后的保护器具有零成本、兼容特性好等特点。

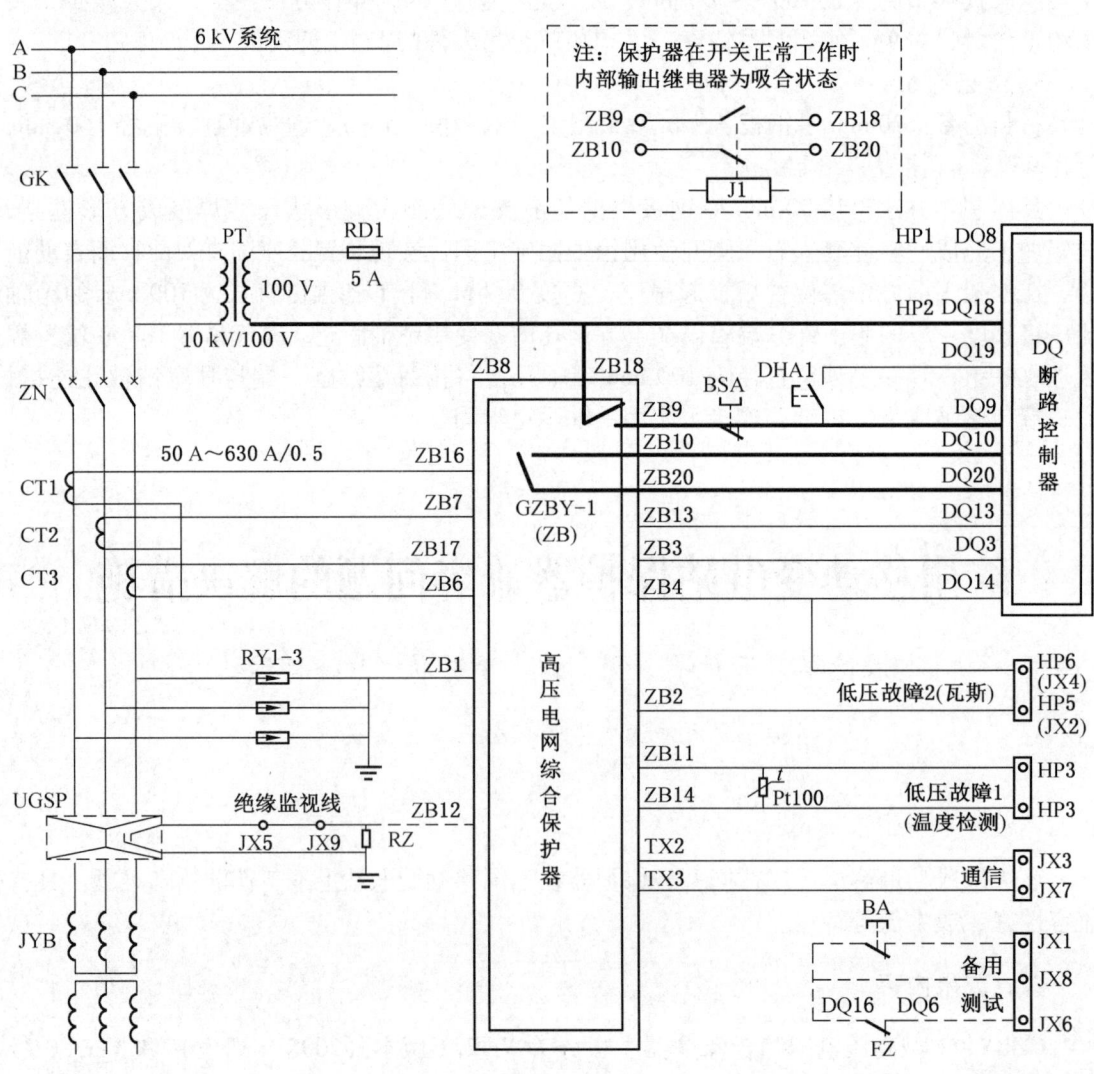

图1　PBG1-10永磁合闸机构电气原理图

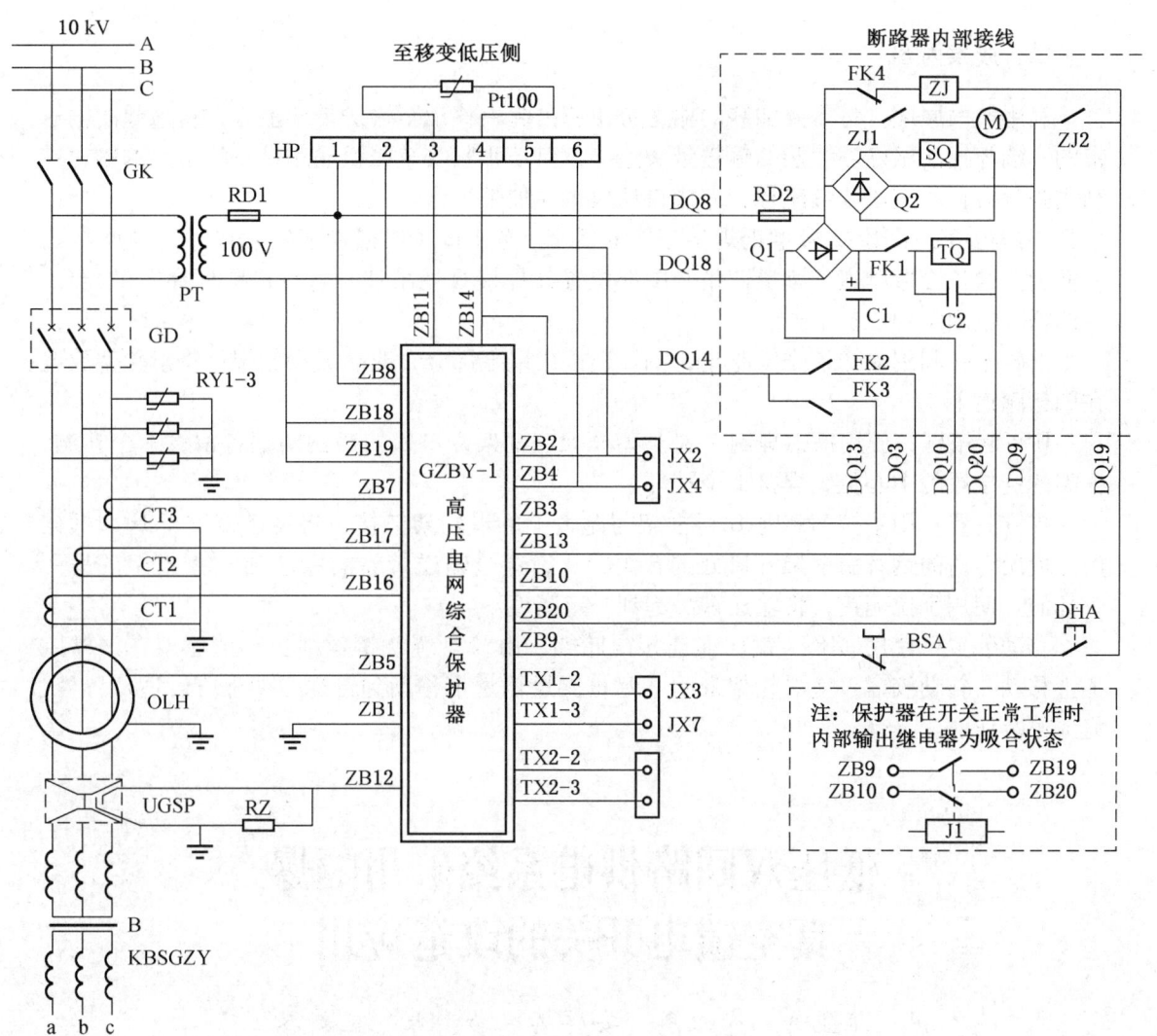

图 2 PBG1-10 机械合闸机构电气原理图

自制带式输送机加带装置

宋连柱 刘维福 杨学孟 贺 磊 安伟涛

国网能源哈密煤电有限公司大南湖一矿

一、成果特点

使用"加带装置"后只需人工用穿条将输送带连接和操作起吊作业,节省了摊放输送带的用时及人力,有效避免了摊放输送带时的跑带风险以及连接输送带时的对接困难。

二、成果内容

利用航吊原理，将需要加装的输送带快速吊起，移动至输送带架上方，将吊起的输送带的一端与提前做好需续接的输送带头连接，启动张紧绞车张紧输送带，将吊起的输送带利用张紧力自动完成放带流程，完成自动放带和加带工作。

凹槽跑道：采用12号槽钢焊接一个长5 m，宽1 m（根据巷道实际尺寸适当调整），凹面朝上的长方形跑道，跑道四角及中部位置共焊接6处吊挂耳，打设锚杆穿入吊挂耳，将凹槽跑道固定到顶板下方。

滑轮架：利用输送带张紧跑车，割掉连接梁以上部分，改装成滑轮架，将滑轮架放置在凹槽跑道上。

U行起吊框：使用槽钢焊制一副U型框架，框架开口处的槽钢两端各留设1个孔洞，框架的链接段的中心位置焊接1个挂环。

提升装置：用手拉葫芦将U行框架与跑道上的滑轮架链接。将输送带置于U型框架内，使用合适的钢管由框架开口处的孔洞穿入，穿过输送带卷的卷芯到U型框架的另一个孔洞。使用手拉葫芦，将输送带吊起到一定高度。

移动装置：使用ϕ18.7钢丝绳连接滑轮架，由绞盘缠绕钢丝绳拉动滑轮架在凹槽跑道上移动。转动绞盘，使滑轮架带动U型框架及输送带移动到输送带架上方合适位置处，完成吊装作业。

低压双回路供电系统矿用隔爆真空馈电开关的改造应用

蒋亚奇　李永恩　安伟涛　李　春　王新界

国网能源哈密煤电有限公司大南湖一矿

一、成果特点

该成果解决了低压供电系统进线开关与联络开关的电气闭锁问题，提高了低压供电网络的安全可靠性。适用于煤矿井下，交流50 Hz，额定电压1140 V/660 V，三相中性点不接地的低压供电系统，可作为双回路低压供电系统两段母线总进线开关和联络开关使用。

二、成果内容

矿用隔爆真空馈电开关操作过程中首先合上转换开关HK1，控制变压器BK1得电，AC127 V送至电源模块，保护器WZB-6GT得电工作并开始对外围进行漏电闭锁和风电瓦斯电闭锁检测，检测完毕后，若有故障，J1、J2继电器将不吸合，开关不能合闸，若正常，则J1、J2触点闭合，时间继电器SJ得电，失压线圈S得电，为合闸做好准备。按下合闸按钮 HA，合闸继电器 HZ1 得电吸合，断路器合闸线圈 DL 吸合，常闭触点 DL1 断开，时间继电器 SJ 失电，断路器机械维持，合闸信号送入保护器，此时合位灯亮。

将原矿用隔爆真空馈电开关保护器更换为 WZB-6GT 型号，保护器菜单内风电瓦斯电闭锁设置为常闭接点，将1号、10号进线馈电开关和5号联络开关中任意两台开关常闭辅助触点接入第三台馈电开关风电瓦斯电闭锁引线处，作为馈电开关合闸电气闭锁点，当任意两台开关合闸运行后，第三台开关若进行合闸操作，则保护器自动检测到风电瓦斯闭锁点断开，形成电气闭锁，合闸不成功。低压双回路供电系统接线原理图如图1所示。

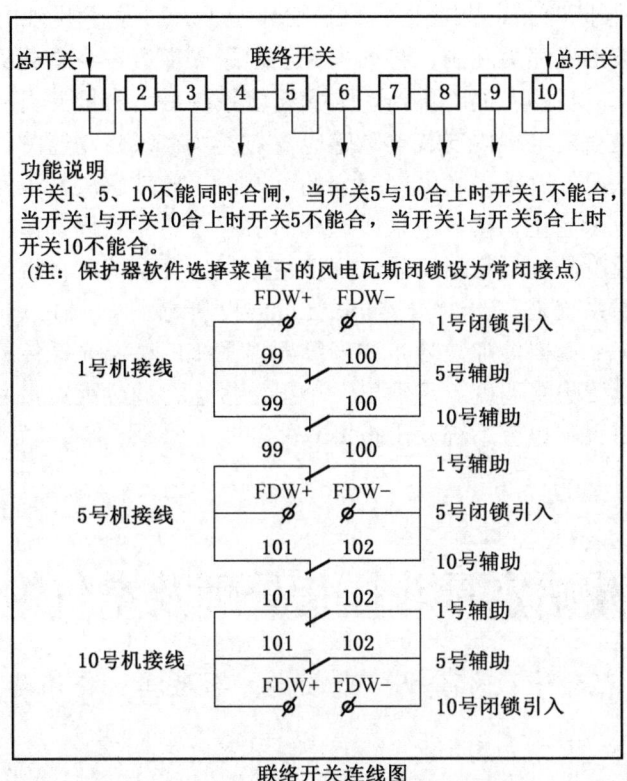

图1 低压双回路供电系统接线原理图

供电场所消防升级改造

杨增仁 姜 宁 汪 军 李玉超 申有良

国网能源哈密煤电有限公司大南湖二矿

一、成果特点

各供电场所加装二氧化碳气体自动灭火系统、光纤测温系统、无线测温系统，并将上述系统接入火灾报警系统形成统一联动的整体。改造完成后满足变配电室能够减少和不设值班人员，达到减员增效的目的，提高了配电设备运行的可靠性、安全性和稳定性。

二、成果内容

火探管式感温自启动探火灭火装置是一种小型固定式自动气体灭火装置，它是将火探管直接布置在易发生火灾的电气设备内，置于靠近或在火源最可能发生处的上方，利用火探管对温度的敏感性，依靠沿火探管的诸多探测点线性进行探测。一旦发生火灾，在170 ℃±10 ℃（距离被保护设1 m范围内）的温度环境下几秒至十几秒内，靠管内压力的作用，火探管自动爆破形成喷射孔洞，将灭火介质通过火探管本身释放到被保护区域，从而达到自动探火、灭火的目的，同时集控室火灾告警系统后台告警并显示火灾位置。

无线测温装置是在配电柜内安装电磁感应发射模块在线自动监测预警配变电站内的开关柜各关键点温度状况，有效提高电网安全的可靠性，有效解决开关触点和母排，以及电缆连接处等薄弱部位因老化、接触不良或过载而引起过热导致设备损坏却难以及时发现的难题。当模块感应温度超过设定温度后，集控室火灾告警系统后台告警并显示高温位置。

分布式光纤测温系统是一款连续分布式光纤温度传感系统。在升压站、变电所的所有电缆沟、电缆桥架、变压器等加设分布式光纤测温系统的感温光纤传感器，感温光纤若探测到环境温度高于设置报警温度，将输出一个报警接点，通过火灾报警的输入模块接入火灾报警系统，从而由火灾报警系统发出报警。

主井装载站定量斗挂货处理及空气炮的应用

赵治泽　郑善平　修景鑫　李忠江　安伟涛

内蒙古蒙东能源有限公司敏东一矿

一、成果特点

该成果能够有效预防井下大仓满仓、箕斗超载停车情况，确保了原煤运输、设备提升安全，有效消除了主井挂货导致人工清理定量斗造成的隐患。

二、成果内容

本成果主要用于煤矿仓壁堵货时进行自动处理。由于敏东一矿属于高涌水矿井，容易造成出煤黏挂仓壁，严重影响了正常出煤，而当煤泥封堵煤仓时，需要人为站在仓口处进行处理，人员会因煤仓内的煤突然垮落造成伤害，给煤矿安全带来巨大的安全隐患。为此我们设计了一套针对于矿井仓内空气炮，用于处理定量斗内挂货的问题，可避免此类现象的发生，确保矿井及人员安全。

空气炮控制系统设计为手动、自动两种模式，之间可随意切换，在自动控制模式下，利用定量斗闸门开启到位信号作为空气炮启动信号，即每次定量斗闸门开启到位，空气炮自动释放高压气体清理挂货；手动控制模式下，操作人员按下启动按钮即可实现空气炮自动释放高压气体清理挂货。主井装载站定量斗控制原理图如图1所示。通过对挂货点以及对空气炮运行原理的研究，最终确定采用空气炮来处理定量斗挂货，我们将闲置的空气炮布置在定量斗折角点处，该处为挂货基础点（图2），利用空气炮瞬间释放高压气流推动挂货煤泥的基础，达到清理挂货的效果。

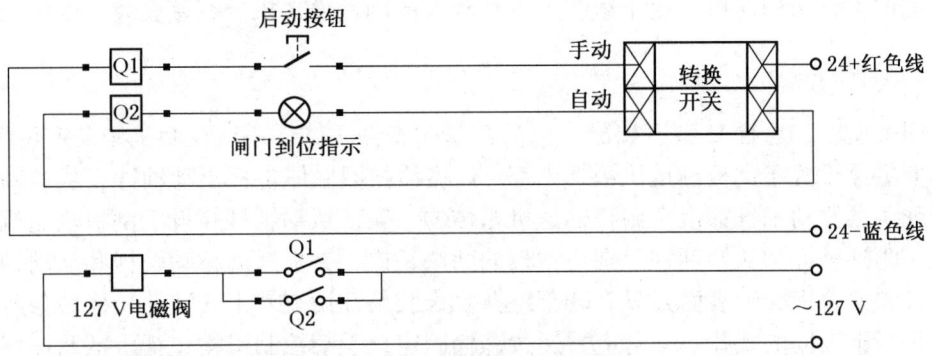

图1　主井装载站定量斗控制原理图

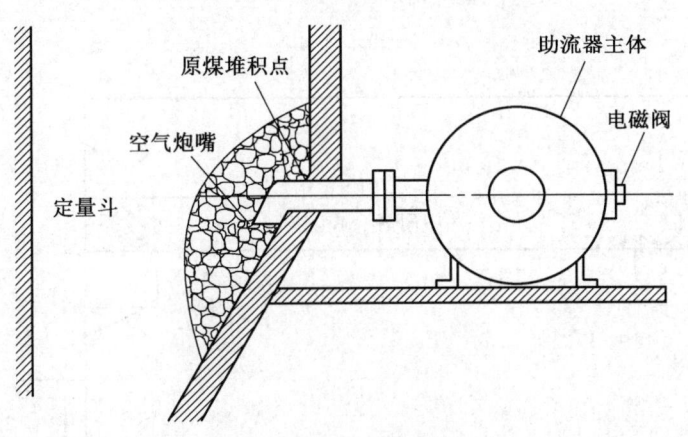

图2　主井装载站空气炮工作示意图

一种刮板输送机的U型清扫器

高增荣　张延波　马正龙　韩庚祥　周　光

神东凯悦神木煤炭集运有限公司

一、成果特点

传统进煤至原煤仓时使用的是给煤用刮板输送机，但是在给煤过程中，由于刮板上会留有煤,导致应该进入前一个煤仓的煤,落入到后煤仓内,从而导致这两个煤仓内的煤量出现误差。针对以上问题进行科技攻关,创新研究出一种新型清扫器,通过在刮板输送机内安装U型清扫器主体,可将刮板输送机的刮板上的煤推入到指定煤仓内,保证各个储煤仓的存煤量在可控范围内,安装座内部设置有上限位杆、下限位杆以及上接近开关、下接近开关,并通过连杆及挡片配合,实现钢板的上位的限位感应和下位的限位感应,保证U型清扫器主体的定位准确,采用驱动电机控制U型清扫器主体的调节,无须人工控制,降低人工成本,结构简单,便于组装,可在现有的刮板输送机上直接安装。

二、成果内容

如图1所示,这种U型清扫器,包括U型清扫器主体、手动控制机构及定位组件;U型清扫器主体设置于刮板输送机箱体内部,U型清扫器主体包括驱动轴杆、从动轴杆、钢板及橡胶条,驱动轴杆穿设于刮板输送机箱体的一侧,从动轴杆穿设于刮板输送机箱体的另一侧,驱动轴杆和从动轴杆分别与钢板的两侧相连,钢板远离驱动轴杆和从动轴杆一端设置有橡胶条,钢板下表面开设有若干螺孔,橡胶条开设有若干安装孔,橡胶条所开的安装孔与钢板下表面的螺孔一一对应并通过螺栓固定;手动控制机构包括手柄及连杆,手柄固定于刮板输送机箱体的外侧表面,定位组件包括挡片、上限位杆、下限位杆,与箱体相连。

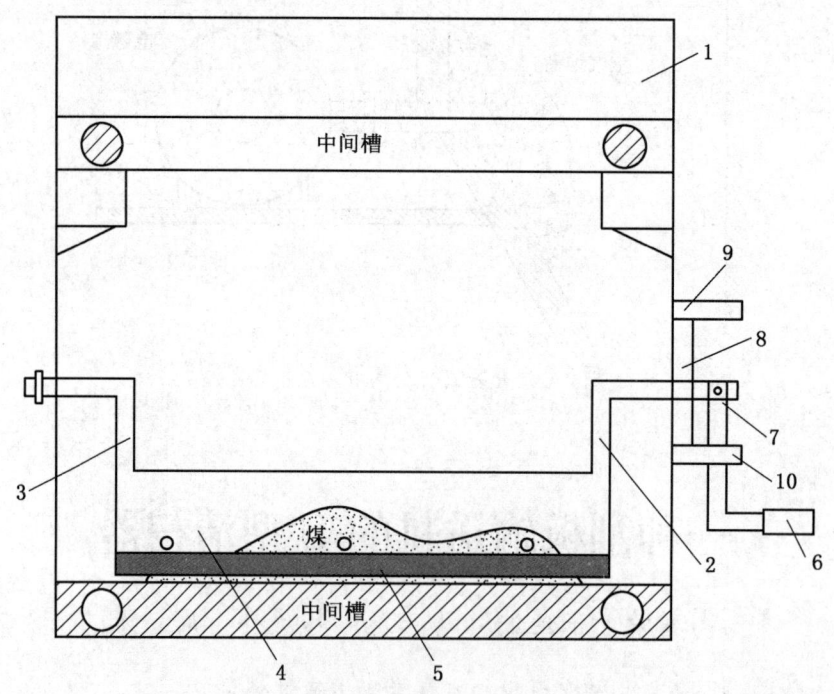

1—刮板输送机箱体;2—驱动轴杆;3—从动轴杆;4—钢板;5—橡胶条;
6—手柄;7—连杆;8—挡片;9—上限位杆;10—下限位杆

图1

压风机集中远程监控

蒋建革

准格尔旗荣祥煤焦化有限责任公司山不拉煤矿

一、成果特点

该项成果是对实现压风机无人值守和自动化的尝试，实现在线监控，及时判断出事故的原因及故障点。

二、成果内容

该系统是一套数据传输网络的实时监控系统，它集成了数据采集、数据传输等功能，可以远程观察压风机的出口压力、出口温度、电流等运行状态。其关键技术是数据传输网络的实时监控系统。工艺流程包括数据采集—数据传输—数据分析—报警。

智能防越级跳闸供电系统

官生花

同煤集团燕子山矿

一、成果特点

本工程涉及本矿井下中央变电所、斜井皮带变电所、8号层变电所、4号层1号变电所、4号层2号变电所、3号层变电所、1035变电所、4号层机头变电所共计8个变电所的6 kV高开综合保护装置，隔爆电力分站及井上调度中心监控设备，如图1所示。

二、成果内容

系统采用分层分布式结构，井下各站高开综合保护装置通过以太网与隔爆电力分站连接。隔爆电力分站将三遥信息通过 GOOSE 交换机经过千兆光纤环网送至井上调度中心，各高开综合保护装置同时直接通过 GOOSE 交换机将防越级跳闸闭锁信号传至上一级保护装置，如此便构成了整个电力监控及防越级跳闸系统网络。

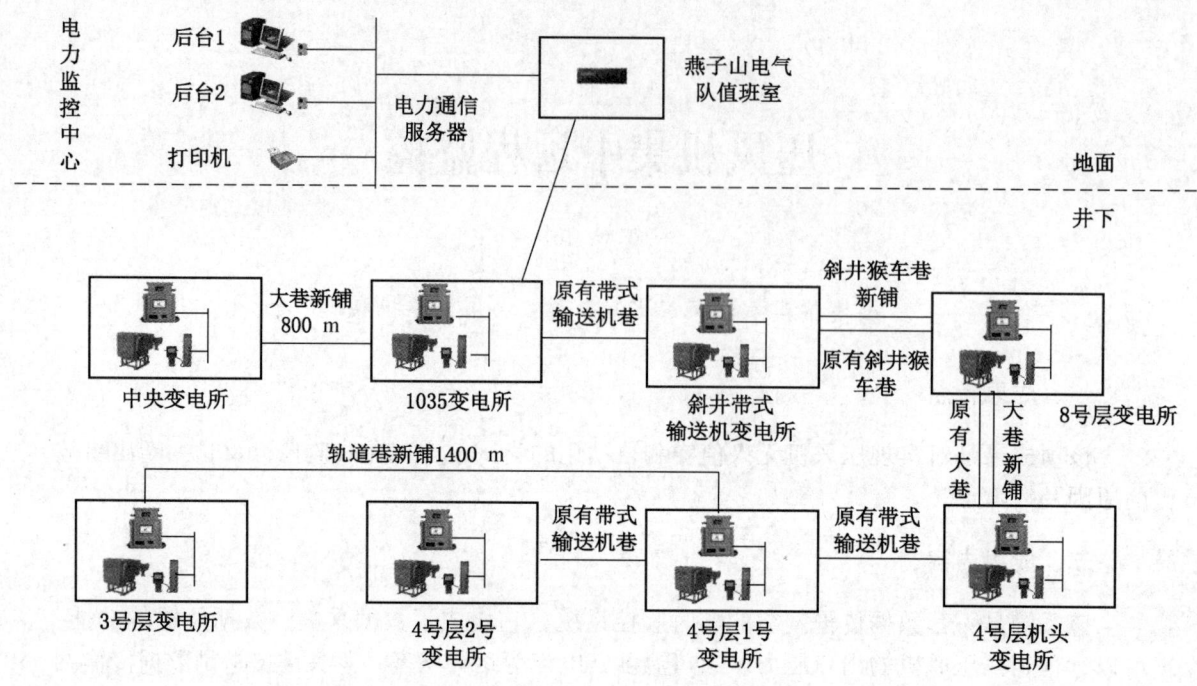

图 1　智能防越级跳闸供电系统

移动式轨道装卸支架平台

刘海富　苏保强　邢宏禄　王小亮

同煤集团忻州窑矿

一、成果特点

（1）安装快捷。制作的组合平台只需 2 个班的时间即可完成安装，较以往混凝土平台缩短了 6~8 天。

（2）移动灵活。组合平台可随支架的稳装灵活移动，在新工作面稳装时，平台可随着支架的稳装逐步向后移动。

（3）摩擦力小。因平台表面为钢板，支架通过时较混凝土平台牵引摩擦力小，方便支架移动。

（4）复用率高。以往混凝土平台使用后无法继续复用。该平台在装卸支架后可反复使用 5~6 次工作面搬家。

二、成果内容

利用钢板、工字钢等钢材焊接加工平台，平台长 6 m、宽 1.8 m、高 0.5 m，分四部分组装而成。平台以 20 mm 钢板为表面，受力部分利用 11 号矿用工字钢等作为加强筋板，各部分连接部位通过高强度螺栓连接成整体，足以承受支架整体重量。平台表面高度与平板车高度一致，确保支架移动时的平稳性。

加装防跑偏装置、底板固定装置。装后平台上方两侧加装防支架跑偏装置，防止支架在平台上移动时发生偏移；平台两侧落地部分布有底板固定装置，通过多组锚杆组将平台牢固地固定在地板上，确保牵引支架时平台不发生移动。

煤矿掘进工作面移动式吸尘风机的研发及应用

郑 信　郭丽佳　刘轶萌　郭丽君　宁 玮

同煤集团朔州煤电公司

一、成果特点

该装置将风动喷雾降尘风机改成吸尘后内部降尘的方式，把以往固定式风机改成移动式，可以移动到任意位置进行除尘工作。

二、成果内容

移动式吸尘风机可以在巷道中自由移动，将粉尘吸入设备中，然后在设备内部用喷雾水降尘后排出设备外。

含尘气体在除尘室内缓慢流动，尘粒借助自身的重力作用被分离而捕集下来。为了提高除尘室的除尘效率，在室内加装应力板，目的是改变气流的运动方向，由于粉尘颗粒惯性较大，不能随同气体一起改变方向，撞到应力板上，减弱继续飞扬的动能。应力板使含尘气体产生一些小股涡旋，尘粒受到离心力作用，与气体分开，并撞击到室壁和应力板上，内部的喷雾处于常开状态，将粉尘降下来。基本流速一定时，除尘室的纵深越长，除尘效率越高。除尘器内在气体入口处装设应力板，使除尘器内气流均匀化，增加惯性碰撞效应，提高除尘效率。

该装置使用直径为 50 cm 的移动式 360°旋转式转向轮，可自由行走在井下巷道的任意一个位置。箱体是使用 3 mm 厚的铁板，做成长 1.4 m，高 1 m 的长方体箱。箱体里是风机的供电装置（660 V 的电压）、安装 80 开关。箱体中部焊接长 50 cm，宽 8 cm 的槽钢，用来支撑风机（风机直径 60 cm，18.5 kW 矿用防爆型吸风机）。该风机的中间安装直径为 5 cm 伸缩杆，可以随意调整风机口的角度。喷雾装置是使用长 0.8 m，宽 40 cm 的 4 分管，安装在风机后面。每隔 5 cm 安装喷头，有规律地布满整个喷雾杆，使喷雾呈喷雾帘状。通过风机将粉尘吸入，通过喷雾帘将吸入的粉尘沉降，然后将污水排出设备中。

T140 型钢带液压整形机

李东升

陕西陕煤黄陵矿业公司一号煤矿

一、成果特点

利用液压油缸垂直安装；配备 18.5 kW 泵站，满足工作压力；泵站与机架一体式设计，节约安装空间；操作简单，效率高。适用于 T 型钢带长度 5000 mm、宽度 14 mm 以内钢带的整形修复。

二、成果内容

采用 18.5 kW 液压油缸垂直加压作用在 T 型钢带隆起部位，进行持续性增压，达到改变隆起部位形状的目的。

液压油缸垂直安装的方式与 T 型钢带受力畸变方向一致，便于对 T 型钢带进行修复整形。配备 18.5 kW 单体油缸产生的压力与 T 型钢带产生的应激压力相匹配，能够满足工况。泵站与机架一体式设计，节约安装空间。

将钢带放入承压基槽内，启动设备油缸驱动承压部，对钢带变形部位进行冲压。

ZBT-11CN 保护器电源改造成果

符大利

陕西陕煤黄陵矿业公司一号煤矿

一、成果特点

在发生大面积掉电事故时，巡检工也能查询故障记录，进而分析事故原因，解决故障，送电，确保矿井供电安全。适用于煤矿井下高压真空配电装置。

二、成果内容

将 ZBT-11CN 保护器电源改为 UPS 单独供电的模式，控制电源为 127 V，确保故障录波能及时上传至地面上位机及操作电源的可靠性，为矿井供电安全提供了有力保障。改造前后电路结构如图 1 所示。

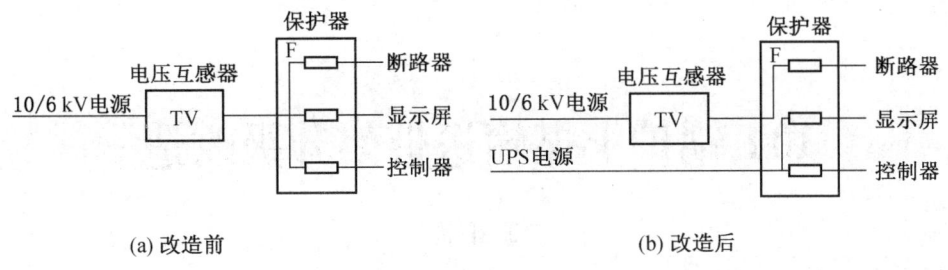

图1 改造前后电路结构图

自制管子除锈刷漆拖车及跑道

王建欣

陕北矿业韩家湾煤炭公司

一、成果特点

将自制的"管子除锈刷漆拖车及跑道"加装在管子除锈刷漆一体机一侧，实现一人送料，匀速进给管子，管子均匀除锈刷漆。

二、成果内容

在使用管子除锈刷漆一体机时，需要调整管子的高度，为了能够连续输送管子，制作了拖车和跑道。利用管子、角铁、钢板边角料，根据管子长度，高度制作拖车和跑道。实现一人送料，匀速进给管子，管子均匀除锈刷漆（图1）。

图1 自治管子除锈刷漆拖车及跑道

10T 锅炉上煤输送带架升级改造

王建欣

陕北矿业韩家湾煤炭公司

一、成果特点

改造原有的上煤输送带架，减小输送带磨损，达到降低运行成本的效果。

二、成果内容

在原有一副转向轮的基础上，再安装直径相同的一副，由两副转向轮托起输送带，同时在输送带架平托辊旁焊接小托辊 8 个，托起基带，减少基带与平托辊间的压力，减少输送带挡边磨损。达到改善工作效率、降低运行成本的效果。

滚筒轴承拆卸装置

郭秦岭

陕北矿业柠条塔公司

一、成果特点

此方法既保证了检修质量，同时也把人从繁重的体力劳动和不安全的工作中解放了出来；巧妙地把滚筒的两端使用夹板进行固定，借用拉马的拉力压入或者压出内置式滚筒的轴承；而且夹板还可以根据滚筒的直径大小，使用丝杠进行调节，可拆卸多种不同直径的内置式滚筒的轴承。

二、成果内容

利用液压作为动力源，可以在夹板的左边或者右边任意一端压入或者压出滚筒的轴承，来实现滚筒轴承的安装和拆卸。

把需要拆卸的滚筒垫稳、垫平；然后把加工好的夹板放在滚筒的左右两端（保持与滚筒高低一样），把四根加工好的丝杠穿在夹板预留的孔内，再把丝杠两端用螺栓紧固好（图1）；在滚筒的任意一端使用 200 t 或者 300 t 的液压拉马将滚筒轴承进行压出或者压入。

图1 滚筒轴承拆卸装置

弹簧式缓冲床应用

刘 杰

陕北矿业柠条塔公司

一、成果特点

使用高强度弹簧安装在缓冲床支架两侧,以减少煤流对设备、带面的冲击。可将该弹簧式缓冲床应用在任何带式输送机搭接的部位,尤其是负荷较大的地方效果更为明显。

二、成果内容

在支架两侧支腿处安装弹簧缓冲装置,以减少煤流对缓冲床的硬性冲击,通过弹簧的形变来减少缓冲床钢制结构的变形,从而减少开焊,另外大块矸石对带式输送机带面的冲击也得到了一定的控制。

在缓冲床支架两侧安装 $\phi75$ mm 弹簧,弹簧行程接近 50 mm,弹簧钢筋采用 $\phi10$ mm 并经热处理的钢筋,使用焊接方式与支架两侧连接,改造后的结构与之前最大的不同就是可以通过弹簧的形变来吸收煤流对缓冲床的冲击,该种缓冲床结构可大力推广,无论对于栈桥带式输送机、选煤厂带式输送机均可使用该种结构,该结构具有抗冲击、耐砸、阻燃、抗静电、防腐蚀等特点,实现了缓冲条与输送带的面接触,有效防止了对输送带的损伤。表现出杰出的耐磨损和抗冲击能力,可靠性高为输送机输送带提供全面支撑,保证落料区缓冲床与输送带之间的面与面接触,使得装载物料下落过程中受力均匀，有效避免并消除了因输送带非均匀受力而导致物料飞溅及散漏情况的发生（图1）。

传统缓冲床直接与胶带机纵梁连接，该处是最容易发生开焊的部位，需要长期连续性的维护

(a) 改装前

该部位由硬连接改为弹簧式软连接，保证缓冲效果，减少煤流的硬性冲击

该处为嵌入式结构，当煤流冲时，该处有垂直向下的位置，会与胶带机纵梁发生碰撞

(b) 改装后

图1 改装前后的缓冲床

速度挡车器传感器指示灯

刘 宇 陈冬冬

陕西陕煤澄合矿业山阳煤矿

一、成果特点

本实用新型有效地减少了放车过程因绞车司机无法掌握绞车速度因速度过快导致矿车行至速度挡车器时出现掉道的安全隐患，提升了放车过程的安全。主要应用于坡度大于 $5°$，提升长度超过 50 m 的斜坡提升运输。

二、成果内容

在速度挡车器上方 3 m 处安设传感器，利用 3×1.5^2 线连接传感器及警示灯，当矿车行至传感器时绞车硐室的警示灯亮提醒绞车司机放慢速度，安全通过速度挡车器。

将 DC12-24 V 的感应传感器安设在速度挡车器前方，车辆通过感应器时电路闭合警示灯亮，提醒绞车司机车辆已接近速度挡车器处应放慢速度缓慢通过。

本实用新型提供一种速度挡车器传感指示灯，包括传感器、警示灯、信号线和电控箱，将传感器及警示灯按照图1接线方式接线。

绞车司机放车时，当车辆距离速度挡车器 3 m 处时，安设在绞车硐室的警示灯亮提醒绞车司机放慢速度。

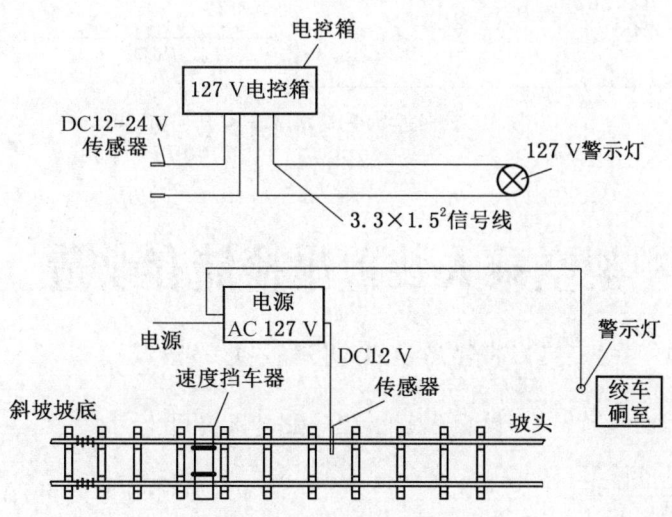

图1 速度挡车器传感器指示灯电路图

采煤机先导控制回路和输送机闭锁回路改造

段卫东　田必丰　侯晓峰　张　亮　赵　轩

陕西德源府谷能源有限公司三道沟煤矿

一、成果特点

突破老式组合开关无先导控制方式，避免了更换新款组合开关，节约了更换组合开关成本，且起到了漏电保护功能，确保了人员安全。

二、成果内容

利用在组合开关本安接线腔内引入 DC24 V 电源，加入一个 DC24 V 中间继电器，把大地当作控制回路中的 DC24 V 负极，通过煤机机身启动停止按钮控制地线的通断，从而控制安装在组合开关内的继电器。继电器的一组常开节点用于组合开关的简易控制，改造后的远程控制回路使用了煤机动力电缆控制芯线的两芯。使用了用于煤机机身上的输送机闭锁线中的一芯作为公共线，公共线和一芯运闭控制线串联在输送机远程控制回路中，成功地实现了采煤机的先导控制和输送机闭锁控制，该控制回路有效地防止了因意外原因启动线路短路时无法发出中断命令，防止人员伤害和设备损坏（图1）。

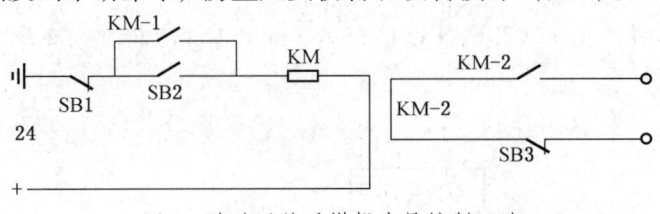

图1　改造后的采煤机先导控制回路

架空乘人装置吊椅储存改造

董红涛　潘明涛　王　博

陕西彬长小庄矿业有限公司

一、成果特点

小庄矿一部架空乘人装置使用活动式乘人吊椅，通过在上、下车点安装吊椅循环装置，实现循环装置与上、下车点的连通。该装置投用后，职工上、下车时，只需将吊椅推动即可,无须人工摘挂吊椅,降低了职工的劳动强度,同时避免了吊椅磕碰,以及抱索器、托轮之间的损坏,保障了架空乘人装置的安全可靠运行。

二、成果内容

对上、下车点的导轨进行延伸改造,使延伸后的导轨形成闭合空间,利用巷道内11号矿用工字钢吊挂在巷道顶部。在巷道内上、下车点的乘坐距离段,尽可能地增大导轨半径,保证吊椅抱索器滚轮运行平稳无卡阻,也尽可能地储存较多的吊椅(图1)。

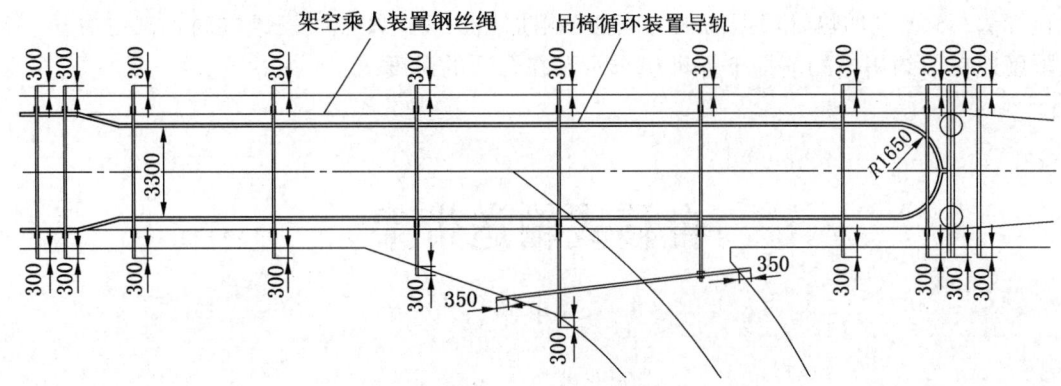

图1 吊椅循环装置改造示意图

东风7C型内燃机车预热锅炉升级改造

孟宪平

陕西彬长矿业集团有限公司铁路运输分公司

一、成果特点

一是运用于东风7C型内燃机车打温预热环保高效,降低机车燃油消耗和尾气排放,有效提升机车运用环保性和经济性;二是温度自动启停控制加热,安全可靠。

二、成果内容

1. 基本原理

通过将东风7C机车燃油预热锅炉改造为电预热锅炉,满足机车打温需求,减轻乘务员作业劳动强度,降低机车燃油消耗,提高机车运输经济效益,实现机车打温污染物零排放,提升公司环保管理水平。

2. 加热器选型计算

根据水的比热容，对电加热管的选型做了如下计算：

所需功率(kW) = 水的质量(kg) × 需要增加的温度(℃) × 水的比热容(kJ/(kg·℃)) ÷ 时间(s)

东风7C水箱容量为1.2 t，设需要将初温为20 ℃的水升温至45 ℃，加热时间为2 h，水的比热容为4.17 J/(kg·℃)，需要电加热管的功率为：1200 kg × (45 − 20)℃ × 4.17 J/(kg·℃) ÷ 7200 s = 17.375 kW。

设电预热管的热效率为95%，则需要功率为：17.375 ÷ 95% = 18.3 kW。

为保证预热锅炉的正常工作，特选用3组10 kW的电加热管，同时在PLC程序里做优化算法，3组电加热管根据需求可以为单组加热、两组加热、三组同时加热的办法，最大限度地在节约用电的前提下保证机车水温在合适的温度。

自移式输送带架

吴小平

渝北曹家滩公司

一、成果特点

本成果采用两组输送带架子和六组油缸加工组合成自移式输送带架子，有效解决采煤队生产班频繁拆卸输送带架，大幅增加工时利用率。可应用于高产高效矿井采掘工作面，具有良好的推广价值。

二、成果内容

采煤工作面正常推采过程中，运输巷带式输送机机尾的架子需要频繁拆卸，以预留机尾推移的安全空间；每次架子拆卸距离不宜过长，否则容易造成撒煤，甚至存在安全隐患。输送带架子拆卸时，采煤工作面三机需要停止运行，造成了一定的生产误时。

采用两组输送带架子和六组油缸加工组合成自移式输送带架子，通过阀组控制油缸伸缩，各功能油缸协调配合，实现输送带架自行移动。采用自移式输送带架后，采煤队检修班检修期间一次性拆卸6~7节输送带架子，满足采煤工作面全天生产需要，生产班无须拆除输送带架子，每天生产班可增加1.5 h，有效地提高了净生产时间，同时避免了机尾撒煤。

变频器重载启动抗干扰技术改进

刘安强　张碧川

渝北曹家滩公司

一、成果特点

本成果将变频器主板至光电转换器之间的普通连接线换成绞线，并安装磁环，增加抗干扰能力，主要应用于井下采掘工作面输送机、转载机中重载启动的变频器。

二、成果内容

由于综采工作面设备运行负荷较大，转载机变频器重载启动时，频率达到 30 Hz 左右将自动停机，三机低速运转，导致产量下降。通过将变频器主板至光电转换器之间的普通连接线换成绞线，并安装磁环，增加了抗干扰能力，可保证变频器频率在 45～50 Hz 稳定运行，有效生产效率提高了 10%。

无极绳绞车道岔加工

刘增强　毛　波

陕西陕煤韩城矿业有限公司

一、成果特点

降低无极绳绞车钢丝绳磨损量，提高钢丝绳使用寿命，节支降耗。

二、成果内容

通过上网查找相关资料并与厂家沟通，结合原来无极绳绞车道岔使用过程中的利与弊，将道岔曲中铁分为四段，按照 615 mm、480 mm、720 mm、830 mm 尺寸进行切割，底板使用 δ20 mm 的钢板加固，中部重新加拉杠，增设一组道岔转辙器，扳动曲中铁中段，与岔尖处道岔转辙器配合，达到改变轨道线路方向，无极绳绞车钢丝绳穿过轨腰的目的。

下焦进线开关防雷保护

侯惠民　胥铜莉

铜川欣荣配售电有限公司

一、成果特点

经过对下石节变电站下焦进线开关所处地形、设备基本情况、发生事故时特征的详细了解，决定加装 3 个避雷针，根据下焦进线开关的高度并结合地形设置了避雷针的高度和避雷针距开关的距离。

二、成果内容

在研究了避雷针的组成及作用后，公司决定自制简单的避雷针进行防雷保护，使用的材料主要包括钢管、钢筋、地螺丝、扁铁、铁板等简单的工具，并根据地形做成了 3 个简易的避雷针，在下石节变电站下焦进线开关周围进行了安装。

本成果根据开关的高度结合地形设置了避雷针的高度，并设置了避雷针距离开关合适距离，以保证开关被全覆盖，不受雷击。避雷针安装位置示意图如图 1 所示。

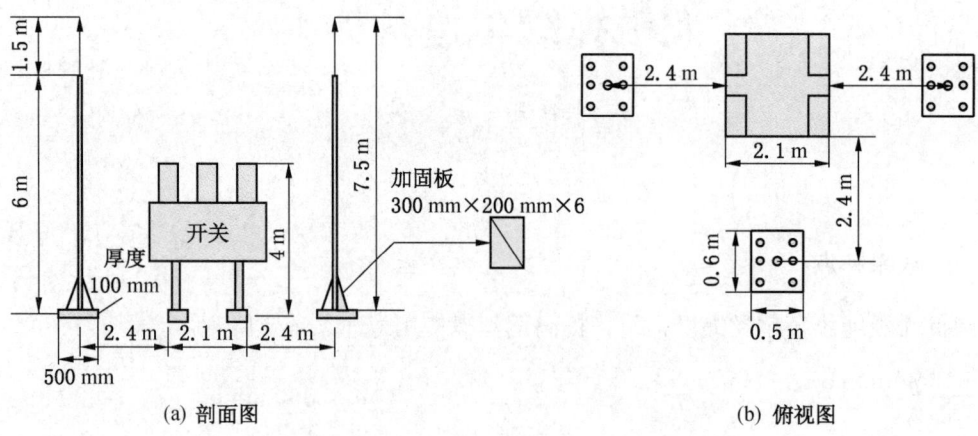

图 1　避雷针安装位置示意图

叉车限速安全控制系统

迟天龙　赵永柱　许春报

北京天地玛珂电液控制系统有限公司

一、成果特点

给叉车安装了限速安全控制系统，通过行车提示、超速声光预警、超速自动限速等方式，很好地限制了叉车的速度，保障了人和设备的安全运行。

二、成果内容

对叉车安全系统进行整改，在叉车上加装安全驾驶控制系统，员工操作叉车时，会有安全警示提醒。叉车司机如不听安全提示继续违章行驶时，速度超出设定一级报警的速度 2 s，系统发出"哗，哗"声进行报警。这一过程直到速度降到设定的安全低速参数以下为止。速度超出设定二级报警速度，持续超出设定时间，安全控制系统会锁死违章车辆，需要管理员解锁后方可继续操作。

中央制动器系统打压装置

王　静　李明文　范永飞　任志刚

中国煤炭科工集团太原研究院有限公司

一、成果特点

中央制动器系统打压装置使用简单、维护方便，自重 10 kg，可以单人操作，无任何安全隐患，平均单台检测时间可以节约 20 min。

二、成果内容

将打压装置测压油管连接到自修中央制动器上，通过操作手动打压阀逐渐向中央制动器注压；观察打压装置上测压表的数值，当压力值达到后，测试中央制动器检修状况是否正常。测试完毕后打开卸压阀卸压，将液压油流回到油箱内；拆下连接中央制动器油管。

本装置是结合以前自修中央制动器后通过连接防爆车驻车制动管路用来测量制动器修复情况，存在着车作业危险、来回拖拽危险等安全隐患，在其基础上利用项目部自有车辆配件、材料改造而成。

由于该装置结构简单、操作方便，小巧玲珑，可以随时随地对中央制动器进行检测，降低检修工工作量，提高了工作效率；避免通过移动中央制动器及着车等造成的各类安全隐患。

防爆柴油机翻转及缸筒拆装平台设计

杨 乐 康彦平 惠忠文 赵维军 李 健

中国煤炭科工集团太原研究院有限公司

一、成果特点

防爆柴油机缸筒经常使用手锤和一字改锥手动拆卸，容易对缸体内壁造成损伤。通过设计防爆柴油机翻转及缸筒拆装平台，1人可轻松完成防爆柴油机拆装。主要适用雷沃、东方红、上柴、玉柴4种基础机型的轻型胶轮车防爆柴油机大修。

二、成果内容

防爆柴油机翻转平台由基座、电动机、防爆柴油机固定架、三位置开关、万向轮等组成。防爆柴油机翻转平台使用电机电压为220 V，输出转速为1400 r/min，采用双蜗轮蜗杆传动，实现转速比1∶1500，使防爆柴油机固定架转速低于1 r/min，实现防爆柴油机正反360°旋转任意位置停止如图1所示。

防爆柴油机缸筒拆装平台由电动机、液压泵、液压油箱、油缸、基座、手动换向阀、压力表、电源开关、安全阀、节流阀、缸筒顶杆等组成。电动机与液压泵连接，液压泵、手动换向阀和油缸连接，通过操作手动换向阀实现油缸伸缩，如图2所示。

图1 防爆柴油机翻转平台操作图　　图2 防爆柴油机缸筒拆装平台操作图

防爆柴油机翻转及缸筒拆装平台实现了大修防爆柴油机拆装半自动化。该平台集机、电、液系统于一体,工作性能稳定,易于维护保养,操作便捷。

适合井下矿用蓄电池电机车的新型煤矿铅酸蓄电池智能充电机

杨 勇

阳煤集团技术中心

一、成果特点

研发了逆变主通道、控制单元、整机操作平台,开关电源采用高频技术,并设计了电池反接保护功能。

二、成果内容

智能充电机电气原理框图如图1所示,分为逆变主通道、检测控制单元和对话单元(显示操作单元)三大部分。

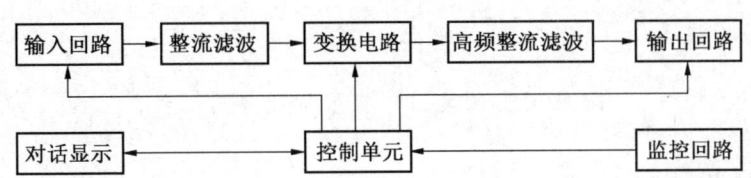

图1 充电机电气原理框图

1. 逆变主通道

逆变主通道将660 V交流电源变换为可对蓄电池进行充电的可控直流电源,由输入回路、工频整流滤波电路、功率变换电路、高频整流滤波电路,输出回路组成。

输入回路:即供电回路,在非运行状态时,可切断主通道电源。输入回路设计有合闸启动回路,避免启动冲击对回路元件造成损伤。

整流滤波:工频整流滤波电路将660 V±10%交流电整流为约520 V(500~540 V)的直流电。

变换电路:是主通道的核心,完成从直流到交流再到直流的变换。通过改变桥臂IGBT控制信号的宽度,来改变耦合到高频变压器的波形宽度,从而改变输出给被充蓄电池的电流、电压值。

高频整流滤波:将高频变压器副边的高频交流电,整流为符合蓄电池充电要求的平滑直流电。

输出回路：在非充电状态下保证主通道与被充蓄电池的隔离，防止反接造成的危险发生。

2. 检测控制单元

检测控制单元是设备的核心和中枢，控制单元接收来自对话单元给定的参数和命令，并通过对主通道各相关参数的实时检测，动态控制主通道的工作，实现要求的充电功能和充电进程。同时为设备提供多种保护。

控制单元采用最新嵌入式内核芯片 ARM 设计。采集模拟量为温度、输出电流、输出电压和输入电压；控制量为输入开关、软启动、输出开关、电容放电和 PWM 变换控制等。

控制单元与对话单元之间为 RS232 全双工通信。控制单元接收来自对话单元的各种控制命令，并向对话单元实时发送数据。

3. 对话单元

对话单元是整机操作平台，接收并实现操作者的各种工作指令，完成各种工作方式的参数设定、记忆及各种动、静态参数显示。对话单元由控制板、LCM 和操作开关组成。

戗柱式高空捞车器的改造

王 洋

阳泉煤业（集团）有限责任公司二矿

一、成果特点

戗柱式高空捞车器与当前煤矿巷道中使用的挡车栏式高空捞车器相比，具有适用范围更广、安全性更高的特点，尤其适用于受限空间内矿车跑车的拦截。同时其材料常用、制作简单、推广便捷。本成果适用于任何井下有轨运输巷道，特别适用于受限空间的井巷运输。

二、成果内容

1. 基本原理

机掘二队开始施工 21301 进风巷，巷道 8°坡下山，由于是单巷掘进并且瓦斯量较大，为满足通风、抽放需求，经研究决定，在巷道两侧各布置一趟风筒，并且人行道侧还安装一趟瓦斯管路，导致巷道空间狭窄，受风筒和瓦斯管路影响，现有的高空捞车器拦截杆放不下，无法拦截车辆，给巷道运输带来安全隐患。为此，特设计戗柱式高空捞车器，以保障运输安全。21301 进风巷总共安装 3 道戗柱式高空捞车器，确保掘进期间小巷运输安全，在近一年半的时间内，没有发生过运输伤人事故，极大地提升了运输安全系数。

2. 关键技术

第一部分：由两根 800 mm 和两根 600 mm 的 11 号工字钢焊接而成，在 800 mm 工字钢上分别开孔 ϕ20 mm，用于穿过锚杆固定在巷道顶板上，在 600 mm 工字钢距 800 mm 一侧开孔 ϕ50 mm，用于与第二部分连接。

第二部分：由三根 ϕ40 mm 钢筋和 4 mm 厚的钢条焊接而成，其中一根长 350 mm，另外两根长 500 mm，4 mm 厚的钢条轧成半圆状，与 500 mm 的钢筋焊接而成（图1）。

第三部分：ϕ200 mm 的木柱放在 4 mm 厚的钢条中，并用铁丝捆绑牢固，当矿车跑车打中摆杆时，木柱从巷道顶部放下，形成戗柱挡住跑车，确保运输安全。

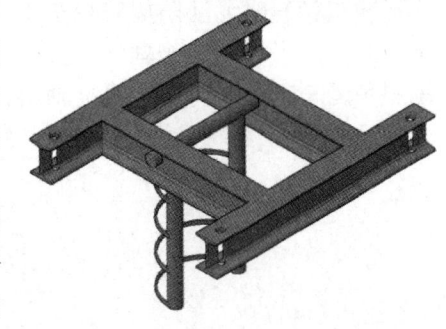

图1 戗柱式高空捞车器3D效果图

3. 工艺流程

将戗柱式高空捞车器四角用锚杆锚固到井下巷道轨道的正中位置，将木柱一头放入圆弧钢条位置用铁丝捆绑牢固，木柱另一头用钢丝绑好挂到摆杆上，当矿车跑车后，撞击摆杆，摆杆连接的木柱的一头落下，落至巷道正中，形成一个戗柱，拦截跑车。

支护材料换装站的设计应用

李晓林

阳泉煤业（集团）有限责任公司新元公司

一、成果特点

运输支护料时无轨防爆胶轮车不再往返于副斜井，每次可节省运输距离 7 km，提高了运输效率。

二、成果内容

1. 基本原理

（1）在中央进风立井北侧的排矸绕道适当位置施工 1 条环形巷道，两端均与排矸绕道连接，一端为胶轮车进车线，另一端为胶轮车出车线。

（2）胶轮车进车线一侧布置支护料换装站，换装站长 20 m，采用半圆拱形断面，净断面尺寸（宽×高）为 6.8 m×7.1 m。换装站内装备行车，装备起吊重量为 10 t 的电动葫芦 1 部，用于起吊材料装卸车。

（3）装载支护材料的矿车通过中央进风立井罐笼下放到井底环形车场→北车场→排矸绕道，到达换装站；无轨防爆胶轮车通过排矸绕道到达换装站；电动葫芦将支护材料由矿车起吊转载到无轨防爆胶轮车，再由无轨防爆胶轮车运输到各掘进工作面用料地点；卸完料的矿车通过北车场返回进风立井罐笼提升到地面重新装料。

2. 关键技术

运输支护料时无轨防爆胶轮车不再往返于副斜井，每次可节省运输距离 7 km，提高了运输效率。另外，由于副斜井宽度所限，上、下井的胶轮车会车时需要停车错车，往返于副斜井的车辆减少有利于提高副斜井的通过能力。

3 号煤一采区主运输系统优化

赵福兴

阳泉煤业（集团）有限责任公司新元公司

一、成果特点

优化了一采区主运输系统，较原运输系统少布置 1 部 2300 m 长的输送带，避免了原煤折返运输问题，减少了运输环节。

二、成果内容

3107 进风巷与采区带式输送机运输巷贯通位置标高为 +691.5 m，如果继续向北延伸可将 3107 进风巷与主斜井贯通，其贯通位置标高为 +697.6 m，两处高差为 6.1 m，贯通距离为 119 m，坡度为 3°左右，具备施工和输送带运行条件。因此，将 3107 进风巷与主斜井贯通，3107 工作面回采时原煤直接运至主斜井强力输送带，不再通过采区带式输送机运输巷转运至井底煤仓。在新的采区输送带巷与 3109 进风巷贯通位置布置一座小型煤仓，垂深为 8.07 m，直径为 6.0 m，有效容量为 282 t，用以调节输送煤量。

3107 工作面回采结束后，保留 3107 进风巷做采区输送带巷，从 3107 进风巷 591 m 处向东重新施工采区输送带巷，这样就解决了该采区主运输系统折返运输问题。考虑到采区原煤不再转运至煤仓，而采掘工作面出煤存在时大时小的问题，对主斜井带式输送机运行不利，因此在新的采区输送带巷与 3109 进风巷贯通位置布置一座小型煤仓，垂深 8.07 m，直径 6.0 m，有效容量 282 t，用以调节输送煤量，适用于 3 号煤一采区。

优化后运输路线：工作面进风巷带式输送机→采区煤仓→3107 进风皮带→主斜井。

S13 油浸式平面叠铁心配电变压器无励磁调压开关的改型

刘二恒　崔中保

阳泉煤业（集团）有限责任公司华鑫公司

一、成果特点

主要针对平面叠铁心配电变压器使用条型分接开关，使高压分接引线结构更加合理美观且减少使用成本，提高工人的工作效率，缩短产品的生产周期，并提高产品的全寿命周期。

适用环境：空气中 -30 ~ 45 ℃，油中 -30 ~ 120 ℃；安装场所无爆炸及腐蚀性气体。适用范围：无励磁调压电力变压器。

二、成果内容

1. 基本原理

通过手柄往返旋转带动齿条机构运动，齿条带动动触头水平移动，以改变开关的分接位置，从而改变变压器初级线圈的匝数，达到改变变压器的变化，调整次级电压的目的。

2. 工艺流程

旋下防护罩，旋下圆螺母，取下密封圈，将以上零件放到一起，不要丢失。然后将开关手柄竖起来从箱盖下面向上伸出，将密封圈、压盖、调节平垫、圆螺母依次装到开关上，并将开关尾端支板与变压器的固定板用 M8 螺栓固定住，注意一定要保证开关的本体与箱盖平行以保证主传动部分的齿轮齿条正确啮合（图1）。

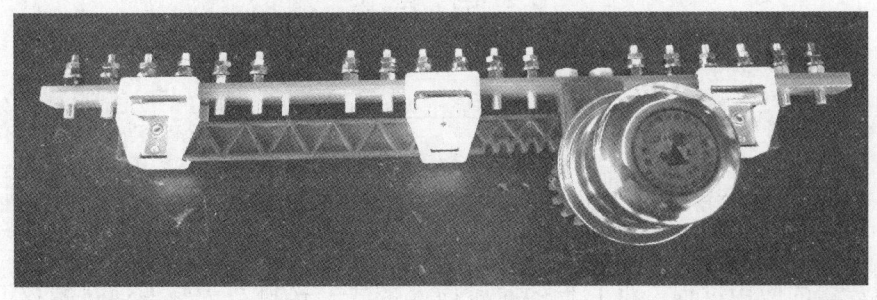

图1　条形无励磁分接开关

煤矿井下带式输送机跑偏保护装置

吕向东　张爱忠　闫有谊　苏陈磊

潞安化工集团王庄煤矿

一、成果特点

将带式输送机保护架底座改制成 U 形插入式，在 U 形钢板中间焊接一钢管，在 U 形底座上装一螺栓，用于 U 形底座插入输送带大帮时与大帮固定用，可满足不同型号带式输送机安装跑偏保护的要求，防止输送带跑偏事故发生。

二、成果内容

输送带跑偏保护装置，包括底座和位于底座上的支撑装置，其中，底座为 U 形钢板，支撑装置包括套管和支撑杆，套管位于底座的平面上，支撑杆位于套管内。套管的侧壁沿套管的轴线对称设有若干开孔 I，支撑杆的侧壁上设有若干与开孔 I 对应的固定孔，开孔 I 和固定孔内设有起固定作用的螺栓 I。底座的平面的一端设有开孔 II，开孔 II 内设有起固定作用的螺栓 II。套管位于底座平面的中心位置。支撑杆的顶端设有支撑座。开孔 I 和固定孔均为等间距布置（图1）。

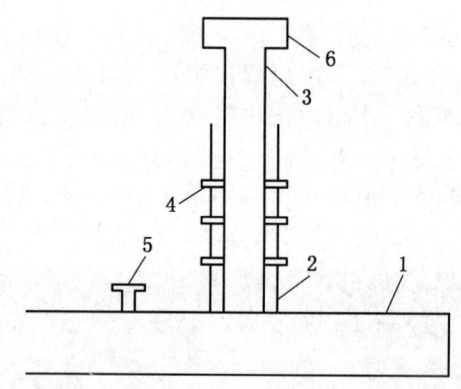

1—底座；2—套管；3—支撑杆；4—螺栓 I；5—螺栓 II；6—支撑座

图 1　实用新型装置结构示意图

实用装置的使用过程：将 U 形的底座插入带式输送机与大帮，通过螺栓 II 与大帮固定，根据使用环境的不同，将支撑杆设置不同高度后，通过螺栓 I 固定，即可实现输送带跑偏保护，避免输送带发生断裂、电机烧毁。

WiFi 网络摄像机在设备故障诊断中的应用

韩元明

潞安化工集团五阳煤矿

一、成果特点

针对在日常的检修工作中遇到的因设备空间狭小、作业空间密闭等原因人员无法进入查看的情况，通过将 WiFi 网络摄像机与伸缩杆配合使用，制作成多功能无线诊断视频装置 1 套，实现了对狭小空间设备的视频诊断，为设备检查和故障判断提供真实依据。本成果特别适用于对狭小空间设备的视频诊断。

二、成果内容

用绝缘杆头连接一个万向节，万向节上固定具有 Wifi 功能且同时具有直播、录像、抓拍、夜视等功能的摄像头。操作人员手握绝缘杆握柄，将开机的摄像头伸入设备狭小空间或者不具备人员进入的密闭空间，摄像头采集影像资料通过无线传输给手机，持手机人员便可实时查看空间内（设备内）的实际情况，从而判断设备存在的缺陷或者隐患，为设备检查和故障判断提供真实依据。

创新型输送带安装压球

张振营

淮北矿业集团石台矿业

一、成果特点

本成果利用安装带式输送机具有施工方便、快捷的特点，能杜绝输送带跑偏现象的发生，在起伏巷道铺设输送带时配合顶部压球使用可有效避免输送带启动时的跃起等，安全使用效果好。本成果可应用于拐弯、"V""W"等起伏巷道的带式输送机铺设。

二、成果内容

本成果是在认真观察分析现有带式输送机铺设及使用中常见的跑偏、飘带等现象的基

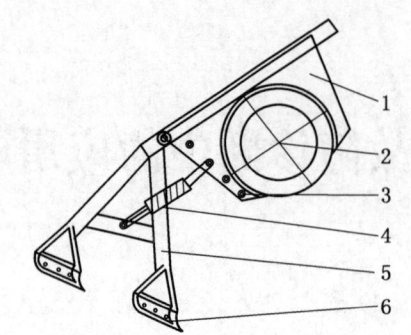

1—球槽；2—压球；3—调节孔；4—施压弹簧；
5—连接架；6—固定爪

图1　压球总构成图

础上，本着用点接触代替线接触的原理设计而成的，能有效扩大带式输送机的使用范围、提高设备的可靠性。

本成果主要结构有顶部压球、托球组组成配合传统的连杆、"H"架实现带式输送机的安装，其核心是"万向球"的应用。

用顶部压球、托球组、连杆配合"H"架安装带式输送机，在起伏巷道的凹折部连杆两侧加装顶部压球，压球总构成如图1所示。

操车系统电动机变频起动PLC控制创新技改

李健宏

黑龙江龙煤鹤岗矿业有限责任公司峻德煤矿

一、成果特点

将原有的电动机工频起动方式改造为变频器起动，利用PLC程序控制，实现各个电机有序控制、电气闭锁和除尘风机自动控制。利用一台变频器对多台电动机进行频率调节，实现电机匀加、减速起动、运行及停车控制，从而实现保护电机及减速机的目的。

二、成果内容

1. 基本原理

本成果电气控制采用西门子S7-200型PLC，梯形图编程，实现对两台横车、一台推车机进行有序控制、电气闭锁和两台除尘风机自动控制。采用一台蓝海华腾V5-H-4T15G/18.5 L高性能矢量控制型变频器对3台YB3-160L-7.5-8型电动机进行驱动，实现了操车系统的开关逻辑控制、运动控制和过程控制，输出转矩可以设定，启动、停止、加减速可调，结构简单，运行稳定。

2. 关键技术

（1）电控装置采用S7-200型PLC逻辑编程控制，对过程控制及时调整，使系统更加安全可靠。

（2）采用蓝海华腾V5-H-4T15G/18.5 L高性能矢量控制型变频器对多台YB3-160L-7.5-8型电动机进行控制。蓝海华腾V5-H-4T15G/18.5 L高性能矢量控制型变频器参数设定见表1。

表1　蓝海华腾V5-H-4T15G/18.5 L高性能矢量控制型变频器参数设定

序号	功能符号	功能码名称	出厂值	设定值	功能码选项
1	P0.01	参数修改、恢复出厂设置	0	0	2：恢复P区 3：恢复P区除P9
2	P0.06	运行命令给定方式	0	1	0：面板 1：端子 2：上位机
3	P0.08	加速时间	6	6	
4	P0.09	减速时间	20	6	
5	P3.00	起动方式	2	0	0：正常 1：直流注入 2：跟踪
6	P3.05	停车方式	0	1	0：减速 1：自由 2：减速+直流
7	P4.22	多段频率1	5	40	横车速度
8	P4.23	多段频率2	8	50	推车机速度
9	P5.00	X1端子功能	99	2	正转FWD
10	P5.01	X2端子功能	99	3	反转REV
11	P5.02	X3端子功能	99	20	变频器故障复位
12	P5.03	X4端子功能	99	9	多段频率端子1
13	P5.04	X5端子功能	99	10	多段频率端子2
14	P5.05	X6端子功能	99	11	多段频率端子3
15	P5.06	X7端子功能	99	12	多段频率端子4
16	P7.02	继电器端子输出	14	14	变频器故障
17	P9.01	电机极数	4	8	
18	P9.02	电机转数	1500	720	
19	P9.03	电机功率	11	7.5	
20	P6.04	电机电流	21.7	16.9	
21	P9.05	空载电流	8.4	6.8	
22	P9.15	参数自整定	0	0	0：不动作 1：静止自整定 2：转动

3. 工艺流程

当操作工按下操作按钮时，PLC检测到工作信号，通过对应的程序，在各个闭锁条件满足的情况下，工作按钮所对应的电动机方可工作，工作时，因采用高性能矢量控制型变频器，电动机处于低速大扭矩起动，随着时间的增加，电动机达到正常起动要求，因起动电流是从小到大逐渐增加，因此对电动机起到保护作用。

拆解主副井钢丝绳压制钢带

邱　军

铁法煤业（集团）有限责任公司小青矿

一、成果特点

利用钢丝绳拆解机拆解主副井钢丝绳后压制成钢带，解决了人工无法破股的技术难题,而且进行了废旧物资再次利用,是一项尝试和创新。本成果适用对主副井提升的钢丝绳 φ33 mm 进行拆解压制成钢带。

二、成果内容

把主副井提升的废旧钢丝绳切割成所用尺寸,钢丝绳前端分开的 6 股绳批分别插入分解管束的 6 根钢管内,通过电动机、轴向柱塞泵带动液压马达旋转,在液压马达轴齿轮上配置的小皮带轮通过三角带,带动滚筒上大皮带轮旋转,要被分解的钢丝绳随着滚筒旋转一起按钢丝绳捻向方向旋转,随着旋转机构的旋转及前移过程,达到钢丝绳被分解成 6 股绳批的目的。把每股钢丝绳再分成 3 份,分别插入分解管束的 6 根钢管内,进行二次分解,每股就又分成 3 份,这样就能适合用我厂压力机进行钢带压制。小青矿主副井提升罐笼使用的 φ33 mm 硬丝钢丝绳,因粗钢丝绳强度高,人工无法拆解,利用钢丝绳拆解机进行两次拆解(图1)。

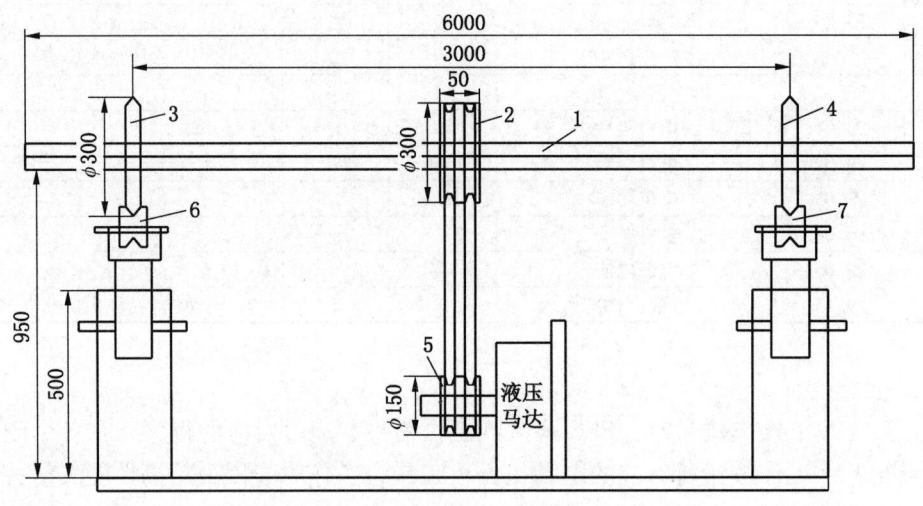

1—滚筒;2、5—皮带轮;3、4—滚轮;6、7—滑轮

图1 钢丝绳拆解机示意图

运输机链轮组件新式远程注油装置

郝胜礼 任志刚 闵 文

铁法煤业(集团)有限责任公司物资供应分公司

一、成果特点

新注油装置设计安装了油位计、空气滤清器、换气塞,使得链轮组件供油油路变成了

开放油路,不仅可以直接排出油液搅动时产生的气泡,也可以随时监控油位,方便了设备观察检修,为设备安全平稳运行提供了保障。

二、成果内容

1. 基本原理

新式远程注油装置油盒壳体板厚由原来的 3 mm 增加到了 10 mm,使得强度大大提高。新油盒宽度为 150 mm、长度为 400 mm、高为 300 mm,容积较旧式油盒增大了 3.5 倍。新油盒弃用了原来简单的丝堵和透气塞组合,采用了烧结铜制造过滤网换气塞和 EF-25 型空气滤清器,彻底解决了旧式油盒透气塞易阻塞导致的无法呼吸平衡链轮组件压力以及油液易污染的问题。液位计选用的是普通 YWZ 系列,具有结构简单、安装方便、价格低廉、液位显示灵敏清晰的特点。

2. 关键技术

(1) 重新设计油盒的呼吸系统——EF-25 型空气滤清器和过滤网换气塞。

EF-25 型空气滤清器如图 1 所示,其结构由空气过滤盒加油过滤两部分造成,可以防止加油中过程中混入颗粒杂质,有利于油液的净化。

当液压系统工作时油箱内油位时而上升或下降,上升时由内向外排出空气,下降时由外向内吸入空气。为净化油箱里的油液,在油箱盖板上方垂直安装 EF1-25 型空气滤清器,就可以过滤吸入的空气;同时 EF1-25 型空气滤清器又是油盒的注油口,注入新的工作油液,须先经过滤再进油盒,从而滤出油液内的脏物及颗粒。

过滤网换气塞如图 2 所示。换气塞的过滤网由烧结铜制造,气体通过时过滤行程长,既可以在呼出气体的同时,使箱体内保持一定的工作压力,又可以在吸进气体时,过滤掉空气中的煤尘,具有体积小、结构简单、安装方便、过滤精度高等特点。透气塞过滤网的引用彻底解决了旧式油盒透气塞易阻塞导致的无法呼吸平衡链轮组件压力,以及油液易污染和无法及时观察油量的问题。

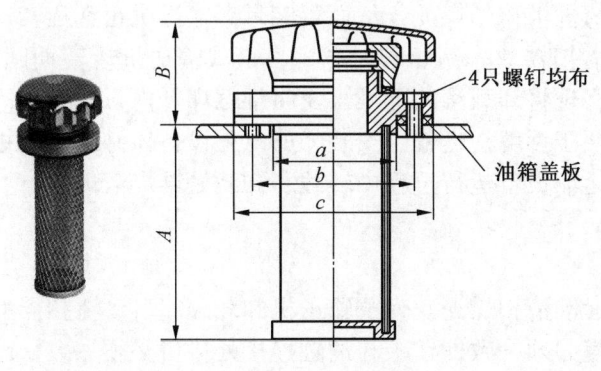

图 1　EF-25 型空气滤清器示意图

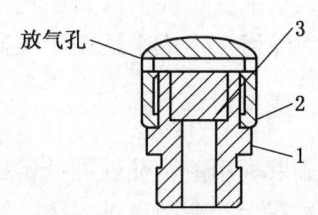

1—放气塞主体;2—压帽;3—烧结铜过滤网

图 2　过滤网换气塞

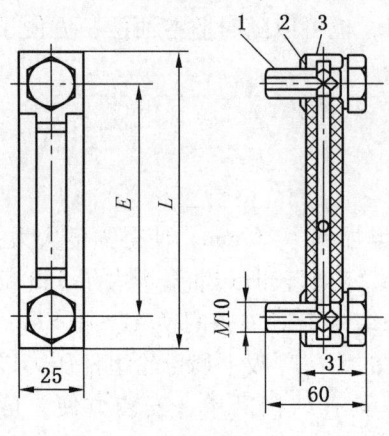

1—螺钉；2—密封垫；3—标体
图3 液位仪

（2）液位仪的引用。为便于观察补充润滑油，新式油盒还增加了液位计。

如图3所示，液位仪安装在被测介质的外面，通过带孔螺栓连接在链轮组件油盒上，随着油液位置的上下变化，带动管柱内的油位上下移动，从而显示链轮组件油盒内的液体流量。

液位仪选用进口亚克力材料制作，提高了韧性和强度，具有良好的耐高温变形和耐腐蚀性能。它具有装配性能优越、坚固、防裂、防震、防漏等优点，而且无须安装防护罩，液位显示清楚，方便观察液位变化。

带式输送机卸载滚筒自动清扫器

高四祥　刘智翀　邬　佳　王永刚　张　科　刘译聪

内蒙古满世煤炭集团罐子沟煤炭有限责任公司

一、成果特点

利用废旧油缸、钢板边角料、可逆开关等材料、设备制作带式输送机卸载滚筒自动清扫器，该项创新既达到废旧利用的目的，又解决了因井下煤质等因素造成带式输送机运输大巷一部带式输送机机头卸载滚筒处煤泥堆积，同时克服了由于该区域空间限制带式输送机操作工不能在生产过程中靠近并及时清理堆积的煤泥，从而影响带式输送机正常运转这一问题。油缸带式输送机卸载滚筒自动清扫器效率高、省时省力，带式输送机运转期间，岗位人员在安全区域可以通过控制按钮实现将卸载滚筒下堆煤及时推至煤仓内，大大提高了岗位人员的安全性。因其结构简单，便于拆解、运输、安装，所以在设备检修时不用担心其成为障碍。本成果适用于煤矿机电运输设备运行过程中转载、卸载处堆煤清理。

二、成果内容

本成果利用液压油缸推动铲板往复运动清扫煤泥。带式输送机卸载滚筒自动清扫器的关键技术在于：在制造过程中，铲头弧度必须一致即铲头与油缸连接处接口必须一致，因为如果连接孔大小不匀即靠前或靠后会导致受力不均，发生卡顿现象；钢槽架加工及将油缸固定钢槽架时，必须保证钢槽架两边高低一致及两油缸在钢槽架上前后一致，互相平行，防止使用时铲头受力不均；安装调试时，必须保证两油缸同时同步动作。

本成果应用操作简单，在电钳工安装调试完成后，岗位人员可以在安全区域内通过操作由可逆开关控制点接出的操控按钮来启动油泵电机，控制油缸收缩，及时将卸载滚筒下的堆煤清理至煤仓内，保障带式输送机正常运转。

主排水管路自动泄压装置的研制与应用

刘永平　丁　亮　贾　军　张文斌　越二亮　陈福东

内蒙古满世煤炭集团永智煤矿

一、成果特点

采用安全泄压补水装置，补水时，不需要人工去现场开关阀门，避免了人员因防护措施不当而引起的意外事故。

二、成果内容

将安全泄压装置安装在管道上，作为超压保护装置。利用安全阀自动泄压原理，当管道压力升高超过允许值时，阀门开启全量排放，以防止管道压力继续升高；当压力降低到规定值时，阀门及时关闭，保护管道的安全运行。

主井安全泄压补水装置的工艺流程为：井上下供水系统→因生产不畅造成管路内压力增高→安全阀自动开启→补水管路→沉淀池。在使用过程中，因井下生产不畅造成管路内压力突然升高，超过了设定压力值，安全阀自动开启泄压，以保证系统正常运行，安全阀排出的水再通过外接的补水管路回收到沉淀池循环利用。

运煤车辆清洗装置

王清云　刘永平　丁　亮　贾　军　孙艳阳　李　旭

内蒙古满世煤炭集团永智煤矿

一、成果特点

（1）本装置耐用、安装简单。轮胎清洗平台采用12号工字钢焊接而成，可承受15～100 t运煤车辆行驶，平台缝隙每根间隔为3 cm且安装 $\phi15$ 旋转喷雾头90套；平台下面设置4个长方形沉淀池。

（2）节能降耗、节约成本。平台的焊接材料为煤矿损坏的工字钢和废旧彩钢板焊接而成，做到旧物和废料二次利用，省去了成品的技术服务费和安装等费用，并且使用材料全部为煤矿自行采购，做到了节约成本；本装置的水源取自镇区污水处理站，通过水泵供水方式供给平台内喷雾头使用，冲洗过程中废水由二级沉淀池打入主排污管网并重新流入污水处理站，做到水源循环利用。

（3）360°无死角清洗、耗时短、耗水少。平台内安装射程为 2 m 的 φ15 旋转喷雾头 90 套，可做到 360°无死角清洗，利用水泵压力做到高压清洗从而缩短了清洗时间，经测试，大约 3 min 就可清洗一辆工程车（以永智煤矿煤场 17 m 牵引拉煤车为例）；清洗完毕后的车轮及底盘完全，达到各级行管部门的要求。

（4）配套设施简单。采用基坑式安装方式，洗车平台装置放置于沉淀池上方，沉淀池内设置排水孔与工业厂区内二级沉淀池相连，清洗过程中的污水流入二级沉淀池通过 7.5 kW 排污水泵排放到工业厂区主排污管网中，供水水源内放置 7.5 kW 清水泵，采用遥控方式控制水泵启停，减少清洗过程中所需时间，提高了工作效率。

二、成果内容

本装置采用水泵加压方式，通过供水管路进入喷雾头，利用水泵高压进行清洗工程车轮胎、底盘。本装置采用远程遥控启动，利用水泵加压方式，由管路进入喷雾，喷雾头 360°无死角清洗，效率高、用时短。用本装置清洗的工艺流程如下：

汽车筒仓装煤离场到洗车装置平台→工作人员远程启动水泵装置→喷雾开始工作→洗车完毕→污水流入二级沉淀池→通过水泵进入排水管网。

一种煤矿黄泥灌浆机远程控制系统

尤瑞杰　马　刚　杨桂彬　陈永震　索松林　朱兴会

新疆焦煤（集团）有限责任公司一八九〇煤矿

一、成果特点

本装置通过 200PLC 编程控制技术，使用组态画面进行各项数据采集控制，实现一键启动远程控制功能，解决了黄泥灌浆机浆液配比不均匀及运行情况、液位、流量、电压等不可见等问题，实现了远程启停功能，保证黄泥灌浆机正常制浆，降低了因浆液配比不均匀而使注浆系统无法运行的故障率，减少了作业人员 2 名，提高了矿井应对自然发火火灾的能力。

二、成果内容

1. 基本原理

在黄泥灌浆系统供水管路上加装电动蝶阀一台、流量计一台，浆液池加装液位传感器一套，配备电脑 1 台。采用西门子 200PLC1 台，使用组态画面进行各项数据采集控制及显示，实现注浆系统远程控制、一键启动和运行情况、流量、电压、电压实时监控功能。

2. 关键技术

通过改进 200PLC 远程控制，实现了黄泥灌浆系统的一键启动，同时在电脑界面上能够显示电流、电压、设备运行状态、注浆量等参数。该系统优点如下：

（1）按供土量和水 1:3 的比例自动控制供水管电动蝶阀开启、关闭，实现浆液自动配比。

（2）黄泥灌浆系统能够远程操作，当矿井发生火灾事故后，能够迅速启动黄泥灌浆系统，有效避免了事故扩大、造成人员伤亡和财产损失。

3. 工艺流程

（1）采用 PLC 控制技术编写控制程序，调用南京双京真空开关，通过开关 485 协议进行 PLC 控制，实现带式输送机、定量输送机、制浆机、虑浆机、输送泵等设备进行远程计算机操作运行。

（2）供水管路增加流量传感器一套，安装在电动蝶阀前方，读取供水管路流量值。在调度室放置电脑一台，电脑内植入 PLC 程序；采用 PLC 控制技术，实现供水管路流量值的实时监控，通过流量值数据对比控制电动蝶阀开启和关闭。

（3）注液池位置安装液位传感器一套，控制灌浆量，防止因灌浆量过大，在灌浆点造成溃浆事故。

（4）绘制组态画面，使用组态画面采集各项数据，控制黄泥灌浆系统运行和灌浆量。

智能充电架的设计及应用

吴 涛　张 勇　梁 永　周庆勇　赵本言

枣庄矿业（集团）付村煤业有限公司

一、成果特点

新智能充电架，安装在矿灯房内，采用不锈钢架形式，外观美观、大方，每个充电柜均能显示使用者的姓名、单位、工种等基本信息，并矿灯、自救器的使用情况进行实时记录；使用隐藏电子锁增强了防盗功能，同时还可通过虹膜开锁功能考勤及开锁；具备远程故障诊断功能；具备 DC/DC 智能变换的充电控制电路，具有输入过流、欠压，输出短路、过流、过压等保护功能；具备脱机工作不丢失数据；系统采用全中文操作界面，界面友好、易操作、易维护、安全可靠，无须计算机专业知识，一般文职人员通过培训都能上岗使用。本成果适用于特殊防爆型 KJ 型 KL 型及本安型 KJ 型 KL 矿灯。

二、成果内容

符合国际通用的充电标准,符合国际标准的充电曲线与参数,保证矿灯充电安全,不过充,不欠充,保证与延长矿灯使用寿命是充电柜的核心技术要求。

(1) 自动兼容镍氢、锂电矿灯。镍氢矿灯采用 $-\Delta V$ 充电模式并兼备 $0\Delta V$、定时保护功能。锂电矿灯采用恒流恒压充电模式。每个灯位模块采用 12 V 输入,设计有 DC/AC 转换电路,转换输出符合各种矿灯参数要求的电压电流,充电电流为恒流,输出具备短路保护,并在短路发生时必须有故障报警。

(2) 自救器检测功能。每个灯位能够检测自救器的取放,电脑界面能显示自救器存放状态。

(3) USB 充电接口。每个灯位安装 5 V/1 A 的标准 USB 充电接口,可充本安手机等仪表。

(4) 隐藏式电子锁。每个充电位的小门采用双层设计,强度高、安全耐用。嵌入式隐藏安装电子锁,电子锁高度不超过 18 mm,安装在每个灯位小门的夹层内。

(5) 防盗功能。每个灯位小门非正常打开,如非法撬开、错误钥匙等,立即声光报警。

(6) 配钥匙。每个灯位的钥匙能通过电脑配置,矿工辞职或钥匙丢失,通过电脑 3 s 内可以完成一把新钥匙的配制,原来的钥匙即使找回也不能打开小门。

(7) 自动照明。每个灯位门内安装密封的由 6 只白光 LED 组成的智能照明小灯管,开门操作自动照明。

(8) 电脑开门。每个灯位小门除了管理员通用钥匙外,管理员可以通过电脑鼠标操作点开。

(9) 语音功能。每个灯位小门具备女生普通话语音操作提示与错误告知功能。

(10) 液晶屏显示。除了显示充电时间、充电状态等矿灯管理信息外,还可以显示矿工照片、部门、工种、血型、姓名、灯位号等信息,这些信息的可变内容可以随时通过电脑更新。

(11) CAN 总线。充电柜与电脑之间采用高速高可靠国际通用工业现场总线 CAN 总线通信。

(12) 拍照并传输。电脑系统配摄像头,可以随时采集矿工照片并及时传输到小门液晶屏上。

(13) 系统具备远程故障诊断,在紧急情况时,可以远程诊断部分故障及时指导用户处理。

(14) 接入局域网。管理系统可以接入局域网或调度中心,以供领导掌控全局。

(15) 动态的虹膜识别系统。矿工在灯房内任意一台虹膜机上看一眼,他自己的灯位小门即可打开,并同时记录考勤。在上下班高峰时间段,大幅度减少排队。

给煤机防尘喷雾同步控制装置的设计及应用

侯 宾　乔 东　颜 雷　陈三忠　赵相峰

枣庄矿业（集团）付村煤业有限公司

一、成果特点

给煤机防尘喷雾同步控制装置通过继电器控制电磁阀从而实现了给料口处防尘喷雾装置的同步动作，降低了故障率，减小了维护工作量，雾化效果更佳。

二、成果内容

1. 基本原理

喷雾装置前安装一个电磁阀，控制电磁阀的继电器同给煤机控制继电器进行并联，当给煤机接到开启命令时，自动喷雾装置同时接到动作命令，使控制自动喷雾的电磁阀动作，以达到同步开启效果。

2. 关键技术

对现场已安装的给煤机控制器内部进行改造，新增加一个控制电磁阀的继电器，并与控制给煤机驱动系统的继电器进行并联。改造前后的控制原理图如图1所示。

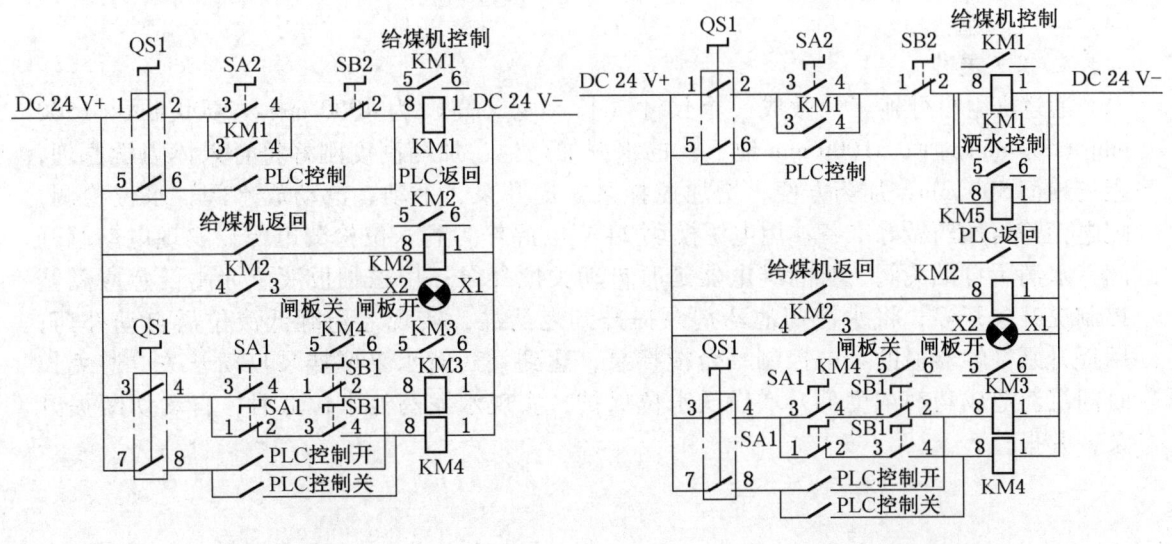

图1　改造前后的控制原理图

矿井污水处理净水剂加药系统优化

赵海龙　张殿春　苏国民　唐　科　王文远

鄂尔多斯市中北煤化工有限公司

一、成果特点

改进后加一次药能用 10 h 以上，加一次药用时不到 0.5 h，每次加药时只要将水阀、搅拌泵打开，然后按照观察板直接一次性加药即可，大大提高了加药速度、加药质量，同时解除了固定加药岗位，大大节约了人力物力。

二、成果内容

1. 基本原理

利用自建药物混合池，加药高度符合人体力学原理，安全又省力省时，利用水位传感器控制搅拌泵自动启停、补水阀自动关闭、磁翻板水位计控制提升泵药物转移至中转药罐，实现加药后自动化的控制。

2. 关键技术

灵活应用现有电器元件，水位电接点高低感应、磁翻板水位计控制、加药方便高度符合人体力学原理、加药后实现了自动化（在场地允许或者加药量小的情况下可实现全自动）。

3. 工艺流程

通过班组自行施工，做成一个尺寸（长×宽×高）为 4000 mm×2000 mm×1500 mm（500 mm 地面、1000 mm 地下）的水泥加药池，加药高度刚好符合人体力学原理，距离地面 500 mm，加药方便，增加搅拌泵，提升泵，手动、电动放水阀，水位检测，配电柜等为加药做好准备；用电源模块 24 V 电源作为高水位检测电源，实现电动阀开阀，水满后自动关阀，时间继电器延时自动关搅拌泵；用磁翻板液位计高低感应磁簧控制提升泵开停，将水泥药池药剂泵提升到老药灌，实现老药罐低液位后自动补药；用提升泵接触器辅助触电控制一台搅拌泵，达到补药时水泵搅拌泵自动开关，避免长时间沉淀造成药剂浓度低；增设低水位保护，实现水泥药池水位低时，自动切断提升泵，并报警。

矿用卡车液压泵拆装工具设计使用

常 鑫 刘 喜 王 飞 张 军

神华北电胜利能源有限公司设备维修中心

一、成果特点

液压泵拆装专用工具的特殊结构使泵的拆装比以前方便快捷,简化了工艺流程,减短了工作时间,增加了安全性。本成果应用于所有830E－AC型矿用卡车液压泵的拆装。

二、成果内容

1. 基本原理

根据泵体外壳形状,设计制作托架,利用钢材进行焊接制作。在焊接好的托架下方,根据泵体距离地面高度,设计制作支柱,在支柱下方与移动式千斤顶配合,实现整个拆装架的起落。

2. 关键技术

在车架下方,利用千斤顶的起落,实现整个拆装架的起降;由于千斤顶可以自由活动,所以在举升泵安装时可以方便对接螺丝孔;钢质结构的拆装架,保证了拆装的安全稳定性;减少了传统的拆装工艺流程,节省了时间和人力。

3. 工艺流程

将千斤顶油缸伸出20 cm左右,将拆装架直立安装在千斤顶上,将举升泵放在拆装架上,推动千斤顶到合适位置,启动千斤顶,将举升泵起升到合适位置,安装即可。

拆卸重复上述步骤,然后将千斤顶升到泵下方,确认泵和架子贴合紧密,拆卸固定螺丝,降下即可。

新型矿用带式输送机冷却系统

邬建雄 闫 旭 李 仟

神东煤炭集团皮带机公司

一、成果特点

新型矿用带式输送机冷却系统利用工作面供水主管道作为水源的自循环冷却,从根本

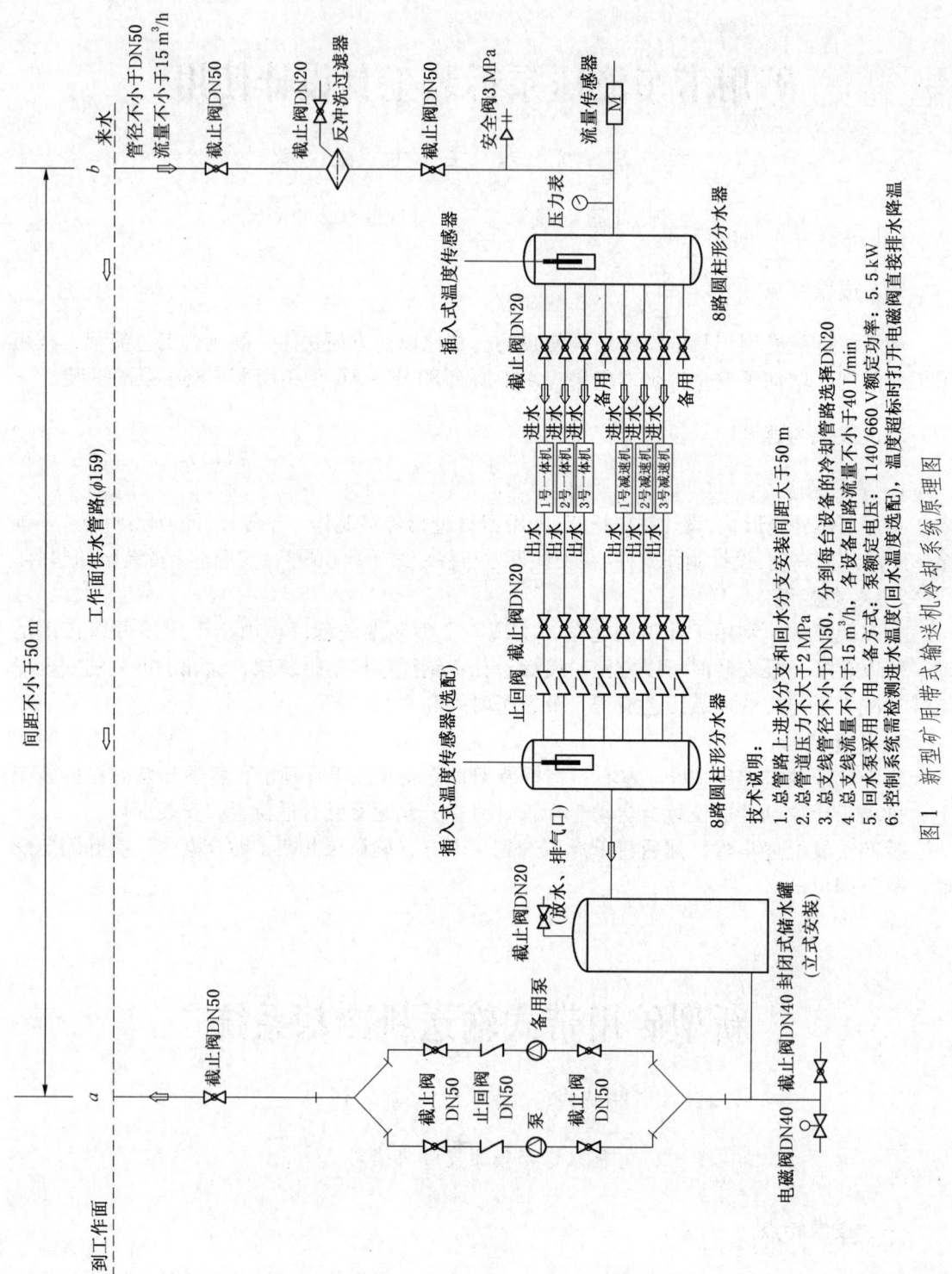

图 1 新型矿用带式输送机冷却系统原理图

上解决了现有冷却装置冷却效率低的问题；冷却系统一用一备，避免影响生产；利用温升判断及电磁阀控制实现了工作面供水主管道用水无论是否流动都可以冷却。

二、成果内容

1. 基本原理

在 a、b 两处将管道开孔，将本冷却系统连接到管道上，通过增压泵从管道中将水压入冷却系统中，通过各支路分别进入设备中，冷却水冷却设备后再返回工作面供水管道，流向综采工作面，完成闭环冷却。该设备由泵电机、冷却管路、截止阀、温度传感器、流量传感器、分水器、储水罐、止回阀、安全阀、压力表等部件构成，原理图如图 1 所示。

2. 关键技术

利用工作面供水主管道作为水源的自循环冷却；冷却系统一用一备，避免影响生产；利用温升判断及电磁阀控制实现了工作面供水主管道用水无论是否流动都可以冷却。

3. 工艺流程

工作面工作，主管道冷却水向工作面流动，因为水的流动可带走热量，因此冷却系统通过增压泵把水打入各个设备冷却管道，实现冷却。

工作面不工作，主管道冷却水不流动，通过增压泵把水打入各个设备冷却管道，由于水不流动，这时可以系统判断温升达到限值后，自动打开电磁阀，使冷却后的水排出，这样达到冷却效果。

一种带式输送机跑偏纵撕保护装置

孟祥龙

神东煤炭集团石圪台煤矿

一、成果特点

本成果可以在带式输送机带面发生跑偏、纵撕故障时，通过机械装置与传感器信号装置的连锁动作，当带式输送机带面发生位置变化，或宽度发生尺寸减小时，发出信号，实现带式输送机跑偏、纵撕保护功能。本成果适用于钢丝绳芯带式输送机运输系统。

二、成果内容

1. 基本原理

该装置由滚轴、轴承、套管、配重杆、配重块、支架、跑偏传感器、上拨片、下拨片等组成。由 1 组、共 2 个机构共同作用，使用支架固定在带式输送机机架上，将 2 个跑偏传感器信号串联接入电控系统中。2 个机构在配重块的作用下紧贴带式输送机带面的侧面。滚轴在带式输送机带面的带动下转动,以确保机构不会因带式输送机转动发生磨损。

2. 关键技术

(1) 2个跑偏传感器同时动作发出电信号时,方可使保护动作,降低因物料触碰等造成的误动作概率,信号准确,提高保护监测可靠性。

(2) 调节拨片角度实现控制带面跑偏距离和宽度变化的尺寸大小。

3. 工艺流程

当带式输送机带面向左发生偏移时,带式输送机带面中心线与带式输送机中心线出现位置偏差,左侧机构受到带面侧面推力,发生偏转,套管上安设的上拨片使跑偏传感器动作,从而发出信号1。右侧机构会受到配重块的重力牵引发生偏转,套管上安设的下拨片使跑偏传感器动作,从而发出信号2,当带式输送机保护控制器同时收到这两个电信号时,发出带式输送机跑偏信号,停止带式输送机运行。带式输送机带面向右侧发生偏移时,同理。

当带式输送机发生纵撕(既纵向撕裂时)带式输送机带面宽度尺寸会发生变化,左右两侧的机构会同时受到配重块的重力牵引发生偏转,套管上的上拨片使跑偏传感器动作,从而发出两个电信号,发出带式输送机纵撕信号,停止带式输送机运行。

通过调节上下拨片角度,控制每个机构的摆动角度,从而实现控制带式输送机带面偏移或尺寸变化距离的作用。

基于组态王和 SQL 数据库的保护投撤记录和保护动作分析系统

田利军　赵　辉　孙建荣　杨君波　王丽宏

神东煤炭集团洗选中心

一、成果特点

此系统使用组态王软件作画面组态,使用 SQL SERVER 数据库作为数据记录载体。各厂在工控机上安装此系统作为数据采集站,现场所产生的保护屏蔽报警、保护屏蔽时长及现场保护动作影响系统生产时间等数据信息实时记录到采集站数据库。在洗选中心设置 WEB 网络发布服务器,使用该服务器读取各厂数据采集站远程数据库数据进行数据分析,形成报表并发布到网页。在具有内网的环境下,可及时获取所需数据信息。此系统采用开放性端口,可以接入大数据分析系统,作为大数据分析系统数据仓库的一部分。

二、成果内容

此系统使用组态王软件作画面组态,使用 SQL SERVER 数据库作为数据记录载体。

利用组态王 OPC 功能，可以和 AB PLC 进行数据通信，通过程序中屏蔽保护点的 0/1 变化来自动记录，当屏蔽保护点变为 1 时会弹出报警画面，当实现保护撤销超过一定时长后进行语音报警提醒。新加现场保护动作影响主系统正常生产功能。通过读取程序中动作点、flag 点、local 点的变化判断现场保护动作是否影响生产以及影响生产时长。组态王编写脚本程序把屏蔽报警数据及现场保护保护动作数据记录到 SQL SERVER 数据库中。各厂的保护投撤工控机作为基础数据采集站，厂里现场所产生的保护屏蔽报警、保护屏蔽时长及现场保护动作影响系统生产时间等数据信息实时存入各厂采集站数据库，并通过在中心设置 Web 网络发布服务器，该服务器读取各厂数据采集站远程数据库数据并发布网页，在具有内网的环境下，便可查询所需数据信息，范围较之前更广，终端用户可根据需要在网页按设备号进行模糊查询，也能够选择起始和结束日期进行报警查询，同时可根据需要把查询到的数据以 Excel 表格导出保存。除此之外网页也有实时报警信息窗口，只要有保护屏蔽，就会在网页上显示出来。后期可以根据需要开发保护撤销推送以短信提醒、逐级确认审批功能。

艾柯夫 SL900/SL1000 型采煤机摇臂一级行星减速齿圈定位销升级改造项目

薛 军　刘 鑫　卜 闯　王永军　索智文

神东煤炭集团高端设备研发中心

一、成果特点

此次改造通过对行星机构法兰增加定位孔、定位销、连接螺栓数量以及定位销结构来提升抗剪切力，原法兰定位孔位置、定位销孔尺寸无须改动，与原尺寸保持一致，改造难度小，改造后法兰连接强度明显提升。

二、成果内容

原采煤机行星机构：采煤机摇臂行星机构内一级齿圈与一级法兰使用定位销和螺栓定位连接定位销受径向剪切力，螺栓受轴向力。采煤机小齿圈设计为 12 孔定位销，承受一级行星机构扭力。

改进后小齿圈结构：通过在中间法兰和一级齿圈增加 4 个定位销孔，每 90°增加一个定位销孔；将一级齿圈与一级法兰连接，定位销孔由 12 个改为 16 个；定位销结构由原单层结构改进为双层结构，尺寸为 $\phi 20$ mm × 45 mm（图 1）。此改造在原有法兰及小齿圈基础上通过简单改造实现，改造方法简便，改造效果明显，此改造预计可提升一级小齿圈的转矩承载能力约 80%。

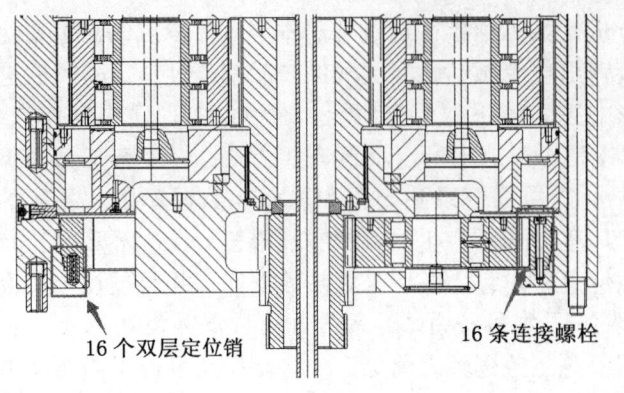
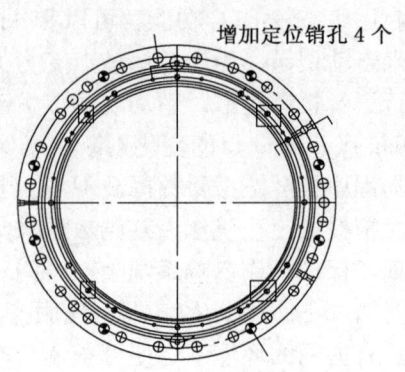

图 1 改进后结构

刮板输送机链轮浮动油封技术改造

刘 鑫 陈 伟 王永军 关丙火 薛 军

神东煤炭集团高端设备研发中心

一、成果特点

（1）改变链轮浮动密封金属环结构为外锥度；根据链轮组件内部齿轮传动和润滑结构，结构由原来的内锥度调换为外锥度，确保在链轮运转过程中在油液离心力和毛细作用下，通过外锥形缝进入密封面，形成持续油膜，达到密封效果。

（2）改进浮动油封 O 形圈的性能参数，选用丁腈橡胶 NBR60；通过对橡胶材料性能的检测、分析对比以及试验，选择硬度 NBR60 对浮动密封的使用效果和寿命有明显的提升。

本成果适用于所有综采工作面在用刮板输送机。

二、成果内容

刮板输送机链轮总成在使用过程中出现浮动密封异响、高温、O 形圈撕裂、漏油等现象；为使浮动密封技术性能指标达到进口技术性能指标，适应链轮配套使用的要求，保证不泄漏，确保链轮使用寿命和可靠性，在消化吸收国外产品优缺点的基础上，通过改进结构设计和制造的材质与精度，开发满足链轮使用要求的浮动油封。

1. 结构改进

改变浮动密封金属环结构，根据现场链轮组件内部齿轮传动和润滑结构，将原来的内锥度（图 1）调换为外锥度（图 2）。

刮板输送机链轮总成组件油液在浮动密封金属环外部，将浮动密封金属环锥形缝改为外锥度（即内亮带），使用过程中在油液离心力和毛细作用下，通过外锥形缝进入密封面，形成持续油膜，达到密封效果，使链轮在运行过程中获得更好的润滑和密封，降低由于油液缺失而导致密封漏油的风险。

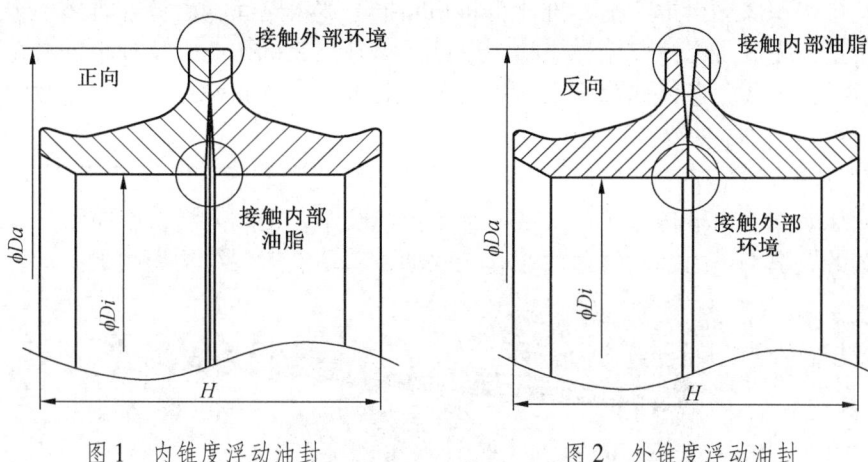

图 1　内锥度浮动油封　　　　　　图 2　外锥度浮动油封

2. 材料改进

浮动油封 O 形圈选用丁腈橡胶 NBR60，通过改变 O 形圈的材料和硬度来控制密封面的推力，把 O 形圈硬度控制在 65°；使用专业分析软件（ANSYS15.0 版本），对 FPM65、FPM60 与 NBR60 橡胶圈材料的 FEA/CAE 进行分析对比，通过对 O 形橡胶圈的接触应力变化云图得出：FPM65 橡胶圈的最大接触应力为 4.0540 MPa；FPM60 橡胶圈的最大接触应力为 1.776 MPa；NBR60 橡胶圈的最大接触应力为 1.590 MPa。

主运带式输送机底部积煤清理装备

任建业　申闪光　申　平　李晓军

潞安化工集团王庄煤矿

一、成果特点

本套装备是集铲、运、推、提为一体的全面机械化作业，从带式输送机底部将积煤清理到宽敞的路面，再用提升机将积煤进一步提升到主运带式输送机上运走。该套装备与现有技术区别在于，它实现了积煤提升的全套程序，不再用人工作辅助，动力大，可操作性强，设备故障率低，适用性强，对煤矸的大小没有严格要求。

二、成果内容

1. 基本原理

该清煤过程主要工艺为铲、运、推、提四道工艺。由沿输送机机架安装的钢丝绳绞车带动液压泵站工作，液压泵站沿安装在机架上的轨道行走跟机作业。液压泵站为自身行走、小推车工作、提升机工作提供动力。小推车将里边积煤用蟹爪铲斗装在中部微型输送带上，输送带将积煤运至推斗前，推斗再将积煤推至宽敞路面，由提升机进一步提升至主输送机上运走，完成一个清煤循环。移动泵站、提升机跟机作业，特种小推车在完成一架积煤清理后，由带式输送机底部出来再进入下一架工作，依此循环，最终完成整条带式输送机积煤清理。

2. 关键技术

移动液压泵站：由输送机机头安装一部钢丝绳绞车，钢丝绳沿机架布置，泵站安装在沿机架布置的轨道上，由钢丝绳通过驱动轮驱动，移动液压泵结构如图1所示。

图1 移动液压泵结构图

特种小推车：一端为蟹爪式铲斗，另一端为推斗，中部为微型输送带，履带作为行走机构。特种小推车结构如图2所示。

提升机：由蟹爪式铲斗，中部提升机，履带行走机构组成。结构如图3所示。

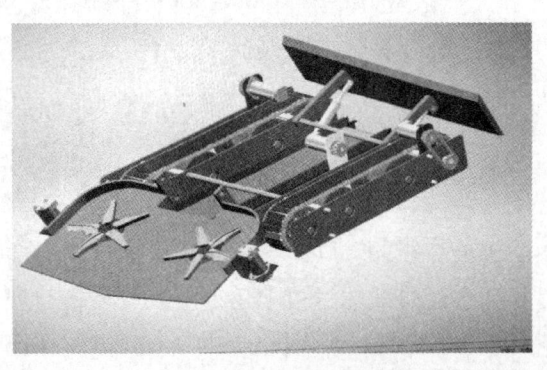

图2 特种小推车结构图

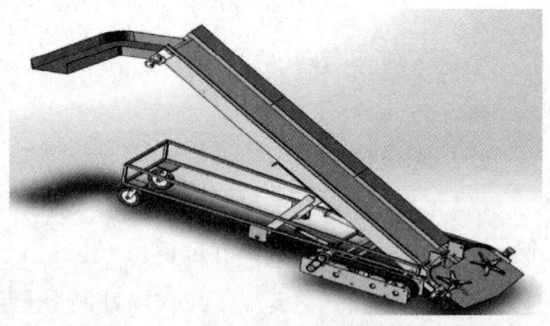

图3 提升机结构图

带式输送机恒张力不均衡问题技术改进与应用

王文胜　彭东林

潞安化工集团常村煤矿

一、成果特点

该项液压张紧技术改造方案，能很好地解决带式输送机重载启动过程中的恒张力稳定问题，改造实施简单、实用，投入费用和工时少，不影响生产，在原有液压张紧装置的基础上就能简单实现带式输送机恒张力的稳定。

二、成果内容

1. 基本原理

仍采用原液压绞车张紧方式，只改变自动恒张力（缓冲油缸功能）部分。一是要求油缸的直径满足恒定张紧的需要，即输送带张紧后，油缸的拉力略大于输送带张紧力，伸缩杆基本上全部处于伸出状态，行程满足带式输送机启动时输送带张紧所需行程，连接油缸和储能器的管路及进出油口直径要采用大流量型，以保证系统反应迅速；二是储能器储存能量和储存油液体积适当，满足系统要求。改进后原理图如图1所示。

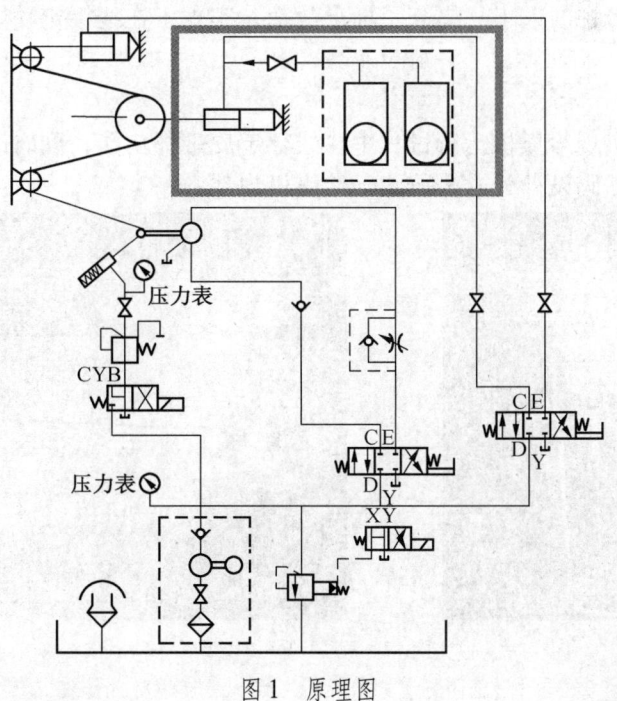

图1　原理图

2. 实施方案

根据输送带长度选择，一是将原来的一个 40 L 的储能器改为 3 个 40 L 的储能器并联连接；二是将原行程为 1.2 m 的缓冲油缸更换为行程为 2.0 m 的缓冲油缸，且按输送带张紧后的张力选择相对应拉力的油缸或调整泵站压力，并将连接管路和进出油口改为直径为 25 mm 以上的管口，在合适位置加装油压表，在储能器和油缸的主干管路上加装截止阀，提高手动换向阀的防泄漏能力。

3. 操作注意事项

输送带张紧时，油缸处于伸出状态，先将截止阀关闭，待输送带达到需要的张紧力后，打开截止阀，操作换向阀使油缸和储能器的压强和泵站一样，拉力和张紧力（根据实际缠绳情况确定数值）相等后，关闭截止阀，换向阀打到零位，停止油泵，缓冲油缸在带式输送机启动和运行中实施恒张力的作用。

密闭称重式给煤机在线标定皮带秤

孙浩敏　刘　波

准能集团

一、成果特点

节约了标定皮带秤的人工，提高了标定效率，实现了在线标定功能。

二、成果内容

利用挂砝码装置实现给煤机运行过程中在线标定皮带秤功能，同时改进了反光片的安装方式，而且将标定砝码设计为永久放置于给煤机内部。

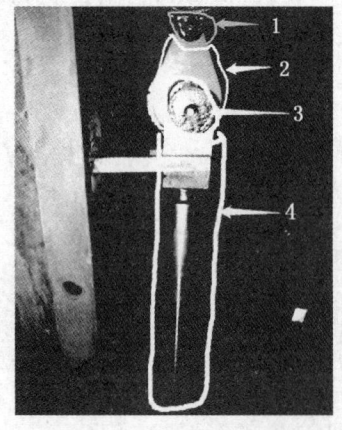

1—挂砝码的位置；2—吊耳；3—圆柱形砝码；4—支撑架

图 1　密闭称重式给煤机在线标定皮带秤外形图

自动挂码装置由吊耳、圆柱形砝码、支撑架及手柄等组成（图1）。在挂砝码的位置处增加吊耳，用来挂标定圆柱形砝码，且该砝码不论是否标定一直放置于此处（改造前标定砝码为长方体形状，在开盖标定时，挂于图中位置1处，标定后必须取走）。

给煤机正常运行过程中，该圆柱形砝码由支撑架支撑，与吊环悬空。给煤机标定时，将挂码手柄从右边旋转到左边，旋转角度为180°，圆柱形砝码放置于吊耳上，此时称重传感器受圆柱形砝码重力作用。标定完毕后将手柄从左边旋转到右边，圆柱形砝码与吊耳悬空，称重传感器不再受圆柱形砝码重力作用。

S-54X60-PSA型浸漆罐改造技术及运用

徐 杰

准能集团

一、成果特点

本成果是将浸漆罐的浸漆方式由双罐输送式改为独立移动式。

二、成果内容

1. 基本原理

独立移动式浸漆罐保留了真空系统，减去了输送管道和排漆阀，使得浸漆罐维护更加简便，制作移动式电机浸漆桶，提高绝缘漆的利用率，使得绝缘漆更容易清理和更换，保证绝缘漆的清洁度。

2. 关键技术

S-54X60-PSA型浸漆罐长时间使用下，罐内绝缘漆浑浊、结块，因此需要定期更换罐内绝缘漆，且绝缘漆的利用率低下，输送管道和排漆阀也极易堵塞和腐蚀，需要投入大量人力物力。改造为独立移动式真空浸漆罐后，在罐内增加移动式电机浸漆桶，只更换移动罐内的绝缘漆即可，减少了绝缘漆的浪费。

3. 工艺流程

第一步，将要浸漆的电机进行预热；第二步，往移动式电机浸漆桶内加注绝缘漆，直至达到桶内容积三分之二处；第三步，将预热后电机放入移动式电机浸漆桶内；第四步，将移动式电机浸漆桶放入独立浸漆罐内进行真空浸漆。

脱硝尿素溶解液改为锅炉连排疏水供给研究和应用

菅云峰　付培青　潘子博　刘俊义　王奉霆

准能集团

一、成果特点

利用连排水的高温、水质符合配置尿素要求的特点，减少了除盐水的使用量和溶液伴热蒸汽消耗量，既解决了脱硝尿素溶解液成本高的问题，又解决了废水排放的环保问题。

二、成果内容

1. 基本原理

锅炉连排水一般都排弃至废水系统中，水质为电导率偏大的热水，尿素溶解液一般设计使用高品质的除盐水，经分析取样并试验得出锅炉连排水水质符合脱硝系统尿素溶解液的要求，可回收利用。

2. 关键技术

通过化验连排水水质和溶解性试验，将连排水与尿素进行溶解试验且与现有的尿素液比对，发现水质没有明显杂质，溶液清澈，无沉淀，无不良化学反应。应用于稀释和加热脱硝尿素后溶液的性质没有改变，使用效率没有降低。

3. 工艺流程

第一步：取样化验连排水；第二步：接管将连排水引至尿素罐。

带式输送机增加限制煤流流量装置

栾广东　姜　宁　王艳军　张延波　马正龙

国网能源哈密煤电有限公司大南湖二矿

一、成果特点

本成果适用于带式输送机较多的煤矿或选煤厂，如两条相互搭接的带式输送机停机时间长短不一，重载停机易导致下级设备尾部压煤等情况。

二、成果内容

大南湖二矿生产系统带式输送机运行速度为 4.5 m/s，电厂输煤系统 M102 带式输送机为长度 200 m 平输送带，每一次电厂设备故障急停停机后，都会造成该带式输送机尾部溜槽内堆煤的情况，再次起车时，带式输送机内溜槽的煤较多，造成溜槽内堵煤，带式输送机运行时，溜槽内的煤全部到输送带上，出现溢出情况，造成输送带两侧洒煤严重。经过现场调试进行改进后，该带式输送机的上级设备 M103 停机调整到最快时，该带式输送机还是较上级带式输送机停机速度快。针对此类情况，在易压煤的带式输送机尾部，增加限制流量装置，日常生产过程中不需要使用，一旦出现尾部压煤或尾部落料溜槽内堆煤情况后，根据煤流设计值调整平煤器通过量，并使用气动缸控制起落，在带式输送机急停后，将尾部装置落下，缓慢地将煤流按设定值输运走，将尾部堆煤输运完毕后，将该装置抬起即可，能够有效解决带式输送机洒煤问题。

煤流系统金属杂物探测报警及自动隔离装置

刘绪玉　杨晓强　马正武　汪　刚　王　强

内蒙古蒙泰不连沟煤业有限责任公司

一、成果特点

煤流系统金属杂物探测报警及自动隔离装置结构简单、便于加工制作和安装应用，动作灵敏可靠，能有效清除煤流系统内表层和深部的各类金属杂物，消除了因金属杂物存在引起的破碎机损坏和带式输送机撕带事故的发生，有利于原煤煤质的净化和提升工作。

二、成果内容

1. 基本原理

采用 GJT-14b 型金属探测仪对带式输送机（带宽 1400 mm）运输的煤炭进行检测，当有金属杂物存在时金属探测仪进行报警并驱动执行机构动作。

安设一套声光报警装置，安装在带式输送机机头人员值守处，当探测仪探测到金属杂物时进行声光报警，并联锁自动隔离装置动作。

隔离装置由框架、闸板、启闭千斤顶、行走小车、导轨、推移千斤顶组成，安装在溜煤口或溜煤眼上部。其中框架内的插板由千斤顶带动启闭，开启后煤炭正常卸落到溜煤口内，关闭后煤炭和金属杂物卸落在闸板上；推移千斤顶推动行走小车沿轨道行走，将隔离装置及隔离出的金属杂物推移到溜煤口外，从煤流系统中将金属杂物隔离出来。启闭及推移动作的千斤顶均由带式输送机张紧液压泵站供液，由 2 组电磁阀进行液压控制。自动隔离装置布置示意图如图 1 所示。

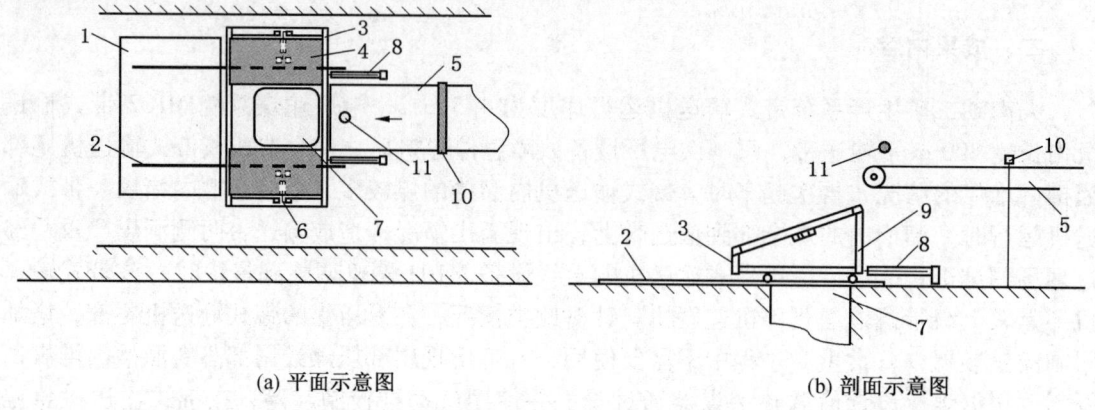

(a) 平面示意图　　　　　　　　　(b) 剖面示意图

1—分拣场地；2—行走轨道；3—自动隔离装置；4—闸板；5—带式输送机；6—启闭千斤顶；
7—溜煤口；8—推移千斤顶；9—行走小车；10—金属探测仪；11—外部声光报警装置

图1　自动隔离装置布置示意图

2. 工艺流程

（1）设备正常运行时自动隔离装置位于溜煤口上方，闸板打开，带式输送机卸载的煤炭经开口落入溜煤口中。

（2）当金属探测仪探测到煤流系统中的金属杂物进行报警的同时，闸板电磁阀动作，控制闸板关闭，金属杂物及其周围的煤炭卸载到闸板上。

（3）设定时间的报警结束后推移千斤顶动作，将自动隔离装置和其上的金属杂物推移到分拣场地，后方的煤炭继续卸落到溜煤口内。

（4）自动隔离装置被推移到分拣场地且延时时间结束后电磁阀断电，推移千斤顶停止供液。

（5）作业人员（带式输送机司机）将隔离物料卸载到分拣场地，将自动隔离装置复位，进行下一次探测、分捡作业。

井下运顺带式输送机步移式机尾

李立明　张子明　乔　梁　张明达　鲍国栋

辽宁通用重型机械股份有限公司

一、成果特点

井下运顺带式输送机步移式机尾，采用两侧油缸定量跨步移动，使用分流阀同步回路，使其在承受不同的载荷情况下仍能保持两个液压缸同步，保证了带式输送机机尾平稳移动。

二、成果内容

在桥式转载机机头下部安装一对同步工作的液压缸,在带式输送机机尾两侧安装支座和导轨组件,导轨上焊接滑块,滑块间距 500 mm,液压油缸活塞杆前端连接的滑动棘座骑在导轨上,随着液压缸的每次伸缩实现带式输送机机尾以 500 mm 位移量向前步进式推移,双油缸分流阀同步回路,使其在承受不同的载荷情况下仍能保持两个液压缸同,双油缸分流阀同步原理如图 1 所示。

井下运顺带式输送机步移式机尾,利用了煤矿井下现有的运输设备,在桥式转载机和伸缩式带式输送机机尾上进行改造,能够保证顺槽运输、转载的通畅及设备的良好衔接。步移式机尾结构简单、操作方便,安全性、可靠性和工作效率显著提高。

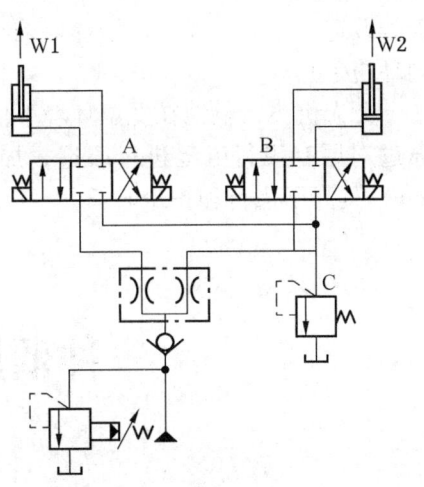

图 1 双油缸分流阀同步原理图

大疆经纬无人机增设采点测绘和天线增程等技术改造

梁成江 王 蛟 王清海 崔清迪

内蒙古大雁矿业集团有限责任公司雁南煤矿

一、成果特点

利用无人机云台镜头可自动对焦功能,对加装的 GPS 手持机所测得点位进行影像存储,同时对无人机天线进行增程,对电池采取保温措施,极大地提高了无人机的作业效率,减轻了作业人员的劳动强度,同时也减少了工作中作业人员与危险作业环境的直接接触。

二、成果内容

在大疆经纬 M210 无人机机脚架上成水平位置加装 GARMIN GPS 72H 手持机,使用前把 GPS 手持机插入到固定架上,并通过拉绳固定,利用云台相机的自动对焦功能,对外挂手持机显示的坐标点位进行影像存储。在不破坏无人机原有安全性的前提下,实现 1 次飞行完成 2 次作业的效果,在提高作业效率、缩减作业时间的同时,减轻人员劳动强度,减少危险作业区域对人员的伤害。

在无人机遥控平台天线位置加装半圆形平行铝制薄板,成水平方向固定,将原有全向天线改造为定向天线，以增加遥控天线可控距离，遥控距离由 1500 m 提升至 2300 m（相同环境下）。

无人机飞行电池在低温环境下使用会自动加热，降低飞行时间，增大飞行安全隐患。通过对原有飞行电池进行改造，加装保温覆盖膜，将原低温环境飞行 18 min 提升至 25 min，提高了飞行和拍摄时长。

一种低压电缆速接中间头

吴泽龙

国能宝日希勒能源有限公司

一、成果特点

利用合理的机械及电力知识，解决低压配电系统常见问题，达到供电现场标准化，节省人力物力，减少现场施工隐患等。

二、成果内容

1. 结构组成

中间头包括接头公座和接头母座，接头公座和接头母座的内部中间均设有接连孔，接连孔外侧口径大，内侧口径小，接连孔的内侧面上设有内螺纹，接连孔内均螺纹连接有紧固套；接头公座的一端面对称设置有连接杆，连接杆远离接头公座的一端设有卡凸；连接母座的一端面对称设有与连接杆相互配合的连接槽，连接槽内设有与卡凸相配合的卡板，卡板和卡凸的连接面均为倾斜面，接头公座和接头母座的连接处还设有密封机构。

紧固套包括旋转螺帽和多个紧固条，旋转螺帽的内部设有通孔，多个紧固条的一端固定连接在旋转螺帽的一侧边缘上，紧固条的外侧面上设有与内螺纹相配合的外螺纹。多个紧固条呈环状阵列分布在旋转螺帽上。紧固条的内侧壁上设有防滑凸，便于更加稳定的紧固电缆。接头公座和接头母座的外侧面上均设有防滑纹，有利于在电缆连接时，增大操作人员的手部和连接头的摩擦力，方便操作。

密封机构包括密封圈和密封槽，密封圈固定连接在接头公座靠近连接杆的一侧面外侧端，密封槽设置在接头母座靠近连接槽的一侧面外侧端，密封圈和密封槽之间配合连接，能够有效地将接头公座和接头母座进行密封连接，防止液体渗入出现短路。

2. 工艺流程

将两个需要接头的电缆端部分别插入接头公座和接头母座的紧固套内，再旋转紧固套上的旋转螺帽，使紧固套向内旋转，由于连接孔的内口径小，使得紧固套上端的紧固条夹紧电缆，再将接头公座上的连接杆插入接头母座的连接槽内，并相反方向旋转接头公座和接头母座，使得连接杆上的卡凸和连接槽内的卡板相互卡接，进而连接电缆接头。接头公座和接头母座的连接处设置的密封圈和密封槽,能够有效地将接头公座和接头母座进行密封连接,防止液体渗入出现短路。

图 1 为一种低压电缆速接中间头的结构示意图。图 2a 为一种低压电缆速接中间头接头母座的侧视结构示意图;图 2b 为一种低压电缆速接中间头接头公座的侧视结构示意图。图 3 为一种低压电缆速接中间头的俯视结构示意图。图 4 为一种低压电缆速接中间头中紧固套的结构示意图。

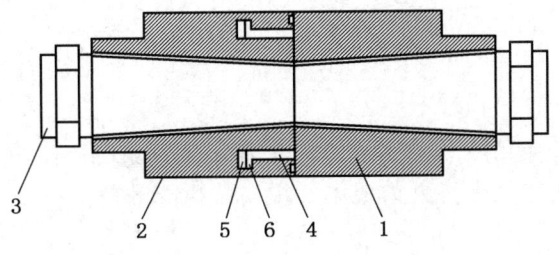

1—接头公座;2—接头母座;3—紧固套;
4—连接条;5—连接槽;6—卡凸

图 1　一种低压电缆速接中间头的结构示意图

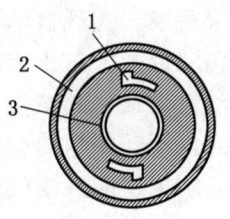 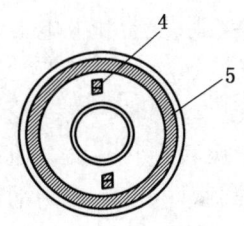

(a) 接头母座的侧视结构示意图　　(b) 接头公座的侧视结构示意图

1—连接槽;2—密封槽;3—内螺纹;4—连接条;5—密封圈

图 2　一种低压电缆速接中间头接头母座、公座的侧视结构示意图

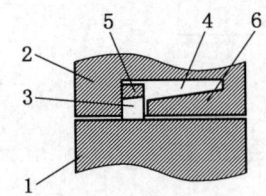 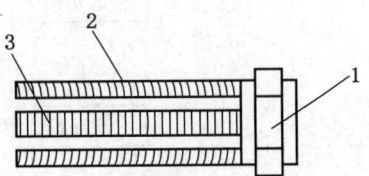

1—接头公座;2—接头母座;3—连接条;
4—连接槽;5—卡凸;6—卡板

图 3　一种低压电缆速接中间头的
俯视结构示意图

1—旋转螺帽;2—紧固条;
3—外螺纹

图 4　一种低压电缆速接中间头
中紧固套的结构示意图

一种带锯机自动下料装置的系统设计

校丁亮　李林林

陕西陕煤澄合矿业煤机公司

一、成果特点

采用机械传动和智能测控系统代替传统人力下料的方式，有了下料定尺和装夹固定的功能，实现了自动下料，减少了人力成本，提高了生产效率。

二、成果内容

带锯机自动下料装置主要由电机、减速器、链条传动机构、平托辊、钢结构平台、继电器、限位器、位移传感器等组成。将电动机的旋转运动通过减速器和链条传动机构传递到平托辊上，使平托辊以相对的旋转速度带动钢材在带锯机加紧装置线上做直线往复运动，利用位移传感器、限位器和继电器进行下料定尺控制，实现自动下料。

减速器将电机的高速小扭矩转变为链条传动机构的低速大扭矩控制上料速度，满足钢材安全合适的上料速度，同时，主动轮链条带动从动轮转动，链条传动使平托辊旋转，将平托辊上的钢材沿着旋转方向移动，通过改变电机的正反转控制钢材的前进与后退。继电器进行系统动作的控制，限位器检测钢材的位置，控制钢材前进或后退到极限位置时的启动和停止。工艺流程如图1所示。

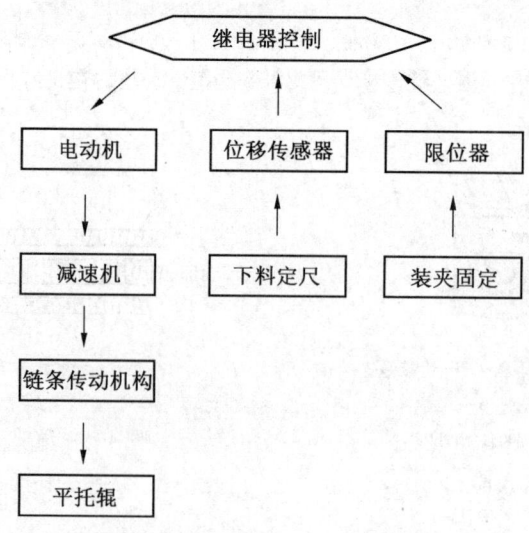

图1　工艺流程图

立井提升机编码器创新改进设计

杜松伟

内蒙古银宏能源开发有限公司

一、设计背景

由于开采煤层深度加大,立井提升系统运用得越来越多,结合矿井经济效益及设计考量,副立井系统多设计为两套系统,一套宽罐+窄罐及,一套交通罐+平衡锤。其中交通罐提升机多采用电机—减速箱变频驱动,相比较电机直接驱动,经过减速箱多级变速,偶尔不定期会出现启动时因过电流导致的急停故障发生,此现象在副井提升系统中属于重大安全隐患。

经过认真分析得知,交通罐 ACS800 变频器接收的电机转速不准确,最终速度闭环紊乱导致过电流的现象。ACS800 变频器电压计算出的转速数据偶尔会出现电流失真现象,从而导致假象大电流后最终发生绞车急停。

若要解决此假象大电流故障,设计从电机侧直接取电机转速参数,因此在电机端设计安装2#编码器直接取电机转速参数,从根本上解决问题。由于大部分交通罐电机风扇侧没有预留安装2#编码器位置,自行设计图纸和制作安装,调整程序参数。

二、成果内容

去掉滚筒侧原有2#编码器(图1),在电机端设计安装2#编码器直接取电机转速参数(图2),从根本上解决滚筒侧的编码器经过减速箱变比后得出电机转速数据不准确问题。

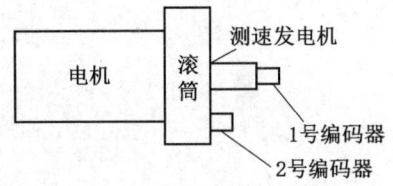

图1 改造前编码器位置

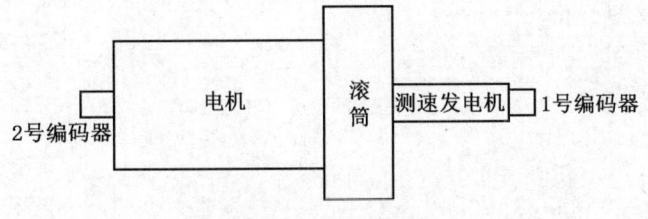

图2 改造后编码器位置

设计加工电机侧安装编码器法兰轴,电机侧转子攻孔安装编码器法兰轴,编码器法兰轴同心度需控制在0.1 mm内,重新根据数据取源不同调整 ACS800 变频器程序参数。使用划规在电机转子上定位 4 个安装法兰轴的螺栓孔，随后使丝锥在转子上加工出直径为 12 mm 的内螺纹。法兰轴上共有 8 个螺栓孔，其中 4 个为安装孔，另外 4 个为顶丝孔。先用 4 个 12 mm 的螺栓将法兰轴与电机转子连接在一起，再将 4 个 12 mm 的螺栓装在法兰轴的顶丝孔处。转动电机，用百分表测量法兰轴端头部位的同心度。通过调整顶丝螺栓和连接螺栓，将同心度控制在 0.1 mm 以内。设计安装编码器底座用于编码器与法兰轴连接，同时起到固定编码器的作用。修改 ACS800 变频器内部参数 50.01：Encoder Pulse 由 5000 改为 2000，50.05：Speed Feedb Used 由 false 改为 true。

二等奖

煤 化 工

煤直接液化含固冲洗油过滤装置研制应用

杜海胜　马　翔　吕大伟

中国神华煤制油化工有限公司鄂尔多斯煤制油分公司

一、成果特点

该过滤设备处理能力大，运行时间长；过滤设施内部采取填料吸附的原理，将固体进行拦截去除，效果良好；吸附完成后，通过氮气、冲洗液以及蒸汽介质将吸附的固体颗粒进行脱除；过滤设施可以实现在线排污，延长吸附时间，实现装置连续稳定运行。

二、成果内容

采取吸附填料的形式，解决了过滤器频繁堵塞切换吹扫的问题。含固冲洗油从过滤器顶部进入过滤器内部，先通过入口分布器，然后经喷淋均匀分布到吸附填料上方，液体油品穿过填料进入过滤器底部，其中含有的固体颗粒被吸附过滤到填料中。填料中吸附程度通过过滤器出入口压差来衡量，当压差增大到一定程度时（一般为 0.1 MPa 以上），则将其切换，从过滤器底部出口排油，排油后通过出口设置的氮气或者蒸汽吹扫线进行反向吹扫，吸附沉积到过滤器填料中的固体杂质会通过填料上部设置的 4 个排污口密闭排放到地下污油系统，排污口垂直向上设置 1 个，靠顶部封头侧面设置 2 个，填料上方设置 1 个。

该装置投用步骤：投用前过滤器跨线为开状态，通过跨线为后路冲洗油泵供应原料介质，投用前需要检查各排污线、吹扫线盲板保持盲闭。投用时先开过滤器出口阀，然后将顶部排污阀打开，待污油罐液位开始上涨时，关闭顶部排污阀，其目的是保证过滤器中充满冲洗油，同时排除内部含有的气体，防止带气造成冲洗油泵抽空，然后缓慢投用过滤器入口手阀，待过滤器出口压力和泵入口压力稳定后，逐步关闭过滤器跨线手阀，直至将跨线手阀全部关闭，整个投用过程需要缓慢，防止对在线运行泵入口压力造成影响。

氮气管线移位降低制粉系统氮气消耗

刘家兵　陈传富　高宗联

中国神华煤制油化工有限公司鄂尔多斯煤制油分公司

一、成果特点

此成果通过改变制粉系统氮气补充点的位置，在系统安全的前提下大量节约了氮气的消耗量。该项目适用于所有煤化工、钢铁、电厂的制粉系统。

二、成果内容

经过对磨煤系统进行审视和对各补氮点进行考察，比对设计后，发现热风炉入口补氮点位置存在问题，原设计的氮气位置会有大量氮气直接放空，造成浪费，氮气利用率较低。更改补氮位置，即把补氮位置由在放空之前改为在放空之后，这样补入系统的氮气能得到充分循环利用，最大可能降低系统的氧含量。为了充分节约材料，我们利用原有管线的安装角度，稍微对原氮气管线进行改造，接入系统放空之后即可。改造前后管线对比如图1所示。

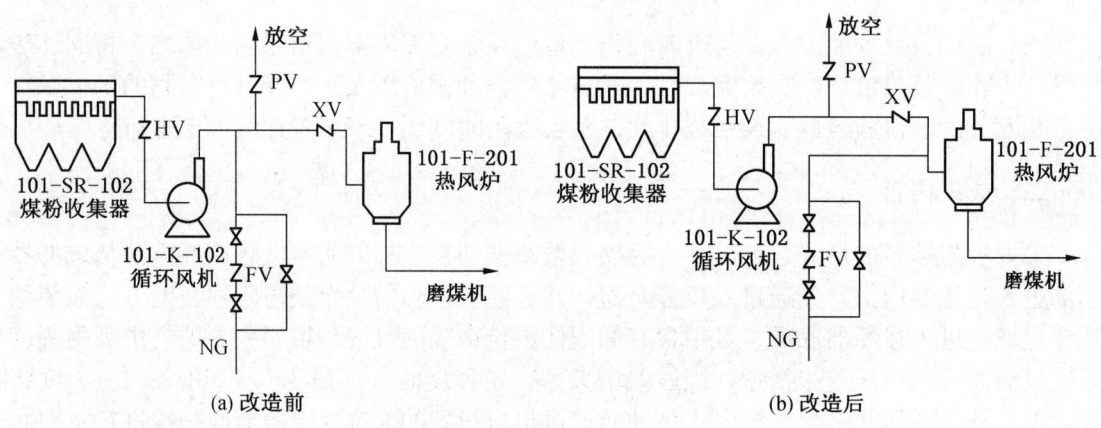

图1　改造前后管线对比

加热炉燃烧器改造

刘　军　曹　海　李家顺　吕　昭　吴传勇

中国神华煤制油化工有限公司鄂尔多斯煤制油分公司

一、成果特点

根据装置实际情况，设计出的燃烧器的主火嘴通过分配器分为8个支管燃烧，新燃烧器枪头既能稳焰又能减排氮氧化物，还能控制火焰高度，高效节能，同时排放的氮氧化物大大降低，实现了节能减排。该项目适用于所有煤化工、炼油及化工加热炉系统。

二、成果内容

加热炉的火焰具备一定刚直度，但是火焰过于集中，不具备反应区分散、温度分布均匀的特点，表明加热炉当前燃烧器存在燃料空气混合不充分、火焰拉长、燃烧效率低、热损失大的问题。更换高效节能低 NO_X 燃烧器，主火嘴通过分配器分为 8 个支管燃烧，新燃烧器枪头既能稳焰又能减排氮氧化物还能控制火焰高度，取得了良好效果。

含固耐磨球阀改造气动马达执行机构

曹 海 刘 军 吕 昭 李家顺 吴传勇

中国神华煤制油化工有限公司鄂尔多斯煤制油分公司

一、成果特点

通过对执行机构的改造，降低了人工成本、提高了机泵切换速度，同时降低了开关阀门过程的风险，对装置的平稳运行意义重大。该项目适用于所有煤化工及固含量较高的生产系统。

二、成果内容

煤液化分馏系统介质为高温含固煤浆，且大部分阀门位置紧凑、阀门尺寸较大，阀门开关过程中阀门开关不动或开关困难，开关时存在烫伤风险，并且开关一个阀门需要 3 个人 4~5 h 才能完成。

通过对阀门结构分析、阀杆材质及承受力矩计算，将开关困难阀门执行机构改造为性价比较高的气动马达执行机构，通过人工手动启动开关，引入仪表风进入启动马达，用仪表风带动马达达到阀门开关的效果，在现场取得了良好效果。

加氢改质装置柴油外送线改造

迟占秋

中国神华煤制油化工有限公司鄂尔多斯煤制油分公司

一、成果特点

在柴油外送线上润滑性改进剂注入点处增加一台混合器后，柴油润滑性改进剂能够更好地与柴油进行混合，更好地提升了煤直接液化柴油的品质。

二、成果内容

煤直接液化柴油由于其自身特点，在出厂时其柴油润滑性不能满足相关标准要求，所以在加氢改质柴油出装置管线处需要连续注入润滑性改进剂。在柴油外送线上润滑性改进剂注入点处增加一台混合器，使得柴油润滑性改进剂能够更好地与柴油进行混合，罐区大罐内采样分析结果表明，柴油润滑性较没添加混合器之前有了较大改善，更好地提升了煤直接液化柴油的品质。

加氢稳定装置增加轻污油外送流程成果

迟占秋

中国神华煤制油化工有限公司鄂尔多斯煤制油分公司

一、成果特点

在现有流程基础上通过改造升级现有流程达到了降低排油时间的效果。

二、成果内容

加氢稳定装置原设计轻污油通过 103 单元外送，在停、开工期间轻污油依然通过 103 单元外送或只能通过临时措施将轻污油排至重污油罐；当将轻污油排至重污油罐时，存在封闭空间作业的风险；当污油外送至 103 单元时与 103 单元存在冲突，严重影响 104 单元退油速度，从而影响停工节点。为解决此问题，增加了轻污油至凝缩油线流程，使得 104 单元轻污油可以不经过 103 单元外送。

由于加氢稳定装置重污油在本装置存在凝缩油外送线，在轻污油罐与重污油罐之间增加一条跨线。

在现有流程基础上通过改造升级现有流程，达到了降低排油时间的效果。104 单元在 2019 年停工过程中退油时间比上周期缩短 21 h，改造效果非常明显。

轻烃回收装置改造

田　刚

中国神华煤制油化工有限公司鄂尔多斯煤制油分公司

一、成果特点

注水量相比变更前提高了 $2\sim3$ t/h，有效地降低了铵盐结晶情况的发生，保证了干气产品质量。

二、成果内容

111 单元注水来自 104 单元回用水，由于此条注水管线较长，沿程压力降较大，造成 111 单元最高注水量只能达到 4 t/h 左右；由于 111 单元注水量过低，导致铵盐结晶，吸收塔吸收效果降低，干气 C3 指标偏高，不能满足干气产品要求。

在 104 单元南界区现有进入 111 单元注水罐的脱酚水线（原新鲜水线），增加除盐水线跨线，在不能满足装置注水量时，打通此跨线，增加装置水量，以提高系统注水量。

倒罐线节能降耗措施

宋庆旭

中国神华煤制油化工有限公司鄂尔多斯煤制油分公司

一、成果特点

煤液化中心倒罐线增加小跨线，实现无须停用倒罐线就可以直接回收污油。适用于在主流程不变的情况下，增加副流程达到回收污油的目的。

二、成果内容

煤液化中心目前负荷为 70%，不能满足煤浆罐三列正常下料，2 区 713 线倒罐线需要常开，D413A/B 罐需要经常送油，目前 D431A/B 罐的油先送到 D417 罐，当 D417 罐液位到 70% 时再停倒罐线，把 D417 的油送到催化剂罐，送完油后再恢复到倒罐流程。倒罐线阀门开关困难，倒罐线入口连接进料泵，操作不当可能引起进料泵连锁停机，造成装置波动。

在界区导淋和去催化剂罐线导淋增加一条 10 m 左右的跨线（DN40），每次送油可以不停倒罐线直接通过此线送油，降低了班组员工的工作量，减少了阀门损坏的概率，减少了装置波动的可能性（图1）。

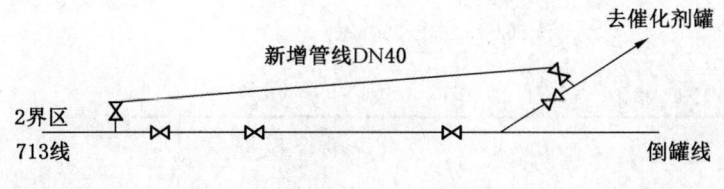

图 1 新增管线示意图

煤液化生产中心液硫伴热改造

宋庆旭

中国神华煤制油化工有限公司鄂尔多斯煤制油分公司

一、成果特点

液硫伴热流程改造解决了液硫伴热现场直排，凝结水无法回收，现场伴热凌乱，停伴热困难等问题，保证了装置的安全平稳运行。

二、成果内容

通过增加回水管线解决了回水管线太细背压太高的问题，通过增加回水包解决了回水包分支太多的问题。

原来的回水包 LC－YL－0201 分为 LC－YL－0201A 和 LC－YL－0201B 两个包，并把 LC－YL－0201B 的回水主管回到别的管线上，如图 1 所示。改造后的液硫伴热，泵体及工艺管线明确区分到不同的汽包上，改造部分给汽回水使给汽和回水一一对应，现场直排关闭，全部并进凝结水管网，大大降低了低压蒸汽消耗量，同时减小了误操作的可能性。

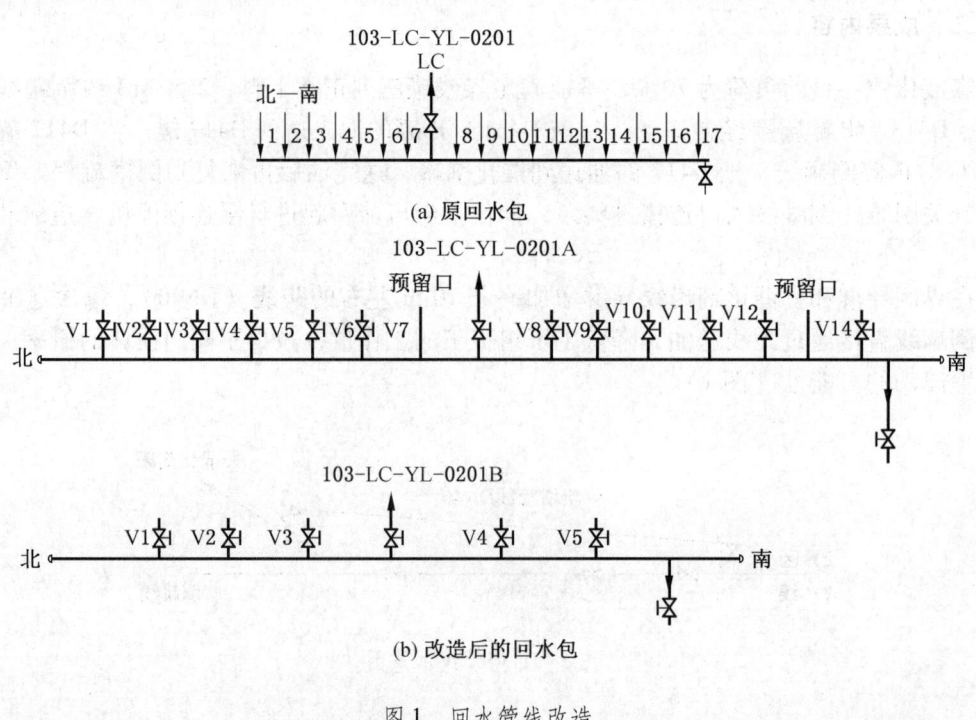

图 1 回水管线改造

气化煤浆大槽 C 内壁改造创新成果

赵瑞强　赵旭清　朴东哲　毛兆锋　张临乐

神华包头煤化工有限责任公司

一、成果特点

该成果主要将气化煤浆大槽内径变小，改善大槽煤浆流动性和稳定性，减少了煤浆大槽侧壁和底部煤泥沉积量，基本解决了煤浆大槽沉积煤泥塌方，造成煤浆大槽搅拌器故障停车事故的问题。

二、成果内容

将气化煤浆大槽 C 内壁直径由 11000 mm 减小到 9600 mm，即在气化煤浆大槽内壁重新焊接形成内筒壁，减小了煤浆大槽直径，改善了煤浆大槽内部煤浆流动性和稳定性，从而提高了煤浆大槽搅拌器运行安全稳定可靠性，降低了煤浆大槽底部和侧面煤泥沉积量。

煤浆大槽 C 内壁采用钢管焊接形成柱梁框架结构，框架结构内侧使用 U 型卡铺设钢板形成内筒壁，内筒壁钢板开若干孔洞均衡内外侧物料压力，框架结构整体焊接组成，与原煤浆大槽本体连接处设置支撑护板。

新型多功能 F 扳手

郑大伟　刘　泽　邢　宇　焦彦忠　杨世新

神华包头煤化工有限责任公司

一、成果特点

新型 F 扳手与手轮为两点接触，通过锁紧螺母紧固与手轮接触紧密，不会因为用力方向有偏差时，导致 F 扳手从手轮上滑落，提高了操作的稳定性和安全性；能够依据作业空间通过调整伸缩套管长度，改变 F 扳手力臂，达到更好的转矩效果，从而轻松开关阀门；能够通过滑动件与紧固螺母调整卡扣距离，手柄与手轮径向形成夹角，因此在相对操作空间受限时亦可以使用；若作业空间足够，通过锁紧螺母紧固，此新型 F 扳手手柄可处于手轮径向方向，此时力臂可达到最大，此时可以较好地达到省力效果；具有小型手轮开关器以及井盖开启器，实用性、适用性大大增强，一器多用，能够节省成本，提高工作效率。

二、成果内容

新型 F 扳手结构示意图如图 1 所示。利用固定端圆柱短柄和滑动件圆柱短柄套住手轮边缘,利用锁紧螺母进行紧固,利用伸缩管套调整力臂,达到更好的转矩效果,从而进行阀门开关。

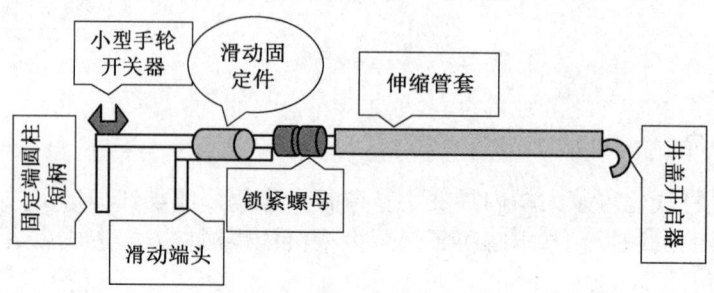

图 1　结构示意图

固定端圆柱短柄、滑动端头、滑动固定件、锁紧螺母几个部件组合可调整 F 扳手卡扣距离;伸缩套管前后滑动可以根据作业空间及时调整力臂。

利用废旧螺母制作牙口,焊接于 F 扳手背面,用于开关设备管道上的排气阀门、导淋阀门等小型手动阀门。

利用 F 扳手手柄末端的"J"形弯钩,可进行各类阀门井、排污井及雨水井的掀盖作业,巡检时携带方便。

提高高密池对气化灰水除硬效果的研究

高小龙　李　民　张红旗　周新宇　李志光

神华包头煤化工有限责任公司

一、成果特点

可将气化污水的浊度从 100~200NTU 降至 ≤20NTU 以内,悬浮物去除效果明显,达到污水处理系统进水的一般要求;可将气化污水的硬度从 1000~2000 mg/L 降至 ≤500 mg/L 以内,有效降低了生化系统的结垢风险,提高了运行的安全性,且减少了检修维护的工作量;经"液碱+碳酸钠"处理的气化污水所含碱度较高,进入生化系统后可起到补充碱度的作用,提高生化系统的抗冲击性,同时,也有利于下游回用水的硬度去除工艺,保护膜系统正常运行。

二、成果内容

1. 工艺流程

气化污水先进入缓冲池。缓冲池采用平流沉淀池的形式，停留时间控制在 2～4 h，设行车式刮泥机对沉淀物进行收集。缓冲池的作用一是为气化污水提供一定的缓冲停留时间；二是通过沉淀作用去除气化污水中较易沉降的杂质，减轻后续处理设施的处理负荷。

气化污水处理设施采用高密度沉淀池。选择高密度沉淀池的原因有以下几点：气化污水的 SS、硬度、碱度、pH 和浊度均较高，水质复杂且不稳定，这一特性要求处理设施具有高悬浮物负荷处理能力和优良的抗冲击能力，而高密度沉淀池依靠回流污泥维持反应区的高浓度固含量，混凝沉淀效果好，抗冲击能力强；处理气化污水的重点是降低硬度，目前用于除硬的常用且成熟的工艺设施即为高密度沉淀池；本装置在高密池内通过 pH 变化（加入液碱），首先破坏残留的分散剂稳定性，再加入混凝剂、助凝剂、碳酸酸钠等药剂，使气化污水开始絮凝聚结、络合沉淀等综合作用，达到气化除硬、降浊的目的。

气化污水经过高密度沉淀池处理后，经投加硫酸将 pH 值调至 8～9，再进入污水处理装置的调节池，与其他各股来水均质混合，进入污水处理的常规流程。

气化污水处理的工艺流程如图 1 所示。

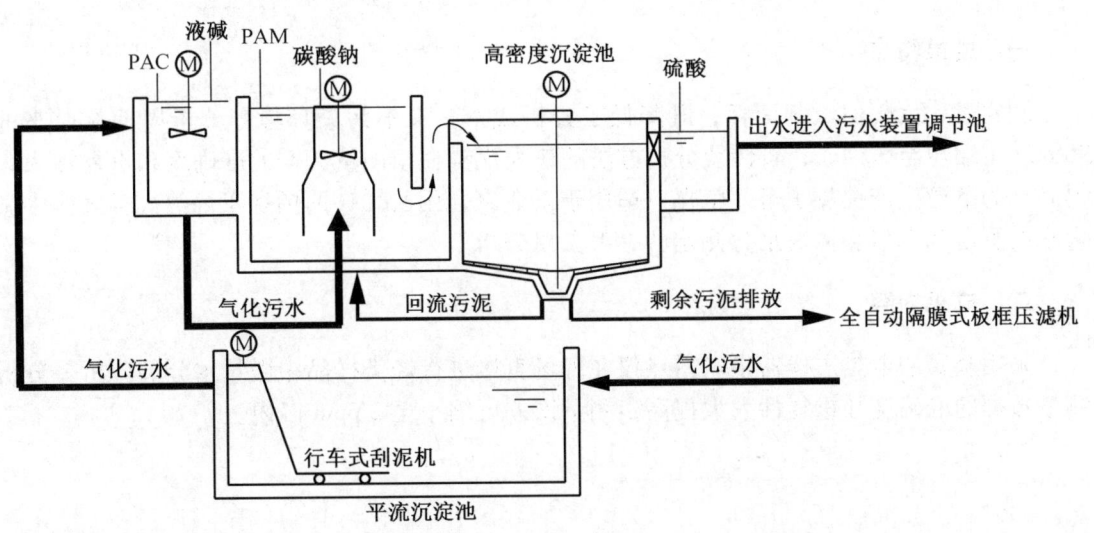

图 1 气化污水处理工艺流程图

2. 药剂配方和投加量控制

混凝剂采用聚合氯化铝（PAC），絮凝剂采用阴离子型聚丙烯酰胺（PAM）。这两者是废水絮凝处理的常用组合，适用条件广，实际使用效果良好。由于气化污水的悬浮物浓度高，絮凝剂的架桥作用容易发挥，阴离子 PAM 分子量在 500 万以上即可取得明显的效果，低于一般废水处理系统的要求。

软化剂采用碳酸钠。碳酸钠可去除污水中的暂时硬度和永久硬度，且在水中溶解度高，反应快速充分，试验和实际使用均取得了明显的效果。碳酸钠的除硬机理如下：$Na_2CO_3 + Ca^{2+} \longrightarrow CaCO_3 + 2Na^+ \downarrow$ $Na_2CO_3 + Mg^{2+} \longrightarrow MgCO_3 + 2Na^+ \downarrow$。碳酸钠投加浓度控制在 500~800 mg/L，可将出水硬度控制在 500 mg/L 以下。该指标有效防止气化污水进入生化系统后的结垢影响，如果硬度控制过低，不仅碳酸钠消耗量大，而且产泥量会大幅度增加，加大排泥量和污泥处理系统的负荷。因此，出水硬度控制在 500 mg/L 以下是满足生产要求且经济合理的。

聚合氯化铝的投加浓度控制在 20~30 mg/L，阴离子 PAM 的投加浓度控制在 0.5 mg/L，即可取得较好的悬浮物去除效果，将出水浊度控制在 20NTU 以内。该指标与一般污水处理装置的进水接近，具备进入污水处理系统常规流程的条件。

气体露点的检测装置

杨海朝　张雅欣　张维斌　艾小杰

神华包头煤化工有限责任公司

一、成果特点

测定过程无任何试剂消耗，既降低了分析成本，又不污染环境；分析周期从原来的 90 min 可缩短至 30 min；较传统分析方法的最大优势在于测量数据的准确度和重复性大大提高，为下游生产提供了可靠依据。适用于工业聚合用乙烯、丙烯和丁烯等烃类气体中微量水的测定和卡尔费休法水分测定的一般微量分析。

二、成果内容

采用金属浴电热进样器串联露点仪在现场直接进行烃类样品中微量水分的分析。分析测量数据的准确度和重复性大大提高，测量误差可缩小至 2 ppm 以内。

一种戊醛中水分测定方法

余占武　张雅欣　张维斌　杨春元　徐颖　赵安帮　刘国圣

神华包头煤化工有限责任公司

一、成果特点

该方法避免了原方法分析过程中酮醛化合物与卡尔费休试剂中的甲醇反应对分析结果

的影响；且避免了卡尔费休试剂及其废液对人体的伤害及对环境造成的污染；进样量少，操作简单，结果准确。

二、成果内容

1. 基本原理

将气相色谱仪气路准确连接起来，将气路接口与载气氦气连接，试漏。将GDX-301填充柱连接在色谱仪上，打开载气，试漏，老化。

经过调试，柱温为120℃，进样口温度为160℃，TCD检测器温度为140℃，电流为150 mA，极性为阴性，进样量为2 μL为最佳条件。用加入纯物质增高峰高法对戊醛和水进行定性分析，标准样品配制及计算，建立方法文件。

2. 工艺流程

实验仪器：GC-2014气相色谱仪（配置TCD检测器），液体进样针（10 μL），GDX-301填充柱（2 m×2 mm），分析天平（精度0.0001 g），注射器（5 mL），微量注射器（100 μL），玻璃注射器（10 mL），卡尔费休仪，两个带盖配液瓶（20 mL）。

实验试剂：卡尔费休试剂，98%戊醛，蒸馏水，专用醛酮卡尔费休试剂，戊醛样品，氦气（纯度99.99%）

实验条件：色谱柱采用GDX-301填充柱，载气采用氦气（纯度99.99%），进样口温度为160℃，柱温为120℃，检测器采用TCD检测器，温度为140℃，进样量为2 μL，电流为150 mA，极性为阴极。

3. 结论

采用GDX-301填充柱（2 m×2 mm），载气为氦气（纯度99.99%），进样口温度：160℃，柱温为120℃，检测器为TCD检测器，温度为140℃，进样量为2 μL，电流为150 mA，极性为阴性的操作条件，建立的戊醛中水分色谱分析方法操作简单，准确度高，精密度好，在化工分析和环境保护中取得了很好的效果。

聚丙烯二甲苯可溶物含量快速分析方法

刘文星　徐　颖　赵　芳　胡景芳　赵安帮

神华包头煤化工有限责任公司

一、成果特点

本方法采用凝胶色谱，使用示差检测器通过流动注射聚合物分析法（FIPA）测定聚丙烯中的二甲苯可溶物含量；具有分析速度快、精度高，对环境和分析者的毒害性小等特点。

二、成果内容

1. 基本原理

干燥纯化的 PP 样品溶于 135 ℃下加热回流的二甲苯中,随后,在 25 ℃下冷却结晶,取溶液过滤测试,通过示差检测器得到溶于二甲苯的聚合物的含量。

示差检测器的原理:当样品本身的折射率与溶剂的折射率不同时,样品溶液的折射率与纯溶剂的折射率存在差异。溶液的折射率与样品组分和样品浓度相关。

2. 关键技术

采用凝胶色谱,使用示差检测器通过流动注射聚合物分析法(FIPA)测定聚丙烯中的二甲苯可溶物含量。

3. 工艺流程

(1) 采样前处理,样品称重,加入样品瓶中,加入磁力转子,注入溶剂。
(2) 样品在 135 ℃下搅拌溶解 30～40 min。
(3) 当样品完全溶解,随后将样品瓶移入 25 ℃水浴中,冷却结晶,持续 45 min。
(4) 取样品瓶中的溶液,使用 0.2 μm 的过滤膜进行过滤,滤液进行测试。
(5) GPCmax + RI(示差)+ FIPA 二甲苯溶出物分析系统进行测试。

蒸汽凝液管线减缓冲刷腐蚀设施创新成果

赵云峰　余建良　姬加良　谭金浪　李　强

神华包头煤化工有限责任公司

一、成果特点

该成果主要在各等级蒸汽疏水器及各伴热冷凝液收集站冷凝液支管汇入相应等级冷凝液总管时,使用改造喷头,避免对冷凝液总管的冲刷腐蚀。适用于各类气体及液体管线交接易造成冲刷腐蚀的位置。

二、成果内容

蒸汽冷凝液支管汇入总管处壁厚减薄泄漏原因分析:蒸汽冷凝液流速过快;蒸汽冷凝液垂直汇入冷凝液总管,流体方向改变位置容易出现冲刷腐蚀(图1);由于净化装置蒸汽伴热较多,部分疏水器存在蒸汽串气的现象,容易造成蒸汽凝液气液夹带,对管线冲刷腐蚀。

通过现场涡流测厚的数据可以看出来,大部分冷凝液支管汇入总管接口处均存在不同程度的壁厚冲刷减薄现象,根据测量,严重区域减薄速率在 2 mm/a,管壁厚 7 mm,因此

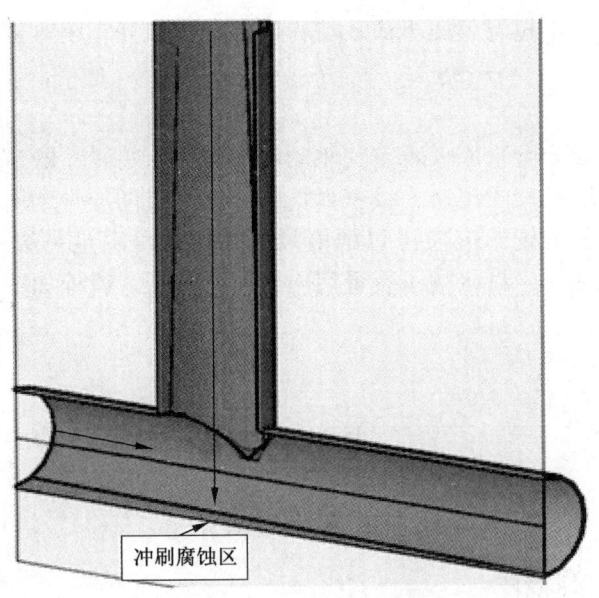

图1 改造前三维示意图

部分减薄严重的区域管线需要频繁更换。

根据冲刷腐蚀的位置及方向，提出以下创新措施：在各蒸汽冷凝液支管汇入总管内的短管上，位于总管中心位置与总管冷凝液流向一致的侧面开孔，将短管原垂直进冷凝液总管的管口使用堵板焊接封口（图2）。这样可以使各支管蒸汽冷凝液进入冷凝液总管时直接与总管流向一致，进入冷凝液总管中心位置，避免了对冷凝液总管管线的冲刷腐蚀。同时使蒸汽冷凝液支管流体以90°折角进入冷凝液总管中，减缓了支管流体流速，降低了冲刷腐蚀。

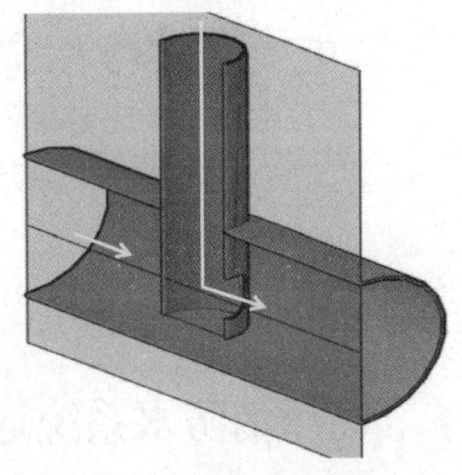

图2 改造后三维示意图

丙烯压缩机节能、环保开车优化改造成果

姬加良　陈峻贤　谭金浪　赵云峰　李剑晖

神华包头煤化工有限责任公司

一、成果特点

采用丙烯气代替氮气作为压缩机的一级密封气，解决了在丙烯压缩机开车过程中，由

于氮气的存在，极易发生超温超压事故，使得丙烯压缩机开车困难等问题。

二、成果内容

丙烯气的增压装置，可采用仪表空气驱动的简单增压装置，既节省了投资，而且操作比较简单。在丙烯压缩机三段出口一级密封气管线上直接增加一个增压装置，在丙烯压缩机开车时，开启该增压装置给三段出口的丙烯气增压，以满足一级密封气密封压力的要求；当压缩机开车正常后，将该增压装置切出即可，其工艺流程如图1所示。

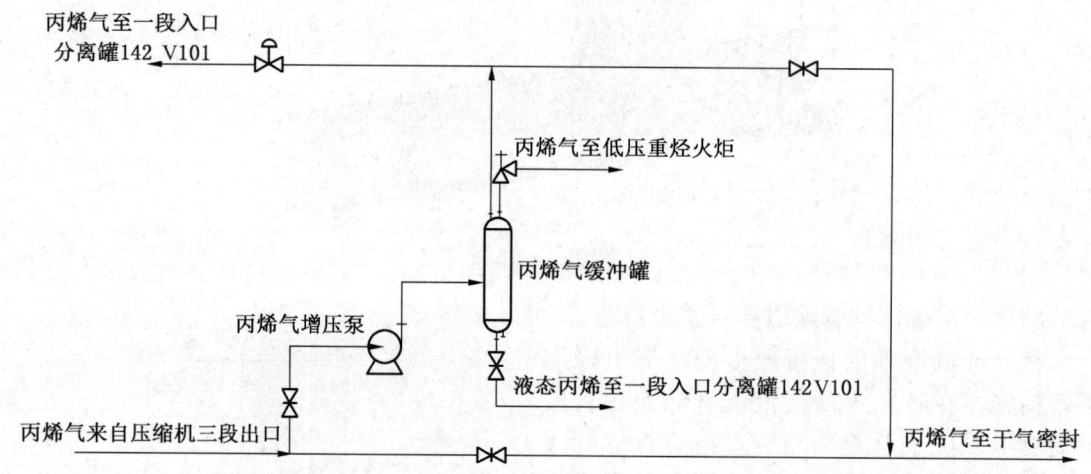

图1 工艺流程图

高压消防水系统运行工况优化技术改造

高小龙 张 杰 陈海斌 房 璟 孙高攀

神华包头煤化工有限责任公司

一、成果特点

在不改变现有消防水泵配置的前提下，通过消防回流系统的改造及系统连锁值的重新设定完善，解决消防水外网小流量用水时，消防大泵短时间频繁连锁动作的问题；同时改变现有消防稳压泵及消防回流系统的调整操作方式，即将人为手动控制改为自动连锁控制。

二、成果内容

净水场高压消防水系统是确保公司消防安全的重要组成部分,其由2台稳压泵、4台消防大泵、消防回流及供水系统、清水池组成。正常情况下,消防压力由稳压泵及回流系统维持,同时消防大泵启停与消防供水压力连锁。当火灾发生后,消防外网消防设施开启,消防压力降低,此时各消防大泵将按事前设定好的连锁压力动作,从而保证消防用水及时供给。

2017年12月21日,烯烃分离装置使用消防水,因现场消防水用量不稳定,且大于一台稳压泵的供应量(50 t/h),导致系统压力低于0.80 MPa,消防大泵225 P106 A连锁启动,启动后系统压力迅速升高至1.21 MPa并触发停泵连锁,周而复始,此种情况极易造成消防设备及电气仪表的故障。

针对上述情况,对高压消防水系统进行如下技术改造。

1. 对消防回流系统的改造

设置3条回流管线,其中的2条管线上分别安装2台气动调节阀,第3条管线上设置1台自力式平衡阀,阀门的开关与管网压力225PIAS504进行连锁。调节阀225PV504A/B(DN200管):可根据系统管网压力设定值情况,自动调整阀门的开度(一般设定在1.0 MPa),以确认系统压力稳定控制在设定值。自力式平衡阀(DN400管):当225PIAS504>1.30 MPa时,自动开阀;当225PIAS504≤1.30 MPa时,自动关阀。

2台消防稳压泵的启停通过管网压力连锁控制:①将消防稳压泵225 P105 A/B的启停与系统管网压力225PIAS504进行连锁;②消防稳压泵225P105A/B的启停连锁设定值:正常情况下,消防稳压泵保持消防水系统管网压力0.90~1.20 MPa;如果管网压力225PIAS504≤0.90 MPa时,其中一台消防稳压泵(连锁投运)自动启动,当管网压力≥1.20 MPa时,运行的消防稳压泵自动连锁停泵;两台消防稳压泵一用一备。

2. 对4台消防大泵的改造(启动通过管网压力连锁控制,停泵现场手动控制)

消防大泵连锁启动的过程:当确认外网发生火灾后,压降信号判断管网压力持续下降,管网压力225PIAS504≤0.8 MPa时,自动启动第1台消防泵(225 P106 A),同时报警至消防控制室、消防泵站值班室。在消防水泵(225 P106 A)开启的同时,运行的消防稳压泵连锁停运。启动第1台消防水泵(225 P106 A)30 s后,管网压力继续下降且225PIAS504≤0.77 MPa时,自动启动第2台消防水泵(225P106B)。启动第2台消防水泵(225P106B)30 s后,管网压力继续下降且225PIAS504≤0.75 MPa时,自动启动第3台消防水泵(225P106C)。第4台消防水泵(225P106D)正常备用。

消防大泵现场手动停运的过程:当确认外网灭火完成后,在DCS解除225P106A/B/C的连锁,由消防远程控制室或现场人工停泵,同时DCS连锁启动稳压泵,恢复控制功能。待系统压力恢复且225PIAS504≥1.10 MPa,检查手动恢复225P106A/B/C的连锁,系统恢复稳压运行状态。

煤化工球罐区乙烯泵机械密封维修改造的小革新

荣秀龙　曾　强　贺　飞　朱德汉　李　成

神华新疆化工有限公司

一、成果特点

改造后机械密封此类介质机泵在设备维护检修、安全环保及经济效益各方面都有较大降本增效成绩，同时在检修费用、运行管理、性价比等方面也表现出明显的优势。

二、成果内容

原乙烯泵使用的机械密封有两个缺点，一是液态乙烯容易气化，密封正常运转过程中靠近介质侧为液相，靠近大气端会有部分气化，形成气液混相，这种状态是机械密封运行过程中最不稳定的状态，在这种情况下机械密封摩擦副磨损加快，当乙烯气化量过大的情况下还可能推开密封面，导致密封失效；二是乙烯属于易燃物质，机械密封泄漏出的乙烯气体直接排放到大气中，该泵又处于罐区这个重大危险源的位置，给现场的生产带来了很大的安全隐患，对环境也造成了污染。

对原机械密封主要做了以下 4 点改造：

（1）加大密封一、二级动环密封圈过盈量，防止密封圈在低温时收缩造成的泄漏。

（2）减小密封端面宽度，减少端面发热量，防止介质气化。因密封腔压力较大，密封一级动环改为榔头形，静环改为固装式，增加密封的承压能力。

（3）更改泵效环结构，增大泵效环的循环作用。

（4）加大冲洗孔径，增加密封液的循环量将端面摩擦热快速带走，防止温升过快。

抗冲共聚产品 K8003 产品性能优化

赵文亮　姜兴亮　杜凤杰　相伟明　刘　勇

神华榆林能源化工有限公司

一、成果特点

通过调整第二反应器中乙烯的加入量，调整一反、二反 MFR，调整挤压运行参数，控制两个反应器的产率比，使 K8003 产品达到最佳的刚韧平衡，提高产品的加工性能。

本成果适用于 INNOVENE 聚丙烯工艺生产的 K8003 产品性能优化。

二、成果内容

K8003 主要用于制作汽车部件、工业制品、器械、小型注塑件、日常家庭用品等。INNOVENE 聚丙烯工艺是由两个反应器进行串联生产抗冲产品，第一反应器生产出均聚产品，然后再进入第二反应器继续反应，第二反应器中加入乙烯主要提高产品的韧性。通过降低第一反应中的 MFR，产品的刚性会增加，通过提高第二反应器中的乙烯含量提高产品的韧性，调节两个反应器的参数最终使产品达到最佳刚韧平衡。

通过产品中的数据以及客户的反馈情况，优化反应器的参数，将第二反应器产品中乙烯含量控制到 9.5%，第一反应器 MFR 控制到 6.5~6.8 g/10min，第二反应器的氢气浓度控制到 0.42~0.43 mol，在保证产品韧性的同时产品的刚性性能也达到了最佳的范围。

油渣下料线调节球阀改造

张海龙　赵　鹏　赵光山　杨　乐　张亚雷

中国神华煤制油化工有限公司鄂尔多斯煤制油分公司

一、成果特点

改造后的调节阀能够精确稳定控制煤油渣的下料流量，且防堵、耐磨。

二、成果内容

煤液化中心 119 单元煤油渣流量一直难以控制，是制约煤油渣成型机提高负荷和稳定运行的重要因素。由于煤油渣是高温、含固、易结焦、易凝固的高黏度流体，因此仪表阀门选型很困难。

原设计阀门是偏心旋转阀，流量特性为快开，流量不能稳定控制，煤油渣下料量忽大忽小，影响成型机正常运转。由于阀位不能精确控制，下料量大了油渣不能冷却成型，堵塞成型机下料口或粘在煤油渣输送机的输送带上；下料量小了成型机生产负荷低满足不了生产需要。

先后使用过不同 CV 值（$DN=15$，$DN=25$，$DN=30$）的球阀、"V"形球阀和双"V"形球阀，虽然调节性能得到一定改善，但是都不理想。后来改成开口长度为 30 mm，宽度为 6 mm，流通面积为 180 mm^2（与 $DN=16$ 的 CV 值相当）的线性球阀，才能够稳定地控制油渣的下料量。但是油渣特性易结焦，在油渣成型机的入口安装一个孔径为 16vmm 过滤器，特别是检修后开车，管道壁上的焦块脱落造成调节阀堵塞；为了解决上述问题，在线性球阀的基础上，使阀门开度为 5%~65% 时为线性开度，阀门开度为 65%

~96% 时为排渣工作区。如果用长度为 30 mm，宽度为 6 mm 的矩形和孔径为 16 mm 的圆形开口，可以满足调节阀的前三分之二开度为线性调节区、后三分之一为排堵区。这样一来阀门的最大流通量增加一倍，堵块排除的同时，成型机的下料大量增加会出现油渣溢出。以孔径为 16 mm 的球阀为基础再在球体球面开一个长度为 30 mm、宽度为 6 mm 的矩形，并且使矩形孔通过球心 $\phi16$ mm 圆孔，这样保证了最大流通量不增加，阀芯对称流到贯穿整个球。

煤液化五通阀冲洗油阀结构改进

刘 军 吕 昭 曹 海 王震宇 吴传勇

中国神华煤制油化工有限公司鄂尔多斯煤制油分公司

一、成果特点

本成果的应用极大地推进了设备的国产化，打破进口备件采购时间长，不耐用，泄漏率高的情况，大大提高了系统的运行周期。

二、成果内容

煤液化五通阀冲洗油阀为角型柱塞阀，为五通阀冲洗提供高温高压冲洗油。改造前冲洗油阀与五通阀连接中体密封为空心充氮镀银金属 O 型环，一旦受力后易压溃，回弹性差，不适用于多次切换的工况，所以改造前此连接部位频繁渗漏，此部位与五通阀为同等密封要求，大量泄漏必须停工处置。

根据法兰压比核算和其他密封形式比对，将密封形式由金属 O 型圈式改为金属缠绕垫，加宽密封面，采用厚型缠绕垫，并根据尺寸变化匹配阀芯阀座尺寸，取得了良好效果。

反应器顶冲洗油增加调节阀

秦富礼

中国神华煤制油化工有限公司鄂尔多斯煤制油分公司

一、成果特点

通过增加 HV-2210 自动控制阀，提高了控制时效，减少滞后，有效地控制冲洗油注入量，保障了 P-205 泵的稳定运行，预防 P-201 泵的抽空，减少了反应器顶部矿物质结焦，并且解决了结焦物脱落而堵塞中心管的问题。

二、成果内容

因第一、第二反应器顶冲洗油手动调节，调节费时耗力，滞后时间长，调节周期长，操作被动。系统波动时，反应器顶冲洗油对反应温度分布、循环泵的运行影响很大；同时使得 P-205 超负荷运行，容易造成机封泄漏，加大系统风险，使得系统恢复更加困难。

通过增加 HV-2210 自动控制阀，使控制及时高效，减少滞后，有效地控制冲洗油注入量，保障了 P-205 泵的稳定运行，减少机封泄漏的风险；减缓矿物质结焦，保障反应深度，减少结焦物在反应器顶部的脱落，防止结焦物堵塞循环杯中心管，有效地保障了循环泵的稳定运行；提高反应器的有效空间利用率，加大煤粉的转化率；减少反应器清焦时间及人工成本，缩短了检修周期；保障了系统运行的稳定性，延长了装置的运行周期。

减压炉出口管线冲洗油改造

许志刚

中国神华煤制油化工有限公司鄂尔多斯煤制油分公司

一、成果特点

本项目实施后，减压炉出口管径减小，介质在新增跨线运行时流速较快，能有效延缓管壁结焦，提高运行周期，减少减压塔内焦块携带量。此成果可适用于含固系统的管线防沉积。

二、成果内容

1. 基本原理

减压炉 103-F-302 至减压塔 103-C-302 管线，所走介质为固含量 17% 的油煤浆，温度 410 ℃，压力 1 MPa，在 85% 负荷时实际流量约 280 t/h，100% 负荷设计流量为 353 t/h，设计密度为 780.1 kg/m³。因减压塔底部锥段及泵入口管线堵塞严重影响装置长周期运行，针对问题发生的原因，需对减压塔系统进行优化改造。

近年来，通过炉膛改造证明，提高流速能有效缓解管线内结焦，为减缓 F302 出口管线的结焦速度，新增加一条从减压炉 103-F-302 出口至减压塔 103-C-302 入口的小管径跨线 DN250（流速小于 3 m/s），跨线引出处设置滑板阀，并入处根部增加切断阀。管线与原有管线成 45°斜接，斜接方向为顺介质流向。管线接口设置冲洗油管线、蒸汽伴热管线等，新增管线设置远传压力和远传温度。

2. 关键技术

在 F302 出口新增跨线现场学习过程中，发现冲洗油管线存在设计不合理现象，两条主线阀前的连续冲洗油、阀后的间断冲洗油及主线上设置的排 D416 管线共用一根管线，这样会造成对 F302 出口管线用间断冲洗油冲洗完排油时，两条主线阀前死角部位的连续冲洗油无法注入，介质固含量大，有很大的堵塞管线的风险，一旦任意一条管线出现结焦堵塞情况，因阀前跟路出口与另外一条主线相通，无法实现在线清焦，而且连续冲洗油线上未设置单向阀，一旦冲洗油压力波动或者阀门开度过小，很容易导致含固油煤浆倒串堵塞冲洗油管线。将主管线上的手阀和单向阀位置互换，并将连续冲洗油管线从手阀前引出，这样无论间断冲洗还是往 D416 排油，都不会影响两条主线阀前连续冲洗油的注入，而且单向阀能起到防止油煤浆倒串的作用，有效降低了炉出口主管线及冲洗油管线堵塞的风险。

煤制油高压煤浆进料泵入口集合管防沉积改造应用

苏金宝　王明亮　李晓光

中国神华煤制油化工有限公司鄂尔多斯煤制油分公司

一、成果特点

消除了系统进料的波动风险，保证了管线设备和装置的本质安全，增加了系统安全平稳生产的可靠性。

二、成果内容

煤制油煤浆高压进料泵 103 - P - 102A ~ F 是将煤浆罐 103 - D - 102A ~ C 底部低压煤浆泵 103 - P - 101A ~ F 送来含固量 50% 左右的煤浆，从 0.6 MPa 升压到 20.1 MPa 后进入煤浆加热炉 103 - F - 201A ~ C 升温，然后和氢气混合后进入反应器进行煤浆加氢裂化反应，生成液化油。但在生产运行阶段煤浆进料泵入口集合管内煤粉大量沉积造成入口集合管排污管堵塞无法排油，严重影响劳动量和耽误进料泵的检修进度，严重时还影响进料泵的吸入量，易造成出入口阀座的磨损，增加了机泵故障率，也对系统进料有一定的波动，且在煤浆进料泵检修期间容易造成煤浆加热炉出现偏流烧焦等现象。

为消除煤浆进料泵煤粉在入口集合管沉积造成的设备损坏及系统进料的波动，将现有的入口抽出方式由原来的膨胀节连接侧上方抽出改为膨胀节连接侧下方抽出，在保证吸入量的前提下避免了煤粉沉积现象的发生。

甲醇双塔精馏工艺中塔釜废水循环利用成果

邢宇 余建良 郑大伟 焦彦忠 杨世新

神华包头煤化工有限责任公司

一、成果特点

该成果主要将双塔甲醇精馏工艺中，甲醇精馏塔中的塔底废水循环利用，将主精馏塔塔底废水作为预精馏塔萃取水，不需再额外补充脱盐水作为萃取水，节约了脱盐水消耗，同时降低了废水处理量。

二、成果内容

煤制甲醇的甲醇精馏过程需要维持15%的水含量来分离甲醇共沸物，同时要有利于主塔塔底温度的控制，提高精甲醇产品水溶性和稳定性；神华包头煤化工有限责任公司粗甲醇中的水含量约为7%，需补充水分增加预塔水含量至15%。原精馏系统补水为脱盐水进入预塔回流罐，现将塔底废水回收一部分进入预塔回流罐代替脱盐水，既节约了脱盐水，又降低了污水处理量。甲醇精馏的萃取水由精馏塔塔底废水代替脱盐水，塔底废水循环利用代替一次性补入脱盐水。

精馏塔塔底泵出口至粗甲醇排放槽流量调节阀FV310后增加三通，并在预塔回流罐注入脱盐水管线上增加三通，在FV310后至脱盐水管线之间配管连通，如图1所示，其中云线部分为改造部分。

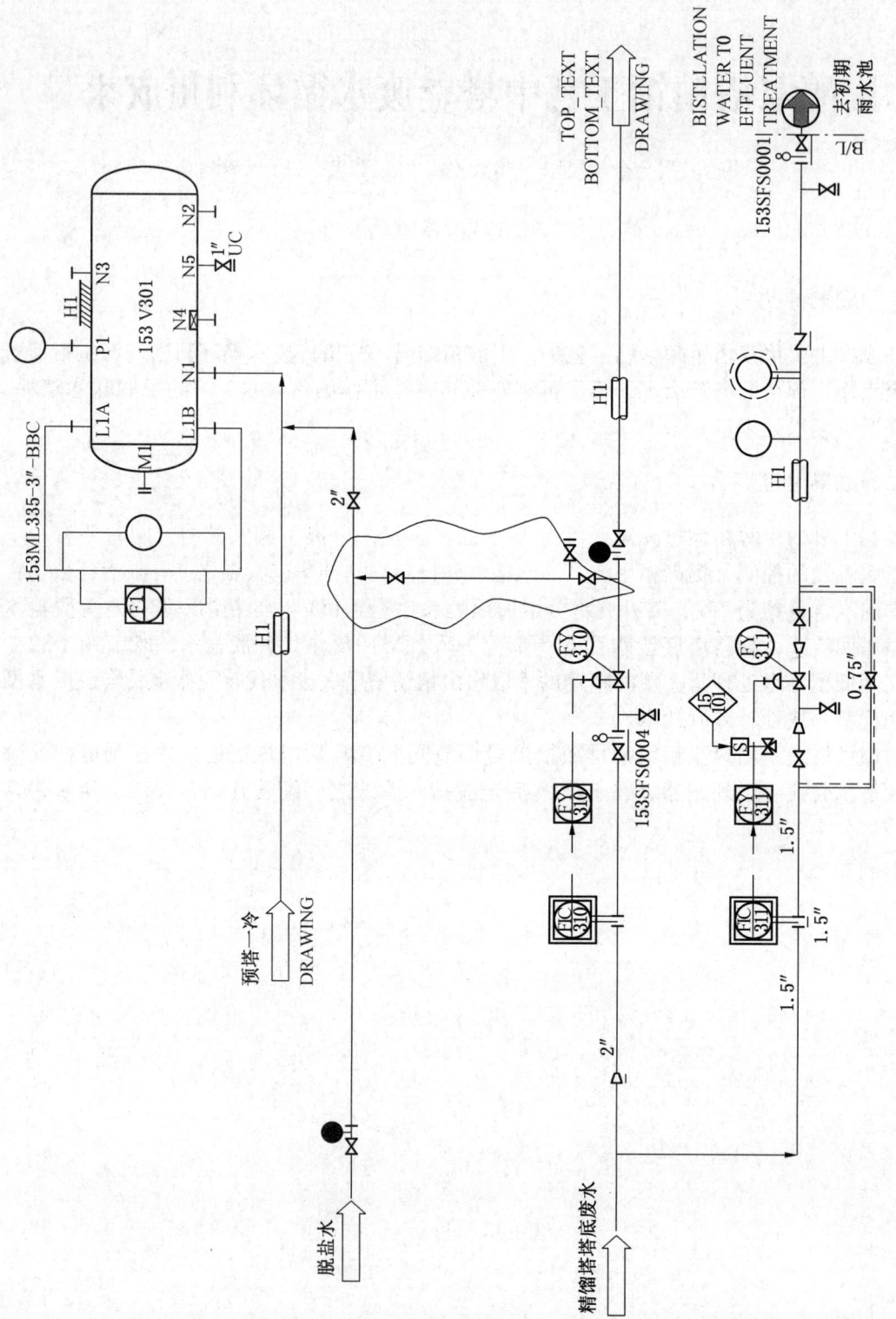

图1 甲醇精馏塔塔底废水循环利用流程图

二等奖

露天煤矿采掘

合理化建议评估系统

李雁峰　闫　明　王春丽　李　鑫　刘立松

准能集团

一、成果特点

该系统实现了合理化建议征集和优秀合理化建议评选流程规范化、可视化、透明化，提升了合理化建议的共享度。通过网络，让公司管理创新工作与合理化建议有效结合，可以对合理化建议收集、整理、归类做出灵活统计分类，如单位统计、年度统计、部门统计、类型统计、活动统计等。根据不同的统计类别，统计出建议个数、人均数、被采纳数、获奖建议以及获奖率等。可以清晰快速地整理出来合理化建议的数据信息。

二、成果内容

合理化建议活动，是广大职工群策群力，向公司创新发展提建议的渠道。为了有效推动合理化建议活动的开展，使合理化建议管理和优秀合理化建议评选流程规范化、可视化、透明化，提升合理化建议的共享度，通过利用信息化手段，开发合理化建议评估系统，实现合理化建议征集和评选网上征集、评选。

系统采用前台、后台相分离的灵活方式进行管理，后台系统部分则使用 Java 作为开发编程语言，采用标准的 MVC 模式 Spring + SpringMVC + MyBatis 的整合框架。系统前台采用 layui 的前端框架，体积轻盈，组件丰盈；数据库使用的 sql server2012，作为微软的信息平台解决方案（图1）。流程引擎采用 Node.js 实现，是一个基于 Chrome JavaScript 运行时建立的平台。Node.js 是一个事件驱动 I/O 服务端 JavaScript 环境，基于 Google 的 V8 引擎，V8 引擎执行 Javascript 的速度非常快，性能非常好。

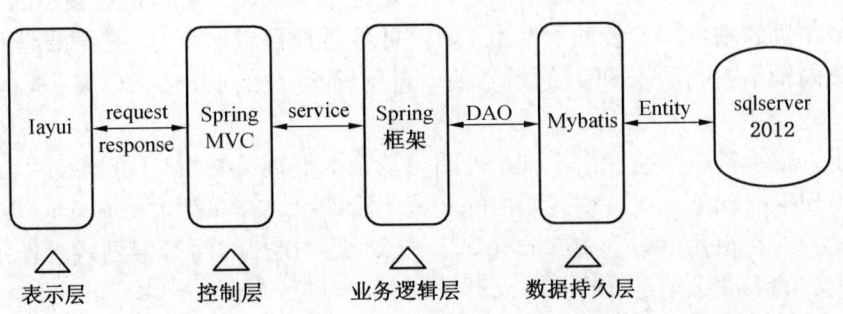

图1　系统框架图

世界首台无齿轮传动吊斗铲提升滚筒轴承更换方案制定与实施

蒙利文　崔俊强　乔飞飞　王凯华　张　磊

准能集团

一、成果特点

此工艺可以安全、完整地更换吊斗铲提升滚筒轴承，攻克了超大尺寸轴承更换的技术壁垒，同时为设备维修积累了大量的维修经验，实测并记录了大量的基础技术数据。

二、成果内容

首先对提升滚筒进行受力分析，计算其重心位置，设置合理的千斤顶支点，将滚筒单侧顶起，避免提升电机转子触碰到定子。然后利用高压润滑脂对轴承内圈进行微量扩张，并采用轴承专用拆装工具，使轴承与轴产生相对运动，拔出轴承。采用热胀冷缩原理，对轴承内圈加热而外圈保持原状，利用专用拆装工具将轴承安装到位。具体更换流程如下：

第一步，滚筒受力分析及顶起。如图1所示，黑色长实线即为滚筒重心线，千斤顶支撑到图示位置时，以黑色短粗实线为分界线，左边重约170 t，右边重约80 t，所以在作业时一定要考虑千斤顶载荷分配。将一个500 t 或300 t 的千斤顶放在支架顶部，并以转子锥上的顶升垫为中心。将滚筒支架置于滚筒驱动端下方，将支架尽可能地靠近滚筒末端，支架中心与滚筒中心结合，必要时在地板和支腿之间加垫片，确保所有支腿都与地板有接触，如图1所示。施加压力，直到千斤顶与转子锥体顶升垫接触。手动松开制动器，继续对千斤顶施加压力，直到轴头轴承从基座上抬起。在轴端安装0~10 mm百分表，当在轴承处看到运动时，观察百分表指针位置，当显示运动8 mm时停止液压泵，关闭制动器，并在支架上牢固地添加垫片。此时滚筒已被安全地单侧顶起，可以进行轴承的更换。

第二步，拆卸轴承。安装轴承专用工具，并给千斤顶施加压力。在轴的端面连接高压油管，持续向轴承内圈注入OGL润滑脂油，直到轴承开始向外运动，取下轴承并清理端轴。

第三步，轴承基座改造。由于轴承外圈与基座水平直径处相对间隙较小，为了防止轴承安装时出现卡滞现象，在待刻区域内的基座上涂染料，并在距边缘6 mm（D1）处的轴承座上划线，并在距孔口向下16 mm（D2）处划线。在孔的两端面划线。仔细打磨刻线内区域。完成的表面必须是RMS125或更好。

第四步，轴承安装。将轴承专用拆装工具与新轴承连接，使用桥梁吊吊到安装位置，测量并调整轴承与轴的水平相对位置保持相同。将轴承内径加热膨胀超出轴0.2~0.8 mm进行安装，将轴承用拆装工具与轴连接，操作泵，使千斤顶支撑轴承向轴推进，工具通过

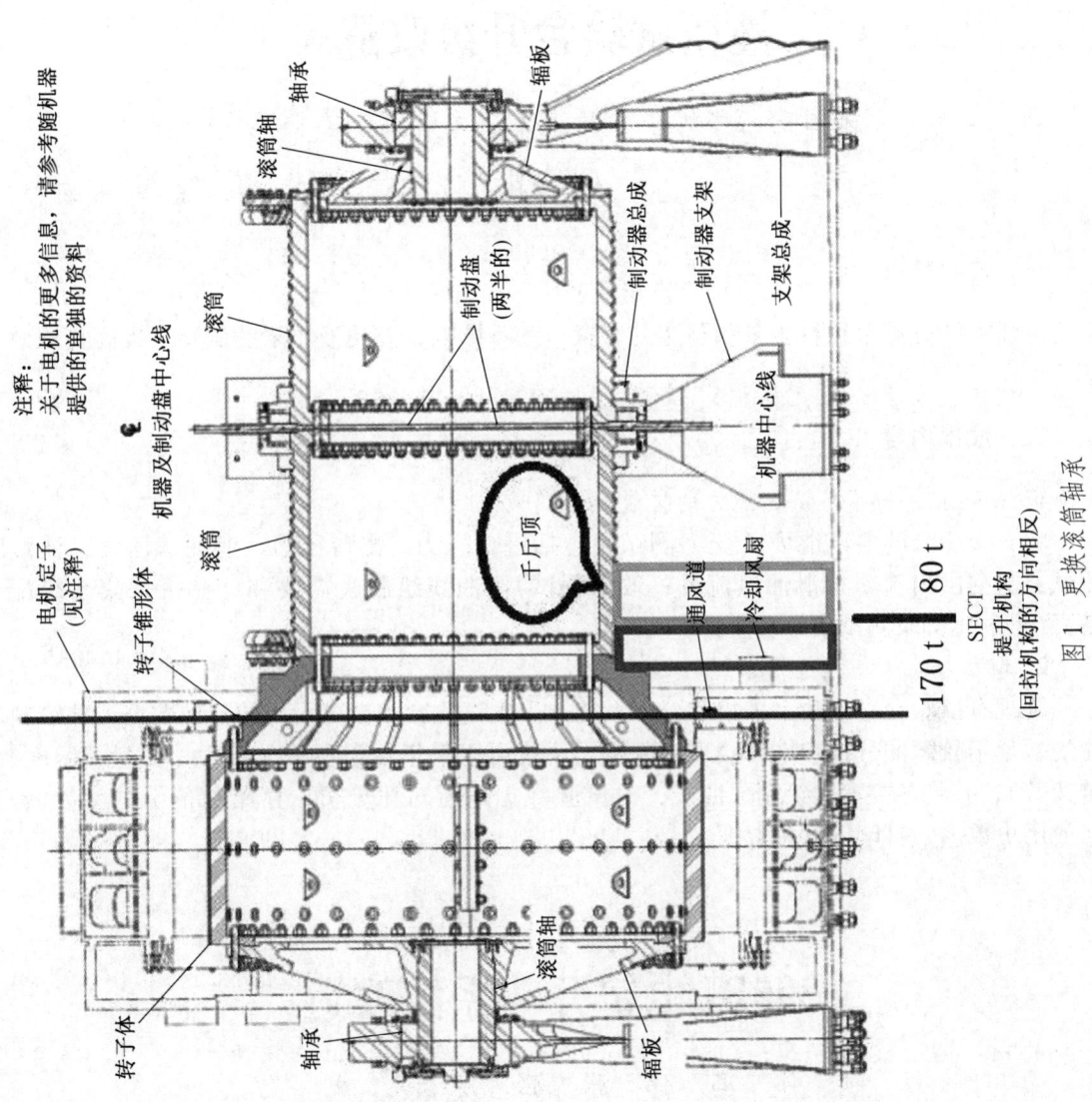

图 1 更换滚筒轴承

螺纹杆并开始顶升轴直到完全安装。保持千斤顶压力 20.685 MPa，直到轴恢复到环境温度，完成更换。安装外隔套，安装轴头端盖，按 136 N·m 扭矩的增量顺序紧固螺丝，直到最终扭矩达到 651 N·m。

液压试验台升级改造

宋国锋　牛烨华　马上万　文雪磊　姜一龙

准能集团

一、成果特点

液压系统分配单独打压泵和马达的装置，互不影响，方便液压泵的试验，提高打压效率。

二、成果内容

1. 液压泵（马达）测试能力的扩展

完善液压泵的测试能力（压力测试，包括进口压力、出口压力、泄油口压力；流量测试，包括出口流量、泄油口流量；效率测试）、曲线绘制（需要和计算机采集系统配备），增加比例泵测试信号发生器。

2. 增加数字采集和分析系统

为现有试验台增加数字采集和分析系统，采集试验台和被试元件的各项数据，并绘制曲线，便于故障的分析和维修效果的判定。系统可以采集各类参数（压力、流量、温度、转速等），并将各类参数绘制成曲线，对试验数据进行对比分析，存储和备份试验数据，回放历史数据，打印等试验数据。

395BI 电铲开斗系统改造

项　伟　冯　伟　张　强　陈　飞　刘　勋

准能集团

一、成果特点

制定了开斗系统电气国产化改造方案，消除了进口配件的制约。改造后的电气控制系统结构简单，故障率大幅降低，提高了设备的出动率。

二、成果内容

第一步，电动机国产化替代。依据绕线式异步电动机的特性选用永济电气有限公司生产的 KDDJ-4-15 型绕线式三相异步电动机，额定功率 11 kW、额定电压 380 V。开斗电动机的安装位置与原来 395BI 开斗电动机安装位置一致。

第二步，安装开斗电阻箱。绕线式异步电动机需要转子串联电阻使用，配套电机功率选用永济电气有限公司生产的 KZZ01 型开斗电阻箱：启动自卷时转子串入大电阻，使用小力矩 9 N·m，绷绳力矩过小可以调整为 10 N·m 或者 12 N·m；电机开斗时转子串入小电阻，使用大力矩 230 N·m，斗门不容易打开时，可以调整为 251 N·m、273 N·m、295 N·m。由于 395BI 电铲机械室空间限制，开斗电阻箱安装于 395BI 电铲机棚。

第三步，主电路改造。在开斗断路器 DTB 下端接入接触器 DXC、DTC 上端（图1）。DXC 自卷接触器下端布入一根 3×10 mm² 的电缆，接入 KZZ01 开斗电阻箱，接入电阻箱 7、8、9 端子，绷绳转矩为 9 N·m；输出端布入一根 3×10 mm² 的电缆串入开斗电动机的转子回路。DTC 开斗接触器下端布入一根 3×10 mm² 的电缆，接入 KZZ01 开斗电阻箱，接入电阻箱 19、20、21 端子，开斗转矩为 230 N·m，开斗电阻为 3.3 Ω，输出端布入一根 3×10 mm² 的电缆接入开斗电动机。

电铲启动后，开斗电动机接触器 DXC 吸合，开斗电动机转子接入电阻 60 Ω（R053、S053、T053）拉紧开斗钢丝绳，电机产生较小的力矩使开斗钢丝绳绷紧又不至于拉动开斗横梁。司机操作主令控制器给定开斗信号时，DTC 接触器吸合，将部分电阻短接，开斗电动机转子接入 3.3 Ω 电阻（R054-4、S054-4、T054-4），大力矩拉动开斗钢丝绳，拉动开斗横梁，提起斗栓使斗门打开。司机释放主令控制器给定信号，开斗电动机 DTC 接触器断开，开斗电动机转子重新接入 60 Ω（R053、S053、T053）电阻，使开斗电动机拉动开斗钢丝绳重新自卷。

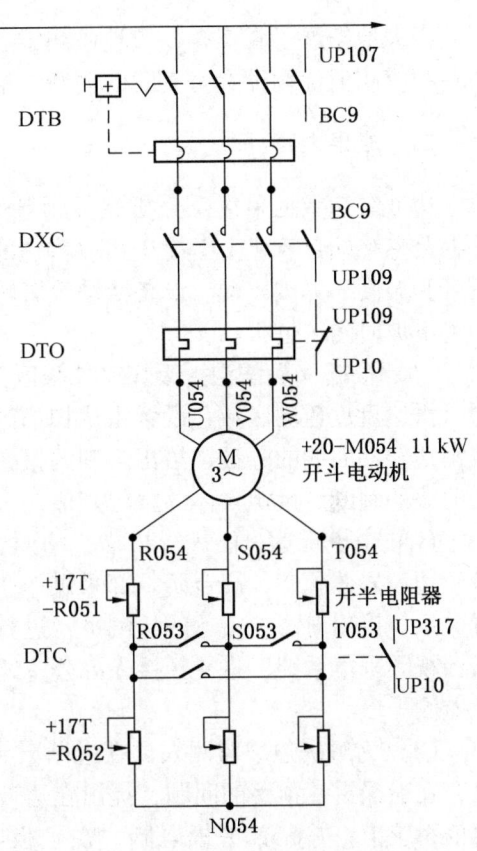

图1 电铲开斗系统原理图

395BI 电铲原控制系统只有断路器 DTB 可以使用，新选装的 DXC 接触器、DTC 接触器、热过载继电器安装在开斗控制柜和 MCC 柜内。

高台阶边坡监测雷达报警阈值优化设置与监测平台改造应用

王韬 贺龙 刘东兵 张永兵 刘时川

准能集团

一、成果特点

极大地拓展了真实孔径边坡监测雷达的适用条件,实现了不同危险状态下高台阶边坡雷达报警阈值优化设置与实践的创新,推动了露天矿高陡边坡监测技术的进步。

二、成果内容

边坡雷达数据采集及分析软件为SSRViewer9.0,该软件安装在现场雷达系统计算机和办公室终端计算机上。对于边坡雷达的数据分析过程,即为排除扫描区和雷达之间大气温度和湿度、爆破震动、设备活动等影响,找到真正变形、速度曲线,并设置报警,最后预测滑坡时间的过程。

(1)根据《黑岱沟露天煤矿二采区西部煤层断陷带区域补充勘探报告》精确圈定高台阶雷达重点监测区域,设置雷达扫描区域,通过边坡监测技术人员的经验判断,以及边坡雷达软件曲线的分析,给出合理的报警值,并设置到软件中。报警阈值:根据位移、速度曲线的判断,设定具体的报警阈值,报警颜色为红色。

(2)由于雷达只能进行扫描、拍照、采集数据,为能够在过断陷带期间实时观察高台阶边坡岩体状态,高台阶下部采煤作业及上部钻机作业的人员、设备与高台阶的空间位置关系,提出对两台雷达的检测平台进行优化改造,即在两台雷达上加装48倍高清激光云台视频采集系统,将视频接入办公室终端计算机,监测数据与实时视频对应,建成可视化监测平台。

(3)为解决边坡监测人员在过断陷带期间需经常下坑巡视高台阶边坡,办公室无人时存在遗漏雷达预警的问题,提出在边坡巡视用的下坑指挥车上加装通信天线,接入雷达通信系统中,并配置平板电脑,在平板电脑中安装边坡雷达数据采集及分析软件 SSR-Viewer 9.0,建成移动监测平台,实现了现场巡查时,雷达预警无遗漏,形成"随行"预警模式,可以保证人员实时处于监测预警状态。

坑下大车灯光改造

宋 慧

准能集团

一、成果特点

将露天矿山运输卡车灯光近光亮度增强，改变远光角度的工艺。

二、成果内容

由于煤层吸光，卡车近光在井下的照明效果会大打折扣，会看不清楚路面挡墙，只能看到卡车正前方 20 m 远的地方，卡车转弯时，尤其是急转弯时容易撒落大煤块，由于灯光视线不好，很容易轧到大块煤而割伤大车轮胎，而且在这样环境下驾驶设备时间长了，容易视觉疲劳，用远光灯则会影响对面的司机，容易发生磕碰事故。

通过在左右转向灯下方安装远光灯架，把远光灯安在左右转向灯下方，将灯的角度稍微向下调一点，接好线路即可。这样夜间远近光灯都打开后，照的角度就大了，而且视觉盲区角度就小了，尤其是转弯的时候看得更清楚了，打开远光灯也不会影响对面司机了。

改造前，远近光灯都在正前方，由于卡车设备体积大，盲区大，灯光在前面照射角度最多120°，尤其是卡车左右转弯的时候，前车掉块，转弯盲区大，容易让大车碾压，割伤大车轮胎。改造后，灯光照射的角度几乎近200°，转弯的时候灯光也能照到，缩小盲区视线范围，灯光照射范围内的障碍物都能看清楚，这样既可以大大降低轮胎割伤损失，又可以避免会车时灯光太强而发生磕碰事故。

8750 - 65 型吊斗铲回拉滚筒端轴更换工艺

蒙利文 崔俊强 乔飞飞 王凯华 张 磊

准能集团

一、成果特点

8750 - 65 型吊斗铲回拉滚筒端轴更换工艺科学有效、安全可靠、操作简单，能很好地保护回拉电机不受损坏，并减少了端轴缺陷造成的其他部件损坏。

二、成果内容

1. 基本原理

吊斗铲回拉滚筒端轴采用空心结构，驱动端端轴重约 3.2 t，直径 750 mm，长度 1.2 m。非驱动端端轴重约 2.8 t，直径 750 mm，长度 965 mm。按照端轴的结构尺寸以及在滚筒上的安装方式设计制作了专用拉拔器，如图 1 所示。

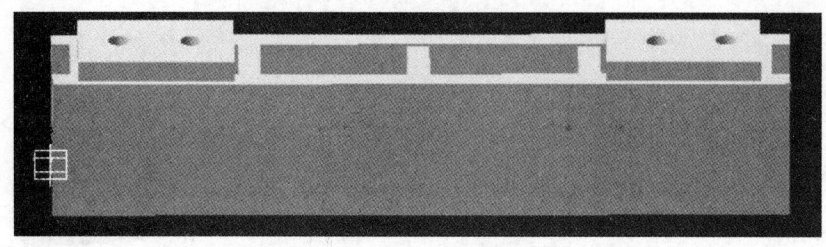

图 1 拉拔器

在保证轴孔完好的前提下，使用气割就拉拔器对端轴进行破坏式拆除。安装时根据物体"热胀冷缩"的原理，将端轴置于专用液氮容器中进行冷却，降低其几何尺寸，使端轴直径小于滚筒孔径，然后利用拉拔器快速进行安装，安装时间严格控制在 30 min 以内，如果超过时限未安装完成，立轴就会在常温下恢复到原来的尺寸，进而与滚筒卡死，造成巨大的经济损失。

2. 工艺流程

第一步，端轴的拆卸。首先在端轴外露部分靠近辐板 50 mm 处进行气割，切割完后从机器上拆下短轴外露的部分。从滚筒的内部或外部开始切割轴的剩余部分并纵向插入。一旦轴被部分切断（约 80%~90%），然后使用挖孔工艺完成。在滚筒内部用 1″×760 mm 高拉伸螺纹杆安装原短轴内端盖，并定位液压千斤顶。在短轴与千斤顶之间垫足够支撑的铁板。连接 50 t 千斤顶与泵，操作泵从轴孔内顶出剩余的轴。对轴孔进行精磨，并测量轴孔内径，与新轴进行对比，确保安装精度。

第二步，端轴的安装。测量端轴及轴孔，以确保它们的尺寸在规定的公差范围内。将端轴放在设计用于容纳液氮的适当容器中进行冷却 8~10 h，以达到安装所需的指定尺寸间隙（一般可缩小 1.2~1.5 mm）。提前安装好专用拔具，用两根 1″×760 mm 高拉伸螺纹杆将拔具和千斤顶固定在辐板上，拔具两端到辐板的距离相等，以保证安装时两边受力均匀。用螺母拧紧，提前调试拔轴用的螺杆能顺利穿过拔具和挡板之间。测量任意两个螺栓孔的角度，记录这个角度值，以备调整轴安装的方向。轴冷冻后，使用桥式起重机从液氮桶中吊出轴并检查尺寸。确保设定好的千分尺可通过轴的最大直径处。将轴放置在水平位置，使用一根钢丝绳吊起轴，测量对应螺栓孔的角度，保持与挡板螺栓孔的角度值一致。保持与轴孔水平度一致。连接液压顶升安装总成。将轴吊到安装位置，安装两根 1400 mm 的螺纹杆。螺纹杆对正孔，移动吊车，将轴放置在轴孔内。螺纹杆穿过拔具，安装螺母并拧紧。拆除两个 760 mm 固定螺纹杆的螺母。操作泵，使千斤顶支撑拔具后退。拔具通过螺纹杆并开始顶升轴直到完全安装。安装挡板与轴的固定螺栓。保持千斤顶压力 3000 psi（1psi = 6.895 kPa），直到轴恢复到环境温度，完成更换。

矿用 GE 卡车 IGBT 门驱动板测试平台检修装置的研发与应用

庞松华　王　迪　马海龙

准能集团

一、成果特点

通过制作好的测试平台检测，对以往有问题的 IGBT 门驱动板进行测试，判断出故障后进行维修，杜绝了上车带电进行测试，保证了人身安全，降低了危险系数，保证了安全生产。

二、成果内容

测试平台采用的是 220 VAC 家用电源，然后通过电源转换板，分别转换为 24 VDC、100 VAC25 kHz 和 5 VDC 电源，给 IGBT 门驱动板和单片机以及光纤命令提供电源。其中通过光耦放大器 1 将单片机的命令信号进行放大，提供给命令光纤头，然后将反馈光纤头的命令通过光耦放大器传递给反馈状态灯 1。通过几个电压表进行实时检测。然后通过整流桥，将 220 VAC 的电压转换为 300 V 左右的直流电，对内部的 IGBT 进行高压测试，当命令光纤头输出光信号时，门驱动板接收单信号，提供 +15 V 的信号，给 IGBT 提供开合的信号时，负载电阻工作，同时通过反馈信号灯 2 来表示出来，来实时检测 IGBT 的工作状态，其外形图如图 1 所示。

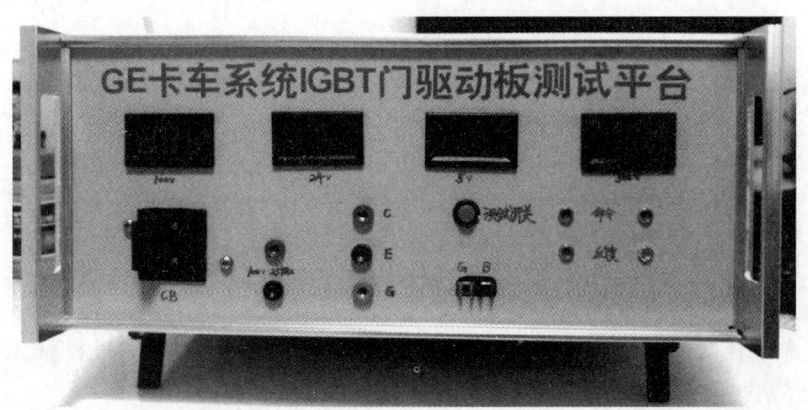

图 1　GE 卡车系统 IGBT 门驱动板测试平台外形图

通过命令信号灯和两个反馈信号灯,可以很方便地判断出门驱动板是否正常工作。

(1) 测试时,测试维修平台连接需要测试的 GE 系统 IGBT 门驱动电路板,对应的插头和 C、E、G 级,以及光纤插头安装连接到位。

(2) 打开电源 S1 开关和门驱动板 100 VAC25 KHZ 保险开关 FS,检查各电压表数值是否显示正常,然后按下测试按钮,进行测试。

(3) 通过测试,如果光纤命令信号灯和两个反馈信号灯依次亮起,说明门驱动板是好的;反之,通过两个反馈信号灯可以判断出是光纤反馈接头还是输出控制级损坏,可以进行下一步的维修工作,非常快捷方便。

优化乳胶基质工艺配方

王小军　赵学文　郭　星　王永明　侯鹏飞

准能集团

一、成果特点

准能集团炸药厂在乳胶基质制备工艺中油相比率一直占比 8%,生产产品稳定可靠,在技术人员的努力下,多次实验、调整生产工艺参数,最终将油相比率由 8% 降为 7.5%,且产品性能稳定,完全满足现场生产需求。

二、成果内容

1. 关键技术

将原来的生产工艺搅拌器转速 540 r/min 增加转速到 630 r/min,将原来的制备罐液位由 76% 增加到 82%。通过这两种方式提高油相、水相的接触机会和接触时间,以提高成乳效果和稳定性。

2. 工艺流程

(1) 确认水相合格(pH 值在 3.8~4.0;析晶点为 (60±1)℃;水相温度为 70~75 ℃,油相温度为 (50±5)℃)方可进行生产准备。

(2) 打开水相循环,待水相溶液流量稳定后再打开油相循环,使油相温度达到 (50±5)℃。

(3) 打开阀门注入油相(56 s),注入完毕,将搅拌器匀速调节至 420 r/min 左右。

(4) 打开水相阀门,注入水相(31 s),注入结束,搅拌至乳胶基质制备系统程序界面提示允许连续化生产。

(5) 检查成乳情况,成乳良好,关闭搅拌器,合上搅拌罐盖子,打开基质初乳罐与螺杆泵连接气动阀门,打开输送管道相关阀门。

(6) 将搅拌器匀速调节至 600 r/min 左右,在操作站界面顺序启动生产按钮、螺杆泵电机启动按钮、生产连锁按钮,进入生产状态。

(7) 连续生产 10 min 后取样检测,然后每隔 30 min,取样检测一次,基质黏度范围在 20~35 BU/16000~28000 cp(1 cp = 10^{-3} Pa·s),把测试结果填写在控制记录上。

(8) 生产结束后,在操作站界面关闭生产按钮,使水相、油相进入循环状态,设置螺杆泵电机输出功率为 30%,按住手动按钮将搅拌罐内剩余基质泵送至基质储存罐。

(9) 待罐内基质打空后,关基质初乳罐与螺杆泵连接气动阀门、输送管道相关阀门。

(10) 停止水相、油相泵运行,对水相泵进行冲洗,关闭溶液储存罐出口阀门,填写生产记录。

露天煤矿爆破减震技术

赵树军　吴明福

陕西神延煤炭有限责任公司西湾露天煤矿

一、成果特点

通过对爆破振速的实时监测,为矿区外的建筑物设施安全运行提供数据保障。通过数据支撑,获取不同的爆破参数下不同的爆破振速,在抗震和爆破效果之间寻求平衡。

二、成果内容

1. 基本原理

通过爆破测振仪监测数据,优化爆破参数,降低爆破区产生的爆破震动,实现爆破震速低于建(构)筑物的震动安全允许值,达到消除爆破震动有害效应的影响,避免工业广场建(构)筑物发生震动破坏。同时实现有效减震,避免爆破震动对周边居民、工业企业的影响造成社会纠纷,为企业营造良好的经营氛围,树立企业良好形象。减小爆破震动更有利于露天矿边坡稳定,促进安全生产。

2. 关键技术

(1) 合理选取预裂爆破参数。选取预裂爆破参数时,除了要进行理论计算,还要结合以往的参数选取经验和爆破结果,甚至还要结合仿真模拟研究的结果。

(2) 为研究爆区及矿区的传播规律,在矿区的几个关键点如变电站、办公楼、中铁项目部、锅炉房布设测点,近爆区布设 4 个测点,这 4 个测点按直线排列,并根据距离爆区的远近按一定的疏密程度布设。其中 1 号测点距离爆区中心 50 m,2 号测点距离爆区中心 100 m,3 号测点距离爆区中心 150 m,4 号测点距离爆区中心 300 m。通过对爆破工程现场检测点的数据分析,并利用一元回归分析理论,对矿场近区、远区爆破震动速度传播规律、爆破震动频率做了系统分析,对爆破震动进行检测,研究爆破振幅衰减规律,测算爆破震动安全距离计算因子 k、a 值,采用萨道夫司基经验回归公式($R = (k/v)1/a \cdot Qm$)

计算爆破震动安全距离、安全单段药量。

(3) 为研究不同延时间隔爆破震动波形的变化，在矿山爆区后方和被保护建筑物处分别布置了三分量振速传感器，对不同延时间隔下的爆破震动波形进行多次监测、记录，通过时频转换等信号分析方法提取各爆破波形的相关指标，统计分析不同延时间隔下各波形指标的变化情况，对照各类建（构）筑物安全评价标准，选取最优孔间降振延时间隔，从而实现爆破震动影响最小。

(4) 在优选孔网参数和装药不耦合系数时，应先根据设备条件（炸药类型、钻孔直径等）和开采台阶参数（台阶高度等），结合现场条件和以往爆破经验对孔网参数（最小抵抗线、炮孔密集系数、炮孔堵塞长度等）和装药不耦合系数进行初步取值，并在此基础上进行爆破参数的调整，最后以被保护建筑物处所监测到的振速峰值作为各组参数的降振评价标准，选取既能够最大降振又可保证爆破质量的一组参数作为合理爆破孔网参数。

WK35 电铲滤波柜预充电控制系统改进

李向东　赵树军　乔　斌　杨林茂　刘小伟　龚兴宇

陕西神延煤炭有限责任公司西湾露天煤矿

一、成果特点

系统改进后设备故障率明显降低；程序更简便易懂且维修方便；对变频柜其他电气元件保护性能提高，不会再因为滤波柜 K4（预充电接触器主触点）接触器的粘连使变频柜其他电气元件损坏，从而降低设备故障率。

二、成果内容

1. 改造前不足

在太原重工 WK35 电铲最初的预充电控制系统中，预充电接触器没有监控装置，在电铲启动中、启动后它的动作得不到程序监控，只能在维修人员检查保养时观察它的状态。曾经江铜煤矿的 WK 系列电铲发生这样的故障：由于预充电接触器在电铲作业过程中出现粘连现象，导致阻尼电阻长时间投入运行过热熔断而短路，进而导致所有变频柜保险损坏和整流柜一相 IGBT 炸裂。作业人员直到出现 IGBT 故障电铲不能工作才发现出现问题。

在该矿使用的新 WK35 电铲中，太原重工在吸取江铜的经验之后，在滤波柜预充电接触器加装一组常闭辅助点，用来监测预充电接触器的运行情况。通过两个多月的运行，近期经常报滤波柜 K4 接触器故障，发现辅助点吸合不到位，更换后的辅助点最多用 3、4 天，导致这种情况发生的主要原因是震动较大、灰尘较多。

2. 改造方案

由于电铲特殊作业工况，为了更好地解决此故障，考虑到将预充电接触器的接线由常闭辅助点改为常开触点，同时将 PLC 相关程序进行改进。预充电接触器在电铲启动时吸合，给 660 VAC 电源线路充电，其辅助点由常开变为闭合给 PLC 提供预充电接触器工作信号，当电压达到设定值时（500 ms），预充电接触器断开，其辅助点由闭合变为常开，电铲正常启动，当电压超出设定值时（500 ms），预充电接触器未断开（或粘连）其辅助点未断开，长时间给 PLC 提供预充电接触器工作信号，这时 HMI 人机界面会报出滤波柜 K4 接触器故障并延时停机。

在未改进前其常闭辅助点长时间带电，改进后其常开辅助点在电铲正常启动后不带电，这样使用寿命会大大提高并节约成本。

煤矿 203 带式输送机落煤管电动三通挡板设计与应用

朱良东　李仲元　梁洛宾　李柏森　王　洋

神华国能宝清煤电化有限公司朝阳露天煤矿

一、成果特点

设备改造后，电动三通挡板可以通过远程控制进行切换，无须人员手动在翻板处进行调整，挡板灵活性强，能够有效防止导料槽堵塞，减少人员清理时间，提高了工作效率，保障了人员作业安全和设备稳定运行，适用于露天煤矿带式运输系统，输送物料为经过初级破碎后小于等于 300 mm 的散状原煤，该设备为输送系统中选路换向最常使用的设备。

二、成果内容

1. 基本原理

输送带上的煤料经带式输送机头部漏斗进入船形防堵分料器，根据煤流选路要求由现场操作人员或程序控制室在输送煤料之前启动电动推杆执行机构，电动推杆带动连接杆及挡板轴转动一定角度，使电动挡板处于左路通或右路通的特定位置。煤流可顺利通过船形防堵分料器进入下部落煤管，从而达到煤流选路的目的。

2. 关键技术

（1）对电动三通挡板的转轴进行了调质处理，保证了转轴的使用强度，无弯曲变形现象，采用轴承形式且轴承座外置，方便检修。

（2）驱动部分采用电液动推杆，可防尘、防水、动作可靠不漏油，并具有手动、电动两用功能。驱动电机特点为高效、节能、启动性能好、噪声小、振动小、运行可靠、便于维护。

（3）电液动三通挡板装有限位控制装置（可调），可进行就地手动、远方手动、远方自动控制，并能就地实现相互切换，就地控制箱有显示、报警及连锁保护功能。

3. 工艺流程

煤矿 203 带式输送机头部位于输煤系统 3 号转载站，输煤系统直供电厂侧上煤期间，物料经 203 带式输送机机头转载至 301/302 带式输送机。根据运行方式，通过调整电动三通挡板，可切换至相对应的上煤路径。

自制中部槽挡煤板液压校正装置

马　君　拓振东

陕北矿业神南产业公司

一、成果特点

该装置在实际使用的过程中满足了快速冲压要求，使用方便，提高了生产效率，降低了劳动强度，减少了安全隐患。该成果适用于不同型号的中部槽挡煤板校正，同时该装置不仅可以校正挡煤板，还可直接对中部槽搭接板进行校正，是集中部槽和挡煤板校正于一体的校正装置。

二、成果内容

中部槽挡煤板液压校正装置主要由液压控制系统、液压管路、液压油缸、油缸固定架和中部槽限位卡槽等结构组成，其中液压油缸是采用液压支架淘汰的废旧油缸。挡煤板校正时，将变形的挡煤板放置于校正装置的卡槽位置，对其进行限制，启动液压系统之后液压泵给 6 个油缸提供动力，通过调整油缸位置对挡煤板不同变形部位进行校正，不再需要拆卸挡煤板即可对后仰的挡煤板进行校正处理，操作灵活简单。

使用此装置后，在中部槽挡煤板校正过程中可实现快速定位，与原作业方法相比，省去了调整挡煤板位置的工序；可提高工作效率 6 倍，有效地提高了生产效率，减轻了作业劳动强度。

液压支架增压装置

马　君　高　青　奥　凯

陕北矿业神南产业公司

一、成果特点

设计制作的移动式增压泵，移动方便，自带水箱，同时可根据工作需要，调节出水压力及流量,解决了设备维修过程中多点同时使用乳化液泵站导致压力损失过大,压力不足的问题,提升了生产效率,保障了维修质量。

二、成果内容

1. 基本原理

增压装置主要由电动机、柱塞泵、水箱、蓄能器、电控箱、调压溢流阀、车架、连杆转向机构及液压辅助元件组成(图1)。车架底部设置四个轮子,达到可移动的效果,其中两个轮子用连杆机构与手把连接达到转向灵活的效果。车架一侧安装水箱,另一侧安装增压泵、蓄能器、电控箱,然后通过自制三通接头、DN10胶管将机构组装连接。

图1 液压支架增压装置的结构组成

2. 关键技术

通过调节阀门,可将增加装置出口压力调至所需工作压力,此装置的主要特点是积蓄能量,在乳化液泵站压力不足时补充流量,起到增压的作用,从而使高压管路系统压力保持稳定。

3. 工艺流程

该增压装置使用起来简单方便,将工装移动至液压支架附近,接上进液管和电源,有电动按钮实现工装的启动与关闭,并随着设备的逐台验收而移动,很好地解决了由于设备距乳化液泵站距离远和多处使用乳化液导致设备试验压力不足的问题。

基于性能的排土场边坡地震稳定性评价方法

黄 帅 刘英杰 齐庆杰 赵尤信

煤炭科学研究总院

一、成果特点

基于性能的排土场边坡地震稳定性评价体系是在Newmark滑块位移法和转动平衡理

论基础上形成的一套结合永久位移的边坡地震稳定性评价新体系。该方法避免了对复杂非线性方程的求解，大大简化了计算工作量，适用于设防烈度位于 6 度以上的矿山排土场边坡稳定性评价、降雨导致边坡内部地下水位上升时的稳定性评价以及地震和地下水耦合作用下边坡的稳定性评价。

二、成果内容

在总结国外已有评价方法的基础上，建议对边坡的地震稳定性分析分为两水准设防，水准一：计算边坡的安全系数，通过安全系数大小判定边坡的稳定性；水准二：计算边坡的永久变形量，判定是否超过了允许值。详细的边坡地震稳定性评价流程如图 1 所示。

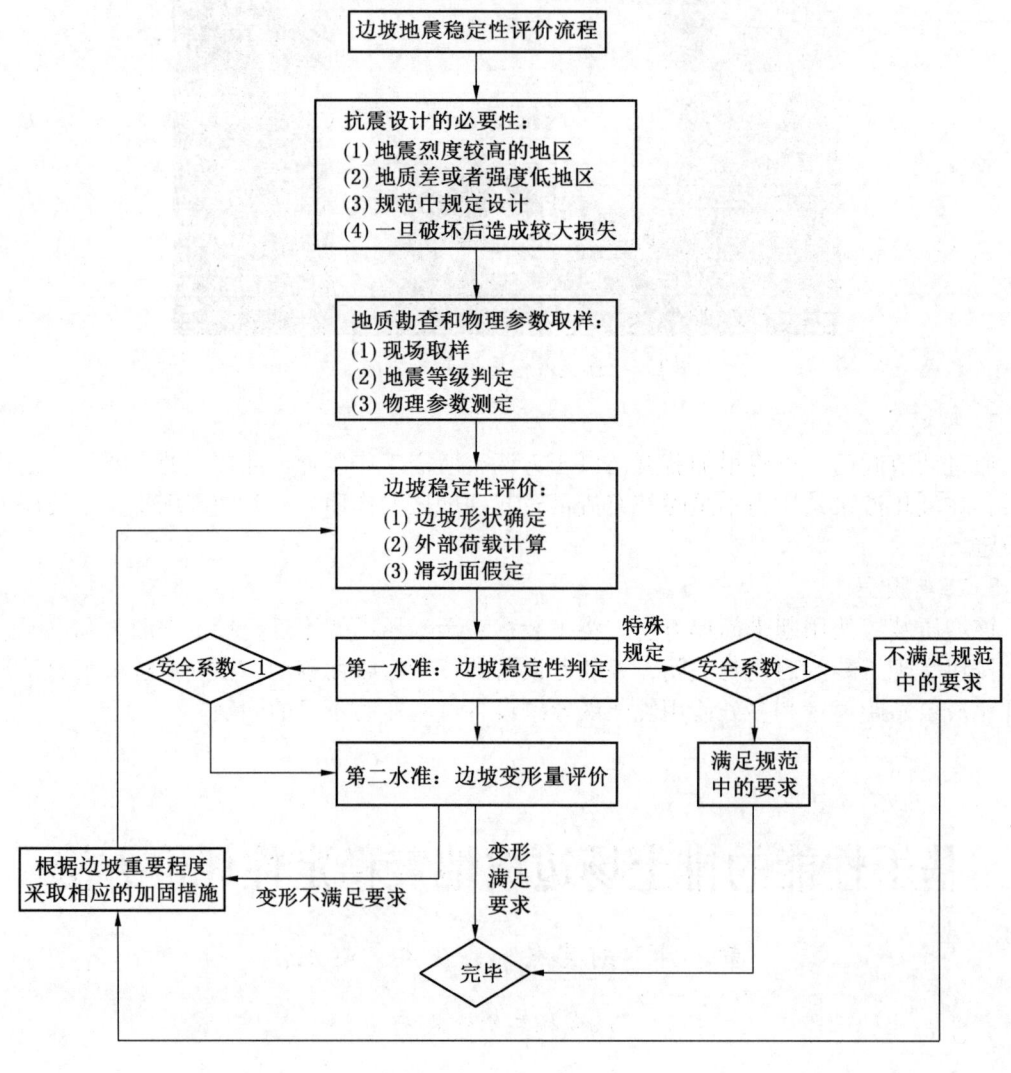

图 1　边坡地震稳定性评价流程

地震作用下露天矿边坡崩塌落石距离预测方法

黄 帅　刘英杰　齐庆杰　赵尤信

煤炭科学研究总院

一、成果特点

本成果采用概率法进行评价，在不同地震烈度作用下对其进行崩塌落石距离计算，以崩塌落石的大小为对象，对在不同地震作用下边坡可能造成的灾害做出评估，从而为矿山的安全运营以及抢险救援工作起到一定的预警和指导作用。本成果适用于地震多发（设防烈度≥6度）地区的煤矿。

二、成果内容

在地震作用下同种类型的落石崩塌距离也是不一样的，为了明确落石对坡角位置的构（建）筑物的影响范围（图1），设定边坡的高度为 H，以 $0.1H$ 长度区间作为一个基本数值，分别从坡脚开始计算，间隔 $0.1H$ 划分为一个区间（图2）。通过考虑影响落石距离的不同因素，设定落石的样本数量，采用振动台试验模拟不同类型地震作用下落石的距离范围，采用人工智能方法进行学习，建立可以判定地震作用下落石距离范围的方法，从而用其实现未来地震作用下落石的崩塌滑动距离范围的提前判定。

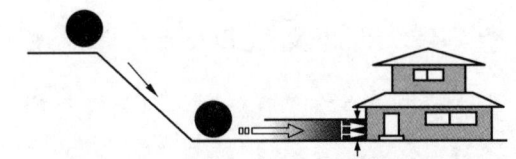

图1　落石对坡脚构（建）筑物的影响

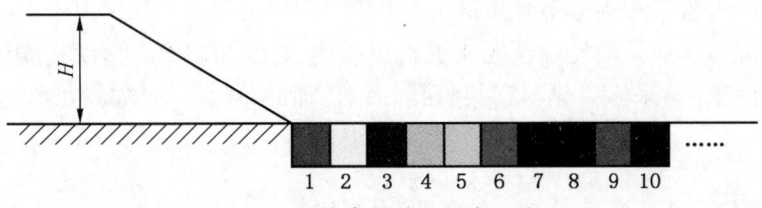

图2　边坡崩塌落石距离评估

本成果在大量试验的基础上，结合距离加权 k-最近邻（WKNN）规则和 DWKNN 算法，提出了一种鲁棒性较好的，适用于小样本的预测方法。本成果将 KNN 算法步骤中的权重计算方法改进为指数形式，可以很大程度提高其预测结果的准确性。

$$w_j = \begin{cases} \exp\left[-\left(\dfrac{d_k - d_j}{d_k - d_1} \cdot \dfrac{d_k + d_1}{d_k + d_j}\right)\right] & d_k \neq d_1 \\ 1 & d_k = d_1 \end{cases}$$

应用改进的 KNN 算法构建的边坡落石崩塌距离预测模型可表述为：用 x_i，$i=1$，2，$\cdots$，n 表示第 i 个落石样本，采用崩塌落石距离最为敏感的影响因子作为该样本的特征，即 $x_i = (x_{i1}, x_{i2}, \cdots, k_{im})$ 其中 x_{ij} 表示第 i 个样本的 j 个影响因子，x_{ij} 是进行归一化处理后的因子值。此外，y_i，$i=1$，2，$\cdots n$ 表示样本崩塌滑动后落入的不同区间范围。基于本专利改进的 KNN 算法的样本集如下：

$$\begin{bmatrix} x_1 & y_1 \\ x_2 & y_2 \\ M & M \\ x_n & y_n \end{bmatrix} = \begin{bmatrix} x_{11} & x_{12} & L & x_{1m} & y_1 \\ x_{21} & x_{22} & L & x_{2m} & y_2 \\ M & M & M & M & M \\ x_{n1} & x_{n2} & L & x_{nm} & y_n \end{bmatrix}$$

在给定未知样本的情况下，基于本专利改进的 KNN 算法提出的边坡崩塌落石距离预测模型可用下式表示。

$$\bar{y} = \arg\min_{w_i} f_i(x) = \arg\min_{w_i} d(x, \bar{x}_i^{PNN})$$

其中，$\bar{x}_i^{PNN}$ 是类别 w_i 中未知样本 x 的最近邻。因此，未知样本 x 被分类到所有类中具有最近邻居的类。

伊敏露天煤矿冬季冻层非爆破采矿方法应用推广

李 伟　张 波　王兴涛　王忠刚

华能伊敏煤电有限责任公司伊敏露天矿

一、成果特点

伊敏露天矿爆破工程为季节性爆破，时期为12月至次年5月，属于 1~2.5 m 表层冻结，需要进行爆破作业。因特殊情况未进行爆破时（如2020年全国疫情影响，爆破队伍未如期进矿等因素），采取"钻机密集打孔、设备辅助犁松"方式成功解决冬季爆破受限困难。

二、成果内容

露天矿钻机为孔径为 300 mm，利用钻机技术参数列为 1 m×1 m 及 1.5 m×1.5 m 孔距、行距进行钻孔，钻孔深度为冻层深度，利用密集钻机钻孔代替爆破效果提升采装效率。针对特殊物料钻机不能实现区域，辅助犁松设备进行二次处理，保证电铲采掘要求。

伊敏露天矿为软岩露天矿，季节性冻层，冻层厚度为 1~2.5 m，期间为整体块状物料，采掘期间造成电铲无法挖掘。针对这一地理特性，利用钻机密集钻孔将季节性冻层由原一整体性分裂成多块状物体，使物料具有分散性，便于采矿生产；对于钻机钻孔无法达到要求时利用辅助设备进行犁松作业（最深可达 1.5 m）进行表层破碎，保证电铲挖掘效率。

无人驾驶车身底盘控制系统优化

张 波　赵耀忠　马广玉　咸金龙　刘 强

华能伊敏煤电有限责任公司伊敏露天矿

一、成果特点

去掉原方案中的两个 DA 转换模块、一个转向阀控制单片机，提高了系统运行的可靠性。可以采集到采集发动机转速、油位、电控系统等数据。

二、成果内容

现有技术使用了多个硬件来完成底盘线控，并且部分硬件防护等级不够，无法满足长时间稳定运行的要求。还有一部分必需数据无法采集。改造后的底盘线控方案把所有所需的控制原件整合为一个，这个硬件为车规级，满足在现场恶劣环境下稳定运行的要求，并且可以采集到所有所需的数据。

选型一个车规级车载控制器，将卡车底盘中转向、刹车、油门等所有的 IO 接入该控制器。然后编写控制器程序，将采集、执行等功能转发到对应的 CAN 总线上。工艺流程如图 1 所示。

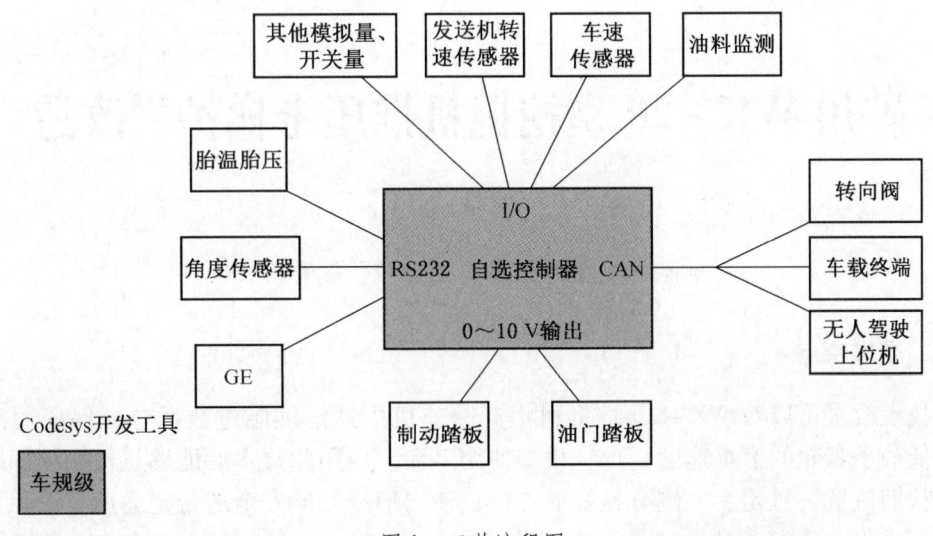

图 1　工艺流程图

再造有机土技术

李文超　张　波　李　伟　赵小凤　徐　芮

华能伊敏煤电有限责任公司伊敏露天矿

一、成果特点

本成果提供一种技术，该技术不仅解决了矿区腐殖土匮乏的难题，而且能够充分利用土壤资源，使排土场植被生长所需土壤需求得到满足，使植被恢复效果持续良好。

二、成果内容

通过不同土壤的混合比例及混合方式，达到满足植被生长需求的土壤孔隙度、腐殖质及蓄水保水能力。

根据土壤改良试验结果，用黄土、沙土、农家肥按照 6∶3∶1 混合再造有机土，可替代腐殖土覆于地表用于绿化。具体措施如下：回收黄土和沙子，根据露天煤矿剥离位置土层情况（一薄层腐殖土下面为 2 m 厚黄土，黄土下为 3~5 m 厚沙子），从地表向下回收 3 m 厚的黄土—沙子混合土壤，并将混合土壤运送至宽敞的指定位置（此处土层条件不满足以上黄土、沙子厚度时，可直接将混合比例为 2∶1 的黄土、沙子运送至指定位置）。在矿区周边购买农家肥，运送至黄土—沙子混合土壤旁。使用前装机等设备将黄土—沙子混合土壤与农家肥按 9∶1 比例均匀混合，发酵 40 天。运送有机土，将混合后的有机土运送至绿化位置，待绿化覆土用。

矿用 WK-20 型挖掘机推压走梯护栏改造

刘轶青

华能伊敏煤电有限责任公司伊敏露天矿

一、成果特点

本技术改进可以对 WK-20 挖掘机提升减速机中润滑油脂进行散热，保证润滑油效果，降低轴承齿轮的磨损速度，保证机器使用寿命。应用此技术后能够从机棚顶部顺畅到达推压扶柄位置，且走台两侧有良好的护栏，使之形成本质安全的行走通道，消除人员更换开斗绳过程中的安全隐患。

二、成果内容

WK-20型挖掘机开斗绳更换方式为司机（副司机）人工更换，需要司机（副司机）跨越机棚顶部护栏跳至动臂右侧的推压走台梯子上，经由推压护栏到达推压扶柄位置，将开斗绳从套环中间穿出。在人员跨越机棚顶部护栏过程中存在摔倒和滑落的危险，在跨过机棚顶部护栏跳至推压走台梯子过程中有踩空掉落和摔倒的危险。基于此，仿照动臂左侧推压走台通道，制作安装动臂右侧推压走台通道，使之形成本质安全的行走通道，消除人员更换开斗绳过程中的安全隐患。

材料说明：①铁板厚度 5 mm，两侧直板长 1300 mm、宽 200 mm，中间夹防滑网（板），两侧斜板长 1000 mm，中间夹梯宽 400 mm，共 3 级台阶，间隔 200 mm；②直板梯两侧需打孔，每侧打孔两个，直径为 15 mm，前端离梯板边距 150 mm，离梯板底边高 20 mm，孔间距 400 mm。

工程机械设备燃油系统改造

孙齐兴　胡士彬　张大勇　李宝国　赵宏声

华能伊敏煤电有限责任公司伊敏露天矿

一、成果特点

该成果将手动泵油方式改造为电自动泵油方式，一是解决了检修保养时的安全风险隐患问题；二是缩短了检修保养耗时，降低了检修人员的劳动强度；三是降低了燃油系统泵油故障频率，提高了设备实动率；四是解决了冬季设备启动人工泵油困难的问题。

二、成果内容

沃尔沃装载机燃油系统滤芯座采用手动柱塞式泵油方式，手动柱塞式泵油器频繁使用易造成内部出现磨损、内卸和燃油滤芯排气不彻底，泵油时间耗时较长，导致发动机启动困难，作业效率低等一系列问题，尤其每次泵油时检修人员需站在轮胎内侧，当人工手动泵油排气不彻底启动困难时，人员需在设备启动时连续泵油作业，易发生安全事件。

（1）首先对燃油箱回油管路及其管路接头进行改造，拆卸原有的燃油管路，按照电动泵的孔径进行加工油管，利用加工的油管进行改造安装。

（2）安装好改造的燃油管路和油管接头后，将改造的 24 V 电子油泵并联安装在燃油滤芯和油箱出油管之间。

（3）为防止电子油泵在工作过程中因油压过大产生油液回流，在进油主管路上加装一个单向阀。

（4）按油泵尺寸加工支架，固定电子油泵。准备 24 V 时间继电器一个，10 A 保险及保险座一个。

（5）取钥匙门 ACC 挡电源火线一根及搭铁线电源一根，并安装独立保险 10 A 及保险座，将时间继电器时间设置为继电器通电工作 30 s 后自动断开电源停止工作，接好继电器电源线路。

（6）安装燃油滤芯座及油水分离器，启动钥匙门 ACC 挡进行泵油排气作业，泵油排气完成后进行启动试验，以确保发动机工作运行正常。

自卸车自主设计加装厢斗排水装置

刘洪涛　吴振宇　白　迪　董泽阳　包俊杰

华能伊敏煤电有限责任公司伊敏露天矿

一、成果特点

伊敏露天矿自卸车厢斗为加热厢斗，厢斗底部安装有走发动机尾气的烟道，利用发动机尾气热量对厢斗进行加热。由于伊敏地区为高寒地区，烟道内易形成积水，与尾气混合后对烟道产生腐蚀，目前，大部分厢斗烟道均发生腐蚀。设计思路为在烟道最低位置开设导流孔、导流槽，将烟道中的积水导流出来，降低腐蚀速度。本创新成果应用于高寒地区自卸车防冻厢斗避免烟道腐蚀情况。

二、成果内容

设计厢斗烟道排放装置，将烟道中产生的水排放出去，避免与排烟中含有的硫元素混合生成硫酸造成厢斗的腐蚀。

根据厢斗设计结构，确定找出烟道最低存水部位。通过观察和实际验证，发现厢斗尾部倒数第二道烟道为厢斗最低存水部位，通过在该部位钻孔，发现内部存储大量积水，确定该部位为厢斗烟道最低位置，烟道中的水从该部位引出。

该部位处于设备转向、制动信号灯及倒车影像的上方，单纯在该部位开孔，内部的水从该部位流出会滴落在信号灯及倒车影像上，容易造成线路短路，同时，在冬季时，长期滴水会在倒车影响上形成冰柱，会严重阻挡倒车影像的使用，不利于行车安全。因此，需要设计引流槽将该部位滴落的水滴引导至其他不影响行车安全的地方。

在该部位下部焊接导流槽，导流槽与水平面成 30°，便于滴落的水滴能够沿着导流槽流向下部。同时，为了避免水滴在导流槽上发生凝结，将导流槽向上安装，使其尽可能地贴近厢斗烟道，使部分排出的高温尾气通过开设的滴水孔排出，对导流槽进行加热，避免出现水滴在导流槽内冻结情况的发生。

三维激光扫描仪后视定向观测觇标技术

韩学功　田志鹏

新疆天池能源有限责任公司

一、成果特点

三维激光扫描仪后视定向观测觇标技术采用固定的后视点，进行扫描仪测量作业时无须人工测点，只需在矿区周边埋设 1~2 个点，可满足方圆 10 km（通视条件较好的情况下）内的测量工作，并可长期使用，极大地提高了工作效率以及测量精度，降低了人员的安全风险。

二、成果内容

1. 基本原理

三维激光扫描仪后视定向观测觇标定向原理是利用是用测站点坐标和后视点坐标计算出一个后视方位角，测站点坐标和后视点坐标确定后，其后视方位角是唯一的。

2. 关键技术

三维激光扫描仪后视定向的误差是由后视点距离决定的，后视点距离越远，精度越高。在正常扫描作业时，有效数据为 2.5~1500 m，若后视觇标设置在 20 m 处，误差为 2 mm，则在 1 km 处，简单地线性换算，误差大约为 10 cm。采用固定的后视觇标（正常选择大于 500 m 的后视点），通过测站位置的三维坐标和后视定向观测觇标的平面坐标，就能方便地进行数据的拼接，而且在 1 km 处的误差小于 1 cm。

3. 工艺流程

选择通视条件良好，视野开阔的高地，架设调平三脚架，安置扫描仪主机，新建文件并对系统参数进行设置，选定扫描区域进行数据采集，检查数据无误后保存扫描结果即为本站扫描结束，重复上述步骤可进行下一站的扫描工作。

掩护梁侧护板拆解机

马　君　苏志军　任小平　刘　昆　刘　波

陕北矿业神南产业公司

一、成果特点

本成果使用远程电液控制系统，以减少燃油及设备维保费用支出，降低劳动强度，提高生产安全性，释放车间生产活力。本成果适用范围广，可同时满足5 m、5.8 m、6.3 m、6.5 m、7 m共5种型号液压支架掩护梁侧护板的拆解要求。

二、成果内容

掩护梁侧护板拆解机由无线接收器、动力千斤顶、固定千斤顶、固定架、电机、控制系统等组成（图1）。其工作原理为通过远程控制，由支撑元件对拆解机进行固定，然后通过远程控制系统进行调节液压动力元件动作，最终达到拆解的目的。

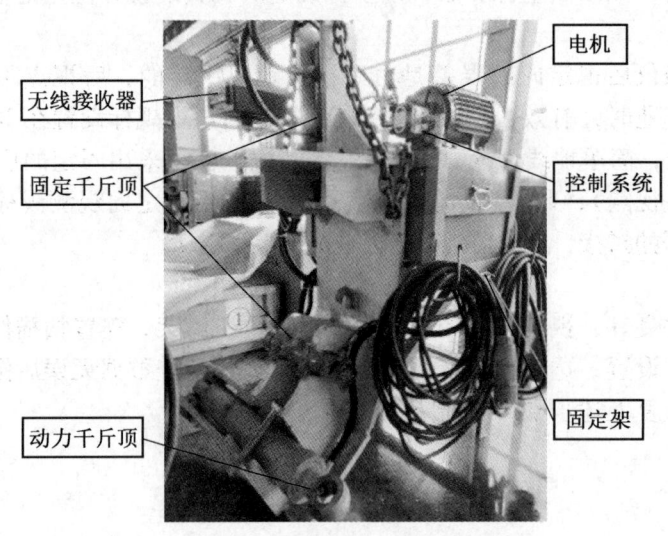

图1　掩护梁侧护板拆解机整体结构图

利用天车将掩护梁侧护板拆解机吊装至指定位置（掩护梁首尾各1件），通过操作遥控器，使固定千斤顶将设备固定牢靠（图2、图3）。同时操作遥控器，使动力千斤顶活塞杆伸出，对掩护梁侧护板施力，直至侧护板完全离开掩护梁。拆解连接销，将侧护板移至指定区域。利用天车将掩护梁侧护板拆解机从掩护梁上移除，同时关闭遥控器，断开电源。

图 2　掩护梁前部固定示意图

图 3　掩护梁尾部固定示意图

WK-20 挖掘机提升减速机散热装置

刘忠辉

华能伊敏煤电有限责任公司伊敏露天矿

一、成果特点

本技术改进可以对 WK-20 挖掘机提升减速机中润滑油脂进行散热，保证润滑油效果，降低轴承齿轮的磨损速度，保证机器使用寿命。

二、成果内容

在减速机供油的润滑管之间加装一个高 55 cm、宽 40 cm 的散热器，散热器安装 4 个风扇，在电源上安装一个温控器，当温度超过规定值时，温控器就会接通电源，4 个风扇工作，把冷风吹到散热器上，达到降低提升减速机润滑油温度的效果。

油浴式齿轮润滑的油脂过滤装置

刘忠辉

华能伊敏煤电有限责任公司伊敏露天矿

一、成果特点

本技术在开底卷筒与扶柄滑轮之间加装一定滑轮装置，既对开底绳起到限位的作用、也起到一个支撑的作用。既限制了开底绳在工作时对铲破坏，也延长了其使用寿命。本成果适用于露天煤矿 WK-20 型挖掘机。

二、成果内容

在减速机油底壳出油口和齿轮泵之间安装一个长 20 cm，粗 108 的管，管的一头连接油底壳，另一头连接齿轮泵，管的底部安放一块强磁铁，连接齿轮泵管接头处安装一个圆形空心强力磁铁，在管上部焊一个一头带螺丝扣的二寸铁管，铁管上再配一个带密封圈螺丝扣的帽，便于随时打开清理油泥铁沫。这样就可以过滤油脂，避免带铁沫的润滑油脂对齿轮造成二次污染，可以有效地解决设备齿轮二次磨损的问题。

自卸车燃油加注系统改造

舒应秋　刘　明　王玉龙　赵　塨　吴振宇

华能伊敏煤电有限责任公司伊敏露天矿

一、成果特点

通过加装单向阀，有效阻断燃油通过快速加油口异常流出，杜绝燃油异常流失。该单向阀通过对丝与快速加油口及油管相连接，安装方便快捷，实际使用效果良好。

二、成果内容

按照自卸车快速加油口规格型号，选择 2 寸 DN50（304）硬密封卧式单向阀，按流向安装至快速加油口后部，并与原油管连接紧固。单向阀内部硬密封挡板在燃油箱燃油重力作用下实现闭锁，阻断燃油通过快速加油口异常流出。

调整 WK-35 电铲提升减速箱摆动工艺优化

鄂登荣

华能伊敏煤电有限责任公司伊敏露天矿

一、成果特点

WK-35 型电铲的提升减速机原固定方式是通过底部连接孔与回转平台耳板销轴铰接的方式连接，铰接处销轴和座孔钢套为小间隙配合，减速机安装后，在铰接处的底边用斜铁向上楔紧固定，本次优化是将用斜铁向上楔紧方式改为使用调整螺栓向下压紧。

二、成果内容

WK-35 型电铲的提升减速机是通过减速箱壳体底部上的前后各两个连接孔和回转平台上的四个耳板用两根长销轴铰接连接。铰接处销轴和座孔钢套为小间隙配合，间隙值在 0.04~0.10 mm 之间，减速机下箱体安装后，在减速机铰接处减速箱下箱体的底边（钢板厚度 40 mm）用 4 个斜铁向上楔紧，要求定期检查斜铁松紧度并紧固。

由于电铲运行时，提升减速机的前后铰接销轴的受力方向相反，减速机的前销轴受向下的压力，后销轴受向上的拉力，电铲运行时，提升机构频繁正反转，后提升输入轴和后提升电机的同轴度频繁发生变化，后提升输入轴受到附加的交变弯矩。进行紧固斜铁时发现，4 个斜铁与减速箱底边的接触为线接触，紧固后斜铁接触部位很快变形而失效，不能起到应有的紧固作用。由于提升减速箱底面与回转平台的间隙只有约 25 mm，且空间狭窄，在没有拆下减速机箱体的情况下不能改造为使用成对斜铁或在箱体上加工斜面。

原设计电铲运行一段时间，减速机出现摆动，按照厂家的调整工艺不能达到目的，且在不拆解减速机的情况下，又不能改造为用双斜铁调整。原设计的意图是用斜铁把减速机整体向上顶起，使销轴和钢套顶紧，从而避免或减小减速机的摆动。

在充分理解设计意图的前提下，采用相反的思路，采用了将难度较大的将减速机向上顶紧的调整工艺优化为将减速机向下压紧的调整工艺，在无须拆卸减速机的情况下便可进行工艺改造，且在运行中容易检查，而且可以实现随时调整。

具体改造的方法为在回转平台的两个后支座耳板上焊接 M42×300 mm 的螺栓，在减速箱箱体加强板上焊接 200 mm×200 mm×30 mm 直角三角形支座，加上平垫圈，把螺栓拧紧。

半连续系统电缆料斗车制动改造

王剑红　刘立丰　王玉龙　雪　峰　郭宇琦

华能伊敏煤电有限责任公司伊敏露天矿

一、成果特点

使用编码器来采集速度传感信号，PLC 对信号信息进行采集、分析，并做出对制动器实施各种动作的指令，根据电缆料斗车不同行驶速度做出相应指令，可有效避免因雨雪、霜降等天气引起的溜车现象，消除该安全隐患，极大程度提高电缆料斗车运行可靠性。

二、成果内容

电缆料斗车上现有的制动装置为 14 套驱动电机及配套的内置式电磁制动器，另有 2 套起维持制动的夹轨器。现有制动器制动效果较差，特别遇到雨雪及坡道时易发生溜车现象。故对制动器进行改造，保留原驱动电机及配套的内置式电磁制动器，将两套夹轨器改造为两套制动装置。

（1）使用编码器来采集速度传感信号，PLC 对信号信息进行采集、分析，并做出对制动器实施各种动作的指令。

在设备行走速度超过 12.5 m/min 时实现减速制动，设备能在不超过 12.5 m/min 的速度下正常行走。在设备行走速度超过 13 m/min 时进行紧急制动，设备停止行走，防止溜车。

在轨道上有冰雪，原来所有的制动器全部失灵的情况下，制动器能够保证电缆车正常停车、制动。制动距离不得超过 2.5 m，制动时间不超过 3 s。

（2）制动器与料斗车的连接处带有缓冲结构，以补偿轨道的不平。

（3）制动蹄片的材质更耐磨损，强度足够，使用时间长，对水不敏感，在带冰雪的钢轨上制动正常，便于检修和更换。

（4）安装编码器的轮子有防滑措施，保证编码器可靠工作，在带有冰雪钢轨上，轮子不打滑。

半连续系统 2 号带式输送机尾站底座液压调整装置

王剑红　王玉龙　孙　鹏　张　迅　郭宇琦

华能伊敏煤电有限责任公司伊敏露天矿

一、成果特点

制作带有液压调整功能的底座替换现有底座，底座与上部受料斗部分采用分离设计。在底座上加装液压装置，在不移动底座的情况下，利用液压装置调整上部受料斗位置，实现尾站调偏功能。

二、成果内容

用带有液压调整功能的底座替换现有底座，只需手动调整液压缸行程带动受料斗微动作，即可实现调偏功能，既保护了底座免受设备撞击，又避免了发生变形后的频繁焊修，降低劳动强度的同时大大提高了调偏的工作效率。

改造后的 2 号带式输送机尾站底座可以降低设备对底座的冲击，提高调偏的工作效率，降低劳动强度，仅需一人半个小时便可完成，有效保障了半连续系统的安全性和稳定运行。

可移动式高压电缆桥架

田久明　刘玉和　裴　宾　王洪宇

华能伊敏煤电有限责任公司伊敏露天矿

一、成果特点

目前我矿采场供电电缆以 6 kV 电缆为主，因电源需要深入采场，传统的过道电缆铺设方式为直埋铺设，可移动式电缆桥架的设计应用，将直埋过道电缆改为电缆桥架，改变我矿传统的过道电缆铺设方式，提高了电缆运行可靠性及生产效率，节约了投入成本。

二、成果内容

可移动式电缆桥架设计举升高度为 6.2 m，宽度 20 m。桥架举臂设计成可手动升降式，底座采用爬犁固定并用水泥浇筑增加稳定性。通过电缆架空的方式代替以往地埋电缆的方式，减少了对电缆的损伤、增大了电缆使用周期、降低了线路故障率、提高了工作效率,节约电缆采购成本。

电缆桥架两个为一组,每一个上面包括两个手摇绞盘,一个负责调解桥架高度,另一个负责拉伸架设电缆,通过定向滑轮改变受力方向,从而达到升降目的;每个桥架分别设置牵引点,方便移设;桥架底座增设配重,以达到稳固的目的。

直流断路器调试仪

白建强　刘　成

准能集团

一、成果特点

直流断路器调试仪操作简便、效率高、成本低、能提前发现直流断路器的病态,有效控制突发性事故的发生。节约了成本,提高了设备出动率。

二、成果内容

直流断路器调试仪的控制原理图如图 1 所示。按下 SB1 通过 KT1、KM2、SB2、SB3 常闭触点接通 KM1 并自保,接通合闸电路,直流快速断路器合闸。其中时间继电器同时被接通,调节时间参数可以改变合闸维持时间,我们目前将设定值定为 20 s。按下 SB2 通过 SB3、KM1 常闭触点接通 KM2,其中延时常开 KT2 经过延时同样可以接通 KM2。KM2 动作接通跳闸电路,直流快速断路器跳闸。HL1、HL2、HL3 作为测量断路器主回路触点状态指示。

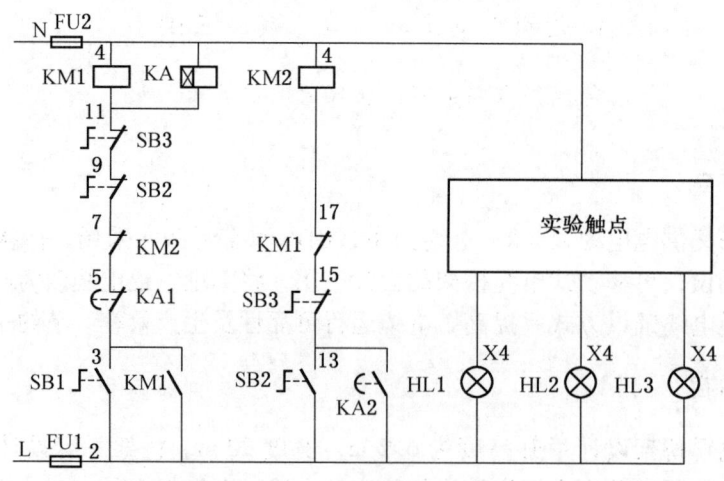

图 1　直流断路器调试仪的控制原理图

直流断路器调试仪携带方便可以现场检测，也可以作为实验器材。直流断路器调试仪应用于吊斗铲上发挥的作用主要表现为：检测直流快速断路器合闸是否正常；判断合闸状态，动静触头切合是否完好、接触面积是否达标；检测直流断路器反馈点是否有效、灵敏；检测跳闸单元是否正常；检测三相是否同步，通过指示灯是否同期及亮度两项指标，判断同步性。

制乳器安全联锁控制系统的创新应用

刘俊梅　孟广雄　王永明　张继东　张润和

准能集团

一、成果特点

将制乳器在生产过程中的一些关键性参数实现动态实时显示和监控，通过设置相应的温度报警和压力报警，实行安全联锁控制，大大提高了生产的安全性。

二、成果内容

乳化器静态混合器两端各有一个嵌入式压力传感器，用模数采集模块 CTI2501 将信号变送到 PLC 控制系统中，对静态混合器两端的压力进行检测、显示、计算；压力差值计算、设置可调的报警值，在压力比报警值高时进行报警。整体采用仪表和操控屏双显示来增加查看的便利性。

在管路上的预留孔位装上温度传感器，实时对螺杆泵出口温度进行过程监控。乳化器静态混合器两端安装嵌入式压力传感器，对静态混合器两端的压力进行检测。检测到的数据通过 PLC 进行处理后，在温度、压力仪表显示器上显示出来，控制原理图如图 1 所示。

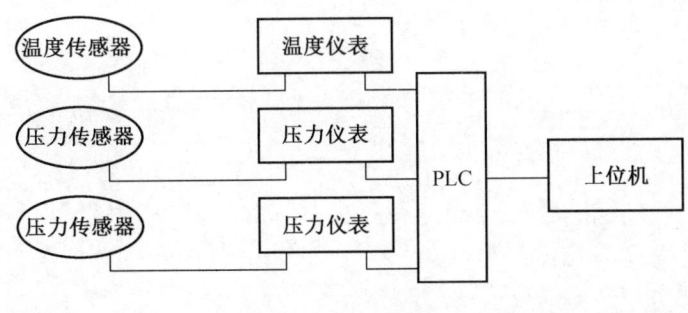

图 1　控制原理图

二等奖

安 全

连续采煤机除尘系统改造

高奎英　王文晖　杨俊彩　韩　龙　李国良

神东煤炭集团生产管理部

一、成果特点

该系统将连续采煤机现有除尘效率提高至78%，使用效果优于长压短抽。本成果适用于各类机械化程度较高的井工煤矿。

二、成果内容

在连续采煤机机身上增加一台小型离心湿式除尘风机，布置在连续采煤机驾驶室对面（图1）。现有离心湿式除尘风机技术较为成熟，离心湿式除尘风机主要由吸风道、除尘器、主机、消声器等组成，由于采用离心式除尘，除尘风阻小，同等功率可获得较大吸风风量，使得该机结构紧凑，同时坚固耐用，使用安全，维护方便。

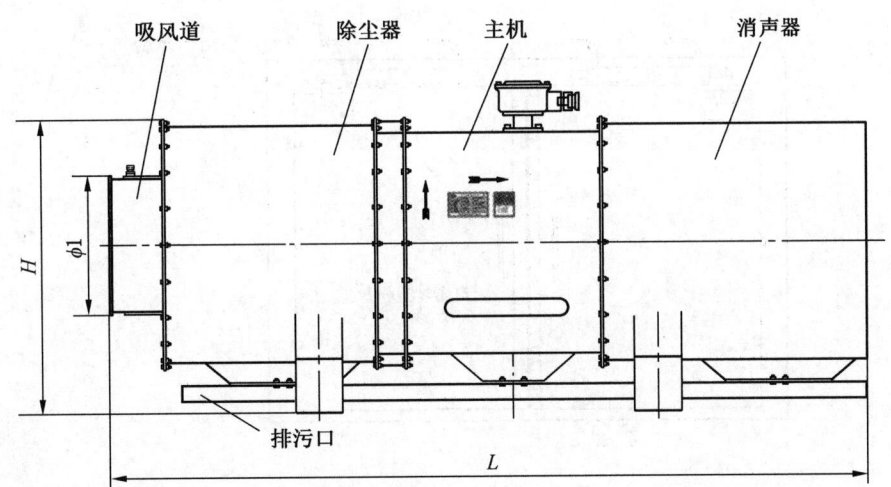

图1　改造后连续采煤机除尘系统

一种改变风门关闭顺序的控制装置

袁 超

陕西陕煤黄陵矿业公司一号煤矿

一、成果特点

油缸调压器,实现所控制风门门扇在关闭过程中处于受压状态使其能够最后关闭,确保风门关闭严实。适用于井下双开自动风门开闭控制系统的需要。

二、成果内容

如图1所示,在1号风门制动油缸注油管连接端头安装1个调压阀,实现1号门扇制动油缸调压阀抑制油缸内液压油在油泵作用下快速回油,减缓1号门扇关闭速度,促使风门按照正常顺序关闭且贴合严实。

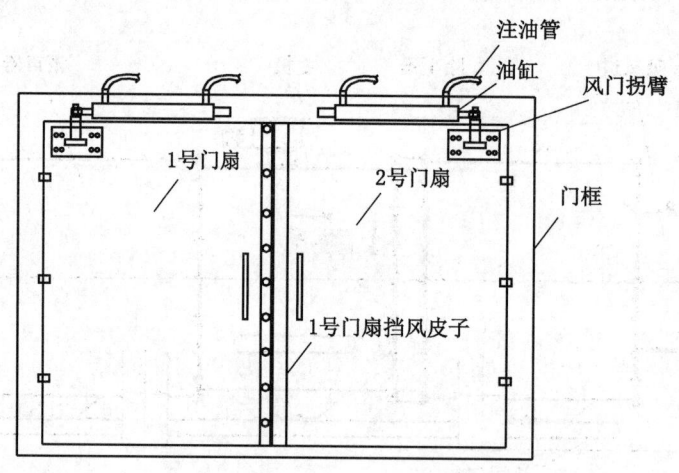

图1 风门控制系统结构图

风门正常关闭状态为1号门扇挡风皮子叠附于2号门扇上,当风门打开时,1号门扇首先打开,打开至1/3时,2号门扇随即打开,直至完全打开,1号门扇待2号门扇完全打开后,随即完全打开;关闭时,2号门扇首先关闭,待其完全关闭后,1号门扇随即关闭,直至全部关闭,两风门完全贴合。当风门未完全打开误操作时,1号门扇由于开合程度较小首先闭合,2号门扇关闭后造成剪切破坏挡风皮子,风门关闭不严,漏风严重(图1)。调压阀能够抑制油缸内液压油在油泵作用下快速回油,减缓其控制门扇关闭速度。

多功能汇集器创新

刘 平

陕西煤业集团黄陵建庄矿业有限公司

一、成果特点

通过改进汇集器,有效地解决了钻孔无法连接和占地面积大的问题。

二、成果内容

使用 1 m 的 $\phi 720$ 管路代替放水器并竖向放置,在 $\phi 720$ 管路两侧及顶部安装 $\phi 273$ 一体法兰,并将底部进行封堵;在 $\phi 720$ 管路顶部及侧面安装 $\phi 75$ 接口,并安装阀门。将 2 根 1.2 m 的 $\phi 273$ 多孔管安装在 $\phi 720$ 管路两侧,与 $\phi 273$ 一体法兰连接。本煤层钻孔与 $\phi 273$ 多孔管进行连接,将回风巷 $\phi 426$ 主管路与 $\phi 720$ 管路顶部的 $\phi 273$ 一体法兰对接进行抽放。

井下采空区气体采样检测远程装置

何磊磊

陕北矿业柠条塔公司

一、成果特点

取材便利,加工制作方便;操作方便,有效地提高了工作效率;通过保证安全距离,有效地保证了检测人员的安全,安全效益无价。

二、成果内容

气体远程检测仪器采用瓦斯杖、便携检测仪及微型采样泵有机组合,检测时,人员可以站在检测点 2 m 外,通过将瓦斯杖伸到检测点,然后开启采样泵,就可以通过便携仪初步读出被测点的氧气、瓦斯等气体浓度,如果气体浓度在安全范围内,便可以靠近采用光瓦进一步检测精确数据,可以避免检测时造成人员伤害。

瓦斯抽采钻孔封闭式防喷孔装置

张亚潮　窦成义　李建华　杨　朝　杨乐乐

陕西彬长大佛寺矿业有限公司

一、成果特点

集抽采煤层瓦斯的边打边抽装置和气水分离器于一体,适用于煤层瓦斯压力大,钻孔施工喷孔现象明显的作业地点。

二、成果内容

施工煤层瓦斯预抽钻孔时,由于煤层瓦斯含量高、压力大,随着钻孔施工深度增加,煤屑不易及时排出,易造成瓦斯喷孔事故,对矿井安全生产带来严重威胁。本装置利用气水分离原理,设计边打边抽装置及气水分离器,实现钻孔密闭式钻进,杜绝瓦斯喷孔事故。

边打边抽装置实现了钻孔带抽放负压施工,气水分离器实现了抽放与钻孔返水、排渣相分离。通过两种装置连接使用,实现钻孔密闭式钻进。

瓦斯钻孔施工时,在孔口安装直径300 mm、长度500 mm的边打边抽装置,同时连接2台气水分离器,用于瓦斯抽放及排渣,实现钻孔密闭式钻进,有效防止喷孔事故(图1)。

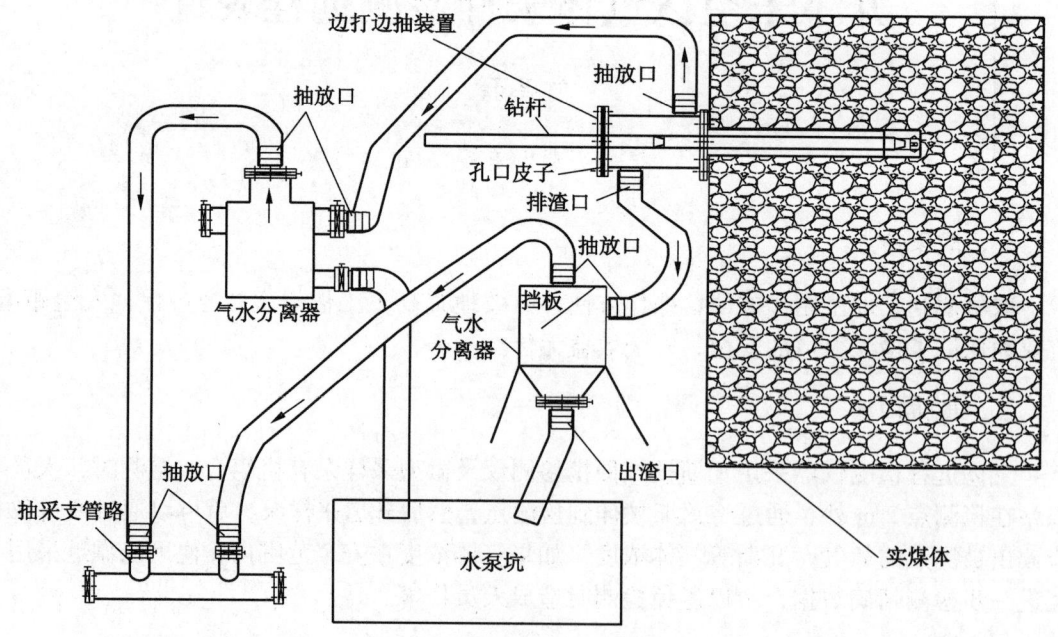

图1　瓦斯抽采钻孔封闭式防喷孔装置连接示意图

机械式自动爆破喷雾

王飞龙　张乐琪　苏治仲

陕西陕煤澄合矿业董家河煤矿分公司

一、成果特点

机械式自动爆破喷雾通过爆破时产生的冲击波，冲倒钢板，经轴承转动高压阀门，使喷雾自动开启，达到爆破后的喷雾降尘目的。

二、成果内容

通过将∠40角铁加工成长方体框架，框架底部通过轴承焊接一块钢板，轴承一头焊接高压阀门。爆破前揭起钢板，使之处于闭合状态，通过爆破时产生的冲击波，冲倒钢板，经轴承转动高压阀门，使喷雾自动开启，达到爆破后的喷雾降尘效果。此办法有效地替代了电子声控爆破喷雾，大大减少了此项开支，同时实用性强、性价比高，具有较好的推广价值。

抽采支管路连接新工艺

李　凯　姚明柱　刘　伟

陕西陕煤韩城矿业有限公司桑树坪二号井抽采区

一、成果特点

本成果的新型并网工艺可重复使用且降低了抽采管路的漏气率，有效地提高了工作效率、发电量及钻孔抽采率。该成果主要适用单一煤层开采3号煤，突出煤层，不具备保护层开采条件。

二、成果内容

新型快速连接式并网工艺材料主要由 PVC 快速三通接头、$\phi75$ mm 抽瓦斯用聚氯乙烯连接软管总成（带快速接头）、$\phi110$ mm 抽瓦斯用聚氯乙烯连接软管总成（带快速接头，带法兰）、钢制快接球阀、钢制变径三通、钢制快速弯头、束缚式不锈钢卡箍、除渣水箱、双抗法兰快接球阀、专用U形卡、专用密封垫等组成，连接口径全为非标准尺寸，以上配件按矿方全做防腐、防锈、抗静电和抗阻燃处理。

具体单孔连接方式：钻孔封孔采用 ϕ50 mmPVC 管，通过变径连接至 PVC 快速接头、ϕ75 mm 抽瓦斯用聚氯乙烯连接软管总成（带快速接头），ϕ110 mm 抽瓦斯用聚氯乙烯连接软管总成（带快速接头、带法兰），钢制快接球阀，钢制变径三通，并入抽采系统。所有连接点均采用束缚式卡箍及专用密封垫，做到接头不漏气。单孔安装测气阀以及单孔控制阀门，每个支管安装控制阀门、除渣水箱、自动放水器以及孔板流量计。

逆向隔断装置（铁制风筒）

王贵军　宋朝晖　杨　柯

陕西陕煤韩城矿业有限公司

一、成果特点

逆向隔断装置采用钢板制作而成。

二、成果内容

将 3~5 mm 钢板制作成与风筒等径、长度为 1300 mm 的铁质风筒和 500 mm 的防逆流装置两部分，在防逆流装置内部使用两个半圆铁板并通过合页焊接在钢筋上加以固定，再焊接限位装置对挡板关闭位置进行控制，铁质风筒两端焊接等径风筒圈，与风筒对接。在正常通风时，挡板打开，风流正常通过；当受到冲击，风流反向时，挡板关闭，防止风流逆转进入局部通风机或形成串联风造成瓦斯爆炸事故。

关于提高钻场单孔瓦斯抽采计量的检测能力的方法试验

赵　军　王晋生　白子靖　李　红

阳煤集团二矿

一、成果特点

本成果解决了钻孔瓦斯抽采不能在线准确监测的问题；完成钻场瓦斯分布状况的调研工作，掌握钻场的环境状况、单孔内的气体组分，以及在整个瓦斯抽采期间流量的变化情况，全面了解钻场单孔瓦斯计量监测现状。本成果可应用于大部分煤矿安全生产的瓦斯抽采钻场，效果显著，适用性强，应用广泛。

二、成果内容

CJZ4Z 瓦斯综合测定仪采用相关法超声波测量技术，即使钻孔瓦斯流量低至 0.1 m/s 也能准确测量。

1. 工作原理（相关法超声波测量技术）

相距为 L 的超声波换能器 A 和 B 交替作为接收和发射端子，超声波换能器 A 和 B 接收到的信号分别为 $x(t)$ 和 $y(t)$，对 $x(t)$ 和 $y(t)$ 进行互相关运算得到互相关函数 $R_{xy}(\tau)$（图1）。

互相关函数 $R_{xy}(\tau)$ 有一峰值，当时间位移 $\tau = \Delta t$ 时 $R_{xy}(\tau)$ 才出现峰值，Δt 就是理论上流体渡越两截面从 A 到 B 的时间，则间距 L 与时间位移 Δt 的比值即为流体的平均流速，即：$V = L/(\Delta t)$。

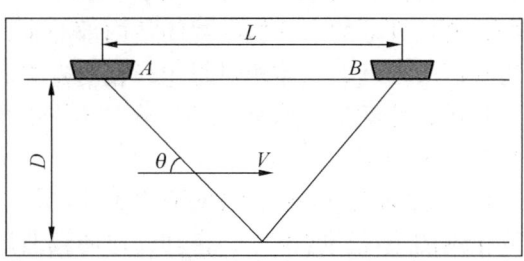

图1

2. 安装方法

（1）保证预留空段距离约为 2.5 m，同时两端选择合适转换接头。

（2）安装测定仪时，保证面板朝向后必须拧紧紧定螺钉，防止表头旋转。安装完成后需对测定仪予以固定。

（3）测定仪安装要求前端直管段大于 10 倍管径，后端大于 5 倍管径。

（4）如果瓦斯抽放管道没有开关阀门，需要在安装管段前后两端各安装一个球阀，以便于维护放水器和测定仪时与瓦斯抽放管道断开。

（5）放水器安装需要就近放置于平整处，中心线要尽量垂直，与水平垂直偏差在 10°以内，安装后需要根据现场环境固定放水器，防止其倾斜。

（6）根据现场情况，放水器及除尘器需要定期检查放水口出口位置，防止煤渣（泥）将出口堵塞。同时每隔一到两个月打开冲洗一次，防止煤渣（泥）内部沉淀影响使用。

采煤工作面火区安全封闭方法

光辛亥　田培刚　赵青云　王秀红　樊慧文

阳煤集团矿山救护大队

一、成果特点

该成果与传统的火区封闭方法相比，主要有三个特点：一是该成果的每一步都具有较好的可操作性；二是该成果的每一步都具有安全性，都能安全操作；三是该成果既有自创的"水杯原理"支持，又有成功的实践案例支撑。该成果适用于在瓦斯矿井中。当具有独立通风系统的采煤工作面发生难以直接扑灭的火灾时,采用常规封闭方法存在瓦斯爆炸危及人员安全和使灾区扩大的危险,采用该成果可安全封闭采煤工作面。

二、成果内容

1. 基本原理

盛满水的水杯,正向放置时是否漏水,完全取决于杯身和杯底是否严密,与杯盖是否盖着关系不大,这就是"水杯原理"。火区封闭的作用就是把火区内的气体封闭住,隔绝火区外的风流进入火区,隔绝向火区内持续供氧,这就和水杯内的水被杯盖开放的水杯"封闭"在水杯里的原理是相同的。所以,可以把"水杯原理"应用到开放式封闭火区方法中,既然开盖的水杯能够封闭住内部的水,同理,进回风一侧封闭,另一侧开放也可以使着火区域附近的气体相对封闭,相对隔绝了着火区域附近的氧气供应,从而可以起到灭火的作用,这就是"水杯原理"在"开放式封闭法"中的应用。

2. 关键技术

(1) 自动锁口防爆泄压密闭器的作用。在开放式封闭法中,共分为三步。其中第一步完全封闭进风侧时要用到自动锁口防爆泄压密闭器。在建筑进风侧永久闭墙时,预留了通风断面可以保持火区的正常通风,保障建筑进风侧永久闭墙的人员的安全。在此基础上,可以根据人员能够撤到安全地点的时间,在人员撤离前设定好自动锁口等待时间,在人员撤离时启动自动锁口定时程序,就能够做到人员撤离出危险区后,实现远距离自动锁口。

(2) 自动锁口防爆泄压密闭器的具体实施步骤(图1)。安装好后,先关闭水门开关,再给轻质水桶加入干净水,水桶重力传给牵引绳,再通过定滑轮与定滑轮导向传递给防爆门,使其逐步向斜上方打开,直到防爆门与45°开口弯头的铰链接触面呈90°时停止加水,就可保持安全的通风断面积,保证有足够的风量稀释瓦斯,不易造成瓦斯积聚。

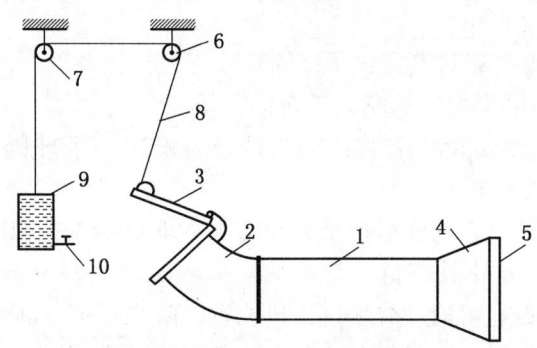

1—金属管;2—45°开口弯头;3—防爆门;4—喇叭形金属管;5—喇叭;6、7—定滑轮;8—牵引绳;9—轻质水桶;10—水门开关

图1 自动锁口防爆泄压密闭器安装图

闭墙建成后,根据人员撤到安全地带的时间,打开水门开关到标示的刻度,水门开关开始往外排水,此时自动锁口程序已启动,救援人员快速全部撤往安全地带,随着轻质水桶中的水量不断减少,对防爆门的开启拉力也逐渐减小,当开启拉力低于防爆门的重力和复位弹簧的合力时,防爆门自动关闭,实现自动锁口。

当封闭区内发生瓦斯爆炸后,冲击波通过喇叭形金属管集聚爆炸冲击波,通过金属管、45°开口弯头冲击到防爆门里侧,防爆门自动冲开进行泄压,大大减小了对闭墙的冲击毁坏能量,保障安装有自动锁口防爆泄压密闭器的闭墙因泄压而不会被爆炸摧毁,保障了闭墙的安全稳定。爆炸冲击波消失后,防爆门依靠自重和复位弹簧的合力作用自动复位关闭，再次实现自动锁口封闭。

3. 工艺流程

采煤工作面火区安全封闭方法主要分为三步，详见表1。

表1 开放式封闭法主要步骤及其任务

主要步骤	主要任务	分步任务
第一步	永久墙完全封闭进风侧	预留通风断面，施工进风侧永久墙
		设定锁口等待时间，启动自动锁口程序，然后人员快速撤离危险区
		到达设定时间，自动实现火区锁口
第二步	实现火区稳定	回风侧氧浓度降到8%以下
第三步	永久墙完全封闭回风侧	施工回风侧永久墙

一种带有流速异常预警功能的防喷孔装置

徐 宁 李 云 周建伟 周煜博 许 川

潞安化工集团余吾煤业有限责任公司

一、成果特点

该装置能够实时监控封闭在孔口的气体流速，杜绝孔口出现因无负压导致的瓦斯积聚现象，避免出现瓦斯预警事故。本成果适用于煤矿各种类型钻孔施工过程中防止瓦斯异常涌出，如顺层钻孔、穿层钻孔、裂隙带钻孔施工。其结构如图1所示。

二、成果内容

1. 基本原理

该装置能够保证钻孔内部瓦斯积聚在防喷孔装置内部，密封效果得到了较大的提升。同时通过安装流速传感器和报警仪，可以对装置内部负压产生的流速进行实时监测。

2. 关键技术

（1）提高防喷孔装置孔口密封性能。在防喷孔装置孔口套管上增加压风密封装置，封堵套管与煤壁之间的空隙，杜绝孔内瓦斯通过此通道涌出至巷道。压风密封装置长度为300 mm，内置单层钢丝绳，压接在套管表面，利用井下巷道静压风即可鼓起。

（2）增加煤渣自锁装置。现用防喷孔装置出渣管为圆柱形管，垂直焊接在外露段下部，孔内煤渣进入出渣管掉落至底板，即出渣管为钻孔内部与巷道沟通的一个通道。设计在出渣管上增加自锁装置，首先将出渣管由圆柱形改为长方体，出渣管由竖段改为斜段和竖段，斜段与外露段夹角为120°，斜段内安装挡板自锁装置，挡板与外露段通过合页连接,当煤渣较多时,挡板打开,煤渣沿着斜段进入竖段至底板,当无煤渣时,挡板依靠重力闭合,封堵钻孔与巷道空气连接通道。

(3) 增加耐磨橡胶垫。现用防喷孔装置外露段与钻杆连接处间隙较大,瓦斯喷孔时,高浓度瓦斯会通过此通道喷至巷道。在外露段与钻杆连接处增加耐磨橡胶垫,橡胶垫与钻杆紧密贴合,采用螺栓固定在外露段上。当橡胶垫与钻杆空隙较大时,需要及时更换。

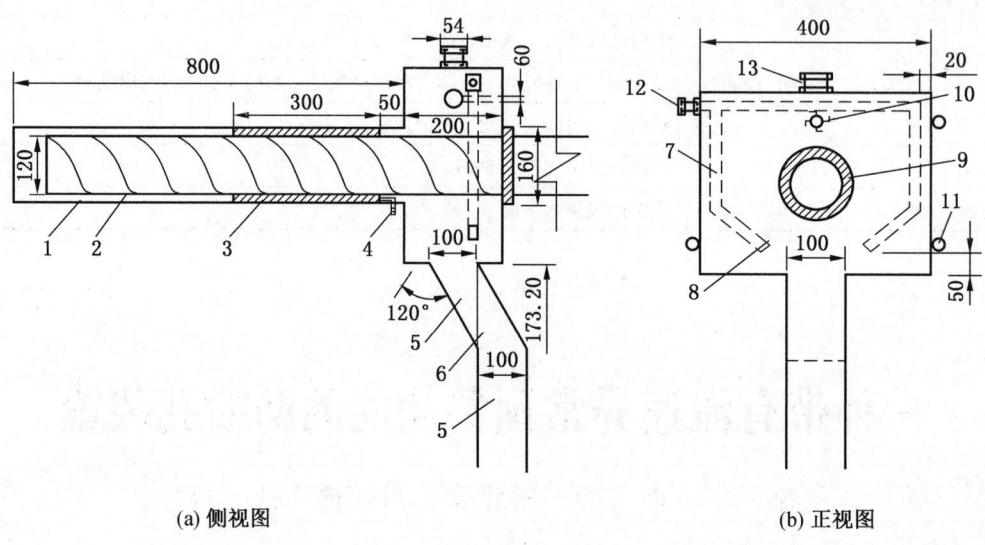

1—套筒;2—钻杆;3—密封装置;4—10 mm 压风截止阀;5—排渣管;6—自锁挡板;
7—水管;8—细水雾喷头;9—密封橡胶圈;10—流速传感器;11—固定螺栓;
12—19 mm 静压水截止阀;13—54 mm 截止阀

图1 新型防喷孔装置结构图

(4) 增加防喷孔应用警报装置。本成果需要在防喷孔装置负压管路末端附近安装设定阈值的流速监测装置,并在钻机上安装声、光警报装置。在打钻(退钻)过程中,流速传感器对孔口流速进行监测,若没有开启负压或者低负压进行带抽,则孔口气流速度低于阈值,钻机上声、光警报报警,提醒工人开启负压。当开启负压较大时,孔口气流速度提高至阈值后,则警报解除。

3. 工艺流程

孔内煤渣、瓦斯→煤渣进入出渣管、瓦斯密封在防喷孔装置内部→抽采管路带抽孔口瓦斯→流速监测装置监测孔口气体流速→流速低于阈值→声、光警报装置报警→钻机停电→流速高于阈值→正常作业。

低浓钻孔二次注浆提浓装置

周建伟　李　云　徐　宁　崔志波　唐政廉

潞安化工集团余吾煤业有限责任公司

一、成果特点

低浓钻孔二次注浆提浓装置集低浓钻孔孔内瓦斯浓度检测与孔内二次注浆堵漏功能于一体，能够实现低浓钻孔的问题分析与漏气位置的二次注浆封堵，进而救活"病态"钻孔，提升钻孔抽采浓度与瓦斯抽采效率，同时减少二次补孔工程量与经济投入。本成果适用于因孔口段串孔、煤墙漏气导致的低浓钻孔。

二、成果内容

1. 基本原理

孔内二次注浆装置不仅能够进行注浆堵漏，还兼具钻孔漏气检测功能。如图1所示，该装置进行浓度检测时，借助抽气筒及光学瓦检仪，实现在钻孔正常带抽状态下，对孔内16 m以内位置不同深度瓦斯浓度进行分段检测，通过浓度变化趋势分析，得出钻孔具体漏气区域，从而确定钻孔需要二次封堵注浆的具体位置与长度。

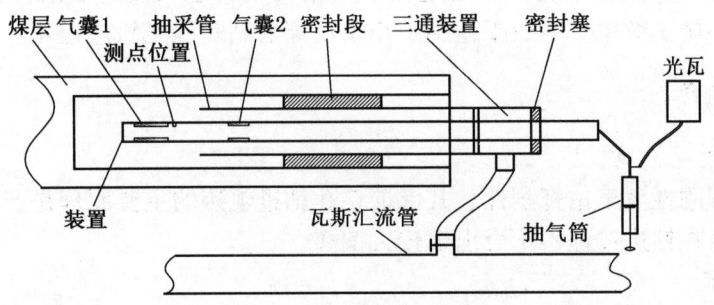

图1　钻孔漏气检测原理图

进行孔内二次注浆时，将该装置的里端气囊推入孔内合适位置，使得探测的漏气区域位于两布囊之间，通过向气囊内注气使其膨胀开，外端气囊封堵住瓦斯抽采管端部，里端气囊封堵住钻孔，两个气囊以及之间的煤壁形成一个封堵区域，再向封堵区进行带压注浆，浆液充满封堵区后进入钻孔煤壁裂隙的漏气通道，实现钻孔漏气通道的封堵与钻孔浓度的提升。

2. 关键技术

钻孔漏气位置检测及孔内二次注浆装置主要由4个部分组成，分别为囊袋短接、封孔段注浆短接、注浆连接管、孔口三通装置。为了实现囊袋、注浆段单独充气与注浆，装置采用内外管同心结构，其中外管外径45 mm，壁厚3.5 mm，内径38 mm；内管外径28 mm，壁厚7 mm，内径14 mm，管子尺寸既具有良好的穿封孔管能力，又能够满足外管充气，内管注浆要求。此外，管的两端采用螺纹连接，并加装"O"形密封圈，确保了装置的气密性。

3. 工艺流程

关闭与低浓钻孔相串孔的其他钻孔→连接推送注浆装置→封孔气囊打压封孔→配置注浆液→封孔注浆→卸压洗孔→退出注浆装置→恢复钻孔抽采。

一种穿层钻孔保直钻进简易扶正器装置

李　云　裴露辉　任海涛

潞安化工集团余吾煤业有限责任公司

一、成果特点

本成果能够在打钻过程中对钻具起到很好的扶正作用，而且扶正器的扶正翼外表面为光滑弧面，可以有效减小扶正器与孔壁之间的摩擦，不会磨损孔壁，其不仅保证了钻孔能够按照设计要求一次性施工到位，还避免了因钻孔偏斜过大而造成的钻孔报废事故的发生，提高了打钻施工效率。本成果适用于小角度穿层钻孔施工轨迹控制。

二、成果内容

1. 基本原理

扶正器装置刚性大于钻杆刚性，其保证钻孔钻进轨迹的主要原理是产生一个或几个支撑点，使得钻头在钻进过程中不会出现较大偏离。

2. 关键技术

一种穿层钻孔保直钻进简易扶正器装置以普通钻杆为母体平行焊接3根或者2根长0.5 m、宽10 mm、高10 mm的长方体钢条而成，三翼扶正器是在长1 m的钻杆中间位置处焊接3根长0.5 m、宽10 mm、高10 mm的长方体钢条，每根钢条夹角为120°，均匀分布在钻杆表面（图1）；三翼扶正器在钻孔施工过程中与钻头相连，钻头直径94 mm；两翼扶正器是长1 m在钻杆中间位置处焊接2根长0.5 m、宽10 mm、高10 mm的长方体钢条，两根钢条夹角为180°，安装时两翼扶正器的2根钢条恰好从钻机卡盘中间通过，安装、拆卸快捷，且可以根据钻孔深度的增加安装不同数量的扶正器（图2）。

图1 三翼扶正器实物图

图2 两翼扶正器实物图

风水联动细水喷雾系列降尘装置

杜红玉 张世丽 李 敏 余利波 王富强

潞安化工集团常村煤矿

一、成果特点

风水联动细水喷雾系列降尘装置能喷出微米级水雾达到降尘目的，是一种新型降尘装置。该装置采用纯机械结构，无须电源，具有雾化降尘范围大、出水量小、可长时间打开、人员过往不会淋湿、巷道地面无积水、安装简单快捷、使用寿命长、安全可靠等特点。

二、成果内容

该成果采用负压诱导式气水混合喷雾降尘原理，通过压缩空气与水在过滤箱体混合相互挤压、加速和剪切等作用，形成高压水雾。

高压气雾流喷射而出，在高压气雾流周围形成负压包围圈，将水流全部雾化，不产生水珠，达到与煤尘充分混合的效果。

风水联动细水喷雾系列降尘装置由过滤箱体、压风逆止阀、水流球阀、快速接头等组成，用普通二层钢丝编织软管将控制水流球阀和压风逆止阀同风水联动细水喷雾降尘装置总成连接。针对煤矿井下及地面不同煤尘范围和工作环境，设计一系列对应效果的过滤箱体，以达到最大化降尘效果，同时又不影响工作环境和降低成本。

光控闭锁气动风门

李文宝　张连国　刘　刚　张连民　赵　永

内蒙古满世煤炭集团罐子沟煤炭有限责任公司

一、成果特点

通过外界光源照射光控传感器实现自动开启、关闭。本成果适用于井下风流紊乱及行人通车比较频繁的联络巷中。

二、成果内容

本成果是在手动开启风门上加装光控传感器和气缸活塞。这样在两道风门之间通过光控传感器实现风门闭锁，杜绝了同时开启两道风门的可能，确保风流稳定。

气动风门闭锁装置通过钢丝绳传递给对面风门的插销装置，阻止对面风门的开启，在此基础上，在风门和门框之间增设了监测监控语音报警系统，风门"开启、关闭"信息通过钢丝绳传递。在风门处巷帮上安设风门开启控制箱，该控制箱和压风管路连接，风门控制箱通过气动装置开启风门，安设的光控传感器与风门控制箱连接，光控传感器受到外界光照射后，传感器信息传递给风门控制箱，风门控制箱开启风门。

两道风门具有了闭锁功能，一个风门打开后，另一个风门气缸闭锁，不会有 2 道风门同时打开现象。风门在互锁基础上加入了光控气动控制装置，实现了自动开启。

密闭墙气体参数的监测装置

卜熊飞　郭子甲

陕西澄合山阳煤矿有限公司

一、成果特点

本成果利用新式三合一传感器，可 24 h 实时对密闭墙内的气体、温度实时监测，进一步发挥了安全监控系统的前瞻性和指导性，当发现数值超过规定时，能够积极采取有效措施，切实将风险挺在隐患的前面，将隐患挺在事故的前面。

二、成果内容

密闭墙气体参数的监测装置，如图 1 所示，密闭墙的本体设置有观察管，观察管伸出密闭墙本体的一端设置有阀门，阀门与密闭墙之间的观察管本体依次设置有第一出气孔和第二出气孔，第一出气孔和第二出气孔相同，均连接有通气嘴，两个通气嘴分别连接有通气管，两个通气管的另一端通过通气嘴对应连接有传感器的第一进气孔和第二进气孔，传感器通过航空插头连接有接线盒，接线盒连接有监控系统。

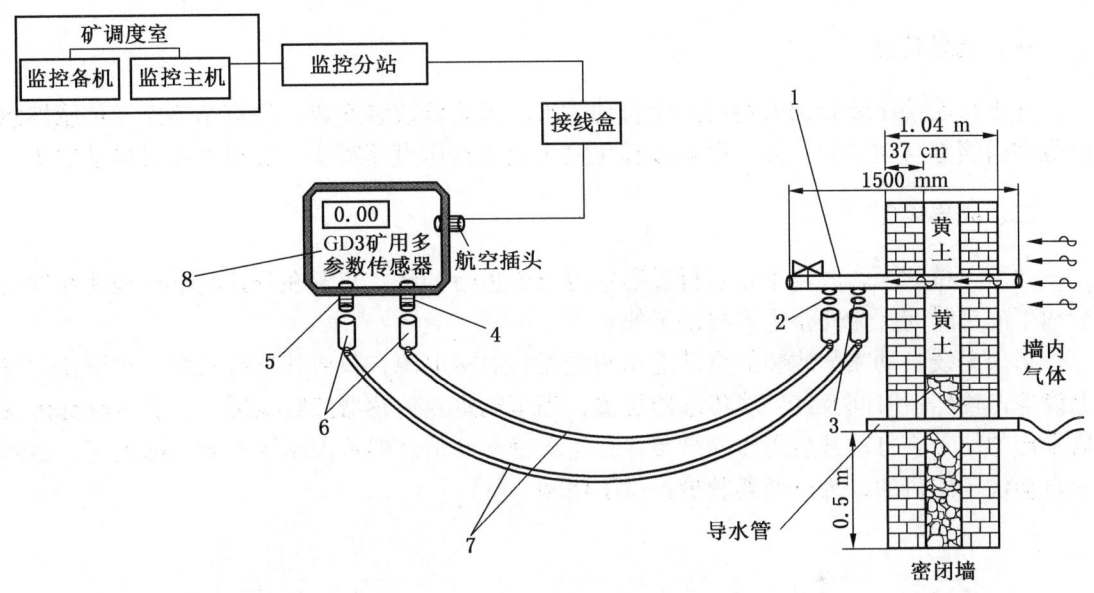

1—观察管；2—第一出气孔；3—第二出气孔；4—第一进气孔；5—第二进气孔；
6—通气嘴；7—通气管；8—传感器

图 1　密闭墙气体参数的监测装置

将矿用 GD3 多参数传感器吊挂在封闭墙的巷帮处，矿用 GD3 多参数传感器上设置有第一进气孔和第二进气孔及温度监测装置；其次在密闭墙本体距地面 2/3 高度处设置有观察管，观察管横穿密闭墙本体并伸出，在观察管的伸出端设置阀门，即截止阀，在阀门与密闭墙之间的观察管本体依次设置第一出气孔和第二出气孔，第一出气孔与第一进气孔之间通过通气管相连接，第二出气孔与第二进气孔之间通过通气管相连接，矿用 GD3 多参数传感器通过航空插头与接线盒相连接，接线盒与监控系统相连接。

第一出气孔与第一进气孔之间通有甲烷气体，第二出气孔与第二进气孔之间通有一氧化碳气体，值班人员可以通过监控系统实时监测封闭墙内甲烷气体及一氧化碳气体的浓度，将闭墙内的气体情况以及闭墙外空气的温度实时上传到安全监测监控系统。

矿用 GD3 多参数传感器上的温度检测装置也可以实时监测密闭墙外的温度，方便值班人员及时控制通风，确保密闭墙环境的稳定。

井下自动洗车装置

黄 涛

渝北曹家滩公司

一、成果特点

井下自动洗车装置由大巷的无线自动喷雾装置系统改装而成,当有车辆停于传感器感应范围内喷雾自动开启,并将原喷雾雾化喷头换成高压直喷喷头,实现了井下自动洗车。

二、成果内容

井下运行的无轨胶轮车在运行过程中每班要进行冲洗,车辆在升井前进行提前冲洗既节约了洗车时间又为安全生产提供了便利。

采用无线自动喷雾改装的自动洗车装置无须对接电源,只要就近有水源,在设备主机上设置车辆停留时间及红外线传感器位置,当车辆进入传感器接触范围,主机接收到传感器发出的信号变自动开启高压喷雾装置,当车辆离开传感器范围高压喷雾立即关闭,达到了自动洗车的目的,为车辆驾驶员提供了便利。

采空区净化水循环利用工艺优化

华照来

渝北曹家滩公司

一、成果特点

该项成果为了充分利用煤炭开采后形成的采空区岩体空隙自然净化功能对矿井水净化,减轻矿井排水和水处理系统的压力,减少矿井水高效综合利用成本。

二、成果内容

该项成果通过将矿井水注入采空区,实现了矿井水物理自然沉淀和初次净化;根据初次净化水取样测试,选取了合适的混凝剂、助凝剂,进行二次净化处理后,直供井下采掘工作面设备冷却、系统喷雾降尘及其他生产用水。

该项成果关键技术主要包含井下采空区储水区域建立、矿井水净化和循环利用系统的设计布置、水质监测监控系统、二次净化水工艺等内容，采空区净化水循环技术路线如图1所示。

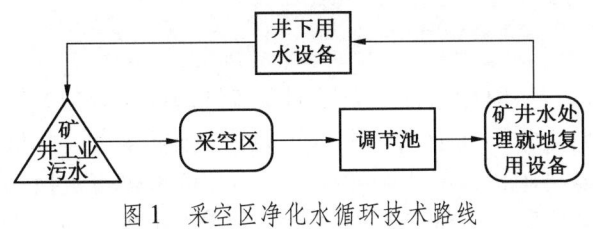

图1 采空区净化水循环技术路线

智能化全自动喷雾

贺科科

渝北小保当二号煤矿

一、成果特点

智能化全自动喷雾可以根据传感器监测系统，实时监控喷雾附近车辆通行与粉尘浓度大小情况，当巷道有车辆走过或者粉尘浓度达到一定数值，会自动启动断面喷雾开关，实现巷道除尘。

二、成果内容

智能化全自动喷雾利用对射传感器、粉尘传感器监测技术，远程自动操控技术。对射传感器监测车辆通行情况，利用粉尘传感器检测巷道粉尘浓度，二者任意触发一个条件，智能化自动喷雾随即打开，降低井下巷道粉尘浓度，有效提高矿井空气质量，降低发生粉尘爆炸的危险系数。

贵石沟煤层气发电站4号机组燃气发动机节气阀改造

李明 赵德悦 耿治国 侯效勇 陶瑞平

阳泉煤业（集团）股份有限公司煤层气发电分公司

一、成果特点

更新后的节气阀执行器和阀板垂直安装，避免了横向受力不均造成的联轴节变形；调节方式由阀筒式改为阀板式，避免了阀筒和轴承之间的频繁磨损，且阀板对进气量调节更为精确，提高了机组的运行稳定性。

二、成果内容

通过节气阀的改造，从原理上彻底规避旧款节气阀极易磨损的缺陷，新款节气阀采用垂直安装，避免了横向受力不均造成的联轴节变形、损坏现象，降低更换成本，而且拆装比之前容易很多，只需将阀板处的4个螺栓拆下后，即可进行更换；控制上将原来的阀筒控制改为阀板控制，对机组的进气控制更加精确，增加了机组的运行稳定性，降低了机组的故障率，提高了发电能力和效益。

瓦斯发电机组进气系统工艺流程：节气阀是调节燃气发动机转速和负荷的关键部分，涡轮增压器将混合气增压，经过中冷器两级冷却后，将混合气体冷却在50℃左右，再通过节气阀，节气阀根据机组负荷大小，调整进气量，最后通过进气母管，进入缸内参与燃烧做功。节气阀的稳定与否，直接关系到机组的稳定运行和负荷接带。

一种可旋转直通式孔板流量计

李 云　裴露辉　任海涛

潞安化工集团余吾煤业有限责任公司

一、成果特点

该流量计在孔板突出手柄处外接一个控制器，可调节孔板进行0°和90°旋转，同时达到节流和增加流量的目的。利用智能差压变送器和差压流量计代替U型管流量计，减小了设备安装空间，方便使用。通过设置可转动的孔板，实现孔板流量计和正常管路双用法的效果，结构简单、操作简单、安全可靠、压力损失小、检测精度高、设备质量轻、占用空间小、安装简便，能有效测量矿井瓦斯抽采管路中气体流量。

二、成果内容

可旋转直通式孔板流量计通过控制器可将孔板进行0°和90°旋转，90°时，挡板与管路气体流速垂直，流体流经管道内的固定孔板时，流速将会在孔板出形成局部收缩，从而使流速增大，静压力降低，导致孔板前后产生压差。0°时，挡板与管路气体流速平行，不影响管路流速。

可旋转无阻力直通式孔板流量计结构如图1所示，主要由智能差压变送器、取压管、夹持法兰、差压流量计、孔板、螺栓、突出手柄、连接线、控制器等组成。取压管贯穿螺栓，取压管一端与智能差压变送器连接，孔板中部设有节流孔，孔板的突出手柄通过连接线与控制器相连接。加装智能差压变送器和差压流量计，代替了原来的U型管流量计，减小设备安装空间，方便使用。

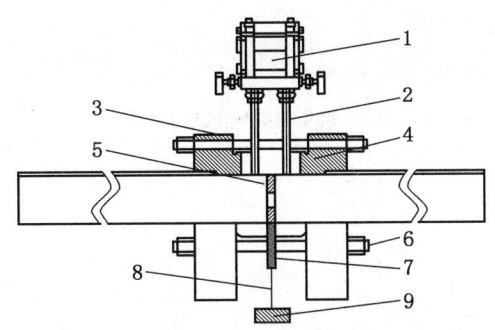

1—智能差压变送器；2—取压管；3—夹持法兰；4—差压流量计；5—孔板；
6—螺栓；7—突出手柄；8—连接线；9—控制器
图1 可旋转无阻力直通式孔板流量计结构示意图

风桥设计及施工工艺优化

薛国华

陕西陕煤黄陵矿业公司一号煤矿

一、成果特点

采用U型钢封闭结构风桥，不涉及开挖桥面工序，消除了因施工风桥可能导致风流短路的隐患，保证了通风系统稳定可靠；每座钢混结构风桥施工费用约20万元，每座U型钢封闭结构风桥施工费用约10万元，优化后，每座风桥节约施工费用10万元；每座钢混结构风桥施工工期约7天，每座U型钢封闭结构风桥施工工期约5天，优化后，每座风桥节约施工工期2天；U型钢封闭结构风桥，施工工序简单，有效地降低了作业人员劳动强度。本成果适用于矿井无大幅振动设备的风桥施工。

二、成果内容

U型钢封闭结构风桥具体设计为：桥上巷道与桥下巷道留设岩柱1000 mm；桥下巷道架设U29钢棚前采用人工刷帮、挑顶方式开挖钢棚安装壁龛，U29钢棚架设排距500 mm，全断面喷C20混凝土，厚度200 mm。U型钢棚封闭结构风桥设计断面图如图1所示。

U型钢封闭结构风桥施工工序为：U型钢安装壁龛开挖→U型钢安装→全断面喷浆封闭。

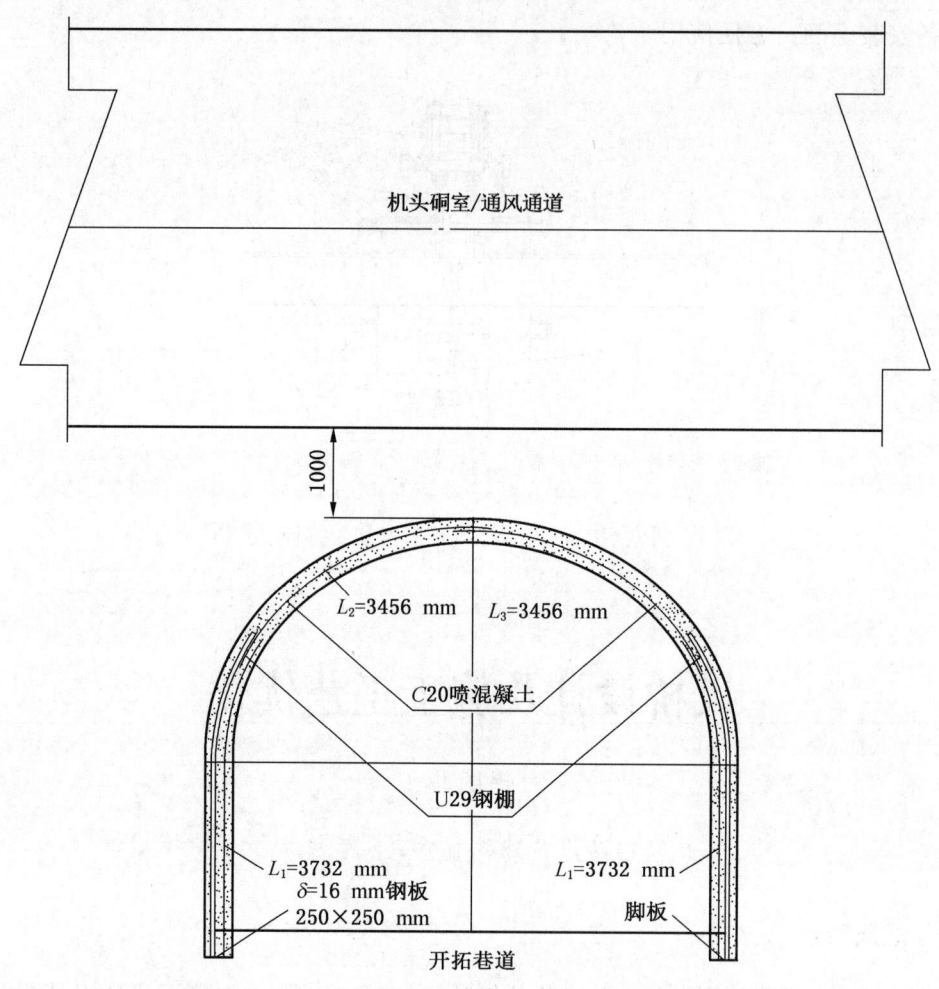

图1 U型钢棚封闭结构风桥设计断面图

安全监控系统传感器升降气动控制装置

付永志 李伟宏 孟祥华 鲍永军 苏艳祥

内蒙古大雁矿业集团有限责任公司雁南煤矿

一、成果特点

该装置尺寸根据现场安装环境确定,制作材料成本低廉,安装使用方便,操作简单。动力来源采用煤矿井下压风,不受煤矿井下安装地点特殊环境的制约,适用范围广泛。本成果适用于煤矿井下存在爆炸性气体且垂直高度大于2 m以上的各类场所。

二、成果内容

升降气动控制装置采用摇臂式结构，一端固定，一端可以180°纵向自由摆动，是一种通过改变摇臂与顶板的夹角来实现调节传感器吊挂高度的装置，该装置动力来源采用煤矿井下压风，不受煤矿井下安装地点特殊环境的制约。

升降气动控制装置运行原理如图1所示，按下气动控制箱绿色按钮，传感器下降，此时检修调试传感器，检修调试完成后，按下气动控制箱红色按钮，传感器升起。

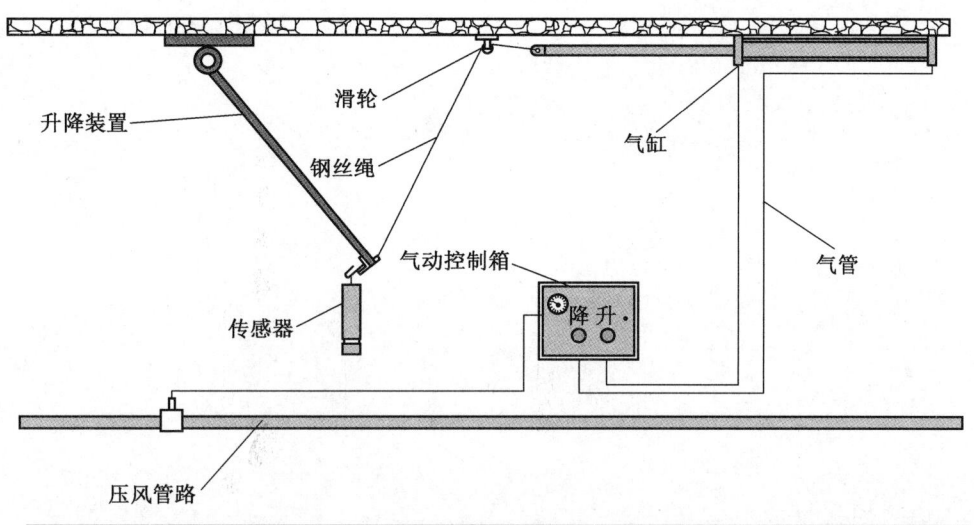

图1 升降气动控制装置运行原理图

二等奖

选　　煤

X荧光光谱法测定煤中的氯

刘文星　徐　颖　王冬梅　魏喜云　吴春燕　席东沁

神华包头煤化工有限责任公司

一、成果特点

采用X荧光光谱法分析速度快,自动化程度高,分析结果精密度高,准确度亦能达到国标要求,且是一种无损检测方法。适用于可以进行压片的原料煤和燃料煤中氯元素的测定。

二、成果内容

本项目采用煤炭有证标准物质、煤炭有证标准物质互配及煤炭有证标准物质与氯化钠相互混合等方式组成系列标准样品,用X荧光光谱仪测定待测元素的X射线荧光强度,建立标准曲线,采用线性回归法校正标准曲线。

准确称3.5 g干燥后的煤炭有证标准物质和0.5 g微晶纤维素,精确至0.2 mg,混匀,以微晶纤维素镶边垫底,用压片机压制成样片,并目测检查样片是否光滑平整,如样片表面出现裂纹或缺陷应舍弃,重新制备标准样品,样片表面用洗耳球吹去可能存在的颗粒物质,放于塑封袋中,置于干燥器内保存。煤炭有证标准物质只有3种浓度,采用两两互配以及煤炭有证标准物质与氯化钠相互混合得到不同浓度的标准样品,详见表1。

表1　标准样品的配制

标准样品	加入物质名称	质量/g	Cl含量/%
样1	GBW11118	3.5012	0.11
样2	GBW11118	1.7508	0.034
	GBW11119	1.7513	
样3	GBW11119	3.5014	0.057
样4	GBW11120	3.5007	0.11
样5	GBW11120	3.4976	0.155
	NaCl	0.0026	

通过X荧光光谱仪测定,得到以X射线荧光强度为纵坐标、氯元素含量为横坐标的工作曲线,计算出待测元素含量。

香蕉筛帆布软连接密封改造

翟晓宇　李银广　宋文清　许建军　李浩峰

神华北电胜利能源有限公司

一、成果特点

采用阻尘毛刷代替原有帆布软连接，提高了防尘效果的同时降低了检修作业强度。

二、成果内容

神华北电胜利能源有限公司地面生产系统香蕉筛上下箱体之间采用帆布软连接进行密封，箱体在激振器的作用下，会产生一定程度的抖动，加剧了对帆布软连接的磨损，降低了其使用寿命，目前每台设备上的帆布软连接平均 2 个月就要进行一次更换，费时耗力。

新型香蕉筛防逸装置由半包围挡板、阻尘毛刷等部件构成，半包围挡板固定在香蕉筛下部箱体，并包围上下箱体之间的缝隙，可阻止物料从箱体飞出；阻尘毛刷固定在半包围挡板内侧，可以进一步防止煤尘外逸。新型香蕉筛防逸装置效果明显，不仅有效防止煤尘外逸，而且该设备不易磨损，经久耐用，大幅降低了材料成本和人力投入。

固定式液压破碎机械手在破碎站的应用

宋文清　李银广　翟晓宇　许建军　李浩峰

神华北电胜利能源有限公司

一、成果特点

固定式液压破碎机械手通过远程控制系统控制液压系统，实现底盘转动及机械手的运动，操作人员在破碎站操作室便可完成破碎作业。当破碎机出现堵大块现象时，该机械手可安全、快速地将大块进行破碎。

二、成果内容

该固定式破碎机械手是集机、电、液技术于一体，具有精细化作业能力的新型高科技装备，通过将液压能转变为液压破碎锤的机械能，使大块、坚硬物料在锤头和钎杆的冲击力作用下被击碎，完成破碎任务，同时可快速转换属具，实现破碎、钳碎、铲、抓、挖、勾、挑、扒等多种功能。为快速捕捉被破碎物的着力点和冲击方向，利用大臂、二臂、摇杆、连杆及液压锤组成的平面变幅机构与回转机构组成多自由度作业机构；实现在三维空间内快速捕捉破碎物、锤击点及锤击方向，破碎范围大、定位准确、人机分离，并有效提高破碎工作效率。

设备本体由底座、回转座、大臂、二臂、减震组件、属具等构成，如图1所示。通过三维绘图软件建模进行多方位模拟，确定最佳工作和安装范围；通过有限元对结构进行分析，确保其性能满足客户要求。设备主体采用优质钢板焊接成的箱式框架结构具有刚性强、抗扭性好等特点。经优化设计的外加强钢板能更好地承受锤头做扒移动作时产生的侧向和扭曲载荷。

图1 整机结构图

螺旋分选机灰分硫分分布规律及剔除高灰组分装置

刘钦聚 张 宁 邓 伟 周瑞通 王立波

神东煤炭集团洗选中心保德选煤厂

一、成果特点

本成果适用于采用螺旋分选机分选粗煤泥，需要进一步稳定或降低螺旋精煤灰分的选煤厂。

二、成果内容

1. 灰分硫分分布规律分析

为研究螺旋分选机分选界面上物料灰分硫分分布规律，在螺旋分选机出料口处进行采样。所采煤泥水样为断面样，从分选槽最内侧每3 cm为一个截取单位，煤泥水脱水烘干后送检,检测项目为灰分和硫分,实验数据见表1。

表1 螺旋分选机灰分硫分分布数据

距离/cm	灰分1	灰分2	硫分1	硫分2
34.5	16.5	15.26	0.50	0.50
31.5	21.13	17.07	0.46	0.48
28.5	22.84	16.34	0.42	0.46
25.5	33.04	18.35	0.36	0.45
22.5	38.14	25.36	0.35	0.44
19.5	32.57	23.85	0.38	0.42
16.5	39.05	25.84	0.34	0.41
13.5	39.65	30.38	0.34	0.4
10.5	53.6	35.26	0.28	0.36
7.5	61.48	35.45	0.29	0.37
4.5	67.48	49.64	0.25	0.3
1.5	65.74	67.32	0.22	0.25

通过对以上数据进行分析,得出以下结论:

(1)螺旋分选机灰分在分选界面上整体趋势为由内到外先降低后升高再降低,说明存在高灰细泥分布带。

(2)螺旋分选机硫分在分选界面上整体趋势为由内到外持续升高,说明高灰细泥富集在精煤段。

(3)螺旋分选机灰分和硫分分布存在高度对称性,说明硫分主要赋存在细颗粒精煤中。

(4)两组数据存在一定偏差,说明螺旋分选机工艺参数对最终结果有较大影响。

轻重颗粒的横向展开、分离阶段,离心加速度较小的底层重颗粒向内缘运动,上层的轻颗粒向中间偏外运动,而悬浮的细泥则被甩向最外缘。因此,考虑制作一种螺旋分选机高灰细泥剔除装置,将实验所得高灰细泥段物料从螺旋精煤中剔除,提高螺旋精煤的稳定性或降低灰分,达到提质的目的。

2. 设计高灰细泥剔除装置

初步设计使用DN15钢管作为高灰细泥引流管(15 cm长),铁板制作卡槽,螺栓4~6道制作可多角度调节装置后进行组装。高灰细泥剔除装置通过螺栓连接,实现高灰细泥引流管上下、左右可调。使用时将装置固定在螺旋分选机上,调整引流管在高灰带处,高灰物料通过管道流入中煤段或者矸石段,减少对螺旋精煤的污染。

新型带式输送机输送带防撕裂装置的研究与应用

弓海平 赵 睿 冯俊优 刘振江 高 磊

准能集团

一、成果特点

该成果应用前为空心管套空心管的组合转动方式,故障率高,使用寿命短,成果应用后,这种由外球面带座立式轴承与实心轴组成的转动方式故障率低,使用寿命长。

在现有防撕裂架上增设短接感应片、定位销,避免重载启动时回程输送带上的物料误触碰防撕裂架,同时可正常反馈信号,不影响连锁启动。

二、成果内容

1. 基本原理

采用轻质护网、公称直径为 20 mm 的管材、重量合适的配重块,通过焊接及螺栓调节固定于带式输送机上下输送带中间,依靠两侧带座的外球面轴承实现灵活转动,附加灵敏的电控报警装置,如图 1 所示,解决了输送带大范围撕裂的隐患问题。增设短接感应片、定位销,重载启动时将防撕裂架倾斜45°,定位销定位,短接感应片正常反馈信号,既避免回程输送带上的物料误触碰防撕裂架,同时不影响正常连锁启动。设备运转正常后取出定位销,防撕裂装置恢复正常位置,保护感应片正常投入。良好的衔接既保证顺利启动又实现高效防撕裂功能。

2. 关键技术

此项技术解决了传统防撕裂装置笨重、动作不灵活、报警不及时的问题,原有的防撕裂装置通过管与管相互滑动来实现报警装置动作,但是由于带式输送机现场煤尘多,环境差,经常造成粗细管中间集煤严重,二者摩擦系数增加,即使带式输送机已经出现撕裂故障也无法及时动作报警,无法起到保护作用。通过减轻装置重量,配备转动灵活的轴承作为支撑、转动点,使得改造后的防撕裂装置不存在积煤或报警延迟等现象。

3. 工艺流程

第一步,制作便捷式防撕裂架框架、短接片、定位销;

第二步,安装、调整轴承座、短接片、定位销;

第三步,安装、调试电控保护装置。

图1 改造后的便捷式防撕裂装置示意图

50ZJD-500渣浆泵托架（轴承）部件改造的研究与应用

廉凯 李雪飞 陈恩东 刘旭 董浩

准能集团

一、成果特点

针对升速运转的泵型增加水冷铜管和轴承水箱结构进行轴承冷却，有效降低水泵运行时的轴承温度，对轴承寿命延长起到决定性作用；在尽量不影响更换大部分老配件的基础上设计新型泵轴位置调节结构，方便叶轮进行调节并保证与原安装尺寸完全吻合。

二、成果内容

1. 基本原理

黑岱沟用的50ZJD-500渣浆泵，参数为：流量$Q=100\ m^3/h$，扬程$H=120\ m$，电机功率为110 kW，泵转速为1600 r/min，叶轮直径为500 mm，皮带轮升速运转。托架组件为 90TX-200，此托架组件为已成型的部件，适用多种泵型，在初始安装时依靠拆卸环的不同厚度调节叶轮间隙，无轴承座结构，无冷却结构。运行状况：

（1）由于此泵升速运转，轴承发热量大于一般连续运行或轴承状态不好时会产生高温，监测记录显示最高温度达 93 ℃，若不及时降温会严重影响轴承的使用寿命。渣浆泵投用以来出现过两次轴承抱死情况。

（2）由于泵体装配结构决定泵叶轮与泵壳的间隙大小由拆卸环厚度决定，导致后续检修泵时当叶轮状态发生变化时，泵壳与叶轮间隙不易调节。

（3）此种结构的泵服役时间长后在轴方向上会发生窜动的趋势且有噪声。

（4）此种结构的泵在使用期间发生过泵护套在运行不久产生碎裂（原因与结构无关）。

2. 改造分析

（1）针对高速运转的泵型增加水冷铜管和轴承水箱结构进行轴承冷却，其他正常使用的低速泵型维持原状便于更换配件及正常维护。

（2）在尽量不影响更换大部分老配件的基础上增加轴承座调节结构方便叶轮进行调节并保证与原安装尺寸完全吻合。

（3）轴承选用优质轴承，冷却油选用优质润滑油，冷却水箱、冷却铜管、机械密封使用较清洁的冷却水。

（4）严格把控各配件的质量，并建议用户仓库存放保管时勤加维护以提高机械寿命。

3. 关键技术

确定冷却流水量和安装位置的选择，以及冷却水管与泵体的固定和密封，将泵的叶轮位置调整距离的确定和调整机构的确定。

原煤仓刮板间直通溜槽加装液压闸门

徐　啸　汪志华　刘丰涛　龙厚标　代丰礼

国网能源哈密煤电有限公司大南湖一矿

一、成果特点

增加直通溜槽及液压闸门后，刮板输送机年度维修量减轻 50%，减少刮板、刮板链、底板、滑道的整体更换维修费用，减速机用油、运行电费消耗；溜槽修补量减轻 50%。

二、成果内容

经过初次改造加设原煤仓直通溜槽，加装之后，开机运行后上口插板打开、下口无法控制，在主煤流系统生产能力大于地面生产系统运输能力时，或因地面生产系统故障导致煤仓仓位逐步升高时，必须设置液压闸门保证下口控制闸门的煤量，达到液压闸门及直通溜槽的合理投入运行，实现东西仓合理配仓。

上部在原煤北刮板溜槽拐点处割开孔（1000 mm×1000 mm，溜槽斜度60°），刮板间煤仓地面打洞（800 mm×800 mm），中间通过20 mm厚钢板制成4.5 m高的800 mm×800 mm直通溜槽，煤流生产时通过原煤上仓机头溜槽分转至直通溜槽、北刮板、南刮板溜槽中，在空仓时可以减少开机运行电费及检修成本。加液压闸门控制煤仓满仓。材料：20 mm锰钢板、上部1000 mm×1000 mm插板、液压闸门设备用给煤机拆卸旧油泵、精末煤刮板拆卸的旧油管。油缸完成单电机双缸、单层闸门电液控操作，实现闸门开合。

通过煤流系统分析：原煤上仓输送带至原煤仓刮板间分成北溜槽和南溜槽，北溜槽通到北刮板，南溜槽通到南刮板，刮板间整体是从两台刮板输送机机尾运送至刮板输送机机头，机尾在西仓，机头在东仓，仓下给煤机分为西仓六台、东仓六台，正常保持东仓备用，西仓使用，西仓使用时通过打开正对下料口两台刮板输送机液压闸门及直通溜槽投入即可实现刮板输送机停用，保证煤仓储煤、仓下给煤机运输的任务，当地面生产系统出现故障或地面生产系统运输能力低于主煤流原煤仓生产能力时，西仓煤位逐步上升，开始一台刮板向东仓拉运，这时直通溜槽液压闸门也应控制溜槽口给煤量，当仓位较高时，两台刮板同时启用向东仓运输，这时候，直通溜槽闸门就需要封闭，封闭时必须严密封闭，防止煤仓满仓造成刮板输送机拉回程煤造成断刮板、断链子、机头液力偶合器爆易熔塞、烧毁电机等恶性生产事故，加装直通溜槽可以有效控制西仓储煤，减少西仓满仓的生产压力和东仓刮板使用的维护成本。

葫芦素选煤厂解决末煤运输难题及提高精煤产率改造

丁建伟　郭　锋　耿长勇　王小斌　孙杨洋

中天合创葫芦素选煤厂

一、成果特点

本改造充分利用现有设备设施，在不进行系统大改造的情况下，解决了葫芦素选煤厂末煤转载刮板输送机运力不足的问题，同时本改造使得粗煤泥产品可掺入精煤中，提高了精煤产率。

二、成果内容

首先，在307末煤刮板输送机中部增加一组闸板和溜槽（图1），可将307刮板输送机的部分末煤物料就近转接到320旁路带式输送机上（机头设有翻板，量大时掺入混煤，量小时在不影响精煤煤质指标的情况下可掺入精煤）（图2），消除因超负荷发生刮板输送机被压的风险。其次，将320旁路带式输送机向机尾方向延长12 m，再在356粗煤泥刮板输送机下方增加一组溜槽和闸板,使得粗煤泥可经320旁路带式输送机进入精煤产品。

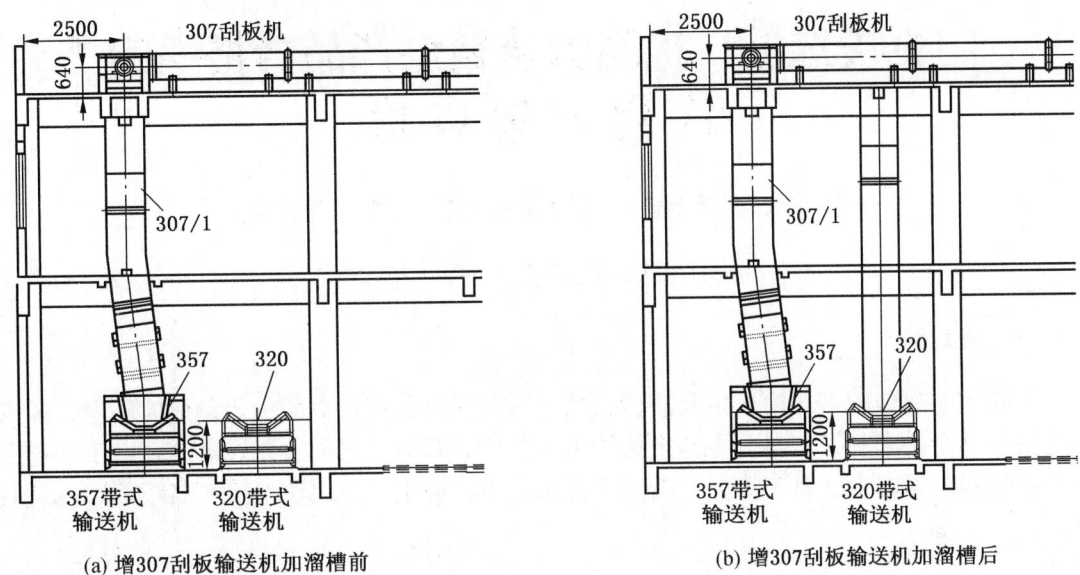

图1 增307刮板输送机加溜槽前后对比正视图

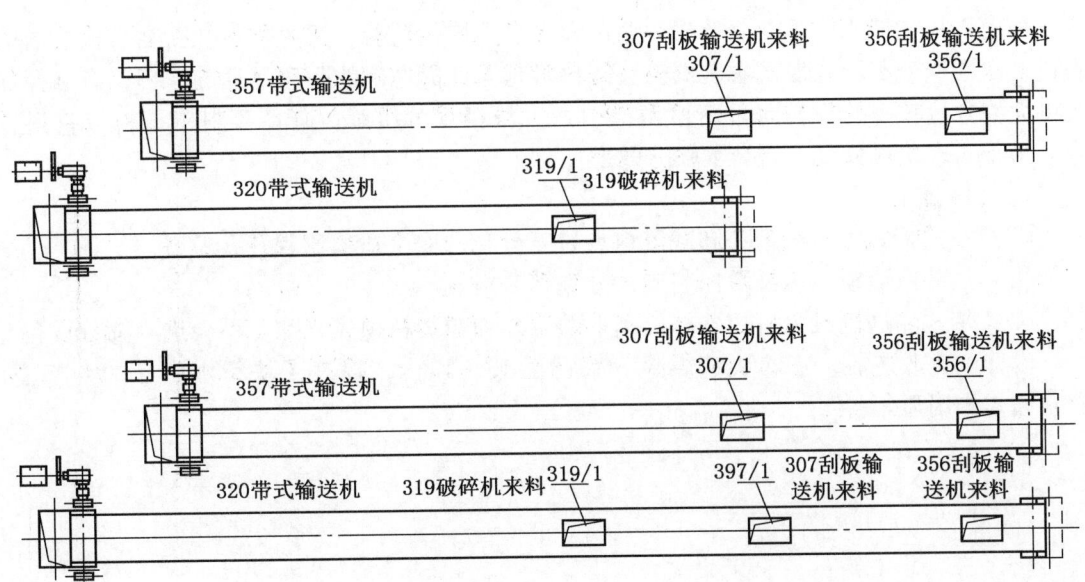

图2 320带式输送机机尾延长及增加来料溜槽前后对比俯视图

门克庆选煤厂提高大块精煤产品合格率的优化方案应用

李贺生　王利勋　张鸿龙　胡　杰　杨秦礼

中天合创门克庆选煤厂

一、成果特点

打破固有思维中带式输送机及溜槽只用于转载物料所用，在此优化设计应用中，带式输送机机头溜槽起到了物料预先分级的作用，为后续筛分工艺创造良好条件。由于入料中细粒级物料含量较少，易于筛分，提高了筛分效率，解决了三八块精煤产品限下率偏高的问题。

二、成果内容

1. 基本原理

利用物料在带式输送机上转载运输过程中自然堆积离析，大块物料往往在带式输送机物料上面堆积分布，在带式输送机机头卸料时越靠上面抛出的距离越远的原理，有选择性地将大块含量较多的物料通过新增溜槽引入大块精煤分级筛，降低入料中细粒级物料含量，易于实现块煤分级，提高了筛分效率。

2. 关键技术

（1）根据带式输送机机头卸载落料点粒度分布选取合适的流程开孔位置。

（2）加装电液动闸板灵活控制进入分级筛来料量。

（3）带式输送机机头清扫器部位刮下的湿黏细粒物料预先滤除，不会进入筛分设备。

设计优化改造后，三八块精煤限下率将至13%以内，提高了块精煤产品的合格率，提质增效作用显著。

门克庆选煤厂带式输送机机头防撕裂装置设计及应用

杨德生　刘昆仑　苏蓬　王伟　冯涛

中天合创门克庆选煤厂

一、成果特点

此次改造是根据煤流走向，在带式输送机机头溜槽内增加 3 段拉线，通过拉线连接行程开关，在有锚杆进入溜槽时触碰拉线，带式输送机报警停车，避免划伤输送带。本次改造有效防范了因带式输送机机头卡铁器造成的输送带撕裂问题，有效地保证了设备的完好性，为选煤厂安全生产提供了保障。

二、成果内容

1. 基本原理

正常情况下（没有锚杆、大型杂物），煤流抛物线呈现均匀状态，锚杆在带式输送机机头处抛物线和煤流不一致，出现非常规情况就发出报警并停车。

2. 关键技术

（1）观察正常情况下，煤流抛物线，在机头溜槽做好标记。

（2）在正常抛物线外侧增加 3 道钢丝，钢丝一端固定牢靠，另一端安装在行程开关上，行程开关接入带式输送机控制系统内。

提高高频煤泥脱水筛综合效率的改造

聂志恒　石剑锋　马志好　张彬　田明旸

中煤科工集团唐山研究院有限公司

一、成果特点

本项目成果解决了高频煤泥脱水筛连续工作时间短、脱水效果差、维护困难等问题；采用平段负倾角筛板加挡料板的组合方式替代复合网筛板，增加了有效筛分时间，满足了高浓度入料要求，提高了处理能力及脱水效果；新型筛面结构，保证了结构强度、刚度，具有良好的动态特性，大幅度增加了筛板的使用寿命。

二、成果内容

（1）筛机负倾角强制脱水。为提高物料在筛机上的停留时间，改变其布置方式，将筛机的出料端抬高，使原来水平的筛面斜向出料端，与水平面形成一个负角度，在整机层面上让物料进行爬坡，并在筛面铺设多道挡水，通过让物料进行爬坡，使物料形成爬坡趋势，以保证对物料的强制脱水效果。为确保物料脱水时间足够，且物料脱水时间不会太长导致料层过厚，利用离散元仿真软件对改造前后筛机物料颗粒运动进行了模拟，通过标定示踪粒子，确定料群在筛机上的运动时间。最后确定筛机抬高2°，配合挡料板，可达到最佳效果。

（2）新型筛面结构。针对筛丝材料刚度不足，设计新型的耐磨小筛条的平段聚氨酯包边焊接筛板替代现有的复合网异形阶梯筛板，新型的聚氨酯高频筛板克服了以往开孔率偏低、脱水效果不好和筛缝易撕裂的不足。

（3）筛机防跑粗。针对筛板没有有效固定，将筛板做成聚氨酯包边的形式，同时更改压筛木与楔子的材质，聚氨酯包边筛板和聚氨酯材质的压筛木以及高分子聚乙烯材质的楔子的应用，可以将侧边筛板以及筛板接触处有效地压紧，解决了筛机跑粗的问题。

压滤机滤板防脱落保护装置的设计

焦青海

潞安化工集团司马煤业有限公司

一、成果特点

根据滤板脱落时产生的向下的拉拽力，利用拉绳开关保护原理，达到了及时停车的目的，弥补了国内在压滤机急停保护方面的空白。

二、成果内容

司马煤业公司选煤厂有四台煤泥压滤机，每台压滤机的各滤板之间通过滤板底部两侧的连接链逐一相连，由液压马达通过推拉头板实现压滤和卸料。在卸料过程中，一旦某块滤板的一侧连接链断裂不能及时发现，液压马达继续拉伸各滤板，断链这一侧会停止移动，另一侧继续移动，该滤板在这种情况下开始偏转直至脱离运行轨道掉落。此类事故严重时，即一块滤板的脱落如果不能被及时发现并停车，将牵带其后方滤板一并脱落出运行轨道，事故处理起来费时费力。

为解决上述问题，经技术调研，利用拉绳开关的保护原理，将拉绳从滤板两侧的吊装孔穿过，每侧设一拉绳开关保护。一旦滤板从一侧滑脱，必将使拉绳动作，进而触发拉绳开关达到急停压滤机的目的，避免事故扩大化。为使岗位司机及时发现，同时在操作柜上增设一滤板防脱落指示灯,可在拉绳动作后发出警示(图1)。

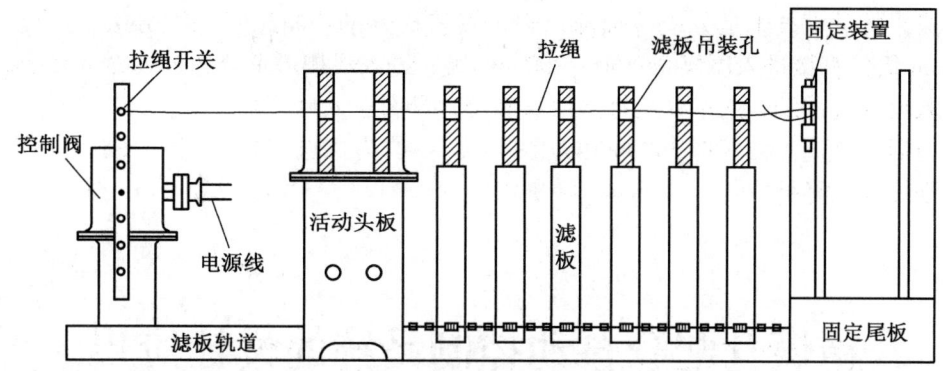

图1 压滤机防脱落装置示意图

在压滤机活动头板、固定尾板的两侧选取与滤板吊装环等高的位置焊接固定螺帽,确保拉绳从吊装环孔和螺帽孔的中心直线穿过并不与其接触,避免滤板在运行过程中吊装环孔和螺帽孔对拉绳的磨损。在压滤机机头两侧分别固定拉绳保护装置,在操作柜上设置滤板防脱落指示灯,确保拉绳保护动作后滤板防脱落指示灯能及时点亮示警。

原煤反手选系统技术改造的实践

褚福浩 刘兆雪 陈小霞

枣庄矿业(集团)付村煤业有限公司

一、成果特点

本成果使用滚轴筛控制浅槽入料粒度,效果可靠、稳定;工作人员由拣选矸石变成拣选块煤,劳动强度大大降低,减少了现场岗位。本成果适用于原煤浅槽手选系统,大于200 mm矸石、块煤的分选工作。

二、成果内容

该成果就是将超过浅槽处理粒度的物料集中到一条手选带式输送机上来,使用人力将超粒度的块煤拣选出来,放入到现有破碎机直接破碎。矸石则直接进入矸石带式输送机运往矸石堆,从而实现集中控制与设备运行的监控,达到提效控员的目的,同时实现降低现场岗位工劳动强度百分之八十以上的目的,并且由于单台设备的处理能力得到提升,已经满足矿井的生产能力,拣选系统可以由两套生产变为一套生产,所以可以停止一台37 kW

滚轴筛、一台 7.5 kW 手选带式输送机的运转，达到节约用电的目的，而且进入浅槽的物块粒度通过滚轴筛的间隙得到了有效、可靠的控制，确保了安全生产。

本成果的关键技术是分级滚轴筛，它负责将提升的物料进行二次分级，粒度区间为 1~50 mm 级，直接进入原煤仓；50~250 mm 级，进入浅槽进行分选、破碎；大于 250 mm 级，进入反手选系统，通过人工拣选块煤破碎，矸石进入矸石堆。

改造后，拣选工由拣选 300 mm 以上的大矸石改为拣选 220 mm 以上的大块煤，工人的劳动强度大大降低。

精煤仓配仓自动控制系统的设计应用

温玺杰　刘兆雪　陈小霞

枣庄矿业（集团）付村煤业有限公司

一、成果特点

本成果可根据不同煤种和仓位实现自动配煤到指定的仓中，并且根据仓位实现自动换仓控制。本成果适用于方仓精煤仓的使用，特别是多产品多仓调配的精煤仓，可大大提高配仓效率，节省操作时间，防止人工操作的失误。

二、成果内容

1. 基本原理

主站选用施耐德 M580 系列控制器两个以太网分站，分站通信模块 140CRA31200，电源模块 140CPS11420，140 系列 IO 若干。仓上 9 台刮板输送机，48 个闸门全部参控，根据限位开关信号实现超限自动停止，人机界面上可实时显示闸板开度、刮板输送机运行状态及 48 台料位信号。

2. 关键技术

（1）使用欧姆龙接近开关 IE5258 对 48 个精煤仓的闸板开关位进行模拟量传输。

（2）精煤仓 48 个仓安装 UWT 雷达料位计，在上位机组态可调节装仓的百分比，依照由远到近的装配位置依次灌仓，自动调节。

（3）针对精煤仓煤尘大的问题，在精煤仓 517 锚链和 511、512 锚链处安装除尘器，对转载中出现的煤尘进行抑制。

机电保护装置的集控管理平台设计与应用

袁 伟 温玺杰 王 兵 刘兆雪

枣庄矿业（集团）付村煤业有限公司

一、成果特点

本成果提供的是一种保护综合平台，通过对系统保护的综合集成，对现场的机械设备采集故障信息点，解决现场设备故障发现不及时、检修不方便的问题，提高了设备的使用寿命，减少了现场维护的人员，确保了安全生产。

二、成果内容

1. 关键技术

（1）刮板输送机保护装置，利用自学习功能，针对各类型（不同运行速度、不同刮板钢间距、不同长度）刮板学习到符合刮板输送机运行特性的正常状态参数和故障状态参数并记录，当刮板保护装置检测到刮板输送机符合故障状态时进行报警和停车。

（2）设备温度检测采用无线测温传感器和无线网关采集器的模式，无线网关可以一对多个点的传感器进行采集，并且支持多种标准协议转发，利于多主站标准接口的数据接入。

（3）中部槽防堵装置、带式输送机保护装置、烟雾检测装置通过硬接线的方式接入PLC控制系统，上下位机通信，在上位机展示各保护装置的状态。

2. 工艺流程

将中部槽防堵装置、带式输送机保护装置、烟雾传感器的输出干接点接入PLC控制系统的输入模块，当保护起作用时干接点闭合或断开，PLC控制系统采集到信号变化后，通过程序内部处理，生成各个具体故障点的故障数据，通过连接上下位机的标准协议，将数据上传至机电保护装置集控管理平台。刮板保护装置本身自带有故障判读处理器，该装置检测到刮板输送机的故障状态后，通过通信的方式将故障信息上传至机电保护装置集控管理平台。设备温度检测装置中的无线网关采集器，采集到安装在机电设备上的温度传感器数据后，经过内部协议转发，将温度数据上传至机电保护装置集控管理平台。

付村选煤厂压滤机止推板内给料装置优化设计

王宪平　陈小霞　贾玉国　王　兵

枣庄矿业（集团）付村煤业有限公司

一、成果特点

改造后装置能充分满足压滤机出厂设计参数要求，既保证了给料压力和流量，又增强了止推板过流装置的耐磨硬度，大大延长了使用寿命，确保了设备完好和煤泥水处理，实现了压滤机的安全可靠运行，为生产任务和产品指标的完成奠定了坚实基础。

二、成果内容

1. 改造背景

付村选煤厂使用八台快开压滤机对浮选精煤和尾煤进行脱水，其单循环工作程序：滤板压紧→给料→过滤→自动补压→反吹→压榨→松开→拉板卸料。压滤机的给料方式：使用渣浆泵往压滤机内打料（压力 0.8 MPa），通过压滤机的止推板内给料装置实现主给料，同时通过头板实现副给料。

新压滤机使用两年后，由于压滤给料冲刷过流件，造成压滤机止推板内过流装置磨透，使煤泥水泄漏，虽经常焊补，但只能焊补外圈，且维持时间不长，造成压滤机不能正常使用，严重制约煤泥水处理和选煤生产，造成很大的生产压力。此次对止推板内过流装置进行彻底改造，重新设计加工制作内衬刚玉过流装置，利用日常检修时间进行了改造更换（2020 年 6 月—2021 年 3 月），实践证明，效果显著，解决了制约生产的隐患。

2. 主要创新点

（1）新设计改造的过流装置采用刚玉内衬，增加耐磨硬度，延长使用寿命。

（2）过流装置设计为异径（$\phi 245 \sim \phi 200$）方式，缓冲过渡给料，既保证了给料压力，又降低了流体阻力，减少了对管路的磨损。

（3）在止推板外部使用法兰与入料管连接，与止推板之间采用简易点焊，更换维修简单、方便、可靠。

板压无人值守智能系统

尤 伟

山西汇永青峰选煤工程技术服务有限公司

一、成果特点

板压无人值守系统效果显著，无误动作，极大地增加了煤泥水处理的效率，也减少了人员参与，为选煤厂运行节省了人员配置，提高了人员效率。

二、成果内容

在选煤厂生产过程中，人为控制板框压滤机处理煤泥效率较低，容易出现浓缩池压力大、扭矩高、澄清水量不够等问题；停机后，为防止滤布粘连煤泥造成上料过程中呲料、滤布过滤效果差等问题，还需要人为对滤布进行冲洗；运行中板框压滤机由于排料不畅、滤布破损等问题，容易造成呲料，影响文明生产及产品水分。因此设计一种板框压滤机的无人值守系统，使上料、排料、冲洗全自动进行，出现呲料后提前预警，从而降低人员的参与是很有必要的。

通过对板框压滤机滤液水的排出量进行监控，以此控制板压的上料量，当滤液水减少说明滤室内物料已满，则板压在排出中心管残留物料后开始松开排料，并自动取拉板。

由于板压停机后滤布容易粘连煤泥，造成滤布过滤效果变差，如果不进行清理则容易在上料的过程中呲料。因此研发了板压自动冲洗装置：在滤板之间架设冲水，并随取拉板自动运行，冲洗后的水随刮板输送机流出，避免进入产品，方便快捷，实现了全天候无人值守。

在板压四周加设光幕传感器，当发生呲料后上位机进行报警，由调度室通知现场进行查看，无须人员现场看守，降低了现场人员的劳动力。

增加通信模块实现压滤机与集控系统的通信，获取压滤机的实时运行信息。压滤模块包括压滤机监控、自动补料、自动结束进料、自动排队卸料、压滤生产统计、系统辅助设备监控。

集控室能远程一键启停压滤机，实现压滤机自动入料，自动停泵功能。压滤机实现自动或集中控制，顺序排队卸料，并根据运转需要及时转换运行流程。压滤机出现故障时可按程序紧急停车，直接跳到下一台压滤机自动卸料，检修或处理故障时可转换为就地操作。

PE 管道与土工膜对接结构研究与应用

王晓亮　王福龙　牛建新　白　峰　周海文

山西宏厦建筑工程第三有限公司

一、成果特点

本成果采用本成果技术，自制土工膜套管，热熔焊接，管箍固定，能够保证部位与基底紧密贴合，并且为人员操作提供空间，成品焊接质量好，施工效率高，从根本上解决了常规方法弊端。本成果适用于选煤、危（固）废贮存场、垃圾填埋场、水产养殖场等工程的施工，并且影响到整个防水行业，尤其是柔性防水毯、膜、材料与管道的对接位置。

二、成果内容

以山西兆丰铝电原渣场修复工程为例，主要施工内容为表面整平及地表防渗处理 11000 m^2，新作防渗系统 17000 m^2 及排水系统，新建调节水池 1000 m^3，排水系统至新建调节水池处，为 PE 管道穿出位置，采用了本对接技术。

1. 制定方案

根据施工现场管道穿出的位置、间距及走向，制定优化方案。方案关键点是要确定管道与套管拟定对接部位的点位，此点位要求：管道临时支顶后与周围障碍距离≥200 mm，同时管道临时支顶后与相邻管道距离≥100 mm，然后确定此点位与管道根部基底距离，即套管制作长度 L；另外，还要确定管道根部位置各管道外径 D 及布置和管道之间净间距 a，用作土工膜延伸片开孔数据，开孔实际间距为 $a+100$ mm。

2. 方案实施

（1）PE 套管的制作。

材料：选取与工程防渗主材一致的土工膜，长度为优化方案确定的套管制作长度 L，一般情况为便于操作，长度≥800 mm，宽度为 PE 管道周长 $\pi D + 100$ mm；400 g/m^2 土工布长为 PE 管道周长 $\pi D \times 2$，宽度 100 mm；30 mm×3 mm 扁铁长 $\pi D + 80$ mm。

工器具：壁纸刀、钢尺、角磨机配套砂纸粘盘、LST1600A 调温 PE 热风枪、LST600A 型挤压热风热熔塑料焊机配套 PE 焊条。

制作：根据套管制作长度选取一段 PE 管道边角料作为模型，PE 管道长≥$L+1000$ mm，将选取的土工膜包裹至管道模型上，形成筒状，搭接 70 mm，沿搭接位置每隔 50 mm 采用 PE 热风枪进行点粘，待冷却后检查尺寸无误，再采用热熔塑料焊机沿搭接位置进行满焊，至此套管初步形成，备用；30×3 扁铁围绕 PE 管道进行弯曲，两端头 50 mm 弯 90°，端头中心开孔 $\phi14$，对插一条 $\phi12$ 螺栓备用。

（2）土工膜延伸片制作。选取与工程防渗主材一致的土工膜，长度、宽度为管道

（单根、并列或矩阵布置）外皮 + 2000 mm，每边外扩 1000 mm，便于延伸操作；将选取的土工膜平铺至平整地面，根据管道根部位置处各管道外径 D 及布置和管道之间净间距 a，在土工膜上定位开孔，开孔实际间距比管道净间距 a + 100 mm。

（3）PE 套管与土工膜延伸片焊接。将初步形成的套管连同管道模型竖起，根据相应管道位置，竖立在土工膜延伸片相应开孔位置，套管与延伸片结合位置每隔 50 mm 采用 PE 热风枪进行点粘，待冷却后检查尺寸无误，再采用热熔塑料焊机沿搭接位置进行满焊，待冷却后，取出管道模型；同理，并列或矩阵布置的套管均按照以上操作从中间向外侧进行，焊接至土工膜延伸片上。

（4）PE 套管安装。制作好的 PE 套管转移至施工位置，根据套管重量采用人工或吊装设备，将套管对准相应管道，依照土工膜延伸片先进的方向套入管道，直至土工膜延伸片贴紧管道根部基底。

（5）PE 套管固定。PE 套管套入管道到位后，根据对接部位退回 200 mm，缠绕土工布两圈作为护垫，土工布周圈套 30 mm × 3 mm 扁铁管箍，拧紧螺栓，外漏部分涂刷聚氨酯防腐漆。

（6）PE 套管与 PE 管道焊接。PE 套管与 PE 管道对接部位，采用热熔塑料焊机沿搭接位置进行满焊。

装车站防冻粉自动喷洒改造

李建功　苏正友　关昕宇　李　畅

同煤国电同忻煤矿有限公司

一、成果特点

采用分离式溜槽安装方案，溜槽分为两部分，分别位于装车塔液压站和集控室外，还配套安装了检修平台，装置检修维护的难度减少。防冻粉从液压站通过固定溜槽向下播撒，而播洒高度约 8 m，下落过程中的冲击力能使防冻粉进入车厢后，防冻粉更加均匀布置在车厢底部四角，防冻效果更加明显。安装电动葫芦可以大幅减轻员工的劳动强度，也为装车塔大型设备检修维护提供便利。

二、成果内容

1. 基本原理

（1）在装车塔液压站左侧溜槽出口处开口，向下固定安装一个高约 2.3 m 的固定溜槽，并在溜槽上方加装振动式给料机和料斗（用于存放 3 t 左右的防冻粉），料斗下方有闸板，振动给料机控制回路与防冻液播撒电眼信号连锁，不装车时，处于关闭状态。

（2）为了便于活动溜槽的安装，将集控室左侧平台与防冻液平台搭接起来，铺设面积 4.2 m×2.8 m 的钢结构平台，平台距车厢约 1.7 m。并将北侧彩钢板扩孔，延伸平台面积约 4 m²。在钢结构平台上安装采用齿条齿轮传动（图 1）的伸缩式活动溜槽，活动溜槽高约 1.5 m，固定在导轨前端，导轨通过齿轮电机驱动带动齿条向外伸展，带动活动溜槽向火车车厢上方运动，到底固定溜槽的正下方 0.3 m 处，且活动溜槽底部距火车车厢车帮高约 0.5 m，导轨伸展长度约 3.8 m。在导轨两侧加装滑轨，用于固定导轨和限位。

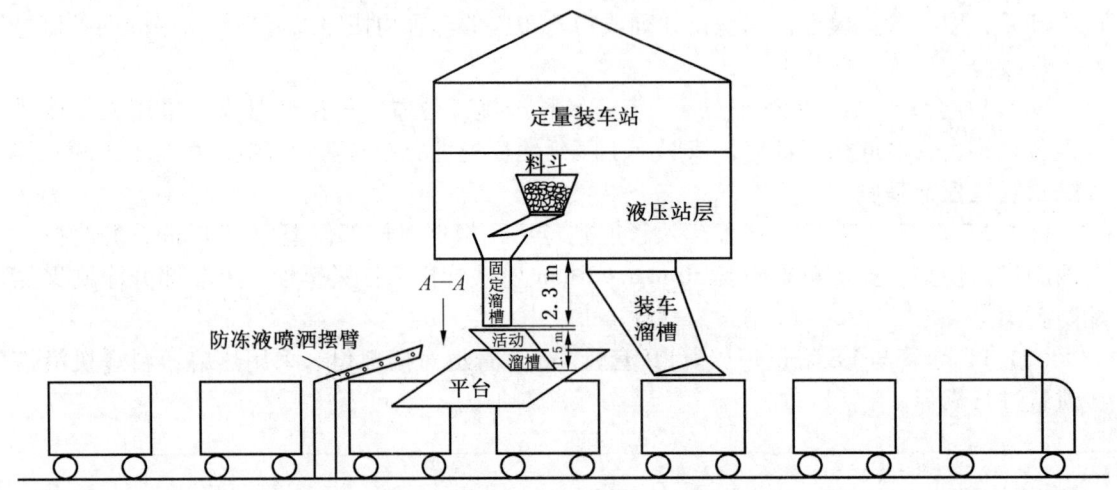

图 1　防冻粉自动播撒装置安装示意图

（3）为了保障导轨活动平稳可靠，在导轨前段固定一根钢丝绳，钢丝绳通过定滑轮与尾部配重块固定，导轨行进过程中带动配重块向上提升，保证导轨行进过程始终有拉力，确保导轨一直在水平方向上运动，保障活动溜槽行进的过程中平稳可靠。

2. 运行流程

装车前，当列车滑入装车塔后，集控员手动启动活动溜槽驱动电机，电机正转，电机驱动齿轮转动，齿条带动导轨向外伸展，活动溜槽到达固定溜槽正下方后停机。装车时，列车向后对位，当电眼检测到车皮信号，液压站振动给料机启动，料斗中储存的防冻粉进入固定溜槽，通过正下方的活动溜槽进入车厢中，完成一节车皮的防冻粉播撒。当电眼检测车厢钩挡时，给料机停止振动给料，当电眼检测第二节车厢时，给料机恢复振动，再次向车厢中播撒防冻粉，如此反复，完成一列火车的防冻粉自动播撒。当列车装完后，集控员停止给料机运行，活动溜槽的驱动电机反转，齿轮开始运转，齿条带动导轨向后收缩，将活动溜槽收回钢结构平台上。

浅槽分选机底部链轮机构

尤 伟

陕西汇永青峰选煤工程技术服务有限公司

一、成果特点

通过改造一方面能减轻链条链板的磨损；另一方面能减少浅槽运转的负荷量。滑动摩擦转变成滚动摩擦，降低了链条的磨损量，延长链条的使用寿命；滚轮替换了滑道，减少了浅槽的配件消耗，还能降低人员更换维修的劳动强度。

二、成果内容

机尾链轮轴承采用外置式轴承座固定，箱体与轴之间采用填料密封，为避免填料与轴直接接触磨损轴，在轴的填料位置处添加轴套作为防护。导向轮采用链轮与链板支撑相结合，避免槽体内复杂环境造成跳链导致复位困难。轮宽在不影响刮板连接板的情况下尽量加宽，紧贴槽箱防止掉链。链轮为检修方便、更换快捷，采用分体式结构。浅槽分选机底部链轮机构结构图如图1所示。

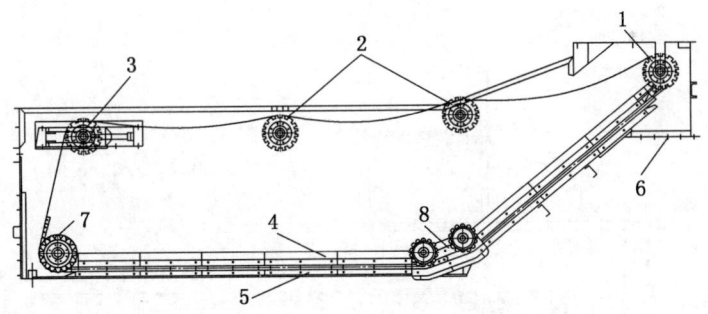

1—驱动装置；2—中间轴；3—尾部拉紧装置；4—上滑道；
5—下滑道；6—排矸口；7—底部链轮机构；8—爬坡链轮机构

图1 浅槽分选机底部链轮机构结构图

弧形滑道处的导向链轮采用单边半轴方式固定，这样一方面可有效避免通轴的排料受阻，另一方面两侧导向轮独立牵引转动可有效避免卡块跳链情况。

链轮轴在槽体外采用双轴承固定，依旧使用盘根挤压密封。链轮与原有滑道之间采用异形滑道填充，整体链轮使用护套防护可有效防止煤块卡入链轮。链轮固定在实心轮上，增加链条与链轮之间的接触面，可有效地降低链条轴销与链轮的磨损。

底板留出足够的贴瓷片空间,让刮板与底板贴瓷后的间隙控制在 5 mm 范围之内,这样就可以避免卡块的现象。

一种防跳链高效刮板输送机机构

尤 伟

陕西汇永青峰选煤工程技术服务有限公司

一、成果特点

新型刮板输送机跳链保护效果良好,无误动作。可有效监测刮板输送机跳链故障的发生,降低了刮板输送机因跳链故障造成刮板输送机链条及刮板等损耗。

二、成果内容

防跳链高效刮板输送机机构结构图如图 1 所示。在驱动链轮下方设置无齿牙光轮作为链条的导向轮,即使煤块卡入链条时,链条运转到光轮处煤块就会被挤掉。驱动链条位于导向轮上方,链条经过驱动链轮时就不会因卡煤块导致跳链。

将原驱动电机减速机统一提升至驱动链轮的高度,调整轴与驱动水平。驱动链轮提高后上层链条腾空运转,远离了上层滑道,在箱体中部添加拖轮组拖住链条运转。

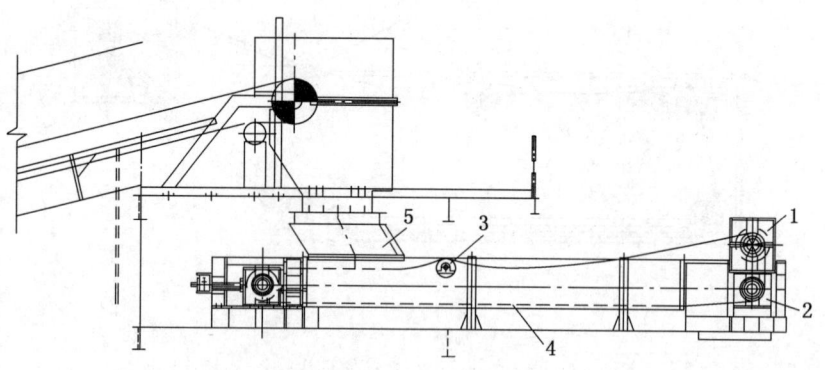

1—驱动轮;2—导向轮;3—拖轮组;4—底板;5—来料溜槽

图 1 防跳链高效刮板输送机机构结构图

二等奖

其 他

600 mm、1200 mm 三轨套线单开道岔

赵福祥

同煤集团晋华宫矿

一、成果特点

600 mm、1200 mm 混合轨距三轨套线单开道岔项目施工设计在晋华宫矿 12 − 2 号层 301 扩区综采一队 03 面和 05 面的推广应用，很好地解决了综采一队搬家撤退及准备工作所面临的运输难题。

二、成果内容

晋华宫矿井下 12 − 2 号层 301 盘区原轨道巷及综采巷为 600 mm 单一轨距，钢轨类型为 43 kg/m，轨枕类型为木枕的 DK643 − 5 − 15 单开道岔。现在原有两根 600 mm 轨距轨道基础上，另外加装一根轨道，与原 600 mm 轨距轨道外轨形成 1200 mm 轨距，在车场或巷道转弯道岔处，通过标准辙叉心与异形辙叉心设计施工，实现满足 600 mm、1200 mm 不同轨距车辆运输条件（图 1）。

600 mm、1200 mm 混合轨距三轨套线单开道岔：包括第一、二基本轨和公共基本轨，以及相应的第一、二尖轨和公共尖轨；第二基本轨位于第一基本轨和公共基本轨之间，第二基本轨和公共基本轨构成准轨，其轨距为 600 mm，第一基本轨和公共基本轨构成套轨，其轨距为 1200 mm；第一、二尖轨和公共直线基本轨的延伸部分分别是第一、二直向轨和公共直向轨；第一、二基本轨和公共尖轨的延伸部分分别是第一、二侧向轨和公共侧向轨；第一尖轨和第二基本轨交叉处设置有第一辙叉 13，第二尖轨的延伸部分和公共尖轨的延伸部分交叉处设置有第二辙叉 14，第一尖轨的延伸部分和公共尖轨的延伸部分交叉处设置有第三辙叉 15；第一、二尖轨为直线尖轨，公共尖轨为曲线尖轨；上述各轨为 43 kg/m 钢轨；上述道岔 14、15 号数为 5 号，道岔 13 为 5 号异形道岔；上述各轨是指各基本轨、直向轨、尖轨、侧向轨。本设计可以使 600 mm 准轨或 1200 mm 轨距车辆能够同步运行。上述设计中，公共基本轨 3 可以设置在左侧或右侧，左向道岔或者右向道岔。

晋华宫矿 12 − 2 号层 301 盘区及综采一队 03 面轨道巷为 600 mm 轨距轨道，综采一队 03 面搬家撤退，05 面搬家准备，装运支架等设备车辆需提供 1200 mm 轨距轨道，其他溜槽等设备车辆需提供 600 mm 轨距轨道，如果现场轨道分开施工，严重制约搬家准备工作，为了缩短综采一队搬家准备工期，需要现场同步提供 600 mm、1200 mm 混合轨距轨道及道岔。为此，运输二区开展技术攻关，完成了 600 mm、1200 m 混合轨距三轨套线单开道岔研究与设计。

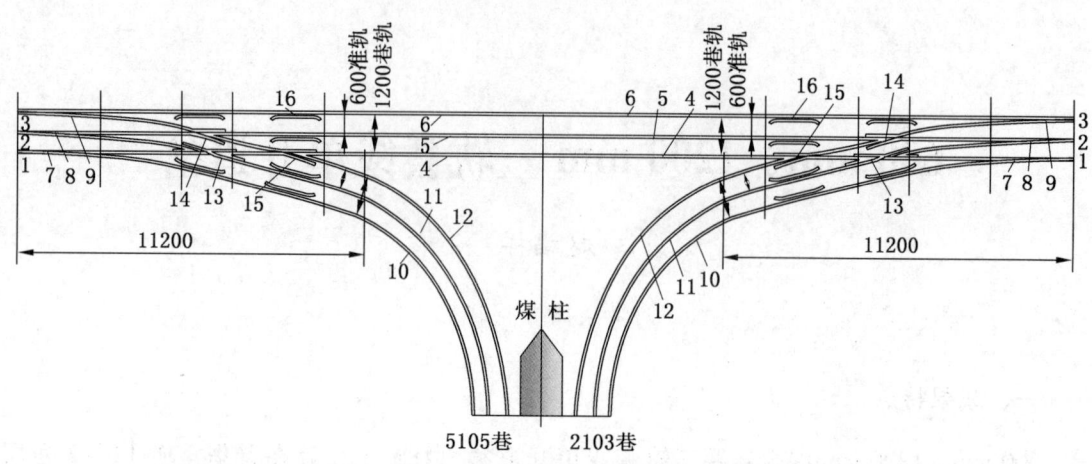

1—第一基本轨；2—第二基本轨；3—公共基本轨；4—第一直线轨；5—第二直线轨；
6—公共直线轨；7—尖轨A；8—尖轨B；9—尖轨；10—第一侧向轨；11—第二侧向轨；12—公共侧向轨；
13—异形辙叉；14—标准辙叉A；15—标准辙叉B；16—护轨

图1　600 mm、1200 mm混合轨距三轨套线单开道岔示意全图

杠杆式磁力撕裂传感器

许景峰

同煤集团晋华宫矿

一、成果特点

矿用撕裂传感器主体维护时不需拆卸更换，只需更换霍尔传感器（磁力接近开关）。

二、成果内容

杠杆式磁力撕裂传感器是利用平面压力使4个L形支撑片旋转，支撑片旋转过程中拉簧逐渐拉长，而固定在L形支撑片上的磁铁，远离磁力接近开关（霍尔传感器），传感器检测不到磁力断开和综合保护的电路，综合保护立即停止带式输送机运转，L形支撑片旋转方向及结构如图1所示。

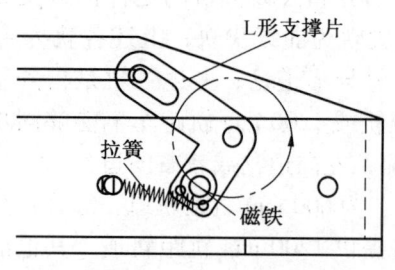

图1　L形支撑片旋转方向及结构图

中间压力承载部分利用单层帆布包裹，内部两侧连接杠杆支撑片，出现撕裂漏煤煤流覆盖帆布下沉，带动内部杠杆部分活动，杠杆上安装的铷磁铁脱离霍尔传感器探测范围，带式输送机综合保护报警停机。

左侧方结构如图 2 所示，当带式输送机不是中心撕裂时，边缘撕裂后造成一侧压力增大，而另一侧机构未动作，对角安装传感器就是为了防止一侧压力向下过程中，另一侧没有传感器就会造成误判不发生动作，造成不必要损失。

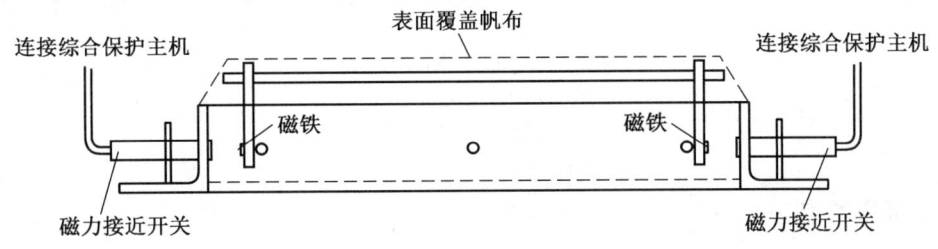

图 2　左侧方结构图

锅炉房 3 号炉 SNCR 脱硝改造

惠军锋

榆北曹家滩公司

一、成果特点

该项成果通过分析锅炉运行负荷及炉内 SNCR 脱销尿素反应温度变化情况，确定了锅炉烟气氮氧化物排放超标原因。通过在锅炉高温区增加 2 组尿素喷枪运行，实现锅炉烟气氮氧化物排放达标。该成果适用于 14 MW 煤粉锅炉，有效消除了设备空预留器腐蚀、堵塞等现象，延长了设备的使用寿命。

二、成果内容

通过延长锅炉尿素输送管道和压缩空气管道约 2 m 至炉膛中段观火孔，同时为锅炉加装 2 组尿素喷枪。锅炉低负荷运行时开启新增喷枪，使得尿素喷雾至高温区；高负荷运行时，炉膛内高温区延长，开启炉膛尾部原尿素喷枪，也可同时运行，使得尿素溶液充分反应，有效降低锅炉烟气氮氧化物的排放。

该项成果关键技术主要为准确分析锅炉运行负荷、炉内 SNCR 脱销尿素反应温度变化情况，确定锅炉烟气氮氧化物排放超标的原因。

基于锅炉原有设计结构，合理改造锅炉炉膛尿素喷枪，使得尿素溶液充分反应，锅炉烟气氮氧化物排放指标降低至 180 mg/m^3 以内，确保矿井锅炉烟气实现超低排放，有效避免矿井环保事件的发生。

快速掘锚成套设备防爆红绿灯信号灯管理办法

王 剑

榆北曹家滩公司

一、成果特点

解决快速掘进成套装备在掘进过程中的掘进与支护不同步以及行人安全问题，参考道路交通信号灯的使用，结合井下掘进工作面工况环境，在掘锚一体机上引入红、黄、绿信号灯来引导掘进、支护、准备、移机工序以及行人运料的有序进行。该成果可应用于安全高效矿井采掘工作面，具有良好的推广价值。

二、成果内容

为了保障掘锚机信号灯的投入、管理、维护统一管理的体制，规范掘锚一体机信号灯统一有效的管理，充分发挥红、黄、绿信号灯功能，确保信号灯设置合理、维修及时，从而确保快速掘进成套装备掘进与支护的安全、有序和高效。

通过信号灯井下实际运行情况，不断改进优化相关信号灯开停时间以及施工工序。

快掘工作面采用信号灯管理办法，使得作业工序协调统一，有效提高作业现场人员安全系数，大幅提升设备净作业时间，掘进效率提升18%；按照每月1500 m进尺计算，该项成果的应用创造的经济效益超过300万元。

三机融合联动系统

王 勇　刘 斌

陕西蒲白西固煤业有限责任公司

一、成果特点

本成果具有预警高效，反应快捷，联系方便，安全系数高等特点。

二、成果内容

井下瓦斯气体超限后系统会形成联动，语音广播会通知该区域人员该区域内气体超限情况，个人定位卡同时也会发出警报，提示超限区域内存在危险，三机联动预警，保证井下人身安全，可实现井下全覆盖。

榆横铁路行车装备车载程序及数据系统制作与升级

孙建军　王胜利

铜川矿业铁路运销分公司

一、成果特点

通过收集榆横铁路工务和电务基础数据，计算和制作榆横铁路专用数据，并与国铁关联车站数据相互融合，确保机车满足进入国铁关联车站的要求。

二、成果内容

1. 车载程序及数据系统制作流程

（1）收集榆横铁路闫庄则站至小纪汗区间所有车站的车站平面图，从车站平面图信息中提取和计算各股道的进站道岔和出站道岔的岔尖位置、上下行方向的进站信号机和出站信号机的公里标位置、各股道出站信号机与正线出站信号机的修正距离、各股道进站信号机与进站道岔的岔尖距离、各进站和出站信号机的编号，将这些数据汇总后形成LKJ车站基础数据。

（2）收集区间纵断面信息，从纵断面信息中计算和提取车站的排列顺序、区间坡度的坡度和长度、上下行的预告信号的机公里标、相邻车站的站中心距离、桥梁或者隧道的起止公里标、曲线半径及长度，根据这些信息汇总后制作LKJ区间基础数据。

（3）收集各车站站内各道岔的限速信息，从限速信息表中观察车站上下行的侧线及正向限速值，并且提取侧线限速的起止公里标，完善已经制作的LKJ车站基础数据。

（4）收集区间线路的限速信息，从区间限速信息表中提取区间限速值和长期慢行地点的起止公里标，完善已经制作的LKJ区间基础数据。

（5）收集各信号机的制式信息，从信息中提取各信号机的中心频率及闭塞方式，根据信号机类型判断过机校正类型，完善LKJ基础数据。

（6）设计线路数据交路、车站号代码、线路号、车站TMIS号、标志信息等内，完成LKJ数据的制作。

（7）参考国铁控制模式制作榆横铁路专用LKJ控制模式，控制模式涉及降级状态和调车状态限速、机车属性信息、警惕报警等信息，控制模式配置如图1所示。

2. 升级流程

（1）将初步编辑生成的控制软件和数据通过数据转存器在地面进行静态模拟，地面模拟主要验证车站正向和侧线限速值、区间限速值、线路的连贯性、车站站名及车站号的正确性、坡道显示的连贯性、降级及调车限速值、色灯的控制方式正确性等。

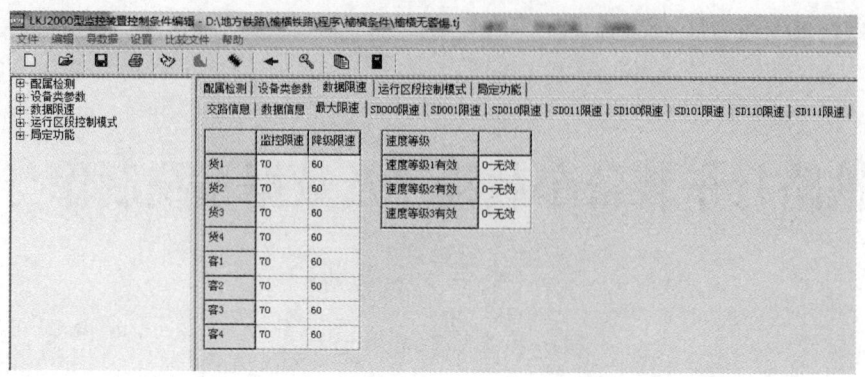

图1　LKJ控制模式配置信息

(2) 将完成静态模拟后的控释和数据写片上车安装，添乘核对控制模式检修参数、信号机的公里标位置、坡度信息、过机校正情况、白灯控制方式、区间限速的起止点公里标、道桥隧起止公里标等信息。

(3) 将动态试验中发现的问题进行修改，完成地面测试后再次写片上车进行动态试验，此次试验重点实验在上次试验中发现的问题是否得到解决，经司机乘务员确认后完成试验。

(4) 确定程序和数据版本，生成确认版本的程序和数据，完成芯片和刷屏IC卡的准备工作，并生成车站站名表文件。前往现场对所有配属机车进行软件和数据升级，并进行现场操作指导，确保司机能够正常使用。

(5) 建立地面分析服务器，安装配置软件分析客户端，确保机车运行文件能够正常转储和分析。

(6) 软件和数据升级后正式使用3个月后，收集司机在使用过程中遇到的问题和对程序和数据提出的建议和意见，经评估合理后对软件和数据进行再次优化。

工业锅炉系统废汽回收装置

张　忠

煤科院节能技术有限公司

一、成果特点

本成果的工业锅炉系统废汽回收装置，采用蒸汽冷凝-汽水分离的方法，将冷凝回水水箱及除氧器外排的废汽回收利用至软水箱，实现冷凝水余热及软水资源的回收利用，同时避免了废汽直接冷凝结冰带来的安全隐患，真正起到了安全、节能、减排的效果。

二、成果内容

1. 基本原理

冷凝回水水箱顶部排放的废汽经冷凝回水水箱排汽管进入快速冷凝器装置，借助快速冷凝器装置容积突扩及低温常压环境，将大部分废汽凝结为液态水，再经过汽水分离装置，将二次汽与冷凝水分离，冷凝水进入集水装置，最后回收至软水箱，少量二次汽由二次汽出口排出。对于除氧器排氧管道对空排放的废汽，通过快速冷凝器装置冷凝、分离作用，将排氧废汽中的溶解氧和冷凝水分离开，冷凝水及部分热量回收到了软水箱，进行了二次回收利用，析出的氧气随二次汽排放至大气。

2. 关键技术

废汽回收装置的核心是快速冷凝器装置，由集水器、汽水分离器、排污管道及其他相关附属管道组成。快速冷凝器是一个常压的容器，用于实现将低压的废汽突扩降低压力，使废汽变成常压下的饱和蒸汽和饱和液，饱和蒸汽进一步与周围环境换热冷凝；对于常压废汽，使其与周围低温环境进行换热，形成冷凝水。集水装置主要为一个设置有排污装置的集水箱，主要用于收集快速冷凝得到的饱和液，即冷凝水。汽水分离装置利用汽水密度差进行重力分离，实现水汽分离。

3. 工艺流程

工业锅炉系统废汽回收装置应用时，首先根据现场废汽排放位置以及锅炉房软水器位置，设计适宜的回收管路系统，然后根据废汽回收量的大小，设计好满足废汽处置量的废汽回收装置。

制氮装置自动排污系统改造

于世勇

煤科集团沈阳研究院有限公司通风防灭火研究分院

一、成果特点

此次成果是在原有电自动排污的基础上加装机械式多级自动排污，实现双排污体系并用互不干扰，有效地解决了以往排污系统的低效问题。应用环境温度为 $0 \sim 40\ ℃$；大气压力为 $80 \sim 106\ kPa$；相对湿度不大于 95%（$25\ ℃$时）。

二、成果内容

1. 基本原理

使用耐压 1.2 MPa 以上的水浮式排水阀，装配 1 mm 口径的排水孔以节省气源，降低纯度波动。在废液进端，加装 0.5 mm 的 Y 型过滤器，防止废液中杂质堵塞排水口。经过改造后,自动排污可以平稳自动运行至少4000 h(设备保养周期为2000 h),每次设备小保养时,更换一整套Y型过滤器,每年整体保养时,更换一次自动放水阀。

2. 关键技术

自动放水阀。阀内一个圆浮球可上下移动,下面密封是排水口,没水时浮球自重与压力板压住浮球封住排水口,当有水时浮球上升,水排出。具有阀体阀盖、阀芯的自动排水阀,其特征是阀盖带有连接管螺纹,中间开有阀盖孔,阀体内开有排水孔、阀体通孔。阀体靠在排水孔一侧钻有横孔与阀体通孔相连,外侧横孔出口处装有堵头,阀体通孔上部装有阀芯,阀芯下部装有弹簧,弹簧下部装有调节螺栓,调节螺栓与阀体下部采用螺纹相连,调节螺栓上装有锁紧螺母,调节螺栓钻有调节螺栓内孔。应根据压力、温度、口径来选择合适的自动排水阀。

自动排水阀适用于压缩空气储气罐或其他气体压力容器排除水或有害液体用。自动排水阀主要由阀体、阀盖、阀芯、弹簧、调节螺栓、排水孔,阀体通孔等部件组成,其结构简单、制造容易、体积小、使用方便,排水或其他有害液体彻底,可代替压缩机储气筒的下部堵头。储气罐下部的排污截止阀可保证气体质量,防止气动工具、管道元件锈蚀。

地面模拟巷道在救护队日常训练中的应用

苗美荣　吕月丰

鄂尔多斯市华兴能源有限责任公司

一、成果特点

因煤矿井下环境的特殊性,井下开展救护演习及各项训练,一方面影响矿井正常安全生产;另一方面井下缺少专用的训练场地,训练次数也无法保证。综合以上两点,故在地面建设模拟井下训练巷道,既满足了正常训练的工作需要,又节约了大量的经济费用。

二、成果内容

1. 基本原理

设计巷道总长为50 m、宽为25 m,联络巷共设有4组风门。整个训练巷道形成了完整的通风系统,而且通过开、关风门可形成多种通风网络。高温浓烟训练主要在采煤工作面进风侧进行,采煤运输巷及回风巷中间两个联巷主要用于建密闭和风障等操作训练。整个训练巷道形成了完整的进、回风系统,并且可以通过开、关风门形成多种通风网络,能够满足日常训练需要。

2. 关键技术

(1)按照《矿山救护规程》要求,救护队日常需佩用氧气呼吸器进行一个呼吸器班(3~4 h)的体能训练和佩机演习训练。

（2）《矿山救护规程》规定，救护队伍应定期开展巷道模拟侦查，建风障、木板风墙和砖风墙，破拆和急救训练，安装局部通风机，高倍数泡沫灭火机灭火，惰性气体灭火装置安装使用等一般技术性工作。

（3）施工该模拟巷道，只需准备手持电钻一把进行打眼，深度约为 100 mm，准备齐规定数量的废旧玻璃钢锚杆按施工的孔深并排立桩，然后准备柔性安全防尘帘 2000 m² 蒙于玻璃钢锚杆上，用 12 号铁丝上下绑扎牢固；设计中的联络巷两组风门附近设置风障梯形棚 2 个，以备风门被摧毁时能及时施工建造木板密闭墙，能准确及时形成完整的通风系统网络。

（4）先用 3 根方木设一梯形框架，再用一根方木紧靠巷道底板，钉在框架两腿上。

（5）在框架顶梁和紧靠底板的横木上钉上 4 根立柱，立柱排列必须均匀，间距在 380~460 mm 之间（中对中测量，量上不量下）。

（6）木板采用搭接方式，下板压上板，压接长度不少于 20 mm，两帮镶小板，在最上面的大板上钉托泥板。

（7）每块大板不得少于 8 个钉子（可一钉两用），钉子必须穿过两块大板钉在立柱上。每块小板不得少于 2 个钉子（可一钉两用），每个钉子要穿透两块小板钉在大板上。钉子必须钉实，不得空钉。

（8）小板不准横纹钉，不得钉劈（通缝为劈），压接长度不少于 20 mm。

（9）托泥板宽度为 30~60 mm，与顶部间距 30~50 mm，两头距小板间距不大于 50 mm，托泥板不少于 3 个钉子，两头钉子距板头不大于 100 mm，钉子分布均匀。

（10）板闭四周严密，缝隙不准超过宽 5 mm，长 200 mm，结构牢固。

3. 工艺流程

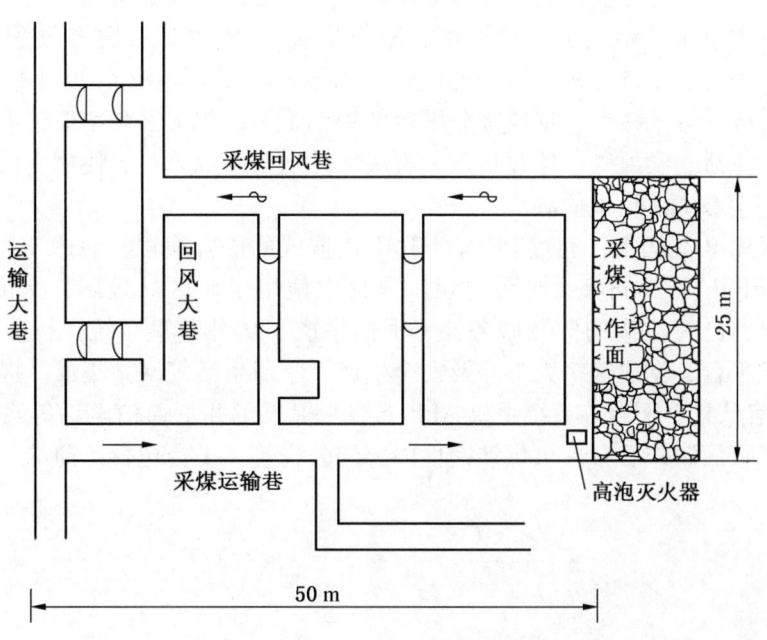

图 1　地面模拟巷道建成示意图

在充分考虑现场情况的基础上,救护队对模拟巷道的建设事先进行了详细的设计。依据设计,该模拟巷道从方案制定、选址、进料、打眼、站桩、蒙防尘帘等工序,共计10天建成并投入运用。该模拟训练巷道由运输大巷、回风大巷、采煤运输巷、采煤工作面、采煤回风巷及各联络巷等组成(图1)。其中运输大巷、采煤运输巷、联络巷、采煤工作面是平时的主要训练巷道。

信息化系统集成站群导航

孙 飞

陕西陕煤黄陵矿业公司一号煤矿

一、成果特点

集成矿井分散的信息系统,基于局域网形成了矿井内部门户,提高了矿井干部职工信息系统的使用率,平台涉及安全生产、学习生活,为职工提供便利,提高工作效率。整体涉及方面较广,加大了信息化应用程度。

二、成果内容

一号煤矿正在大力建设世界一流智能矿井。目前已经建成了安全、生产、经营、管理一系列智能管理系统,涵盖了生产调度、隐患排查、OA系统、财务管理、人力资源管理、移动办公平台、党群管理、智慧纪检、监测预警、安防监控等20个信息化系统,系统繁多,没有统一进入接口,造成部分平台使用率不高,职工参与率低,本平台立志于集成矿区工作、生活、学习等一体化接入,解决矿井众多系统单一、使用率低等问题,为职工安全生产、学习生活提供便利。

该平台采用B/S构架,通过PHP,HTML内嵌式的语言编程,通过WNMP运行环境,web发布,基于开源wordpress平台建设。只集中使用于矿区局域网,保证了网络安全,服务器采用矿井已经淘汰的监测服务器,页面集成了矿井信息系统、行业网站、政府网站、学习考试平台、党建等7大类涉及安全生产、学习生活等网站集成。提供了我矿涉及监控、OA、信息共享平台等系统手机APP下载,提供了井下通信电话等页面,贴近生产生活,提供了页面制作后台,可供涉密性内容的公告等。平台包含了前端、后端,后期拓展程度高。

"锁文化"安全管理创新

张斌权　席义苗　谢晓玉

渝北小保当一号煤矿

一、实施背景

掘进一队自成立以来经过全体员工的不断摸索和总结,形成了一系列行之有效的安全文化,特别是以"有形锁"与"无形锁"为文化载体的"锁文化"(图1),着眼于提升区队安全生产保障能力,两种锁将各类风险隐患"锁"在萌芽之中,做到互保平安、共建安全。

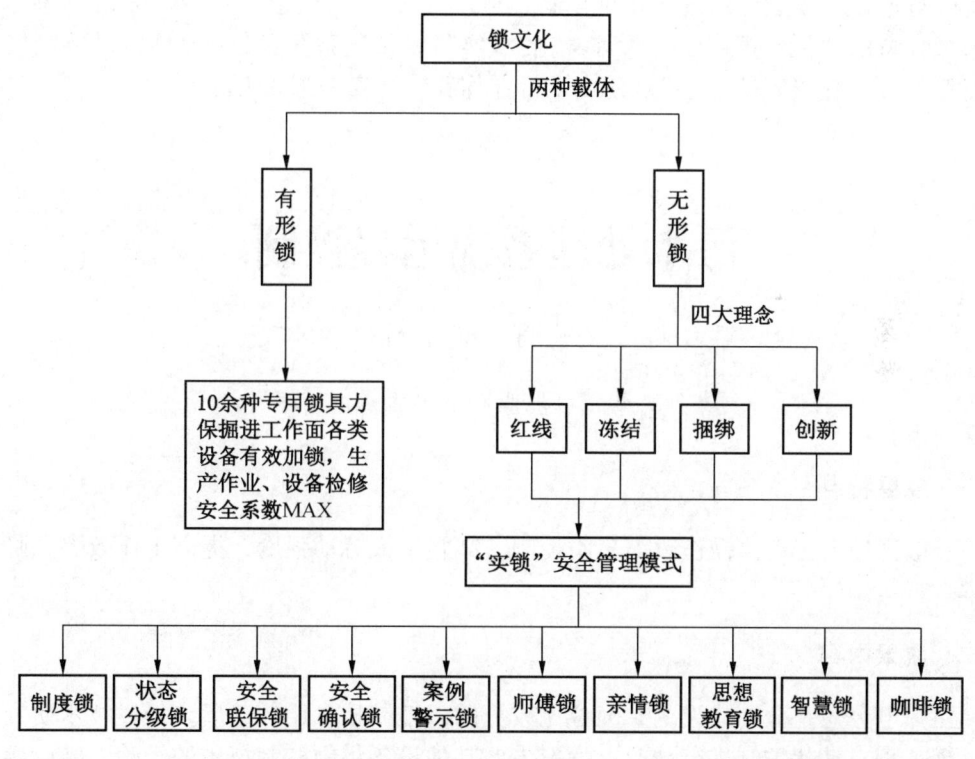

图1　锁文化内涵

二、具体措施

1. 有型锁

掘进一队实行创新激励机制,挖掘全员"智慧",为了更好地消除多人检修和多人操作的安全风险，针对井下多数设备只可闭锁、无法加锁的问题，区队自行研发改造10多种专用锁具，其中有单孔锁、多孔锁、智能锁、实名制锁等，以安设匹配到各类设备，保证掘进工作面各类设备控制系统均可有效加锁，做到"谁检修、谁闭锁、谁加锁"，提高生产作业及设备检修的安全保障，形成了人人带锁、处处有锁、专人专锁的良好风尚。

井下作业现场经常会出现多岗平行作业、多人配合作业，由于设备锁孔有限，而给检修工作带来诸多不便。掘进一队设计出了多孔安全搭扣，该种搭扣最多可同时装6把锁，任何一把锁未打开，设备都无法启动，只有当所有的维修人员将安全搭扣上的锁全部移除时，方可解开搭扣启动设备，从而保障了平行作业人员的安全。

掘进工作面机械、电器设备多，有些设备关键部位易触碰，但却未配锁，或者只配备了简单的锁，不能满足安全生产的要求。当误触碰启动按钮或误操作设备把手，都会引起严重的安全事故。在连采机、综掘机电控箱、四臂（两臂）式锚杆钻车、装载机等设备操作把手及启动按钮处均设置加锁专锁装置，从而避免了误触碰、误操作设备所造成的隐患，保障了人员安全。

2. 无形锁

将"有形锁"安全管理理念拓展创新，运用"四大"理念（红线、冻结、捆绑与创新）形成独特的"无形锁"安全管理文化。"实"锁文化激发安全新动能，既要锁住员工的"身"又要锁住员工的"心"。使安全常伴你我，让安全深入人心。

污水处理系统远程控制

李 超　焦长明　徐 刚　李云飞

陕西陕煤蒲白矿业有限公司热电公司

一、成果特点

将分散区域人工启停操作改为集中控制，减轻工人劳动强度，提高工作效率，降低人工成本。

二、成果内容

蒲白热电公司是分期建设的，岗位比较分散，控制技术比较落后，经过技术研究，对污水处理远程自动化控制进行技改，学习借鉴其他设备集中控制技术的经验，结合污水处理设备的结构特点、运行方式等实际情况，采用集中控制技术，将污水泵、集水泵的远程控制及污水池、集水池的液位报警等参数集成到化水集控室，实现远程操作。

附录 2020年度全国煤炭企业优秀"五小"技术创新成果(三等奖)

序号	专业	项目名称	推荐单位	发明人
1	井工煤矿采掘	特殊地质条件下掘进工作面支护技术	神华神东煤炭集团有限责任公司生产管理部	高登云、侯志成、李瑞群、杨新林、吕谋
2	井工煤矿采掘	综放工作面调斜开采新技术、新工艺推广应用	神华神东煤炭集团有限责任公司生产管理部	罗文、高登云、吕谋、王庆雄、曾得国
3	井工煤矿采掘	基于全因素考虑的综采面精益化设计方法	神华神东煤炭集团有限责任公司生产管理部	高登云、李瑞群、王庆雄、吕谋、杨茂林
4	井工煤矿采掘	连采机跨运输大巷掘进风桥及机头硐室新工艺	神华神东煤炭集团有限责任公司生产管理部	王庆雄、胡建平、吕谋、贾士耀、高振俊
5	井工煤矿采掘	井下巷道特征点快速测量法	神华神东煤炭集团有限责任公司地测公司	王彪、李超、卞晓顺、卞贵金
6	井工煤矿采掘	控制测量内业计算辅助软件	神华神东煤炭集团有限责任公司地测公司	李飞、何庆芳、卞晓顺、卞贵金
7	井工煤矿采掘	基于预测的大采高综采面工程质量管理法	神华神东煤炭集团有限责任公司上湾煤矿	陈外信、佘永明、田银素、王旭峰、崔东亮
8	井工煤矿采掘	艾柯夫采煤机电气系统测试装置研制	神华神东煤炭集团有限责任公司设备维修中心	张建铭、乔永军、孙伟、钱永升、朱伟
9	井工煤矿采掘	切眼扩帮工艺的设计与应用成果	内蒙古蒙东能源有限公司敏东一矿	宋金海、郭志强、李永恩、李光琦、王新界
10	井工煤矿采掘	井下矿压监测电缆敷设工具自主设计应用	国网能源和丰煤电有限公司沙吉海煤矿	闫泉深、李海波、吕晓磊、金鸣、王雨
11	井工煤矿采掘	探放水钻机开孔固定装置应用	国网能源和丰煤电有限公司沙吉海煤矿	刘灵军、祖凤龙、王生庆、邓春明、牛成虎
12	井工煤矿采掘	"三软"开采条件下缓倾斜煤层楔形工作面布置法技术研究应用	国网能源和丰煤电有限公司沙吉海煤矿	王生庆、金鸣、牛成虎、谢国鑫、李江龙
13	井工煤矿采掘	一种顶板水力压裂钻孔水砂疏导安全防护装置	中天合创葫芦素煤矿	景新坤、丁国利、姚锐、王治文、刘晨阳

（续）

序号	专业	项目名称	推荐单位	发明人
14	井工煤矿采掘	单孔双测点煤体应力在线装置改造及应用	中天合创门克庆煤矿	郝英豪、高敬勇、苏士杰、赵乾、赵辉
15	井工煤矿采掘	液箱进水过滤装置	同煤集团晋华宫矿	胡璟云
16	井工煤矿采掘	井下清煤箕斗液压开启装置	同煤集团忻州窑矿	曹学军
17	井工煤矿采掘	综采工作面大倾角、大坡度顺槽内可移动开关串车抱道紧绳阻车装置研究与应用	同煤集团忻州窑矿	陈礼一
18	井工煤矿采掘	井下负荷中心电控箱除湿装置	大同煤矿集团同发东周窑煤业有限公司	叶志勇、狄飞、郑可华
19	井工煤矿采掘	CMS1-6500/75钻机可伸缩	建庄矿业有限公司	梁振武、梁志卫
20	井工煤矿采掘	煤矿综采工作面自动隔爆装置自移装置	陕北矿业柠条塔公司	齐飞
21	井工煤矿采掘	采煤机电缆履带专用拆卸工具	陕北矿业柠条塔公司	贾艳成
22	井工煤矿采掘	铁丝快速捆扎器	陕北矿业柠条塔公司	张伟
23	井工煤矿采掘	多功能机械千斤顶	陕北矿业柠条塔公司	汪军
24	井工煤矿采掘	运输巷机械自动化喷雾装置	陕北矿业韩家湾煤炭公司	惠红雄
25	井工煤矿采掘	架棚迎山控制尺	陕西陕煤韩城矿业有限公司	王晓波
26	井工煤矿采掘	快速找孔及钻屑收集装置	陕西陕煤韩城矿业有限公司桑树坪二号井掘进一队	郑伟
27	井工煤矿采掘	溜煤眼下口防护设计创新	陕西彬长大佛寺矿业有限公司	王建辉、张永涛、任玉龙、陈文、胡烈飞
28	井工煤矿采掘	401盘区排水点安装及管路加工改造	陕西彬长孟村矿业有限公司	韩伟、王文军、王平、邹胜利、王永志
29	井工煤矿采掘	液压支架液压系统、结构件混合组装工艺	陕西陕煤彬长矿业有限公司生产服务中心	魏传君、雷森、张超、张取、张森
30	井工煤矿采掘	一种煤矿掘进机履带后置可拆装挡板的装置	榆北小保当一号煤矿	张东昕
31	井工煤矿采掘	3-1煤南一盘区工作面布置及近距离煤层老空下顺槽机头硐室设计优化	北京天地华泰矿业管理股份有限公司	李绍海、张永杰、王庆华、邢祥全、张柏铭
32	井工煤矿采掘	安全阀检验防护设备	北京天地玛珂电液控制系统有限公司	张革玉、刘家宁、赵永柱
33	井工煤矿采掘	简易液压支架拔销装置的制作	阳煤集团平舒公司	武成钢、张兴权、孙辉、王贤杰、王晓东

附录 2020年度全国煤炭企业优秀"五小"技术创新成果

（续）

序号	专业	项目名称	推荐单位	发明人
34	井工煤矿采掘	拔腿神器	潞安化工集团王庄煤矿	崔宇亮、冯书兵
35	井工煤矿采掘	巷道顶板防塌支护装置	潞安化工集团常村煤矿	谢晋发、韩赟、曹维、王苗苗
36	井工煤矿采掘	综采工作面气腿式升降退锚索装置	潞安化工集团司马煤业有限责任公司	张勇
37	井工煤矿采掘	多功能坡度规	柴卫国创新工作室	柴卫国
38	井工煤矿采掘	便捷式锚杆角度测量仪	柴卫国创新工作室	柴卫国、郑文贤、冯琦勇、曾奇、杨世春、王庭
39	井工煤矿采掘	煤矿井下扶网器及配套异形器	柴卫国创新工作室	柴卫国、武月江、郑文贤、冯琦勇、刘阳、闫鹏
40	井工煤矿采掘	煤矿螺旋湿式搅拌机	柴卫国创新工作室	米晓伟、柴卫国、武月江、郑文贤、冯琦勇、刘阳
41	井工煤矿采掘	无极绳绞车钢丝绳加油装置	柴卫国创新工作室	康耀斌、柴卫国、武月江、郑文贤、张智巍
42	井工煤矿采掘	乳化液箱调平装置	内蒙古银宏能源开发有限公司	李松松、靳海凤、蒋继虎、孟大志
43	井工煤矿采掘	锥形可分体卷带装置带芯创新	鄂尔多斯市华兴能源有限责任公司	刘成伟、陈旭兵、陈宗泰、刘义福、任兴
44	井工煤矿采掘	采煤机机身缝合方式优化	鄂尔多斯市华兴能源有限责任公司	任兴、陈宗泰、刘成伟、谭长海、许永兵
45	井工煤矿采掘	矿用电缆清洗装置研制与应用	鄂尔多斯市中北煤化工有限公司	周朋、殷俊、张佳飞、杨乐、张浩
46	井工煤矿采掘	高空顶-外喷巷道锚索施工工艺改进	铁法煤业（集团）有限责任公司大平矿	盛时超、吴大勇、赵海川、纪浩、李强
47	井工煤矿采掘	采空区强制垮落爆破施工	准格尔旗昶旭煤炭有限责任公司	苏小平、赵向阳、白向阳、苏磊、闫亮
48	井工煤矿采掘	设备列车油脂车	内蒙古满世煤炭集团罐子沟煤炭有限责任公司	姜一帆、廖春印、许强、吉雄、刘凯
49	井工煤矿采掘	自制卷带机	内蒙古满世煤炭集团罐子沟煤炭有限责任公司	焦存福、刘治军、邹佳、刘二波、傅熊、金凯

（续）

序号	专业	项目名称	推荐单位	发明人
50	井工煤矿采掘	3-1煤柱回收和5-1煤开采运输巷道优化设计	内蒙古满世煤炭集团股份有限公司永智煤矿	李正合、吕猛、高飞、王雁峰、李鹏、李国一
51	井工煤矿采掘	铰接式槽钢前探梁在掘进工作面中的应用	枣庄矿业（集团）付村煤业有限公司	樊坤、侯杰、孙延斌、袁辉明
52	井工煤矿采掘	在掘进期间对采煤工作面带式输送机的一次安装工艺应用	枣庄矿业（集团）付村煤业有限公司	高松芝、单茂田、张敬勇、杨康、李爱堂
53	机电运输	解决输煤皮带回程段扬尘与堆料试验研究	神华新疆化工有限公司	叶军、刘海、雷宝民、李文龙、马荣来
54	机电运输	防止输送带跑偏及断带的成果	神华新疆化工有限公司	雷宝民、马荣来、叶军、刘海、金卫星
55	机电运输	冷却塔节能控制	神华榆林能源化工有限公司	胡华贵、刘飞、段金凤、焦成华、高凤成
56	机电运输	卡车维修保养车间研发无人巡视自动巡检装置	神华北电胜利能源有限公司-设备维修中心	陈晓勇、卢燃、薛州、葛春伟、王志明、张军、佘长超
57	机电运输	MT4400卡车转向缸拆装专用工具	神华北电胜利能源有限公司-设备维修中心	邵满泉、刘喜、王飞、李复东
58	机电运输	关于830E-AC卡车启动电路的改进	神华北电胜利能源有限公司-设备维修中心	李复东、邵满泉、翟建军
59	机电运输	一种830E型矿用卡车前悬挂拆装组合装置	神华北电胜利能源有限公司-设备维修中心	薛州、陈晓勇、葛春伟、王志明、常鑫
60	机电运输	轴承标准化技术研究	神华神东煤炭集团有限责任公司物供中心、机电管理部、维修中心	董云飞、董爱卿、巩振明、孙铁、白首伟
61	机电运输	带式输送机集中自动润滑系统	神华神东煤炭集团有限责任公司寸草塔煤矿	迟国铭、方保明、鲁映兴、马军、李启海
62	机电运输	原煤仓刮板输送机跳链断链停机保护装置	神华神东煤炭集团有限责任公司上湾煤矿	顾洪平、刘延峰、张敏、郝国飞、种磊
63	机电运输	全自动钢筋焊网机焊网机构改造	神华神东煤炭集团有限责任公司设备维修中心	刘冰冰、刘乃文、薛飞、高强、李砚兵
64	机电运输	L-2350铲斗油缸先导限位设计与实际应用	准能集团	马海龙
65	机电运输	L2350正铲轮边减速机大修工艺标准制定及专属工装组套设计制作与应用	准能集团	董新、屈建清、王雪飞、焦瑞军

附录 2020年度全国煤炭企业优秀"五小"技术创新成果

（续）

序号	专业	项目名称	推荐单位	发明人
66	机电运输	一种大直径浮动油封安装器的设计与应用	准能集团	董新、王雪飞、刘艳龙、屈建清
67	机电运输	准能集团 2×330 MW 机组低压轴封改造并运用	准能集团	陈杉林、孙茂、亢挺进、赵瑞宏、王越
68	机电运输	电机车车门闭锁控制改造	内蒙古大雁矿业集团有限责任公司-雁南煤矿	丁柏顺、董秀军、郭洪喜、逄兴余、刘雁国
69	机电运输	供排水管路冻堵问题疏通技术改造	国能宝日希勒能源有限公司	王仁成、寇建伟、杨森林、孙烈华、郭磊
70	机电运输	新型操控台	山西鲁能河曲电煤开发有限公司上榆泉煤矿	郝相应、闫晓刚、李刚、唱洪波、韩锦城
71	机电运输	掘进设备连锁控制急停	山西鲁能河曲电煤开发有限公司上榆泉煤矿	郝相应、袁昌模、支世磊、何广明、陈铁峰
72	机电运输	半自动焊接工装	山西鲁能河曲电煤开发有限公司上榆泉煤矿	刘阳学、许振刚、赵光远、王洪亮、安伟涛
73	机电运输	机械磁性排油装置	陕西德源府谷能源有限公司三道沟煤矿	路国强、李金学、张延波、马正龙、韩庚祥
74	机电运输	多功能链条扳手	国源电力（神东电力）公司煤炭管理部	张延波、安伟涛、王新界、贺磊、李春
75	机电运输	一种自动存取多层电缆专用架的发明制作（实用型发明）	国家能源集团宁夏煤业有限责任公司物资公司	赵延惠
76	机电运输	破碎机运行工况可视化改进	陕西神延煤炭有限责任公司-西湾露天煤矿	邵津津、徐瑞军、程进正、王浩、高高
77	机电运输	一种适用于冲击地压矿井大变形临空巷道简易轨道吊装运输装置	中天合创葫芦素煤矿	裴德军、王新界、贺磊、李继磊、崔格日乐吐
78	机电运输	一种综掘机操作阀组手柄防误操作装置	中天合创葫芦素煤矿	白刚、张有志、杨震、刘永强、郭飞
79	机电运输	一种主运输系统煤矸分离切换系统	中天合创葫芦素煤矿	杨震、杨光、陈强、张志、白刚
80	机电运输	煤矿井下设备工作原理可视化仿真模拟互动操作学习平台搭建	中天合创葫芦素煤矿	马童童、焦永东、黄建锋、雷春、张志
81	机电运输	发动机气门锁片拆装器	准格尔旗荣祥煤焦化有限责任公司山不拉煤矿	赵体全

(续)

序号	专业	项目名称	推荐单位	发明人
82	机电运输	排矸斜井永磁电机冷却系统	准格尔旗荣祥煤焦化有限责任公司山不拉煤矿	赵志堂
83	机电运输	自制快速装车装置	准格尔旗荣祥煤焦化有限责任公司山不拉煤矿	张国印
84	机电运输	带式输送机暗斜井自动喷雾洒水降尘装置	同煤集团四老沟矿	郭东东、王伟、乔磊
85	机电运输	1001带式输送机挡煤装置优化改造	同煤集团塔山煤矿	孙小刚、尚林平
86	机电运输	高效更换无缝钢管密封专用工具	同煤集团塔山煤矿	陈建龙、桂儒佳
87	机电运输	永磁电机冷却水系统的设计和应用	同煤集团晋华宫矿	朱宝
88	机电运输	林德工艺中甲醇净化装置清洗的创新改造	同煤集团广发化学工业有限公司	董文磊
89	机电运输	GLD2000/7.5/S带式给煤机的应用及其后堵板增大倾斜角度	同煤大唐塔山煤矿有限公司塔山白洞井	赵俊、陈要东、陈廷理
90	机电运输	管道内壁清洗装置	建庄矿业有限公司	李大立
91	机电运输	一种可开启式落煤斗堆煤保护装置	陕北矿业龙华公司	王仲科
92	机电运输	一台瓦斯断电仪控制多台开关改造	陕北矿业柠条塔公司	苗壮
93	机电运输	南翼2-2煤带式输送机过负荷连锁装置	陕北矿业柠条塔公司	刘杰
94	机电运输	甲带给料机驱动总成改造分体式结构	陕北矿业柠条塔公司	刘杰
95	机电运输	井下多功能更换及运输托辊小车	陕北矿业柠条塔公司	刘杰
96	机电运输	甲带给料机缓冲托辊改造	陕北矿业柠条塔公司	刘杰
97	机电运输	调节提升泵远程流量控制装置	陕北矿业涌鑫公司	贾晓勇
98	机电运输	综掘机远程急停装置	陕北矿业涌鑫公司	段江飞、奚亚成、寇毛毛、张玉虎
99	机电运输	掘锚护一体机应用	陕西陕煤澄合矿业董矿分公司	樊刚、马宗文、金涛、王奇、冯镇西

附录 2020年度全国煤炭企业优秀"五小"技术创新成果
(续)

序号	专业	项目名称	推荐单位	发明人
100	机电运输	无极绳钢丝绳自动涂油装置	陕西陕煤澄合矿业董矿分公司	李俊鹏
101	机电运输	带式输送机压带装置	陕西陕煤韩城矿业有限公司下峪口煤矿机电动力部	纪明涛
102	机电运输	带式输送机输送带硫化器工作平台	陕西陕煤韩城矿业有限公司生产服务中心	尚新芒、王荣泉
103	机电运输	斜井集控室紧急停车	陕西陕煤韩城矿业有限公司桑树坪煤矿选煤厂	张殿斌、侯钊
104	机电运输	矿井涌水清污分离系统设计	陕西彬长大佛寺矿业有限公司	贺海鸿、马永航、于文博、周对对、陈亚鹏
105	机电运输	主斜井机头拖带滚筒改造	陕西彬长大佛寺矿业有限公司	马永航、于文博、金鹏韬、陈亚鹏、宁少峰
106	机电运输	火车快速定量装车系统溜煤槽加热器及远程操控系统	陕西彬长矿业集团有限公司铁路运输分公司	赵晓武
107	机电运输	德国艾克夫SL1000型采煤机先导回路技术改进	榆北曹家滩公司	刘安强、郭栋
108	机电运输	组合开关通讯/屏控启动方式	榆北小保当二号煤矿	周力衡、刘琦
109	机电运输	车辆登高作业液压升降平台	中国煤炭科工集团太原研究院有限公司	王大川、张宏飞、苏涛、赵洛、霍树权
110	机电运输	智能仓储链式输送机遥控装置	北京天地玛珂电液控制系统有限公司	闫森、赵永柱
111	机电运输	本安型电源箱自动压铭牌专机	北京天地玛珂电液控制系统有限公司	张革玉、张久顺、倪永号
112	机电运输	4c塑料芯焊接工装	北京天地玛珂电液控制系统有限公司	齐守忠、段相颖、乔莉棚、马志国
113	机电运输	泵头自动翻转装配专机	北京天地玛珂电液控制系统有限公司	席忠富
114	机电运输	基于物联网的矿山流量数据监测系统	中煤科工集团唐山研究院有限公司	王燕、王凤翔、王新、王新蕾、杨杰
115	机电运输	自制简易液压折弯器	煤科院节能技术有限公司	张志斌
116	机电运输	井下风门操作系统改造	阳煤集团平舒公司	牛红宾、王晓东、孙辉、刘晓明
117	机电运输	井下辅助运输物流系统	阳煤集团一矿	栾乐乐
118	机电运输	SNCR尿素溶解系统优化	阳煤集团发供电分公司	吴凡、胡俊、陈强、李文超、白海森

（续）

序号	专业	项目名称	推荐单位	发明人
119	机电运输	煤矿井下多用途起重器	阳煤集团宏厦一建	时蒋伟、赵晖、闫飞、张爱军、薛海秋
120	机电运输	搅拌站水循环加热系统改造	阳煤集团亚美公司	刘朋帜、赵江涛、石培基
121	机电运输	启动器遥控操作装置	潞安化工集团王庄煤矿	冯书兵、张伟柱、崔宇亮、庞海清、刘斌
122	机电运输	基于物联网的智能烘干箱	潞安化工集团王庄煤矿	闫军、申水旺、连素军、张伟、史万青
123	机电运输	无人值守智能化主排水泵房技术应用	潞安化工集团五阳煤矿	张丽峰
124	机电运输	东周压风机余热利用改造	潞安化工集团五阳煤矿	赵占宏
125	机电运输	电缆槽安装辅助小车成果	潞安化工集团余吾煤业公司	郝建刚、李彦东、薛建新、张宁、杨帆
126	机电运输	带式输送机底输送带自动清扫装置的研发与应用	潞安化工集团余吾煤业公司	刘少杰、张秀林、袁月清、李新文、孙章应
127	机电运输	支架前梁顶安装工艺优化	潞安化工集团余吾煤业公司	郝建刚、李彦东、薛建新、张宁、杨帆
128	机电运输	风动设备集中润滑装置	潞安化工集团常村煤矿	张世丽、杜红玉、陈宪伟、张学锋、王彬彬
129	机电运输	提升机电机冷却风机自动控制功能设计	内蒙古银宏能源开发有限公司	刘传好、张君、方尚雄、贾珏
130	机电运输	卷带和卷缆一体机	鄂尔多斯市华兴能源有限责任公司	刘成伟、郝志强、陈宗泰、任兴、刘义福
131	机电运输	自移列车抱闸弹簧液压拆装操作台	鄂尔多斯市华兴能源有限责任公司	高兴、陈宗泰、刘义福、孔玉玺、刘清龙
132	机电运输	485信号测试器在带式输送机电子计量系统的应用	鄂尔多斯市中北煤化工有限公司	徐中华、杨金龙、王智杰、范文龙
133	机电运输	Excel在煤矿继电保护整定计算中的创新应用	鄂尔多斯市中北煤化工有限公司	郝焕明、黄鹏荣、唐科、孙树亮
134	机电运输	多功能万向吊机创新设计	淮河能源西部煤电集团矿建安装工程分公司	陈鹤、金本奎、李文军、李鹏
135	机电运输	电动往复平移车装置	铁法煤业（集团）有限责任公司大兴煤矿	王德刚、李威、史殿峰、孙红军、宋扬
136	机电运输	诊断信号法煤矿高压漏电保护系统	铁法煤业（集团）有限责任公司大平煤矿	张庆宇、马凤和、赵海川、盛时超、杜军

附录 2020年度全国煤炭企业优秀"五小"技术创新成果

（续）

序号	专业	项目名称	推荐单位	发明人
137	机电运输	除氧器水位测量装置的改造	铁法煤业（集团）有限责任公司热电厂	李延鑫
138	机电运输	大明立井变电所无人值守改造	铁法煤业（集团）有限责任公司供电部	佟玉良、贾宝田、李滨
139	机电运输	非区域变电所66 kV线路DXWG-03带电显示装置的技术改造	铁法煤业（集团）有限责任公司供电部	李兆龙、邢宝元、李滨、贾宝田
140	机电运输	可调节吊装架	内蒙古满世煤炭集团点石沟煤炭有限责任公司	王锁成、赵拴、黄悦、高瑞、陈瑞兵、徐文强
141	机电运输	大型电器设备烘干热风机的研发及应用	内蒙古满世煤炭集团股份有限公司永智煤矿	王清云、马银柱、聂云飞、贾波、田争胜、徐杰
142	机电运输	一种煤矿用电动蝶阀自动加热装置	新疆焦煤（集团）有限责任公司1890煤矿	尤瑞杰、许文超、杨桂彬
143	机电运输	一种使地脚螺栓可重复利用的施工方法	内蒙古蒙泰不连沟煤业有限责任公司	刘绪玉、杨晓强、汪刚、马正武、王强
144	机电运输	煤矿带式输送机的上纠偏装置	枣庄矿业（集团）付村煤业有限公司	殷允忠、褚大雷
145	机电运输	自制长距离带式输送机防滑料开关	新疆天池能源有限责任公司	李敏、高启龙、马春虎
146	煤化工	伴热盘双开门保温盒	神华新疆化工有限公司	张帆、王京、季旭华
147	煤化工	煤粉收集器风道积粉治理	中国神华煤制油化工有限公司鄂尔多斯煤制油分公司	陈传富、武海东、郭正良
148	煤化工	煤制油公司液化中心进口PLC改国产DCS系统	中国神华煤制油化工有限公司鄂尔多斯煤制油分公司	张亚雷、赵光山、张海龙、赵鹏、杨乐
149	煤化工	白油产品罐采样器改造	中国神华煤制油化工有限公司鄂尔多斯煤制油分公司	张涛
150	煤化工	加氢改质装置稳定塔增加密闭排放线	中国神华煤制油化工有限公司鄂尔多斯煤制油分公司	迟占秋
151	煤化工	液硫池改造	中国神华煤制油化工有限公司鄂尔多斯煤制油分公司	贾伟、王希文
152	煤化工	研磨水槽厂房异味治理	神华包头煤化工有限责任公司	毛兆锋、周鹏、贾磊、代厚鑫、高志刚

(续)

序号	专业	项目名称	推荐单位	发明人
153	煤化工	高压煤浆泵入口缓冲罐改造	神华包头煤化工有限责任公司	贾磊、刘泽、毛兆锋、代厚鑫、朱熙昌
154	煤化工	多功能化工三剂开桶器	神华包头煤化工有限责任公司	赵云峰、姬加良、谭金浪、李强、沈超
155	煤化工	颗粒水箱增设细粉收集器	神华包头煤化工有限责任公司	闫晓东、周兴荣、穆树才、李晓东、武鹏华
156	煤化工	一种高压液相烃类中水分测定的进样装置	神华包头煤化工有限责任公司	余占武、张雅欣、王清峰、贺秀成
157	煤化工	色谱节能模式	神华包头煤化工有限责任公司	张雅欣、刘国圣、马翔、余占武、周定文
158	煤化工	基于Excel的电力模拟盘研发应用	同煤集团广发化学工业有限公司	郑儁、郭丽佳、刘轶萌、郭丽君、宁玮
159	露天煤矿采掘	采煤沉陷区陡边坡的生态防治技术	神华神东煤炭集团有限责任公司环保管理处	杨利平、叶小东、王飞、亢艳芬、韩志坚
160	露天煤矿采掘	吊斗铲回拉（提升）钢丝绳限位保护	准能集团	刘成、张发、王峰
161	露天煤矿采掘	WK55/WK35电铲UPS自复式恒压监控控制系统	准能集团	徐志鹏、崔海明
162	露天煤矿采掘	采掘设备WK系列电铲行走电气系统频发故障技术改造与应用	准能集团	贾小雨
163	露天煤矿采掘	加料可视化监测预警系统设计及应用	准能集团	袁伟智、王旭、李渊、李文武、孟广雄
164	露天煤矿采掘	乳胶基质生产线破乳监测系统的创新应用	准能集团	李渊、张润和、赵学文、王小军、刘俊梅
165	露天煤矿采掘	混装炸药车原料硝酸铵架料问题的解决与创新应用	准能集团	薛占山、李渊、张润和、张继东、刘俊梅
166	露天煤矿采掘	端帮平盘坡面铺膜治水工程	内蒙古大雁矿业集团有限责任公司-雁南煤矿	闫守波、梁成江、柴绍华、董建华、曲道龙
167	露天煤矿采掘	煤层水处理技术及储存工程实验	国能宝日希勒能源有限公司	于海旭、张周爱、海素峰、李雪健、杜勇志
168	露天煤矿采掘	WK35大臂限位和提升油泵真空度传感器增加屏蔽功能	陕西神延煤炭有限责任公司-西湾露天煤矿	李向东、郭阳阳、高红兵、李海岗、张建华
169	露天煤矿采掘	联合冲剪机送料限位收集组合装置	陕北矿业神南产业公司	王占国、高强

附录 2020年度全国煤炭企业优秀"五小"技术创新成果（续）

序号	专业	项目名称	推荐单位	发明人
170	露天煤矿采掘	可移动式梭车轮胎拆装装置	陕北矿业神南产业公司	王帅、徐瑶
171	露天煤矿采掘	采区转向期"内凹式"排土场的成功实践	华能伊敏煤电有限责任公司伊敏露天矿	胡鹏飞、李伟、李月强、司国斌、孙茂森
172	露天煤矿采掘	利用钻孔疏干端帮残余水	华能伊敏煤电有限责任公司伊敏露天矿	胡鹏飞、李伟、李月强、蔡宝加、孙茂森
173	露天煤矿采掘	一种加速采场地下水水位降深的方式	华能伊敏煤电有限责任公司伊敏露天矿	魏国君、袁金祥、李伟、司国斌、董黎明
174	露天煤矿采掘	采用"梯级截水"的蓄洪模式对防洪系统进行优化改造	华能伊敏煤电有限责任公司伊敏露天矿	魏国君、袁金祥、李伟、赵小凤、李文超
175	露天煤矿采掘	无人驾驶检修标准化	华能伊敏煤电有限责任公司伊敏露天矿	王兴涛、沈洋、赵耀忠、马广玉、咸金龙
176	露天煤矿采掘	排土场台阶缓坡面排水系统技术	华能伊敏煤电有限责任公司伊敏露天矿	李伟、徐芮、魏国君、李伟亮、孙茂森
177	露天煤矿采掘	提升露天矿"先锋"植物种植效率技术	华能伊敏煤电有限责任公司伊敏露天矿	李伟、徐芮、李文超、李伟亮、孙茂森
178	露天煤矿采掘	已复垦排土场冲沟修复技术	华能伊敏煤电有限责任公司伊敏露天矿	李伟、司国斌、李文超、徐芮、魏国君
179	露天煤矿采掘	开底绳的限位装置	华能伊敏煤电有限责任公司伊敏露天矿	刘忠辉
180	露天煤矿采掘	大型柴油发动机摇臂室连接水套管拆卸工具制作	华能伊敏煤电有限责任公司伊敏露天矿	李利荣、常宏虎、张燕兵
181	露天煤矿采掘	MT3700型自卸卡车主接触器改造	华能伊敏煤电有限责任公司伊敏露天矿	付锡奎、吴振宇、白迪、魏圣杰、孙涛
182	露天煤矿采掘	洒水车电控蝶阀防冻装置	华能伊敏煤电有限责任公司伊敏露天矿	滕志、吴振宇、白迪、董泽阳、海山
183	露天煤矿采掘	机头升降加高座改进	铁法煤业（集团）有限责任公司晓明矿	唐英政、张庆林
184	露天煤矿防尘	一种煤矿煤尘卸灰搅拌装置	新疆天池能源有限责任公司	伍红周、田野、王智仁、陈学栋、郑焕焕
185	露天煤矿防尘	一种带式输送机洗带抑尘装置	新疆天池能源有限责任公司	田野、伍红周、陈学栋、王智仁
186	露天煤矿防灭火	露天煤矿采场智能测温系统	新疆天池能源有限责任公司	董蒙蒙、张建磊、贾晓磊
187	安全（防瓦斯）	一种瓦斯抽采管放水除渣装置	神华神东煤炭集团有限责任公司生产管理部	吕谋、翁海龙、曾得国、张迪、王庆雄

(续)

序号	专业	项目名称	推荐单位	发明人
188	安全（防尘）	井下大巷净化水幕气水混合喷雾系统的改造与应用	内蒙古蒙东能源有限公司敏东一矿	李小光、李树国、王国欢、李永恩、宋伟鹏
189	安全（通风）	便携式风筒吊挂装置	国网能源和丰煤电有限公司沙吉海煤矿	孙建国、王丙威、龙文俊、李春、安伟涛
190	安全（防火）	高点红外热成像系统于露天煤矿灵活使用	神华国能宝清煤电化有限公司朝阳露天煤矿	刘先彪、臧建领、郭培锋、王永川、安伟涛
191	安全（防瓦斯）	邻巷埋管式瓦斯抽采方法的研究与应用	同煤集团煤峪口矿	谢承莹、郭宝栋、王鑫洎、屈伟亮、陈浩
192	安全－一通三防	行人风门关门防夹装置	陕北矿业柠条塔公司	李鑫
193	安全（防尘）	井下改进型全断面喷雾组	陕北矿业柠条塔公司	刘杰
194	安全（通风）	主通风机冷凝水防结冰装置	陕北矿业涌鑫公司	陈永清、李瑞龙、常正伟
195	安全（防水）	浅埋煤层过沟开采水害防治技术	陕北矿业涌鑫公司	李民峰、王旭、冯冲、刘凡凡
196	安全（防尘）	孔口降尘装置	陕西陕煤韩城矿业有限公司	王立峰
197	安全（防瓦斯）	穿层钻孔防喷孔装置	陕西陕煤韩城矿业有限公司桑树坪煤矿抽放队	刘宁
198	安全（通风）	风门调节风窗	陕西蒲白西固煤业有限责任公司	魏建虎、简雪峰
199	安全（防水）	分级式组合钻头	陕西彬长小庄矿业有限公司	耿文峰、武亮
200	安全（防尘）	红外感应式自动冲水装置	榆北小保当二号煤矿	王靖
201	安全（通风）	风筒风量卡箍式改进成腰带式	山西天地王坡煤业有限公司	金元甲、成辰欣、李晋兵、苌延辉、李浩
202	安全（防水）	探放水止水套管的改进	阳煤集团寺家庄公司	崔志刚、陈登金、陈鹏宇
203	安全（防尘）	新型喷雾降尘装置	潞安化工集团常村煤矿	白璐、连师、魏路伟、董飞
204	安全（防尘）	永久风门控风控尘装置	潞安化工集团常村煤矿	杜红玉、张世丽、李敏、余利波、王富强
205	安全（防尘）	抽采管路降尘除渣装置设计	潞安化工集团司马煤业有限责任公司	郭伟
206	安全（通风）	缓冲抗压调节风门	潞安化工集团司马煤业有限责任公司	张鹏

附录 2020年度全国煤炭企业优秀"五小"技术创新成果
（续）

序号	专业	项目名称	推荐单位	发明人
207	安全（通风）	调节风窗改造及应用	鄂尔多斯市华兴能源有限责任公司	李博、赵庆伟、窦文聪、曹朕源
208	安全（防火）	综放工作面收作期间防火技术改进	鄂尔多斯市华兴能源有限责任公司	曹朕源、赵庆伟、窦文聪、李博
209	安全（防尘）	带式输送机防水罩	内蒙古满世煤炭集团罐子沟煤炭有限责任公司	李文宝、刘刚、王雄、李建伟、闫瑞
210	安全（通风）	回风巷捕尘装置	内蒙古满世煤炭集团罐子沟煤炭有限责任公司	焦存福、刘刚、李建伟、闫瑞、闫二海
211	安全（防火）	中厚煤层回撤采煤面"4阻1控"综合防灭火工艺应用	枣庄矿业（集团）付村煤业有限公司	王明龙、孟凡平、周新义、陈彬、赵航
212	选煤	刮板输送机张紧拉力显示装置	神华北电胜利能源有限公司	张国鸣、翟晓宇、李银广、宋文清、许建军、李浩峰
213	选煤	装车站保温闸板改造成果	神华北电胜利能源有限公司	许建军、李银广、宋文清、翟晓宇、李浩峰
214	选煤	装车站采样系统优化	神华北电胜利能源有限公司	翟晓宇、李银广、宋文清、许建军、李浩峰
215	选煤	装车站定量仓无动力气流导通抑尘系统	神华北电胜利能源有限公司	许建军、翟晓宇、李银广、宋文清、李浩峰
216	选煤	带式输送机防冻液抽拉轮式专用导料槽	神华北电胜利能源有限公司	邢国宝、王文学、宋涛、胡强、马海波、冀永臻
217	选煤	带式输送机积煤清理专用滑动防雨罩	神华北电胜利能源有限公司	邢国宝、王文学、马海波、杜荣荣、王彬枂
218	选煤	煤炭自动采样机升级改造成果	神华神东煤炭集团有限责任公司检测公司	吕舜、李光斌、张扬、王波浪、杜虎虎
219	选煤	管状带式输送机托辊更换工具的设计与应用	准能集团	李兴、任磊、崔永根、张志宏、王建华
220	选煤	葫芦素选煤厂刮板输送机易损件模块化改造	中天合创葫芦素选煤厂	郭军、闫俊、武利宁、王永刚、葛海军
221	选煤	干扰煤泥水沉降装置	准格尔旗荣祥煤焦化有限责任公司山不拉煤矿	杨海涛
222	选煤	基于Origin7.5软件的原煤可选性分析及视觉暂留原理在筛分参数表征设计中的应用	同煤集团朔州煤电公司	马挺

(续)

序号	专业	项目名称	推荐单位	发明人
223	选煤	重介洗选高频筛下泵压水处理工艺	陕西陕煤黄陵矿业公司一号煤矿	上海涛
224	选煤	一种自回收过滤装置	陕北矿业韩家湾煤炭公司	王策
225	选煤	导料槽振动板自动控制装置	陕西陕煤澄合矿业董东公司	李滨、王刚
226	选煤	筛板框架定位点焊的工装设计	中煤科工集团唐山研究院有限公司	王翌硕、李金涛、刘坤、常占全
227	选煤	RSLogix5000+RSView32在选煤厂日常管理中的拓展应用创新设计	内蒙古银宏能源开发有限公司	赵海峰、张立海、王贺、李强、杨龙顺、王勇、吴厚金
228	选煤	配煤刮板输送机滑道创新设计	内蒙古银宏能源开发有限公司	赵海峰、张立海、王贺、李强、杨龙顺、王勇、吴厚金
229	选煤	浅槽上升流管路创新设计	内蒙古银宏能源开发有限公司	赵海峰、张立海、王贺、李强、庞士虎、吴厚金
230	选煤	压滤煤泥降水技术创新设计	内蒙古银宏能源开发有限公司	赵海峰、张立海、王贺、李强、孙亮
231	选煤	原煤配筛刮板输送机创新设计	内蒙古银宏能源开发有限公司	赵海峰、张立海、王贺、李强、杨龙顺、王勇、吴厚金
232	选煤	风力清扫器在可逆带式输送机中的应用	鄂尔多斯市华兴能源有限责任公司	彭稼松、曹永文、宋伟、张凤龙、聂永东
233	选煤	筛下跑粗检测装置	鄂尔多斯市华兴能源有限责任公司	高建、汪洋、刘瑞东、李志强、聂永东
234	选煤	煤质化验大样混合缩分器	准格尔旗昶旭煤炭有限责任公司	王海飞、孙瑞刚、刘浩、张金、陈瑞兵
235	选煤	刮板输送机改造	内蒙古满世煤炭集团点石沟煤炭有限责任公司	王锁成、孙瑞刚、赵拴、黄悦、闫慧荣
236	选煤	矸石筒仓给料机改造	内蒙古满世煤炭集团罐子沟煤炭有限责任公司	李高佳、邬佳、王东、傅熊、王猛
237	选煤	选煤厂HM1400卧式振动离心机筛蓝防漏技术	内蒙古满世煤炭集团股份有限公司永智煤矿	王清云、白云良、刘野、李玉平、郭起宝、王雁峰
238	选煤	选煤厂斗式提升机尾节优化技术	内蒙古满世煤炭集团股份有限公司永智煤矿	邬海江、王清云、刘野、白云良、高飞、赵星辉

附录 2020年度全国煤炭企业优秀"五小"技术创新成果

（续）

序号	专业	项目名称	推荐单位	发明人
239	选煤	煤泥水智能沉降系统	山西汇永青峰选煤工程技术服务有限公司	尤伟
240	其他-管理	企业内部优质资源共享管理模式	国家能源集团国源电力有限公司	张延波、马正龙、安伟涛、王新界、贺磊
241	其他-测量	基于 Global maper 软件实现 Goole Earth 影像矢量化	陕西神延煤炭有限责任公司-西湾露天煤矿	郗宇凡、李宗轩、张志宽、刘国鹏、呼瑞军、刘波波
242	其他	氧气呼吸器风干设备	陕北矿业神南产业公司	潘永刚
243	其他	全矿视频监控平台	榆北曹家滩公司	张鹏
244	其他	降震爆破设计	准格尔旗昶旭煤炭有限责任公司	苏小平、苏磊、闫亮、郝雄、李乐